W0275322

Wilhelm Batel

Entstaubungstechnik

Grundlagen Verfahren Meßwesen

Springer-Verlag Berlin Heidelberg New York 1972

Dr.-Ing. WILHELM BATEL

Professor und Direktor des Instituts für landtechnische Grundlagenforschung, Braunschweig-Völkenrode

Mit 198 Abbildungen

ISBN 978-3-642-49195-5 ISBN 978-3-642-49194-8 (eBook)
DOI 10.1007/978-3-642-49194-8

Softcover reprint of the hardcover 1st edition 1972
Library of Congress Catalog Card Number: 78-181982

Vorwort

Entstaubung ist das Entfernen oder Abtrennen von Teilchen der Größe zwischen etwa 10^{-3} bis 10^{3} μm, die in Gasen dispergiert sind. Dementsprechend beschäftigt sich die Entstaubungstechnik insbesondere mit der Konstruktion und dem Einsatz von Maschinen und Apparaten zur Entstaubung, die man unter dem Begriff Entstauber oder Staubabscheider zusammenfaßt.

Das vorliegende Buch hat zum Ziel, eine Einführung in dieses Gebiet zu geben. Es will dem Ingenieur, der im Rahmen seiner Tätigkeit mit Fragen der Entstaubung in Berührung kommt, die Möglichkeit geben, sich in kurzer Zeit eine Übersicht über das Gebiet und das entsprechende Grundwissen zu verschaffen. Das Buch, das aus meiner Vorlesung an der TH Aachen entstanden ist, wendet sich aber auch an den Studenten der Verfahrenstechnik und verwandter Fachrichtungen.

Die Entstaubungstechnik wird nicht als ein eigenes und in sich abgeschlossenes Gebiet aufgefaßt, sondern als ein Teilgebiet der Verfahrenstechnik. Hiervon leitet sich auch die Auswahl und die Behandlung des Stoffes ab. Im Schwerpunkt werden die technisch-physikalischen Vorgänge in den Entstaubern behandelt, die die Grundlage für die Konstruktion und die Entwicklung bilden. Über einige Anwendungsbeispiele werden die Aufgaben und die wichtigsten Bedingungen für die Entstaubung aufgezeigt. Da eine Bewertung und Auslegung der Entstauber letztlich nur in Verbindung mit der Staubmeßtechnik möglich ist, wird auch dieses Gebiet behandelt.

Bei der Zusammenstellung des Manuskriptes hat Herr H. Dost mitgewirkt. Ihm danke ich für diese gewissenhafte Arbeit. Den Herren Dr. F. Schoedder und Dr.-Ing. W. Paul danke ich für zahlreiche Anregungen und Verbesserungen, dem Verlag insbesondere für die vorbildliche Ausstattung des Buches.

Braunschweig, Frühjahr 1972

W. Batel

Inhaltsverzeichnis

Verzeichnis der wichtigsten Formelzeichen

Es werden die Einheiten des internationalen Einheitensystems verwendet. Um geläufige Zahlenwerte zu erhalten, werden oft dezimale Teile oder Vielfache der Einheiten gewählt. Bei einigen elektrischen Einheiten sind für Zwecke der Umrechnung auch die des CGS-Systems angegeben. Das Normkubikmeter, bezogen auf 0 °C und 760 Torr, wird mit m_n^3 bezeichnet. Der in einigen Gleichungen vorkommende Wert 100 ist als 100% zu verstehen.

A Konstante, Asymmetriegrad
A_R Rückstrom (%)
A_T Austausch der Staubteilchen bei turbulenter Strömung (kg/sm)
A_τ Impulsaustausch bei turbulenter Strömung (kg/sm)
a Beschleunigung (m/s^2)
a_r Beschleunigung in radialer Richtung (m/s^2)
B Teilchenbeweglichkeit (m/Ns), Breite (m)
Cu Korrekturfaktor nach CUNNINGHAM
c Teilchenkonzentration in einer Flüssigkeit (kg/m^3)
c_{pot} Konstante (m^2/s)
c_w Widerstandsbeiwert
D Durchgangssumme (Massen-%)
D_M Diffusionskoeffizient bei molekularer Diffusion (m^2/s)
D_T Diffusionskoeffizient bei turbulenter Diffusion (m^2/s)
ΔD Menge einer Kornklasse (Massen-%)
d Korngröße, Teilchengröße (μm)
d' Körnungsparameter nach DIN 4190 (μm)
d_F Durchmesser eines Kreises, der die gleiche Fläche wie die Projektion des Teilchens hat (μm)
d_{Fer} Feretsche Korngröße (μm)
d_K Durchmesser von Kapillaren (m)
d_M Martinsche Korngröße (μm)
d_{Tr} Größe eines Tropfens (μm)
d_a mittlere Korngröße einer Kornklasse (μm), Außendurchmesser (m)
d_f Durchmesser von Fasern (m)
d_h häufigste Korngröße (μm)
d_m arithmetisch gewogene mittlere Korngröße (μm)
d_{max} größte Korngröße (μm)
d_{min} kleinste Korngröße (μm)
d_t Trennkorngröße (μm)
d_1 die $R = 15{,}9\,\%$ zugeordnete Korngröße (μm)
d_2 die $R = 84{,}1\,\%$ zugeordnete Korngröße (μm)
Δd Breite einer Kornklasse (m)
E Feldstärke (V/m), ($cm^{-1/2} \cdot g^{1/2} \cdot s^{-1}$)
e Elementarladung (C) $= 1{,}602 \cdot 10^{-19}$ C
F Kraft (N)
F_A Auftrieb (N)

F_C Coulombsche Haftkraft (N)
$F_{C\,el}$ F_C im elektrischen Feld (N)
F_E elektrische Kraft (N)
F_F Fliehkraft (N)
F_H Haftkraft (N)
F_K kapillare Haftkraft (N)
F_S Schwerkraft (N)
F_W Widerstand (N)
F_{WK} Widerstand von Teilchen im Kollektiv (N)
F_{vdW} van der Waalssche Haftkraft (N)
Fr Froudesche Zahl
f Ladungsdichte (C/m³), Formfaktor
f^+ Parameter
g Schwerebeschleunigung (m/s²)
H Höhe (m)
h Höhe (m)
$h\,\overline{\omega}$ Lifshitz-van der Waals-Konstante
I Intensität des durch eine Suspension hindurchfallenden Lichtes
I_0 Intensität des durch eine reine Suspensionsflüssigkeit hindurchfallenden Lichtes
i Stromstärke, Sprühstrom (A), ($cm^{3/2} \cdot g^{1/2} \cdot s^{-2}$)
Index für i-te Kornklasse
i_1 Sprühstrom bezogen auf eine Längeneinheit (A/m)
K_D Durchlässigkeitskonstante (m²)
k Boltzmann-Konstante $= 1{,}38 \cdot 10^{-23}$ (J/grd); Kozeny-Carman-Beiwert, Konstante
L Länge (m), Schichtdicke (m), Wasser-Luftverhältnis
L_K Länge von Kapillaren (m)
l Länge (m)
M Staubmasse in einer Aerodispersion (kg)
$\dot{M}$ Staubstrom (kg/s)
M_A abgeschiedene Staubmasse (kg)
$\dot{M}_A$ abgeschiedene Staubmasse pro Zeiteinheit (kg/s)
Ma Mach-Zahl
M_{rein} Staubmasse im Reingas (kg)
M_{roh} Staubmasse im Rohgas (kg)
$\dot{M}_{rein}$ Staubstrom mit einem Reingas (kg/s)
$\dot{M}_{roh}$ Staubstrom mit einem Rohgas (kg/s)
dM_r Massenänderung in radialer Richtung (kg)
dM_l Massenänderung in Längsrichtung (kg)
m Masse (kg)
m_a nach sehr langer Zeit aussedimentierte Masse (kg)
m_I Ionenmasse (kg)
m_T Teilchenmasse (kg)
m^* $m_a \cdot R/100$ (kg)
N_k Anzahl der Kapillaren pro Fläche (Anzahl/m²)
n Anzahl; Körnungsparameter DIN 4190
n_k Anzahl der Staubteilchen je kg (Teilchenzahl/kg)
n_V Anzahl der Staubteilchen im Normvolumen (Teilchenzahl/m_n^3)

n^* Anzahl der Ladungen pro Volumeneinheit (Ladungszahl/cm^3)
O spez. Oberfläche = Oberfläche von 1 kg Staub (m^2/kg)
O_F spez. Tropfenoberfläche (m^2/m^3)
O_K spez. Oberfläche von Staub bezogen auf Kugelgestalt der Teilchen (m^2/kg)
O'_K O_K bezogen auf eine Dichte von Eins (m^2/kg)
Pe Pecletsche Zahl
p Druck (N/m^2)
Δp Druckverlust (N/m^2)
Q Ergiebigkeit (zweidimensional) (m^2/s)
Q_r Ergiebigkeit in radialer Richtung (dreidimensional) (m^3/s)
q Ladung (C), (As)
R Rückstandssumme (Massen-%)
R_A R für den abgeschiedenen Staub (Massen-%)
Re Reynoldsche Zahl
R_{rein} R des Staubes im Reingas (Massen-%)
R_{roh} R des Staubes im Rohgas (Massen-%)
ΔR Menge einer Kornklasse (Massen-%)
ΔR_A ΔR für den abgeschiedenen Staub (Massen-%)
ΔR_{rein} ΔR des Staubes im Reingas (Massen-%)
ΔR_{roh} ΔR des Staubes im Rohgas (Massen-%)
r Radius (m)
r' Radius einer Rauhigkeit (m)
r_a äußerer Radius (m)
r_i innerer Radius; Tauchrohrradius (m)
S Fläche (m^2)
Sc Schmidtsche Zahl
s Abstand zwischen Sprüh- und Niederschlagselektrode, Tauchrohrtiefe (m)
s_0 Abstand zwischen Staubteilchen und zwischen diesen und einer Fläche (m)
T Temperatur (K), (°C)
t Zeit (s)
t_0 Zeitkonstante (s)
U Spannung (V), (cm$^{1/2}$ · g$^{1/2}$ · s^{-1})
U_a Anfangsspannung (V)
u_i Ionenbeweglichkeit = Geschwindigkeit/Feldstärke (m^2/Vs)
V Volumen (m^3), (m$_n^3$)
$\dot{V}$ Volumenstrom (m^3/s), (m$_n^3$/s)
$\dot{V}_{rein}$ Volumenstrom des Reingases (m^3/s), (m$_n^3$/s)
$\dot{V}_{roh}$ Volumenstrom des Rohgases (m^3/s), (m$_n^3$/s)
V_{sp} spez. Volumen (m^3/kg)
v Geschwindigkeit eines flüssigen oder gasförmigen Mediums (m/s)
v_a Gasgeschwindigkeit an der Zyklonwand (m/s)
v_e Eintrittsgeschwindigkeit (m/s)
v_g Gasgeschwindigkeit (m/s)
v_{gK} Gasgeschwindigkeit in der Kehle eines Venturirohres (m/s)
v_i Gasgeschwindigkeit im Tauchrohr (m/s)
v_K Geschwindigkeit in Kapillaren (m/s)
v_r Gasgeschwindigkeit in radialer Richtung (m/s), Relativgeschwindigkeit (m/s)
v_s Gasgeschwindigkeit in Verschiebungsrichtung (m/s)

v_t Gasgeschwindigkeit in tangentialer Richtung (m/s)
v_{ti} v_t auf dem Tauchrohrradius
v^* Schubspannungsgeschwindigkeit (m/s)
W spez. Arbeitsaufwand (Nm/m^3)
W_K spez. Kontaktenergie (kWh/1000 m^3 Gas)
w Geschwindigkeit von Staubteilchen; auch Verschiebungsgeschwindigkeit von Staubteilchen (m/s)
w_D effektive Wanderungsgeschwindigkeit der Staubteilchen im Elektroentstauber (m/s)
w_E Wanderungsgeschwindigkeit der Staubteilchen im elektrischen Feld (m/s)
w_F Geschwindigkeit eines Teilchens durch die Fliehkraft (m/s)
w_h horizontale Teilchengeschwindigkeit (m/s)
w_r radiale Teilchengeschwindigkeit (m/s)
w_s lotrechte Teilchengeschwindigkeit (m/s)
w_t tangentiale Teilchengeschwindigkeit (m/s)
w_{Tr} Geschwindigkeit eines Tropfens (m/s)
w_z Teilchengeschwindigkeit in z-Richtung (m/s)
y_H relative Häufigkeit (%/m)
y_{HA} y_H für den abgeschiedenen Staub (%/m)
$y_{H\,rein}$ y_H für den Staub im Reingas (%/m)
$y_{H\,roh}$ y_H für den Staub im Rohgas (%/m)
z Beschleunigungsziffer
Γ Zirkulation (m^2/s)
δ Durchmesser (m)
ε Porenziffer, Verlustziffer
ε_r Dielektrizitätszahl
ε_0 Influenzkonstante (As/Vm)
ζ Staubgehalt (g/m^3), (g/m$_n^3$)
ζ_a Staubgehalt am Anfang der Entstaubung (g/m^3), (g/m$_n^3$)
ζ_e Staubgehalt am Ende der Entstaubung (g/m^3), (g/m$_n^3$)
ζ_{roh} Staubgehalt im Rohgas (g/m^3), (g/m$_n^3$)
ζ_{rein} Staubgehalt im Reingas (g/m^3), (g/m$_n^3$)
ζ_V Staubgehalt (cm^3/m^3), (cm^3/m$_n^3$)
ζ^* Staubbelastung des Verschiebungsraumes (g/m^3)
η dynamische Zähigkeit (Ns/m^2)
η_B Entstaubungsgrad eines Elementes durch Berührung (%)
η_D Entstaubungsgrad eines Elementes durch Diffusion (%)
η_E Entstaubungsgrad eines Elementes durch elektrische Kräfte (%)
η_F Entstaubungsgrad eines Faserelementes (%)
η_G Gesamtentstaubungsgrad (%)
η_{GE} Gesamtentstaubungsgrad bei elektrischer Aufladung (%)
η_S Siebgütegrad (%)
η_{St} Stufenentstaubungsgrad (%)
η_T Entstaubungsgrad eines Elementes durch Trägheitskräfte (%)
η_{Tr} Entstaubungsgrad eines Tropfens (%)
ϑ Randwinkel, Aufprallkennzahl
$\varkappa$ Konstante
λ Wandreibungsbeiwert
ν kinematische Zähigkeit (m^2/s)
ξ Druckverlustbeiwert
ϱ Dichte (kg/m^3), spez. elektrischer Staubwiderstand ($\Omega \cdot$ cm)

ϱ_{FL}	Dichte von Flüssigkeit (kg/m³)
ϱ_K	Dichte von Staubteilchen (kg/m³)
ϱ_L	Dichte der Luft (kg/m³)
σ	Parameter, Oberflächenspannung (N/m)
σ_ζ	$^1/_2 \log d_2/d_1$
τ	Schubspannung (N/m²)
Φ	Potential (m²/s)
φ	Winkel
Ψ	Stromfunktion (m²/s)
ω	Winkelgeschwindigkeit (1/s)

1. Übersicht

1.1 Grundsätzliches zur Arbeitsweise der Entstauber Benennungen

Unter Entstaubung versteht man die Entfernung von Feststoffteilchen aus Aerodispersionen. Dies sind Verteilungen von Teilchen der Größe zwischen etwa 10^{-3} und 10^{3} µm und beliebiger Form und Dichte in gasförmigen Medien. Liegt die Teilchengröße etwa zwischen 10^{-3} und 10 µm, dann spricht man auch von Aerosolen.

Die Entstaubungstechnik befaßt sich mit allen technischen Einrichtungen und Maßnahmen, die eine Entstaubung bewirken. Es ist dabei ohne Belang, ob die Teilchen einen Handelswert besitzen (Nutzstäube, wie z. B. Zement, Kakao, Farbstoffpigmente und Getreidemehl) oder nicht. Die Geräte zur Entstaubung nennt man *Entstauber* oder auch *Staubabscheider*.

Das Abscheiden von flüssigen Teilchen aus Aerodispersionen unterscheidet sich nicht von dem von festen Teilchen. Die Entstaubung umfaßt daher auch diesen Bereich.

Ursache für eine Dispersion oder den Tatbestand, daß Staubteilchen in einem gasförmigen Medium in Schwebe gehalten werden, sind Kräfte wie Strömungskräfte. Aus diesem Hinweis ergibt sich bereits der Vorgang der Entstaubung. Dieser ist dadurch gekennzeichnet, daß die Teilchen in der Aerodispersion eine Verschiebung in Bereiche erfahren, in denen die die Dispersion verursachenden Kräfte oder Bedingungen nicht mehr bestimmend sind (Abtrennung). Ein Entstauber ist somit von der Funktion her durch zwei Vorgänge oder Phasen gekennzeichnet, nämlich die *Verschiebung* und die *Abtrennung* der Teilchen. Die entsprechenden Räume in einem Entstauber werden als Verschiebungs- und Abtrennungsräume oder -gebiete und ihre gemeinsame Grenze als Abtrennungsfläche bezeichnet.

Für eine Verschiebung der Teilchen sind Schwer-, Flieh- und elektrische Kräfte geeignet. Entstauber, in denen solche Kräfte vorherrschend wirksam sind, nennt man daher Schwerkraft-, Fliehkraft- und Elektroentstauber. Eine Aerodispersion läßt sich auch durch Filtration aufheben. In diesen Filtrationsentstaubern durchströmt die Aerodispersion einen porösen Stoff. Dabei werden Staubteilchen durch die Trägheit bei Strömungsumlenkungen, durch Diffusion und durch elektrische Kräfte zur Oberfläche des porösen Systems verschoben (erste Phase) und dort durch Haftkräfte festgehalten (zweite Phase). Auch werden Teilchen durch eine Gitterwirkung zurückgehalten. Eine Entstaubung ist weiter dadurch möglich, daß die Aerodispersion Flüssigkeitselemente umströmt. In diesem Fall werden die Teilchen vorwiegend durch Trägheitskräfte vom gasförmigen in das flüssige Medium transportiert. Da ein solcher Vorgang dem Waschprozeß entspricht, nennt man diese Entstauber auch Waschentstauber.

	Schwerkraftentstauber	Fliehkraftentstauber	Elektroentstauber	Filtrationsentstauber	Waschentstauber
Schema Abtrennungsfläche	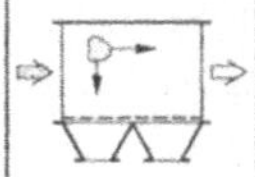	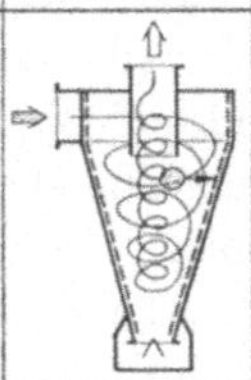	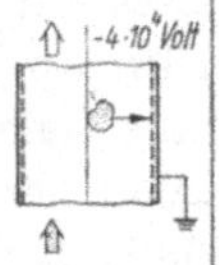 $-4\cdot 10^4$ Volt	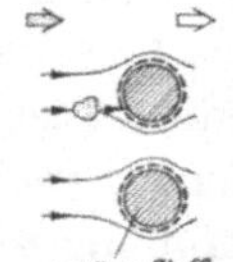 poröser Stoff	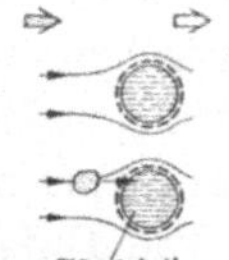 Flüssigkeit
Verschiebungskräfte	Schwerkräfte	Fliehkräfte	elektrische Kräfte	Trägheits-, thermodynamische- (Diffusion) und elektr. Kräfte	Trägheitskräfte (thermodynamische- und elektr. Kräfte)
Abtrennungsursachen	Schwerkräfte im Strömungstotraum	Überschreiten der Grenzbeladung an der Wand	Haftkräfte	Gitterwirkung Haftkräfte	Grenzflächenkräfte
Reinigung des Abtrennungsraumes	mechanische Transportmittel	kontinuierlich durch Schwer- und Strömungskräfte; Flüssigkeitsfilm	periodisch durch Abrütteln des Staubes; Flüssigkeitsfilm	erneuern des porösen Stoffes; periodisches Abrütteln	Flüssigkeit im Durch- oder Umlauf

Abb. 1.1 Übersicht über Entstauber.

Mit dem Eintreten der Staubteilchen in die Abtrennungsgebiete werden Kräfte wirksam, die die Dispersionskräfte übertreffen. Solche Abtrennungskräfte sind Schwer-, Strömungs-, Haft- und Grenzflächenkräfte. In Abb. 1.1 sind die grundsätzlichen Merkmale der Entstauber unter besonderer Berücksichtigung der Verschiebung und der Abtrennung in einer Übersicht zusammengestellt.

Damit ein Entstauber arbeitsfähig bleibt, muß der abgetrennte Staub entweder kontinuierlich oder in bestimmten Zeitabständen aus den Abtrennungsräumen entfernt und in einen Staubbunker oder direkt zur Weiterverarbeitung transportiert werden. Auch die Methoden dieser Reinigung sind in Abb. 1.1 erwähnt.

Beim *Schwerkraftentstauber* erfolgt die Verschiebung der Staubteilchen durch Schwerkräfte in einen Strömungstotraum, der Teil des Staubbunkers sein kann.

Fliehkräfte zur Verschiebung erzeugt man im allgemeinen durch Umlaufströmungen. Das Abtrennungsgebiet in *Fliehkraftentstaubern* ist bei sehr vielen Bauarten die Innenseite der Gehäusewand. Wird hier durch Anreicherung der Teilchen die Grenzbeladung überschritten, also die

Staubmenge, die ein strömendes Gas zu tragen in der Lage ist, fließt der Staub unter den Wirkungen der Schwere und der Umlaufströmung in den Staubbunker.

Beim *Elektroentstauber* — im Bild ein geerdetes Rohr (Niederschlagselektrode), in dessen Mitte ein an negativer Hochspannung liegender Draht angeordnet ist — werden elektrisch gleichsinnig aufgeladene Staubteilchen durch ein elektrisches Feld zur Niederschlagselektrode transportiert. Dort halten Haftkräfte die Teilchen fest. Die Niederschlagselektroden reinigt man durch periodisches Rütteln oder durch einen Rieselfilm aus Flüssigkeit.

Die Größe der beim *Filtrationsentstauber* wirksamen Verschiebungskräfte hängt von vielen Einflüssen ab. Im allgemeinen ist entweder die Trägheit oder die Diffusion neben der Gitterwirkung bestimmend. Die Größe der elektrischen Kräfte ergibt sich vorwiegend aus den Eigenschaften der beteiligten Stoffe. Sie beeinflussen auch die Haftkräfte, die den abgetrennten Staub an der Oberfläche des porösen Systems festhalten. Zur Reinigung wird entweder der poröse Stoff ausgetauscht oder durch Rütteln und/oder Spülen mit Gas vom Staub befreit.

Beim *Waschentstauber* erfolgt die Verschiebung im wesentlichen durch die bei der Umströmung der Flüssigkeitselemente auftretenden Trägheitskräfte. Die benetzende Flüssigkeit nimmt die Staubteilchen bei Berührung auf. Ist die Flüssigkeit in Form von Tropfen dispergiert, werden diese anschließend durch Schwer- und Fliehkräfte abgetrennt.

Die Güte der Entstauber wird von den genannten Vorgängen Verschieben, Abtrennen und Reinigen bestimmt. Sie ergibt sich aus dem Staubanteil, der während der Verweilzeit der Aerodispersion im Verschiebungsraum in das Abtrennungsgebiet transportiert wird, vermindert um die Menge, die von hier — auch während der Reinigung — zurück in die Aerodispersion gelangt. Die Güte läßt sich hinreichend genau nur meßtechnisch erfassen. Als Kriterien sind der Gesamt- und der Stufenentstaubungsgrad geeignet. Der Gesamtentstaubungsgrad η_{G} gibt an, welcher Anteil von der insgesamt zugeführten Staubmenge vom Entstauber abgetrennt wird. Ermittelt man dagegen die abgeschiedenen Anteile von Teilchengrößenstufen oder -klassen, dann ergibt sich der Stufenentstaubungsgrad η_{St}. Im Normalfall wird diese Messung für den gesamten Bereich der jeweils vorkommenden Teilchengrößen durchgeführt und das Ergebnis als Kurve dargestellt.

Für eine Aerodispersion ist der Staubgehalt bzw. die Staubkonzentration kennzeichnend. Man kann dabei die Staubmenge durch die Masse, das Volumen oder durch die Teilchenzahl angeben. Entsprechend spricht man von der Massenkonzentration ζ (g/m$_{\mathrm{n}}^3$), der Volumenkonzentration ζ_{V} (cm^3/m$_{\mathrm{n}}^3$) oder der Teilchenzahlkonzentration n_{V} (Teilchenzahl/m$_{\mathrm{n}}^3$).

Einige vorgenannte und weitere Benennungen lassen sich mit dem

Schema des Schwerkraftentstaubers veranschaulichen (Abb. 1.2.). Mit dem Rohgas wird dem Entstauber eine Staubmasse M_{roh} bzw. ein Staubstrom $\dot{M}_{roh} = \dot{V}_{roh}\zeta_{roh}$ zugeführt, während mit dem Reingas eine Masse M_{rein} oder ein Staubstrom $\dot{M}_{rein} = \dot{V}_{rein}\zeta_{rein}$ abströmt.

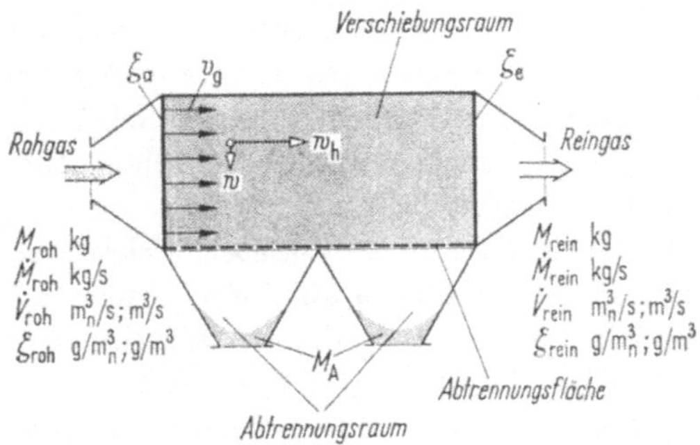

Abb. 1.2 Benennungen, gezeigt am Schema des Schwerkraftentstaubers.

Der Raum, in dem die Verschiebung der Staubteilchen erfolgt, wird mit Verschiebungsraum bezeichnet. Während die Aerodispersion diesen Raum im Beispiel horizontal mit der Gasgeschwindigkeit v_g und der Teilchengeschwindigkeit w_h durchströmt, erfolgt wegen der Schwerkraft eine Teilchenverschiebung mit der Geschwindigkeit w. Mit dem Durchtritt durch die Abtrennungsfläche gelangen die Staubteilchen in das Abtrennungsgebiet, in diesem Fall in einen Strömungstotraum des Staubbunkers. Die Kräfte für die Teilchenverschiebung und den Transport in den Bunker sind hier gleicher Art. Bei allen anderen Entstaubern werden diese beiden Vorgänge von verschiedenen Kräften bewirkt. Die Verschiebungs- und Abtrennungsgebiete sind offene Räume, die aneinander grenzen. Beide zusammen bilden den Entstaubungsraum.

Die Verschiebungsgeschwindigkeit wird im allgemeinen in bezug auf das Trägermedium angegeben. Besitzt das Trägermedium in Verschiebungsrichtung keine Geschwindigkeitskomponente v_s, so sind Verschiebungs- und Trenngeschwindigkeit identisch. Für andere Bedingungen läßt sich diese Geschwindigkeit errechnen oder messen. Die Trenngeschwindigkeit ist somit die Geschwindigkeit, mit der sich das Teilchen zur Abtrennungsfläche bewegt.

Der dispergierte Staub selbst wird durch die Teilchengrößen und deren Anteile beschrieben (Größenverteilung). Unter Teilchen- oder Korngröße wird im Idealfall der Durchmesser der Kugel mit dem gleichen Volumen verstanden. Die jeweiligen Korngrößenanalysen ermitteln eine Größe, die hiervon mehr oder weniger abweicht. Im Hinblick auf die Größenverteilung verwendet man zwei Verteilungen. Die Häufigkeitsverteilung gibt an, wie groß der Massenanteil jeder Korngröße ist. Demgegenüber gibt die Summenverteilung an, welcher Massenanteil des Staubes größer (oder kleiner) ist als die jeweils betrachtete Korngröße. Die Summenverteilung ist das Integral der Häufigkeitsverteilung. Bei normaler Integrationsrichtung nennt man die Summenverteilung Durchgangssummenverteilung $D(d)$, bei entgegengesetzter Richtung Rückstandssummenverteilung $R(d)$ [24] (s. Kap. 11).

Zusammenstellung der wichtigsten, oben formulierten Begriffe:

Entstaubung: Entfernen von Staubteilchen aus Aerodispersionen in einem Entstauber durch Verschieben (1. Phase) und Abtrennen (2. Phase) der Teilchen.

Verschiebungsgebiet oder -raum: Gebiet oder Raum im Entstauber, in dem die Verschiebung der Teilchen relativ zum Trägermedium in Richtung zur Abtrennungsfläche erfolgt.

Abtrennungsgebiet oder -raum: Gebiet oder Raum im Entstauber, in dem die Staubteilchen als von der Aerodispersion abgetrennt gelten.

Abtrennungsfläche: (gedachte) Grenze zwischen Verschiebungs- und Abtrennungsgebiet.

Verschiebungsgeschwindigkeit: Relativgeschwindigkeit der Staubteilchen bezogen auf das Trägermedium in Richtung zur Abtrennungsfläche.

Trenngeschwindigkeit: Geschwindigkeit der Staubteilchen in Richtung zur Abtrennungsfläche. Verschiebungs- und Trenngeschwindigkeit sind identisch, wenn das Trägermedium keine Bewegungen senkrecht zur Abtrennungsfläche ausführt.

Entstaubungsraum: Raum im Entstauber, in dem die Verschiebung und die Abtrennung erfolgen (Verschiebungs- und Abtrennungsraum).

1.2 Gliederung des Stoffes

Nach der oben gegebenen Übersicht über die Bauarten werden in einem Kapitel zunächst diejenigen Grundlagen angesprochen, die für alle Entstauber von Bedeutung sind, wie der Strömungswiderstand der Teilchen, die Diffusion und das An- und Zusammenhaften von Teilchen. Dann werden die einzelnen Entstauber in jeweils einem Kapitel behandelt. In einem weiteren Kapitel folgt eine Übersicht über die Anwendung von Entstaubern. Hieran schließt sich ein Kapitel über die Staubmeßtechnik an, soweit sie für die Entstaubungstechnik erforderlich ist.

Die Begrenzung und Behandlung der Entstaubungstechnik geschieht unter dem Gesichtspunkt, daß die Staubtechnik nach wissenschaftssystematischen Gesichtspunkten kein eigenes und in sich abgeschlossenes übergeordnetes Gebiet darstellt. Die Entstaubungstechnik wird als ein Teilgebiet der Verfahrenstechnik aufgefaßt.

Die Bedeutung der Entstaubungstechnik, ein wichtiges Gebiet des Umweltschutzes, wird durch die in Kapitel 10 genannten Beispiele sichtbar, so daß sich weitere Ausführungen darüber an dieser Stelle erübrigen.

2. Allgemeine Grundlagen zur Entstaubungstechnik

2.1 Die Entstaubungsgrade

Eine Vorausberechnung der Abscheidegüte von Entstaubern ist nur in Sonderfällen möglich. So bleibt es Aufgabe der Meßtechnik, diese Güte zu bestimmen. Kennzeichnend sind die Entstaubungs- oder Abscheidungsgrade und der Reststaubgehalt [14—24].

2.1.1 Der Gesamtentstaubungsgrad

Der Gesamtentstaubungsgrad gibt an, welcher Anteil der Staubmasse im Entstauber abgeschieden wird. Es gilt:

$$\eta_G = \frac{\dot{M}_{roh} - \dot{M}_{rein}}{\dot{M}_{roh}} 100 = \frac{\dot{M}_A}{\dot{M}_{roh}} 100 \tag{2.1}$$

oder

$$\eta_G = \frac{\zeta_{roh} - \zeta_{rein}}{\zeta_{roh}} 100 = 100 - 100 \frac{\zeta_{rein}}{\zeta_{roh}}, \tag{2.2}$$

wenn man bei $\dot{V}_{roh} = \dot{V}_{rein}$ (m_n^3/s) den Staubgehalt auf m_n^3 Gas bezieht. (Das Normvolumen m_n^3 bezieht sich auf 760 Torr und 0 °C.)

Die Messung geschieht derart, daß man den Staubgehalt im Roh- und Reingas mit den in Kapitel 11 behandelten Methoden ermittelt. Mit dem Wert ζ_{rein} ist gleichzeitig der Reststaubgehalt bekannt, der beispielsweise für Fragen der Luftreinhaltung besonders aufschlußreich ist.

2.1.2 Der Stufenentstaubungsgrad

Für bestimmte Fragestellungen, wie z. B. für die Beurteilung von Entstaubern und für Gewährleistungen, ist der Stufen- bzw. Fraktionsentstaubungsgrad (Abb. 2.1) aufschlußreicher.

Der Stufenentstaubungsgrad gibt an, welcher Mengenanteil von jeder Korngröße (oder Korngrößenstufe bzw. Korngrößenfraktion) im Entstauber abgeschieden wird.

Es gilt:

$$\eta_{St}(d) = \frac{\frac{\Delta R_{roh}}{\Delta d} \zeta_{roh} - \frac{\Delta R_{rein}}{\Delta d} \zeta_{rein}}{\frac{\Delta R_{roh}}{\Delta d} \cdot \zeta_{roh}} 100 \tag{2.3}$$

oder

$$\eta_{St}(d) = \frac{\frac{\Delta R_A}{\Delta d} (\zeta_{roh} - \zeta_{rein})}{\frac{\Delta R_{roh}}{\Delta d} \zeta_{roh}} 100 = \frac{\frac{\Delta R_A}{\Delta d}}{\frac{\Delta R_{roh}}{\Delta d}} \eta_G. \tag{2.4}$$

Es bedeuten z. B.:

Δd jeweilige Fraktionsbreite,

ΔR_{roh} Mengenanteil der jeweiligen Fraktion am Staub im Rohgas,

$\eta_{St}(d)$ Stufenentstaubungsgrad der jeweiligen Fraktion. Sie wird im allgemeinen auf die Fraktionsmitte bezogen.

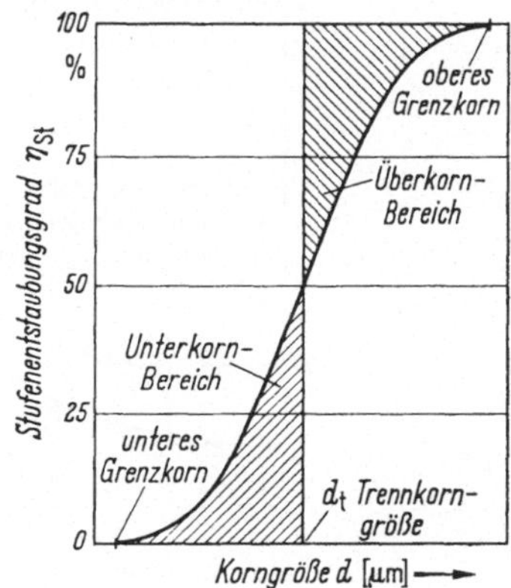

Abb. 2.1 Stufen- bzw. Fraktionsentstaubungsgrad.

Da sich der Stufenentstaubungsgrad $\eta_{St}(d)$ auf die jeweils gleiche Fraktion Δd bezieht, vereinfachen sich die Gln. (2.3) und (2.4) zu:

$$\eta_{St}(d) = 100 - (100 - \eta_G) \frac{\Delta R_{rein}}{\Delta R_{roh}} = \frac{\Delta R_A}{\Delta R_{roh}} \eta_G . \tag{2.5}$$

Tabelle 2.1 *Berechnung des Stufenentstaubungsgrades (Beispiel)*

Gemessen: $\zeta_{roh} = 10\,g/m_n^3$, $\zeta_{rein} = 1{,}65\,g/m_n^3$. Korngrößenanalyse: Spalten *a, c, f*

	Rohgas		Reingas			abgesch. Staub		
Kornklasse µm	*a* ΔR_{roh} %	*b* ΔM_{roh} g/m_n^3	*c* ΔR_{rein} %	*d* ΔM_{rein} g/m_n^3	*e* η_{St} %	*f* ΔR_A %	*g* ΔM_A g/m_n^3	*h* η_{St} %
< 2	1,5	0,15	8,9	0,147	2	0,03	0,003	2
2–5	3	0,3	16,3	0,27	10	0,37	0,03	10
5–10	7,5	0,75	37,7	0,53	30	2,6	0,22	30
10–20	24	2,4	29	0,48	80	23	1,92	80
20–40	34	3,4	10,3	0,17	95	38,7	3,23	95
40–60	18	1,8	3,3	0,05	97	21	1,75	97
60–100	8	0,8	0,5	0,008	99	9,5	0,79	99
> 100	4	0,4	0	0	100	4,8	0,4	100
	100	10	100	1,655		100	8,343	

$$\Delta M_{roh} = \Delta R_{roh} \zeta_{roh}/100; \ \Delta M_{rein} = \Delta R_{rein} \zeta_{rein}/100;$$

$$\Delta M_A = \Delta R_A (\zeta_{roh} - \zeta_{rein})/100 .$$

In differentieller Schreibweise gilt:

$$\eta_{St}(d) = \eta_G \frac{d R_A/d d}{d R_{roh}/d d} = \eta_G \frac{y_{HA}}{y_{Hroh}} \tag{2.6}$$

$$= 100 - (100 - \eta_G) \frac{d R_{rein}/d d}{d R_{roh}/d d}. \tag{2.7}$$

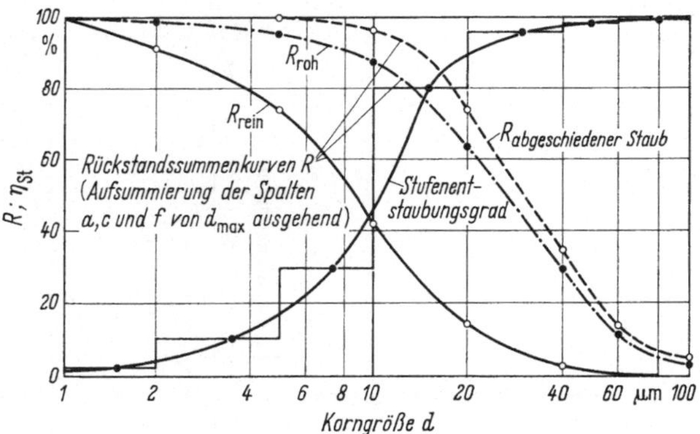

Abb. 2.2 Stufenentstaubungsgrad und Rückstandssummen.

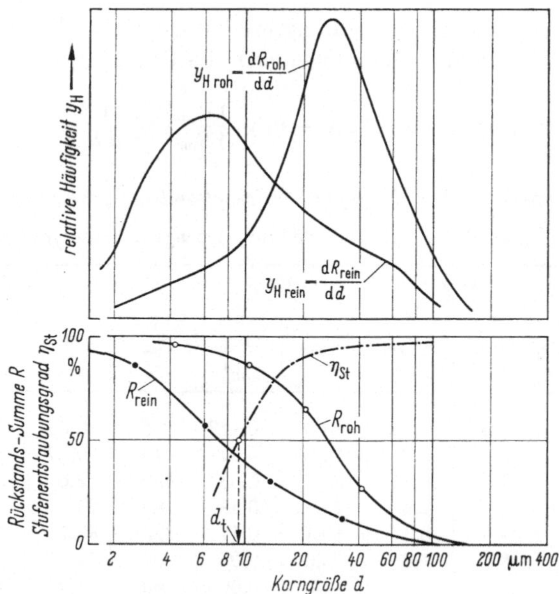

Abb. 2.3 Stufenentstaubungsgrad eines Elektroentstaubers in einer Koksaufbereitungsanlage.

Aus diesen Gleichungen leiten sich die meßtechnischen Aufgaben zur Bestimmung des Stufenentstaubungsgrades ab. Man benötigt außer den Werten für den Gesamtentstaubungsgrad noch die Korngrößenanalysen vom Staub im Rohgas R_{roh} und im Reingas R_{rein} bzw. vom abgeschiedenen Staub R_{A} (Abschnitt 11.2).

Mit Tab. 2.1 und Abb. 2.2 wird eine schrittweise Bestimmung nach den Gln. (2.3), (2.4) und (2.5) gezeigt. Die Genauigkeit und Aussagekraft hängt von der gewählten Stufenzahl ab. Dies gilt besonders im feinen Bereich.

Eine Auswertung nach den Gln. (2.6) und (2.7) erfolgt am besten über die entsprechenden Häufigkeitskurven, wie Abb. 2.3 zeigt. Das Beispiel ist einer Arbeit von GESSNER [16] entnommen.

Ist der Stufenentstaubungsgrad eines Abscheiders bekannt, so läßt sich damit für gleiche Betriebsbedingungen aber verschiedene Korngrößenverteilungen im zugeführten Rohgas der Gesamtentstaubungsgrad berechnen

$$\eta_{\mathrm{G}} = \frac{1}{100} \int_{R=0}^{R=100} \eta_{\mathrm{St}}(d) \, \mathrm{d} R_{\mathrm{roh}} \,. \tag{2.8}$$

Alle Entstauber, die nicht vollständig abscheiden, trennen den körnigen Stoff dem Stufenentstaubungsgrad entsprechend. Diese Kurve wird daher auch als Trennungsgradkurve bezeichnet. Mit einer anderen Zielsetzung können viele Entstauber auch als Trennapparate eingesetzt werden. Dies gilt insbesondere für den Fliehkraftentstauber.

2.2 Strömungswiderstand und Fallgeschwindigkeit von Staubteilchen

2.2.1 Der Strömungswiderstand von einzelnen Staubteilchen

Ein die Entstaubung wesentlich bestimmender Vorgang ist die Teilchenverschiebung. Sie ergibt sich aus den Verschiebungskräften einerseits und dem Strömungswiderstand andererseits. Damit ist der Strömungswiderstand der Teilchen für alle Entstauber eine wichtige Einflußgröße.

Der Widerstand eines umströmten Körpers wird durch Druckunterschiede (Normalspannungen) und durch Reibung infolge der Zähigkeit des Mediums (Schubspannungen) verursacht. Die Verschiebungsgeschwindigkeit ist bei Staubteilchen so klein, daß sich im Normalfall nur die Reibungskräfte auswirken. Für diesen Fall ($Re < 0{,}1$) sowie bei stationärer und schlupffreier Strömung beträgt der Strömungswiderstand nach der von STOKES angegebenen Lösung der Navier-Stokesschen Differentialgleichungen:

$$F_{\mathrm{w}} = 3 \pi \eta \, d \, w \,. \tag{2.9}$$

Bei reinen Massenträgheitskräften (Druckwiderstand) gilt:

$$F_{\mathrm{w}} = S \frac{\varrho_{\mathrm{L}}}{2} w^2 \,. \tag{2.10}$$

Abgesehen von diesen Grenzfällen hängt der Widerstand sowohl von Massen- als auch von Trägheitskräften ab. Auf Grund der Ähnlichkeitstheorie nimmt das Widerstandsgesetz die allgemeine Form an

$$F_W = f(Re, Ma, Fr). \tag{2.11}$$

Da bei den vorkommenden Geschwindigkeiten das Gas als inkompressibel anzusehen ist, hat die Machsche Zahl keinen Einfluß. Weiter kann der Einfluß der Froudeschen Zahl vernachlässigt werden. Damit darf man für den Widerstand schreiben

$$F_W = c_W S \frac{\varrho_L}{2} w^2, \tag{2.12}$$

mit $c_W = f(Re)$.

Für reinen Zähigkeitswiderstand wird $c_W = 24/Re$. Es ergibt sich dann das Stokessche Gesetz. Die Abhängigkeit des Widerstandsbeiwertes c_W von der Reynoldschen Zahl läßt sich nur durch das Experiment bestimmen. Es liegen aber so zahlreiche Messungen vor, daß diese Abhängigkeit mit hoher Genauigkeit bekannt ist. Abb. 2.4 zeigt beispielsweise die von SCHLICHTING [25] zusammengestellten Ergebnisse.

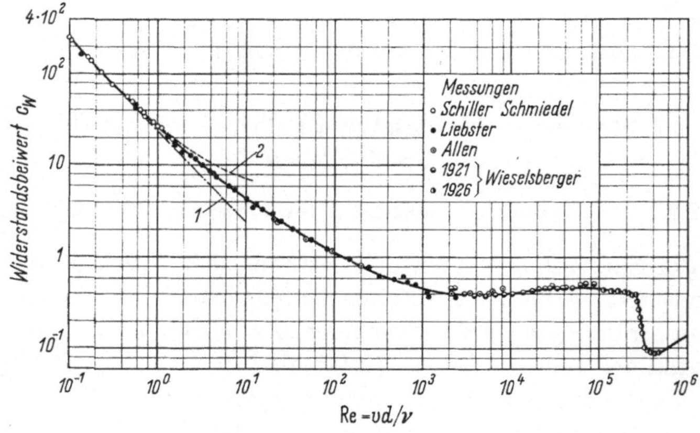

Abb. 2.4 Widerstandsbeiwerte von Kugeln in Abhängigkeit von der Reynoldschen Zahl nach SCHLICHTING [25].

$$1\colon c_W = \frac{24}{Re}, \quad 2\colon c_W = \frac{24}{Re}\left(1 + \frac{3}{16} \cdot Re\right)$$

Auf die Tatsache, daß für bestimmte Re-Bereiche recht gute Näherungsfunktionen für c_W bekannt sind, z. B. die von OSEEN [26], SCHILLER und NAUMANN [27], LANGMUIR und BLODGETT [28] und SCHYTIL [29], sei hingewiesen.

Bei der bisherigen Diskussion des Strömungswiderstandes wurde vorausgesetzt, daß in der Grenzfläche zwischen Feststoff und Gas kein Schlupf auftritt. Diese Voraussetzung ist nicht mehr erfüllt, wenn die

Körpergröße die Größenordnung der freien Weglänge l der Gasmoleküle erreicht. Die freie Weglänge l der Luftmoleküle beträgt bei Normaldruck und Normaltemperatur etwa 0,06 µm ($l\,[\mu m] = 0{,}165\,T\,[K]/p$ [Torr]). Für den Schlupf läßt sich nach CUNNINGHAM [30] für kleine Werte von l/d ein Korrekturfaktor, nämlich $1 - 2\,A \cdot l/d \approx 1/(1 + 2\,A\,l/d)$, einführen. Es gilt dann:

$$F_{\mathrm{w}} = 3\pi\,\eta\,d\,w/\left(1 + \frac{2Al}{d}\right). \tag{2.13}$$

Für Gas bei Normalbedingungen werden für A Werte zwischen 0,8 und 0,9 angegeben. Hieraus folgt, daß der Widerstand von Staubteilchen bei Schlupf niedriger liegt als ohne Berücksichtigung dieses Einflusses. Für größere Werte von l/d ist die oben angegebene Korrektur nicht mehr hinreichend genau. Auf Lösungen auch für diesen Bereich z. B. durch DAVIES sei hingewiesen [10, 11, 31].

2.2.2 Die Fallgeschwindigkeit von einzelnen Staubteilchen

Die Verschiebungsgeschwindigkeit von Staubteilchen in einer Aerodispersion ist abhängig von den Verschiebungskräften wie Schwer- oder

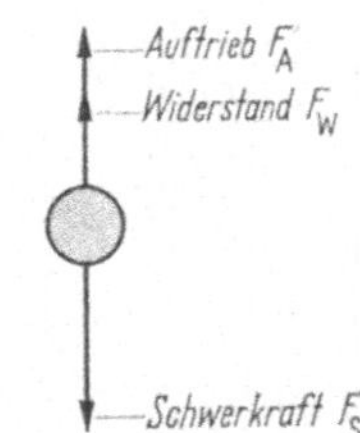

Abb. 2.5 Kräfte an einem Teilchen im Schwerefeld.

Fliehkräften einerseits und dem Strömungswiderstand (und Auftrieb) andererseits. Unter Vernachlässigung von Anlaufvorgängen gilt im Schwerefeld (Abb. 2.5):

$$F_{\mathrm{S}} = F_{\mathrm{W}} + F_{\mathrm{A}}. \tag{2.14}$$

Mit

$$F_{\mathrm{S}} = m a = \frac{\pi d^3}{6} \varrho_{\mathrm{K}}\, g, \tag{2.15}$$

$$F_{\mathrm{A}} = \frac{\pi d^3}{6} \varrho_{\mathrm{L}}\, g \tag{2.16}$$

und F_{W} nach dem Stokesschen Widerstandsgesetz [Gl. (2.9)] ergibt sich für die Fallgeschwindigkeit

$$w = \frac{1}{18\eta}\, g\,(\varrho_{\mathrm{K}} - \varrho_{\mathrm{L}})\, d^2. \tag{2.17}$$

Wählt man statt Gl. (2.9) das allgemeine Widerstandsgesetz nach Gl. (2.12), so gilt:

$$w = \left(\frac{4}{3 c_{\mathrm{w}}\, \varrho_{\mathrm{L}}}\,(\varrho_{\mathrm{K}} - \varrho_{\mathrm{L}})\, g\, d\right)^{1/2} \tag{2.18}$$

Mit Berücksichtigung des Wandschlupfes [Knudsen-Strömung, Gl. (2.13)] ergibt sich:

$$w = \frac{1}{18\eta} g\,(\varrho_K - \varrho_L)\, d^2 \left(1 + \frac{2\,A\,l}{d}\right). \tag{2.19}$$

Die Konstante A liegt bei etwa 0,85. Der Term $1 + 2\,A\,l/d$ wird in späteren Gleichungen oft mit Cu abgekürzt.

Findet der Verschiebungsvorgang nicht unter dem Einfluß der Schwere, sondern unter dem einer Fliehkraft statt, so tritt in den Gln. (2.17) bis

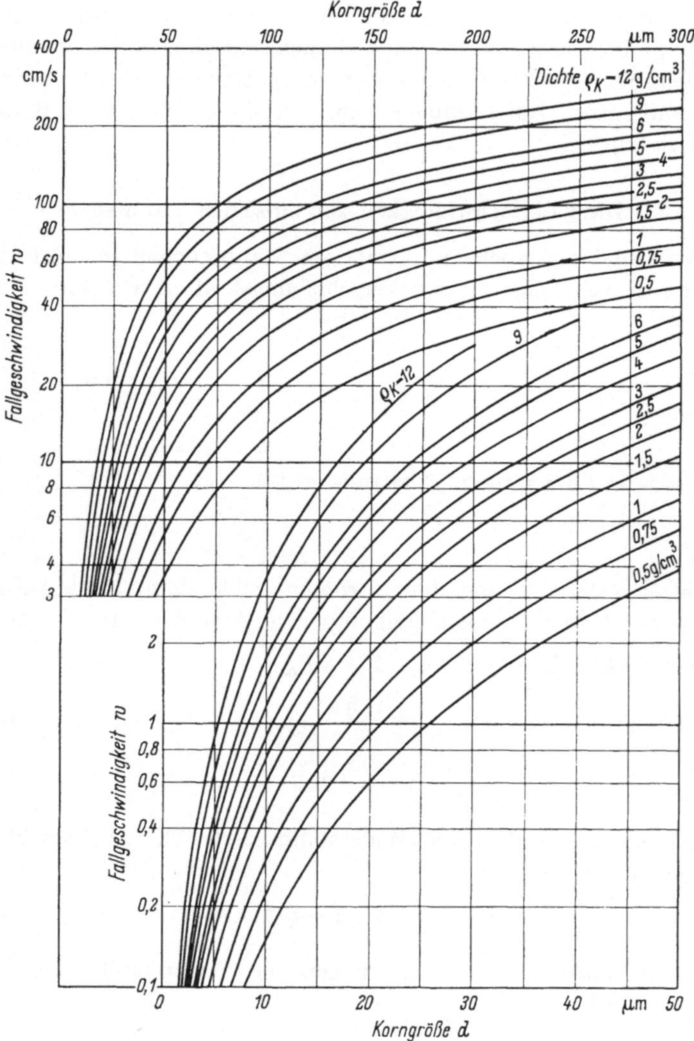

Abb. 2.6 Fallgeschwindigkeit von kugeligen Teilchen in Luft nach den Gln. (2.17) und (2.18).

(2.19) nicht der Wert g, sondern $z\,g$ auf, wobei die Beschleunigungsziffer z die Stärke der Zentrifugalbeschleunigung als ein Vielfaches der Schwerebeschleunigung angibt. Die Auswertung der Gln. (2.17) und (2.18) mit dem Widerstandsbeiwert nach OSEEN, also

$$c_W = \frac{24}{Re}\left(1 + \frac{1}{16}\,Re\right) \tag{2.20}$$

ist in Abb. 2.6 angegeben. Dort sind aus Gründen der Ablesegenauigkeit zwei Koordinatensysteme eingezeichnet.

2.2.3 Widerstand und Fallgeschwindigkeit von Teilchenkollektiven

Die für das Einzelkorn genannten Strömungswiderstände oder Fallgeschwindigkeiten gelten für ein Teilchenkollektiv nur dann hinreichend genau, wenn die Teilchenkonzentration so niedrig liegt, daß sich die Teilchen nicht nennenswert beeinflussen. Dies ist bei einer Volumenkonzentration von etwa 0,002 also $\zeta_V < 2000\ \mathrm{cm^3/m_n^3}$ der Fall. (Das entspricht bei einer Dichte von 2 einem Wert $\zeta < 4 \cdot 10^6\ \mathrm{mg/m_n^3}$). Die praktisch vorkommenden Aerodispersionen liegen mindestens um eine Größenordnung unter diesem Wert, wie ein Vergleich mit den Werten nach Tab. 2.2 zeigt.

Tabelle 2.2

Einige Beispiele für den Staubgehalt in Aerodispersionen. Weitere Werte findet man bei ORDINANZ [32]

Aerodispersion	Konzentration ζ mg/$\mathrm{m_n^3}$
ungereinigte Rauchgase aus Kraftwerken	$10\cdot10^3 \cdots 100\cdot10^3$
gereinigte Rauchgase aus Kraftwerken	$1 \cdots 100$
Gichtgas ungereinigt	$10\cdot10^3 \cdots 50\cdot10^3$
Gichtgas gereinigt	$5 \cdots 20$
ungereinigter Brauner Rauch aus Blasstahlwerken	$1\cdot10^3 \cdots 100\cdot10^3$
gereinigter Brauner Rauch aus Blasstahlwerken	$10 \cdots 100$
angestrebte maximale Staubkonzentration am Arbeitsplatz (MAK-Werte)	2...15
gemessene Werte an Arbeitsplätzen:	
Putzband Porzellanindustrie	1
Schamotteaufbereitung	$10 \cdots 100$
Presse, keramischer Betrieb	$5 \cdots 50$
Maschinenformerei	$2 \cdots 20$
Büroräume	0,5...10
freie Atmosphäre:	
Industrieferne Gebiete	$0{,}01 \cdots 0{,}05$
Wohngebiete in Städten	$0{,}1 \cdots 0{,}5$
Industriewerke	0,2...5

In den Entstaubern können jedoch örtlich Konzentrationen auftreten, die über dem obengenannten Grenzwert liegen. Die Abhängigkeit der Fallgeschwindigkeit solcher Teilchenkollektive ist so vielschichtig, daß nur für bestimmte Bereiche und Bedingungen Ergebnisse vorliegen. Sie können hier nur angesprochen werden.

Bei örtlich sehr hohen Staubkonzentrationen, also bei Staubballen, -strähnen oder Agglomeraten, bei denen zwischen den Teilchen kein nennenswerter Strömungsvorgang stattfindet, lassen sich diese Bereiche wie Einzelteilchen entsprechender Größe und Dichte behandeln [33].

Bei nahezu homogener Verteilung der Teilchen und einer Konzentration derart, daß nur geringe Wechselwirkungen zwischen den Teilchen auftreten, lassen sich die Meßergebnisse recht gut durch folgende Gleichung beschreiben [33—35]:

$$F_{WK} = F_W (1 - \zeta_V)^{-k}. \tag{2.21}$$

F_{WK} Widerstand im Kollektiv, F_W Widerstand des Einzelkorns, k Parameter.

Bei noch weiterer Steigerung der Konzentration ist die geometrische Anordnung der Teilchen mit zu berücksichtigen [35—38]. Im Grenzfall hoher Konzentration geht eine Aerodispersion über in eine durchströmte Schüttschicht.

Für die in der Entstaubung auftretenden Fälle sei zur Orientierung erwähnt, daß die Fallgeschwindigkeit von Teilchen im Kollektiv hoher Konzentration höher liegt als bei Einzelteilchen. Die Werte können bis auf das Doppelte, in Sonderfällen auch noch höher ansteigen.

2.3 Ursachen für die Existenz von Aerodispersionen

Für die Verschiebung und Abtrennung der Staubteilchen sind die Ursachen für die Existenz von Aerodispersionen von allgemeiner Bedeutung.

Die Gleichungen für die Fallgeschwindigkeit zeigen, daß eine Aerodispersion infolge der Schwere mit der Zeit verschwinden muß. Wenn über die sich so ergebende Zeitbedingung hinaus Aerodispersionen existieren, so müssen Kräfte wirksam sein, die der Sedimentation entgegenwirken.

Es sind dies vorwiegend aerodynamische Kräfte, die man auch als Schleppkräfte bezeichnet. Bei fast allen Aerodispersionen führt das Trägermedium, also das Gas, Bewegungen aus. So strömt es durch Rohrleitungen, Kanäle oder Apparate. In der Atmosphäre sind es meistens thermisch verursachte Strömungen. Bei diesen Strömungen werden durch die Relativgeschwindigkeit zwischen Gas und Teilchen Schleppkräfte auf die dispergierten Teilchen ausgeübt. Sind diese in entsprechender Richtung größer als die Schwerkräfte, dann bleibt die Aerodispersion beliebig lange erhalten. Im anderen Fall ist sie zeitlich begrenzt. Neben diesen Schleppkräften gibt es aber auch noch andere Ursachen, wie die turbulente, molekulare und elektrische Diffusion.

2.3.1 Die turbulente Diffusion

Turbulente Strömungen sind dadurch gekennzeichnet, daß sich Gasteilchen nicht nur in Strömungsrichtung, sondern auch quer dazu bewegen. Diese Querbewegung kann man sich als einen gegenseitigen Austausch von Gasballen vorstellen. Mit diesem Austausch ist auch ein Impulsaustausch verbunden. Dieser ist wesentlich größer als bei einem Austausch im molekularen Bereich, also bei einer Schicht- oder laminaren Strömung.

Aus den Geschwindigkeitsschwankungen bei einer turbulenten Strömung resultieren scheinbare Spannungen τ', die sich nach PRANDTL wie folgt beschreiben lassen [40]:

$$\tau' = \varrho\, l^2 \left|\frac{\mathrm{d}\bar{v}}{\mathrm{d}y}\right| \frac{\mathrm{d}\bar{v}}{\mathrm{d}y}. \tag{2.22}$$

Faßt man in dieser Gleichung den Ausdruck

$$A_\tau = \varrho\, l^2 \left|\frac{\mathrm{d}\bar{v}}{\mathrm{d}y}\right| \tag{2.23}$$

zu einem Begriff zusammen, so gilt:

$$\tau' = A_\tau \frac{\mathrm{d}\bar{v}}{\mathrm{d}y}. \tag{2.24}$$

Die Größe A_τ, die die Dimension einer Zähigkeit hat, wird als Austausch bezeichnet. Dieser Austausch bewirkt in einer Aerodispersion mit der Konzentration ζ einen Massenstrom der Größe

$$\dot{M} = -S \frac{A_{\mathrm{T}}}{\varrho} \frac{\mathrm{d}\zeta}{\mathrm{d}y}. \tag{2.25}$$

Der Ausdruck A_{T}/ϱ ist als ein Diffusionskoeffizient aufzufassen, wobei zu berücksichtigen ist, daß der Impulsaustausch A_τ zahlenmäßig nicht mit dem Staubteilchenaustausch A_{T} übereinstimmen muß.

Der Austausch läßt sich für bestimmte Fälle in Verbindung mit dem Experiment bestimmen. Bei der Strömung entlang von Wänden beträgt die gesamte Schubspannung (Zähigkeitsspannung + scheinbare Schubspannung durch Turbulenz)

$$\tau = \eta \frac{\mathrm{d}\bar{v}}{\mathrm{d}y} + \varrho\, l^2 \left(\frac{\mathrm{d}\bar{v}}{\mathrm{d}y}\right)^2. \tag{2.26}$$

Das erste Glied kann für nicht wandnahe Punkte und turbulente Strömung vernachlässigt werden. Damit wird:

$$\sqrt{\frac{\tau}{\varrho}} = l \frac{\mathrm{d}\bar{v}}{\mathrm{d}y} = \varkappa\, y \frac{\mathrm{d}v}{\mathrm{d}y} = v^* \tag{2.27}$$

mit $\varkappa = l/y$. Aus (2.27) wird

$$\frac{v}{v^*} = \frac{1}{\varkappa} \ln \frac{y\,v^*}{\nu} + C_1 . \tag{2.28}$$

Für glatte Rohre gilt nach NIKURADSE $\varkappa = 0{,}4$ und $C_1 = 5{,}5$. Damit lautet Gl. (2.28) mit dem Zehnerlogarithmus:

$$\frac{v}{v^*} = 5{,}75 \log \frac{y\,v^*}{\nu} + 5{,}5 . \tag{2.29}$$

Die Diffusion errechnet sich mit der Annahme $A_\tau = A_T$ zu:

$$D_T = \frac{A_T}{\varrho_L} = \varkappa\, v^*\, y . \tag{2.30}$$

2.3.2 Molekulare Diffusion von Staubteilchen

Die regellose Zitterbewegung von dispergierten, feinen Teilchen hat als erster der englische Botaniker BROWN im Jahre 1827 beschrieben. EINSTEIN (1905) und SMOLUCHOWSKI (1906) erkannten, daß diese regellosen Zitterbewegungen auf Zusammenstöße zwischen den Gasmolekülen, die sich in einer ständigen regellosen Wärmebewegung befinden, und den Teilchen zurückzuführen sind. Die aus verschiedenen Richtungen mit unterschiedlicher Stärke erfolgenden Stoßimpulse gleichen sich nicht aus, so daß die Brownschen Bewegungen entstehen.

Für diese Bewegungen haben EINSTEIN und SMOLUCHOWSKI eine Theorie entwickelt, die davon ausgeht, daß die dispergierten Teilchen mit den umgebenden Molekülen im thermischen Gleichgewicht stehen. Nach der kinetischen Gastheorie (CLAUSIUS, MAXWELL, BOLTZMANN) gilt dann:

$$1/2\, m_T w_T^2 = 3/2\, k\, T , \tag{2.31}$$

m_T Teilchenmasse, k Boltzmann-Konstante $= R/N$ mit $R =$ Gaskonstante und $N =$ Loschmidt-Zahl,
w_T^2 mittleres Geschwindigkeitsquadrat der Teilchen.

Die mittlere Verschiebung eines Teilchens in bestimmten Zeitbereichen t beträgt

$$\overline{x}^2 = \text{const}\, t , \tag{2.32}$$

wobei x die Projektion der Strecke zwischen der Lage am Anfang und am Ende des Intervalls t angibt. Damit wird

$$\overline{x}^2 = 2k\,T\,B\,t = 2D_M\,t \tag{2.33}$$

mit B Teilchenbeweglichkeit (Quotient aus der Geschwindigkeit eines Teilchens in einem zähen Medium und der Kraft, die diese Geschwindigkeit bewirkt (Betragswerte)) und D_M Diffusionskoeffizient [m²/s].

Die Brownsche Bewegung hat eine Diffusion der Teilchen zur Folge. Man versteht darunter einen statistischen Ausgleichsvorgang zwischen

Atomen, Molekülen oder kleinen Teilchen infolge der Wärmebewegung. Durch die Diffusion gelangen Teilchen von Orten höherer zu solchen mit niedrigerer Konzentration. Für den Diffusionsstrom, also den durch eine Flächeneinheit hindurchtretenden Teilchenstrom in x-Richtung, gilt mit der Konzentration ζ und bei konstantem Druck und konstanter Temperatur das erste Ficksche Gesetz

$$\frac{\mathrm{d}M}{\mathrm{d}t} = -D_\mathrm{M}\, S\, \frac{\mathrm{d}\zeta}{\mathrm{d}x}. \tag{2.34}$$

Aus dieser und der Kontinuitätsgleichung ergibt sich das zweite Ficksche Gesetz, das die Zeitabhängigkeit der Konzentrationsänderung beschreibt.

$$\frac{\partial \zeta}{\partial t} = D_\mathrm{M}\, \frac{\partial^2 \zeta}{\partial x^2}. \tag{2.35}$$

Für den Konzentrationsausgleich sind neben Druck und Temperatur das Konzentrationsgefälle und der Diffusionskoeffizient bestimmend. Dieser ist von der Gasart abhängig, insbesondere aber von der Korngröße.

Mit der Teilchenbeweglichkeit aus dem Stokesschen Gesetz und der Korrektur nach CUNNINGHAM [s. Gl. (2.13)] wird nach Gl. (2.33):

$$D_\mathrm{M} = \frac{k\, T\, Cu}{3\pi\, \eta\, d}. \tag{2.36}$$

Einige Werte für D_M nach dieser Gleichung sind in Tab. 2.3 dargestellt [190].

Tabelle 2.3

Diffusionskoeffizient für verschiedene Teilchengrößen (20 °C; 760 Torr)

Teilchengröße µm	10	1	0,1	0,01	0,001
D_M [cm²/s]	$2{,}4 \cdot 10^{-8}$	$2{,}7 \cdot 10^{-7}$	$6{,}1 \cdot 10^{-6}$	$4{,}0 \cdot 10^{-4}$	$3{,}8 \cdot 10^{-2}$

Diese Tabelle zeigt die große Abhängigkeit des Diffusionskoeffizienten und damit der molekularen Diffusion von der Teilchengröße. Es sei erwähnt, daß sich diese Diffusion in der Entstaubungstechnik bei Normalbedingungen erst für Teilchen etwa $d < 1$ µm auswirkt.

Die Diffusion hat für die Entstaubungstechnik Bedeutung, sowohl für die Stabilität von Aerodispersionen bzw. den Konzentrationsausgleich, als auch für die Entstaubung selbst. Durch die Diffusion gelangen Staubteilchen zu den Oberflächen (Abtrennungsflächen) von festen oder flüssigen Stoffen, haften hier fest oder gehen in die Flüssigkeit und sind damit der Aerodispersion entzogen.

2.3.3 Die Elektro-Diffusion

Die Erhaltung von Aerosolen kann auch durch elektrische Kräfte bedingt sein. Sobald Staubteilchen Ladungen tragen, deren Summe von Null verschieden ist, entsteht ein elektrisches Feld, das eine Zerstreuung der Teilchen in den Raum bewirkt.

Die Theorie des Verhaltens von unipolar geladenen, dispergierten Teilchen ist u. a. von TOWNSEND [41], WILSON [42], FOSTER [43], FUCHS [11], PICH [44] und WHITBY [45] behandelt worden. Bezeichnet E die Stärke des durch die Teilchen gebildeten elektrischen Feldes, so kann man ohne Berücksichtigung anderer Einflüsse (z. B. Schwere) den Ansatz machen

$$\operatorname{div} E = 4\pi\, n_V\, q\,, \tag{2.37}$$

wobei q die Teilchenladung angibt. Mit der Teilchenbeweglichkeit

$$B = \frac{w}{q E} \tag{2.38}$$

und

$$\operatorname{div} w = -\frac{1}{n_V} \frac{\mathrm{d} n_V}{\mathrm{d} t} \tag{2.39}$$

wird aus (2.37)

$$-\frac{1}{n_V} \frac{\mathrm{d} n_V}{\mathrm{d} t} = 4\pi\, q^2\, n_V\, B\,. \tag{2.40}$$

Die Lösung dieser Differentialgleichung lautet mit $n_V = n_{V_0}$ für $t = 0$

$$\frac{n_V}{n_{V_0}} = \frac{1}{(4\pi\, n_{V_0}\, q^2\, B\, t) + 1}\,. \tag{2.41}$$

Diese Gleichung zeigt, wie die räumliche Konzentration mit der Zeit bei unipolar geladenen Teilchen abnimmt. Für $t \to \infty$ geht die Konzentration $n_V \to 0$. Bei bipolar aufgeladenen Teilchen ist der Zusammenhang nicht so übersichtlich.

Tabelle 2.4

Halbwertzeiten eines unipolar geladenen Aerosols (Konzentration $n_{V_0} = 10^5/\mathrm{cm}^3$, $e = 1{,}6 \cdot 10^{-19}$ C)

d (μm)	t (s) $q = 1\,e$	t (s) $q = 2\,e$	t (s) $q = 5\,e$	t (s) $q = 50\,e$
0,02	$9{,}70 \cdot 10^2$	$2{,}42 \cdot 10^2$	$3{,}88 \cdot 10^1$	0,39
0,1	$1{,}95 \cdot 10^4$	$4{,}88 \cdot 10^3$	$7{,}81 \cdot 10^2$	7,81
0,2	$6{,}33 \cdot 10^4$	$1{,}58 \cdot 10^4$	$2{,}53 \cdot 10^3$	$2{,}53 \cdot 10^1$
1,0	$5{,}04 \cdot 10^5$	$1{,}26 \cdot 10^5$	$2{,}02 \cdot 10^4$	$2{,}02 \cdot 10^2$
2,0	$1{,}18 \cdot 10^6$	$2{,}94 \cdot 10^5$	$4{,}71 \cdot 10^4$	$4{,}71 \cdot 10^2$
10,0	$5{,}90 \cdot 10^6$	$1{,}47 \cdot 10^6$	$2{,}36 \cdot 10^5$	$2{,}36 \cdot 10^3$

Die Zerstreuung von aufgeladenen Aerodispersionen läßt sich recht anschaulich durch die Halbwertzeit beschreiben. Dies ist die Zeit, in der die Teilchenkonzentration des Systems durch Zerstreuung auf die Hälfte abgesunken ist. In den Tab. 2.4 und 2.5 sind einige von PICH [44] errechnete Halbwertzeiten angegeben, die den Einfluß der Teilchengröße, der Aufladung und der Zeit zeigen. So beträgt die Halbwertzeit für unipolar geladene Teilchen bei den genannten Bedingungen für $q = 1\,e$ und $d = 0{,}02\,\mu m$ etwa 16 min, bei $d = 10\,\mu m$ dagegen bereits über 68 Tage.

Tabelle 2.5

Halbwertzeiten eines bipolar geladenen Aerosols für $A = 16$, $n_{V_0} = 10^5/cm^3$

$$A = \text{Asymmetriegrad} = \frac{n_{V0-}}{n_{V0+}}$$

d (μm)	t (s) $q = 1\,e$	t (s) $q = 2\,e$	t (s) $q = 5\,e$	t (s) $q = 50\,e$
0,02	$2{,}54\cdot 10^3$	$6{,}35\cdot 10^2$	$1{,}02\cdot 10^2$	1,02
0,1	$5{,}11\cdot 10^4$	$1{,}28\cdot 10^4$	$2{,}05\cdot 10^3$	$2{,}05\cdot 10^1$
0,2	$1{,}66\cdot 10^5$	$4{,}14\cdot 10^4$	$6{,}64\cdot 10^3$	$6{,}64\cdot 10^1$
1,0	$1{,}32\cdot 10^6$	$3{,}30\cdot 10^5$	$5{,}30\cdot 10^4$	$5{,}30\cdot 10^2$
2,0	$3{,}09\cdot 10^6$	$7{,}71\cdot 10^5$	$1{,}23\cdot 10^5$	$1{,}23\cdot 10^3$
10,0	$1{,}55\cdot 10^7$	$3{,}85\cdot 10^6$	$6{,}19\cdot 10^5$	$6{,}19\cdot 10^3$

Die vorgenannten Erscheinungen wie turbulente, molekulare und elektrische Diffusion können einer Verschiebung der Teilchen zum Zwecke der Entstaubung entgegenwirken, sie aber auch unterstützen, je nach Art der gegebenen Bedingungen.

2.4 Das An- und Zusammenhaften von Staubteilchen

Haftkräfte zwischen den Staubteilchen und zwischen diesen und anderen Körpern sind für die Entstaubung aus mehreren Gründen von Bedeutung. So treten bei der Verschiebung der Staubteilchen Zusammenstöße auf, die wegen der Haftkräfte zu einer Agglomeration führen können. Ein solcher Vorgang begünstigt die Entstaubung in allen Staubabscheidern. Einen besonderen Einfluß haben die Haftkräfte bei den Elektro- und Filtrationsentstaubern, weil die Güte der Abscheidung wesentlich von den Kräften abhängt, die die abgeschiedenen Staubteilchen an der Niederschlagselektrode oder am porösen Filterstoff festhalten.

Obwohl alle Haftkräfte zwischen Staubteilchen letztlich elektrischen Ursprungs sind, lassen sie sich für eine makroskopische Betrachtungsweise und ohne Berücksichtigung chemischer Bindekräfte in 3 Gruppen aufgliedern. Es läßt sich unterscheiden zwischen van der Waalsschen, kapillaren und Coulombschen Haftkräften.

Mit diesen Kräften und ihren Auswirkungen auf das An- und Zusammenhaften befassen sich insbesondere Übersichtsaufsätze oder Arbeiten von Corn [46], Zebel [47], Pietsch [48], Löffler [49], Krupp [50] und Kottler [51]. Hingewiesen sei auch auf das Tagungsheft „Physik der Adhäsion" [52].

2.4.1 van der Waalssche Kräfte

Unter van der Waalsschen Kräften faßt man alle die zwischen den Molekülen oder Atomen wirkenden Kräfte mit Ausnahme der chemischen Bindungskräfte zusammen. Bei makroskopischer Betrachtungsweise betragen diese Kräfte zwischen zwei Ebenen [50]:

$$F_{\mathrm{vdW}} = S \frac{\hbar \bar{\omega}}{8\pi^2 s_0^3}, \qquad (2.42)$$

$\hbar \bar{\omega}$ Lifshitz-van der Waals-Konstante,
s_0 Abstand der Haftpartner.

Bei der Berührung einer Kugel mit dem Durchmesser d und einer Ebene gilt:

$$F_{\mathrm{vdW}} = \frac{\hbar \bar{\omega}}{16\pi s_0^2} d. \qquad (2.43)$$

Bei einer nichtidealen Kugel ist für d der Rauhigkeitsradius r' an der Kontaktstelle einzusetzen. Vorstellungen über die Größe dieser Kräfte vermitteln einige Beispiele nach Löffler [49]:

Die Lifshitz-van der Waals-Konstante beträgt für Kunststoffe $\approx 0{,}6$ eV, für Metalle und Halbleiter ≈ 2 bis 11 eV. Bei Haftpartnern aus verschiedenen Stoffen gilt angenähert:

$$\hbar\bar{\omega}_{12} \approx \sqrt{\hbar\bar{\omega}_{11}\, \hbar\bar{\omega}_{22}}. \qquad (2.44)$$

Für den Abstand darf man Werte von $s_0 \approx 4$ Å annehmen (1 Å = 10^{-4} µm). Mit diesem Abstand ergeben sich für die Haftung von Quarz- und Kalksteinteilchen von etwa 10 µm an Kunststoffasern folgende Haftkräfte:

$$r' = 0{,}5\ \mu\mathrm{m}: F_{\mathrm{vdW}} = 3 \text{ bis } 4 \text{ mdyn},$$
$$r' = 0{,}1\ \mu\mathrm{m}: F_{\mathrm{vdW}} = 0{,}6 \text{ bis } 0{,}8 \text{ mdyn}.$$

Bei einer Mehrpunktauflage sind die Kräfte entsprechend zu addieren.

Bei einer Verformung der Haftpartner an der Berührungsstelle ergeben sich größere Haftkräfte als nach den Gln. (2.42) und (2.43) [50].

Infolge der van der Waalsschen Kräfte adsorbieren die Staubteilchen Moleküle aus der Umgebung. Bei Aerodispersionen bestehen diese Schichten aus Wassermolekülen. Die Menge ist abhängig vom Druck, der Temperatur und der relativen Luftfeuchtigkeit. Durch diese Schichten kann die Haftkraft aus verschiedenen Gründen ansteigen. So kann dadurch der Teilchenabstand verringert und die Kontaktfläche vergrößert werden. Auch sind die Wirkungen elektrischer Doppelschichten zu berücksichtigen.

Die van der Waalsschen Haftkräfte sinken schnell mit wachsendem Abstand. Für $s_0 > 100$ Å können diese Kräfte für eine Haftung vernachlässigt werden.

2.4.2 Kapillare Haftkräfte

Bei Feuchtigkeit, die auch durch Kapillarkondensation aus der Umgebung zugeführt werden kann, bilden sich zwischen den Haftpartnern Flüssigkeitsbrücken aus. Bei voller Benetzung und einer geringen Flüssigkeitsmenge gilt [49]:

$$F_K = 2\pi\, \sigma\, d\,. \tag{2.45}$$

Für Wasser mit einer Oberflächenspannung von $\sigma = 72$ dyn/cm und $d = 0{,}5$ µm errechnet sich eine kapillare Haftkraft von $F_K \approx 45$ mdyn.

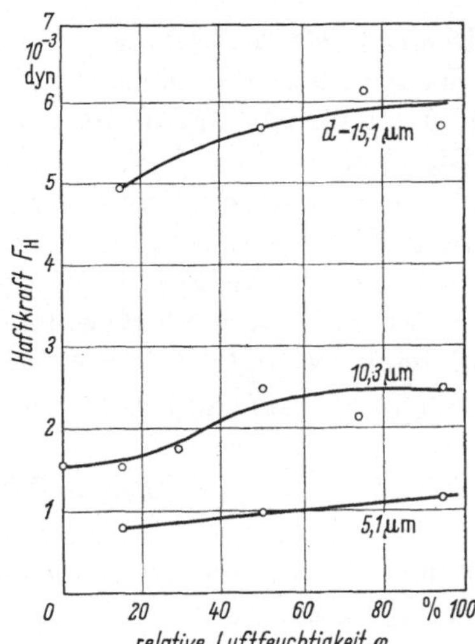

Abb. 2.7 Haftkräfte zwischen Quarzteilchen unterschiedlicher mittlerer Korngröße und Polyamidfasern von 50 µm Durchmesser in Abhängigkeit von der relativen Luftfeuchtigkeit nach LÖFFLER [49] (Filtrationsgeschwindigkeit) 0,42 m/s).

Die sich nach Gl. (2.45) ergebenden Werte stimmen recht gut mit Meßwerten überein, wenn die Rauhigkeit berücksichtigt wird. In solchen Fällen ist der Rauhigkeitsradius r' einzuführen. Der Einfluß der Rauhigkeit sinkt mit zunehmender Korngröße. Für $d > 100$ µm kann man im allgemeinen die Rauhigkeit vernachlässigen [46]. Bei nicht voller Benetzung, wie z. B. an vielen Kunststoffen, liegen die kapillaren Haftkräfte niedriger als nach der Gleichung, wie Messungen von LÖFFLER [49] zeigen (Abb. 2.7). In dieser Abb. ist auch der bedeutende Einfluß der Luftfeuchtigkeit zu erkennen.

2.4.3 Coulombsche Haftkräfte

Staubteilchen tragen aus unterschiedlichen Gründen oft eine Ladung. Über die Kräfte zwischen solchen Ladungen gibt das Coulombsche

Gesetz Auskunft. Zwischen zwei Punktladungen der Größen q_1 und q_2 und dem Abstand s_0 gilt:

$$F_C = \frac{q_1 q_2}{4\pi \varepsilon_0 \varepsilon_r s_0^2} \tag{2.46}$$

mit ε_0 Influenzkonstante, ε_r Dielektrizitätszahl.

Bei gleichsinnigen Ladungen ergibt sich eine Abstoßung, im umgekehrten Fall eine Anziehung. Für geladene Staubteilchen auf einer Ebene entwickelt sich aus dieser Gleichung die Beziehung [51]:

$$F_C = \frac{q^2}{8\pi \varepsilon_0 d \delta} \frac{\ln\left(1 + \frac{\delta}{s_0}\right)}{\left(\gamma + \frac{1}{2} \ln \frac{d}{s_0}\right)\left(\gamma + \frac{1}{2} \ln \frac{d}{s_0 + \delta}\right)}. \tag{2.47}$$

δ Eindringtiefe der Ladung, γ Eulersche Konstante $= 0{,}5772$.

Bei 10^3 Elementarladungen pro Teilchen ergeben sich für $d = 10\,\mu m$ und $\delta = 5$ bis 10 Å Haftkräfte von $F_C \approx 0{,}05$ bis 0,06 mdyn.

Die Coulombschen Kräfte liegen demnach sehr viel niedriger als die van der Waalsschen Kräfte, außer bei einer sehr hohen Teilchenaufladung. Eine solche wird im Elektroentstauber erreicht.

Befindet sich das System Staubteilchen/Platte in einem elektrischen Feld, wie z. B. beim Elektroentstauber, ergeben sich zusätzliche Kräfte und damit wesentlich höhere Werte. Für diese Bedingungen geben Lowe und Lucas (Kap. 6) folgende Näherungsgleichung an:

$$F_{Cel} \approx d^2 \left(C E i \varrho - \frac{E^2}{32}\right). \tag{2.48}$$

i Sprühstrom (Ladungen pro Zeiteinheit), ϱ spez. elektrischer Widerstand, C Konstante

2.4.4 Agglomeration [47]

Zur Agglomeration von Staubteilchen sind zwei Bedingungen erforderlich, nämlich eine Berührung und ausreichende Haftkräfte.

Die Wahrscheinlichkeit von Zusammenstößen hängt wesentlich von der Staubkonzentration und von den Teilchenbewegungen ab. Eine Übersicht über die Ursachen, die zu Zusammenstößen zwischen den Teilchen führen können, zeigt Tab. 2.6.

Die Tabelle läßt sichtbar werden, daß es sehr viele Gründe für Zusammenstöße geben kann. Für Zweierstöße zwischen gröberen Teilchen z. B. $d > 1\,\mu m$ sind meist die Turbulenzdiffusion, Strömungs- und äußere Kräfte verantwortlich. Demgegenüber wirken sich für Teilchen mit $d < 1\,\mu m$ die molekulare Diffusion und auch äußere Kräfte aus. Die Coulomb- und van der Waalsschen Kräfte liefern wegen der geringen Reichweite meist nur einen geringen Beitrag für Zusammenstöße.

Tabelle 2.6

Kräfte bzw. Wirkungen, die bei Aerodispersionen zu Teilchenzusammenstößen führen können

Kräftegruppen	Kräfte bzw. Wirkungen
1 Kräfte über das Trägermedium	Molekulare Diffusion Turbulenzdiffusion Strömungskräfte
2 Kräfte, die von den Staubteilchen ausgehen	van der Waalssche Kräfte Coulombsche Kräfte
3 äußere Kräfte	magnetische Kräfte elektrische Kräfte Schwer- und Fliehkräfte Schallkräfte

3. Der Schwerkraftentstauber

Im Schwerkraftentstauber durchströmt die Aerodispersion den im allgemeinen rechteckigen Verschiebungsraum horizontal. Die während dieser Durchströmung wirksamen Schwerkräfte verschieben die Staubteilchen mit der Fallgeschwindigkeit nach Gl. (2.18) in Richtung zur Abtrennungsfläche (Abb. 3.1). Die Fallgeschwindigkeit ist nahezu identisch mit der Trenngeschwindigkeit, weil die turbulente Diffusion in Fallrichtung wegen der großen Abmessungen des Entstaubungsraumes, der niedrigen Gasgeschwindigkeiten, von z. B. 1,5 bis 2 m/s, und der groben Staubteilchen, z. B. $d > 100\,\mu\text{m}$ nicht sehr groß ist.

3.1 Entstaubung von Aerodispersionen aus gleich großen Staubteilchen

Um den Entstaubungsvorgang übersichtlich darstellen zu können, werden einige untergeordnete Einflüsse vernachlässigt. Es wird angenommen, daß die Gasgeschwindigkeit über dem Querschnitt konstant, der Staub im einströmenden Gas homogen verteilt und die Teilchengeschwindigkeit gleich der Gasgeschwindigkeit ist ($w_\text{h} = v_\text{g}$).

Unter dem Einfluß der Fallgeschwindigkeit bildet sich ein staubfreier Raum aus mit der Höhe

$$y = l\,\frac{w}{v_\text{g}}\,. \tag{3.1}$$

Die Staubbelastung des Verschiebungsraumes ζ^* beträgt dann örtlich:

$$\zeta^*_{(l)} = \zeta_\text{roh}\,\frac{H-y}{H} = \zeta_\text{roh}\left(1-\frac{y}{H}\right) = \zeta_\text{roh}\left(1-\frac{l\,w}{v_\text{g}\,H}\right). \tag{3.2}$$

Mit Gl. (2.2) und $l = L$ wird:

$$\eta_\text{G} = \frac{\zeta_\text{roh} - \zeta_\text{roh}\left(1-\dfrac{L\,w}{v_\text{g}\,H}\right)}{\zeta_\text{roh}}\cdot 100 = \frac{L\,w}{v_\text{g}\,H}\cdot 100\,. \tag{3.3}$$

Nach dieser Gleichung kann η_G formal auch größer als 1 bzw. 100% werden. Dies beinhaltet, daß dann der Staub bereits an einer Stelle l vor Austritt des Gases aus dem Entstaubungsraum vollständig abgeschieden ist.

3.2 Entstaubung von Aerodispersionen aus Teilchen verschiedener Größe

Zur Bestimmung der Abscheidegüte unter diesen Bedingungen wird zusätzlich noch angenommen, daß sich die Teilchen beim Fallvorgang nicht beeinflussen, obwohl ihre Fallgeschwindigkeit verschieden ist.

Zur Erfassung des Entstaubungsvorganges bei Staub aus Teilchen verschiedener Größe darf man sich die Teilchen verschiedenen Schichten zugeordnet denken, die in Richtung der Breite B (Abb. 3.1) hintereinanderliegen. In jeder Schicht ist die Korngröße einheitlich. Es gibt soviele Schichten wie Korngrößen. Gedanklich entspricht dies einer großen Zahl von nebeneinander aufgestellten Schwerkraftentstaubern, wobei in jedem Entstauber eine Korngröße vorkommt.

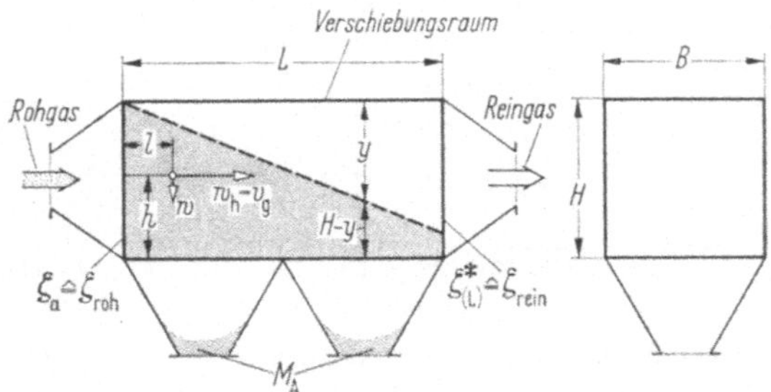

Abb. 3.1 Schema eines Schwerkraftentstaubers.

Für jede Schicht gilt Gl. (3.3). Wird die Korngrößenverteilung durch die Summenverteilung R beschrieben, so beträgt der Anteil jeder Korngröße $\mathrm{d}R(d)$. Damit wird:

$$\eta_G = \int_{R=0}^{R=100} \frac{w(d)\,L}{v_g\,H}\,\mathrm{d}R(d)\,. \tag{3.4}$$

Führt man die jeweils gültige Fallgeschwindigkeit ein, z. B. Gl. (2.17), so wird:

$$\eta_G = \frac{(\varrho_K - \varrho_L)}{18\,\eta\,v_g\,H}\,g\int_{R=0}^{R=100} d^2\,\mathrm{d}R\,. \tag{3.5}$$

Mit Hilfe des Schichtmodells läßt sich der Stufenentstaubungsgrad ohne weitere Erläuterung angeben:

$$\eta_{St}(d) = \frac{w(d)\,L}{v_g\,H}\cdot 100\,. \tag{3.6}$$

Diese Gleichung veranschaulicht recht gut den Stufenentstaubungsgrad. Dieser verändert sich nicht mit der Größenverteilung des Staubes, sondern nur mit den Abmessungen und den Betriebswerten des Entstaubers. Beispiel: Abmessungen des Schwerkraftentstaubers

$B = 3$ m; $H = 1, 2, 3, 4$ m; $L = 6$ m; $v_g = 1{,}5$ m/s.

Gaszustand: 760 Torr und $T = 25$ °C, Dichte $\varrho_K = 2$.

Die nach Gl. (3.6) errechneten Stufenentstaubungsgrade sind in Abb. 3.2 dargestellt.

Dieses Beispiel wie auch die Gln. (3.3) und (3.4) zeigen, daß sich die Abscheidegüte durch Verringern der Höhe und der Gasgeschwindigkeit und Verlängern des Entstaubungsraumes verbessern läßt.

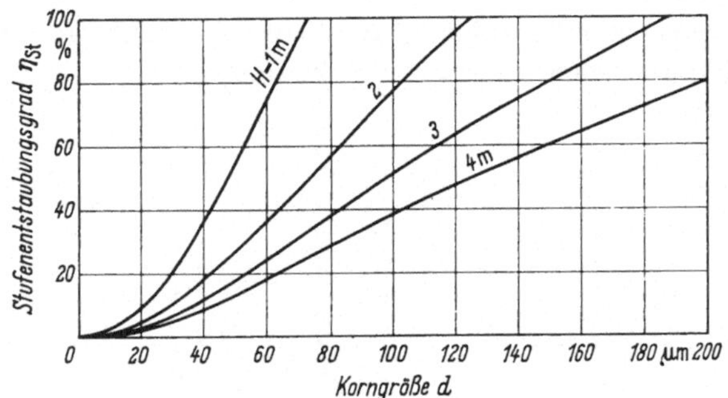

Abb. 3.2 Stufenentstaubungsgrade für einen Schwerkraftentstauber mit verschiedener Bauhöhe H.

Ganz allgemein zeigt der Schwerkraftentstauber recht übersichtlich die Funktion eines Entstaubers. Es wird z. B. jedes Teilchen abgeschieden, bei dem die Trennzeit, das ist die Verschiebungszeit bis zum Erreichen der Abtrennungsfläche, kleiner ist als die Verweilzeit ($h/w < L/v_g$). Dieser Entstauber ist eine der wenigen Bauarten, bei der sich die Güte ohne Versuche mit hinreichender Genauigkeit vorausberechnen läßt.

3.3 Bauarten

Die Schwerkraftentstauber sind im Prinzip Kammern, die im Aufbau dem mit Abb. 3.1 gezeigten Schema entsprechen. Da sich die Abscheidegüte über die Abscheidehöhe bei sonst gleichen Bedingungen verändern läßt, bietet sich für eine solche Aufgabe die Etagenbauweise an. Eine Ausführung zeigt Abb. 3.3.

Nachteilig ist bei dieser Bauart der schwierige Austrag des abgeschiedenen Staubes und insbesondere die Gefahr, daß dieser von der Strömung wieder mitgerissen wird.

Auf Grund der mit Abb. 3.2 gezeigten Stufenentstaubungsgrade ist der Schwerkraftentstauber nur zur Abscheidung grober Staubteilchen geeignet. Durch die Etagenbauweise läßt sich die Trennkorngröße theoretisch zwar beliebig senken, doch sind dieser Möglichkeit aus schon erwähnten Gründen Grenzen gesetzt. Der Schwerkraftentstauber wird daher im allgemeinen als Vorabscheider für die groben Anteile des Staubes eingesetzt, wie z. B. bei Feuerungsanlagen, dem Hochofenprozeß (Gichtgasentstaubung), bei Grubenanlagen und bei Röstöfen.

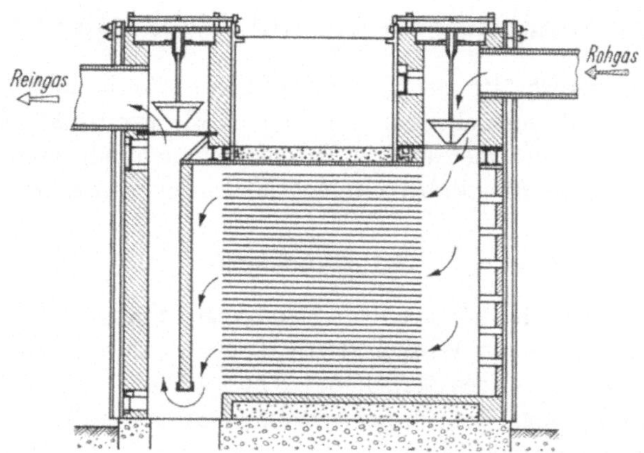

Abb. 3.3 Schwerkraftentstauber mit Zwischenböden (Bauart Howard) [2].

Die Vorteile des Schwerkraftentstaubers sind:

a) geringe Baukosten,
b) einfache Konstruktion,
c) geringer Druckverlust,
d) keine Temperaturbegrenzung,
e) keine Verschleißprobleme.

Die Nachteile sind:

a) großer Raumbedarf,
b) der Entstauber ist nur zur Abscheidung grober Teilchen, z. B. $d > 100\,\mu m$ geeignet.

4. Kombinierte Schwer- und Fliehkraftentstauber

Da die Schwerkräfte zur Verschiebung von Staubteilchen vergleichsweise klein sind, versucht man, diese durch Fliehkräfte zu unterstützen, die durch ein- oder mehrmalige Strömungsumlenkung erzeugt werden. Dabei können die Fliehkräfte ein Mehrfaches der Schwerkräfte betragen.

4.1 Grundlagen

Um die Abscheidewirkungen von Strömungen mit gekrümmten Bahnen über einen begrenzten Winkelbereich (keine Umläufe) kennenzulernen, wird ein repräsentatives Modell betrachtet (Abb. 4.1). Es handelt sich im Prinzip um einen gekrümmten Schwerkraftentstauber. Um die Entstaubungsgüte η_G zu erhalten, ist analog zu Abb. 3.1 für eine bestimmte Teilchengröße die Kurve $r_{(\varphi)}$ zu finden, die den staubfreien Raum begrenzt, wodurch auch

$$\zeta^*(\varphi) = \zeta_a \frac{r_a - r(\varphi)}{r_a - r_i} \tag{4.1}$$

bestimmt ist. Dann sind mit ζ_a und ζ^* an der Stelle $\varphi = \pi$ die Werte für die Bestimmung von η_G vorhanden. Die folgenden Ableitungen gelten für gleichkörnigen Staub.

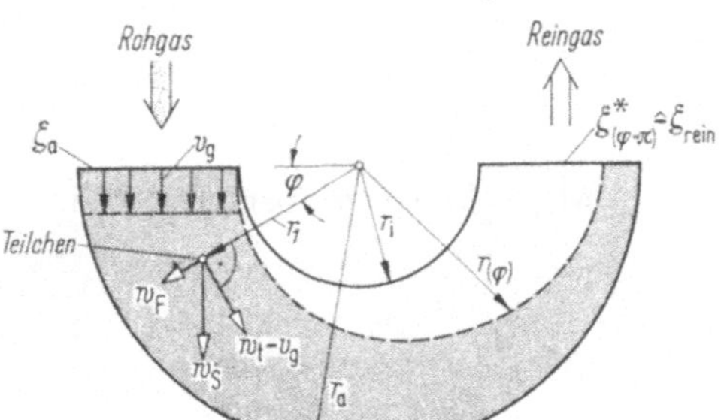

Abb. 4.1 Modell für eine überlagerte Schwer- und Fliehkraftentstaubung.

Für den vorgegebenen Fall darf man annehmen, daß die Gasgeschwindigkeit v_g während der Durchströmung konstant bleibt. Ohne Flieh- und Schwerkräfte würden die Staubteilchen den Entstaubungsraum auf dem jeweiligen Radius r mit der Tangentialkomponente $w_t = v_g$ durchströmen. Durch die Fliehkraft entsteht aber eine Komponente w_F und durch die Schwere die Komponente w_S. Es gilt mit den Benennungen nach Abb. 4.1 und dem Ansatz, daß sich die senkrecht zueinander stehenden differentiellen Wege in r- und φ-Richtung aus Geschwindigkeit × Zeit ergeben:

$$\mathrm{d}r = \mathrm{d}t(w_\mathrm{F}(r) + w_\mathrm{s}\sin\varphi)\,, \tag{4.2}$$

$$r\,\mathrm{d}\varphi = \mathrm{d}t\,(v_\mathrm{g} + w_\mathrm{s}\cos\varphi)\,. \tag{4.3}$$

Damit erhält man die allgemeine Gleichung:

$$\frac{\mathrm{d}r}{\mathrm{d}\varphi} = r\cdot\frac{w_\mathrm{F}(r) + w_\mathrm{s}\sin\varphi}{v_\mathrm{g} + w_\mathrm{s}\cos\varphi}\,. \tag{4.4}$$

Diese Gleichung läßt sich nur numerisch lösen. Um aber gewisse Vorstellungen über die Einflußgrößen zu entwickeln, werden Flieh- und Schwerkräfte getrennt betrachtet. Dann ist die Gl. (4.4) lösbar.

Nur Schwerkräfte:

$$\frac{\mathrm{d}r}{\mathrm{d}\varphi} = r\,\frac{w_\mathrm{s}\sin\varphi}{v_\mathrm{g} + w_\mathrm{s}\cos\varphi}\,. \tag{4.5}$$

Die Lösung für die gestrichelt gezeichnete Grenzkurve lautet:

$$r(\varphi) = r_\mathrm{i}\,\frac{v_\mathrm{g} + w_\mathrm{s}}{v_\mathrm{g} + w_\mathrm{s}\cos\varphi}\,. \tag{4.6}$$

Durch die Form ist die Entstaubung auf das Volumen des Verschiebungsraumes bezogen nicht so günstig wie bei gerader Bauart.

Nur Fliehkräfte:

$$\frac{\mathrm{d}r}{\mathrm{d}\varphi} = \frac{r\,w_\mathrm{F}}{v_\mathrm{g}} = \frac{r}{v_\mathrm{g}}\,\frac{1}{18\eta}\,(\varrho_\mathrm{K} - \varrho_\mathrm{L})\,d^2\,\frac{v_\mathrm{g}^2}{r}\,, \tag{4.7}$$

$$r(\varphi) = r_\mathrm{i} + \frac{1}{18\eta}\,(\varrho_\mathrm{K} - \varrho_\mathrm{L})\,d^2\,v_\mathrm{g}\,\varphi\,. \tag{4.8}$$

Die gesuchte Kurve ist eine archimedische Spirale. Die radiale Verschiebung – und damit auch der Gesamtentstaubungsgrad – ist ohne Berücksichtigung der Schwere und gegebenen Stoffgrößen nur von der Gasgeschwindigkeit und dem Winkel φ, nicht aber von der Krümmung abhängig.

Unter Berücksichtigung der gemachten Einschränkungen sind damit alle mit Gl. (4.1) geforderten Größen bestimmt und die Werte zur Berechnung des Gesamtentstaubungsgrades nach Gl. (2.2) vorhanden. Für nicht gleichkörnigen Staub ist der Gang der Rechnung analog dem in Abschn. 3.2.

4.2 Bauarten

Im Hinblick auf die Bauarten ist zu erwähnen, daß diese recht vielfältig sind. Es lassen sich im wesentlichen zwei Gruppen unterscheiden, nämlich Umlenkströmungen ohne (Abb. 4.2) und mit Strömungsaufteilung. Einige Beispiele für Apparate mit Strömungsaufteilung oder hintereinandergeschalteter Umlenkung zeigt Abb. 4.3.

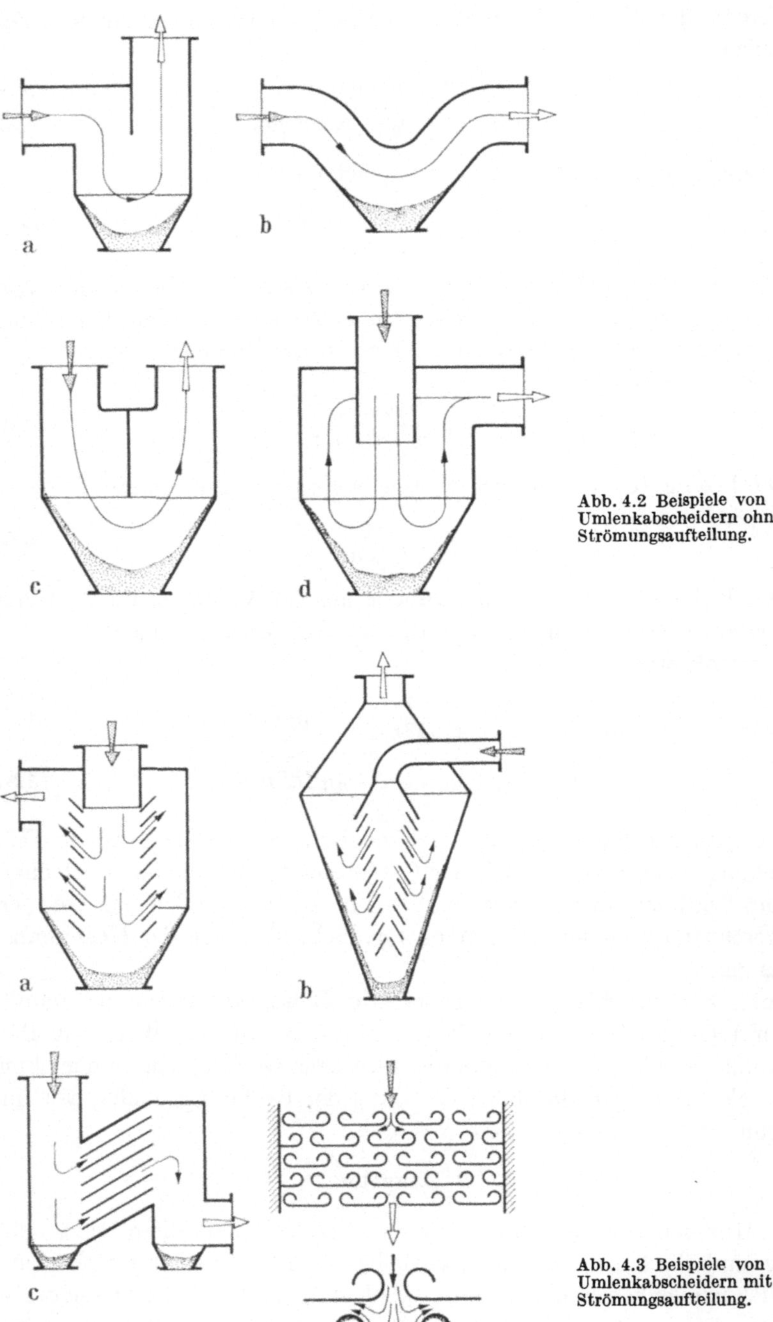

Abb. 4.2 Beispiele von Umlenkabscheidern ohne Strömungsaufteilung.

Abb. 4.3 Beispiele von Umlenkabscheidern mit Strömungsaufteilung.

5. Fliehkraftentstauber

5.1 Allgemeine Grundlagen

Bei den Fliehkraftentstaubern bewegen sich die Staubteilchen im Entstaubungsraum auf gekrümmten Bahnen, wobei sie eine *Anzahl von Umläufen* ausführen. Hierdurch entstehen Fliehkräfte, die sich zur Entstaubung ausnutzen lassen.

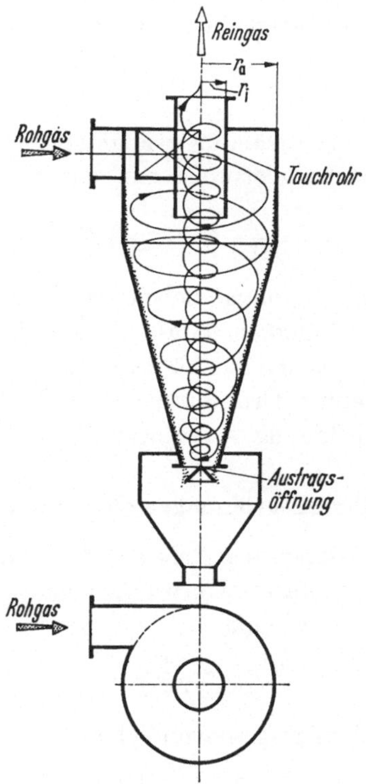

Abb. 5.1 Stromlinienverlauf in einem Zyklon.

Gekrümmte Bewegungsbahnen genannter Art erzeugt man im allgemeinen durch Umlaufströmungen. Ein für diese Aufgabe geeigneter Apparat ist der Zyklon (Abb. 5.1).

Die Aerodispersion wird tangential zugeführt. Sie strömt dann auf wendelförmigen Bahnen in den Kegel und von dort in einer ebenfalls rotierenden Kernströmung aufwärts, um mit dem Eintritt in das Tauchrohr den Entstaubungsraum zu verlassen. Auf diesem Weg entstehen Fliehkräfte, die die Staubteilchen zur Außenwand (Abtrennungsfläche) verschieben. Von hier gelangt der Staub entlang der Zyklonwand über die Austragsöffnung in den Staubbunker.

Da die so erzeugten Fliehkräfte die Schwerkräfte um mehrere Größenordnungen übertreffen können, lassen sich über Umlaufströmungen Korngrößen herab bis etwa 1 μm abscheiden, wenn man von Sonderfällen absieht. Eine untere Grenze ergibt sich aus den Wirkungen der Turbulenz und der Tatsache, daß die Fliehkräfte mit der dritten Potenz, die Strömungskräfte im laminaren Bereich aber nur proportional der Korngröße abnehmen.

Bei einer kreisförmigen Bewegung von Staubteilchen mit der Tangentialgeschwindigkeit w_t beträgt die Fliehkraft

$$F_F = m \frac{w_t^2}{r}. \tag{5.1}$$

In Verbindung mit dem Strömungswiderstand ergibt sich die Verschiebungsgeschwindigkeit beispielsweise mit dem Stokesschen Gesetz zu:

$$w = \frac{1}{18\eta} (\varrho_K - \varrho_L) d^2 \frac{w_t^2}{r}. \tag{5.2}$$

Der Entstaubungsvorgang hängt neben der Teilchengröße insbesondere von der Umlaufgeschwindigkeit w_t auf dem Radius r ab. Um hierüber allgemeine Aussagen machen zu können, sei an einige von der Strömungslehre her bekannte Grundformen von Umlaufströmungen — zunächst *ohne* Teilchenbeladung — erinnert [53—56].

5.1.1 Umlaufströmungen ohne Staubteilchen

5.1.1.1 Die Rotationsströmung. Bei einer Rotationsströmung (Abb. 5.2) rotiert das Gas wie ein starrer Körper mit der Zirkulation $\Gamma = 2\,\omega\,\pi\,r_0^2$. Die Stromlinien sind Kreise mit

$$\Psi = -\frac{\Gamma}{2\pi r_0^2} \frac{r^2}{2}. \tag{5.3}$$

Damit beträgt die Umlaufgeschwindigkeit

$$v_t = -\frac{d\Psi}{dr} = r \frac{d\varphi}{dt} = \omega\, r, \tag{5.4}$$

und die auf das Gasteilchen wirkende Beschleunigung

$$a = \frac{dv_t}{dt} = \frac{v_t^2}{r} = \omega^2 r. \tag{5.5}$$

In einer Rotationsströmung nehmen die tangentiale Umlaufgeschwindigkeit v_t und die Beschleunigung a proportional mit r zu. Der Gradient entspricht im Falle der Umlaufgeschwindigkeit der Winkelgeschwindigkeit ω, bei der Beschleunigung dem Quadrat hiervon.

5.1.1.2 Die ebene Potentialwirbelströmung. Auch bei dieser Umlaufströmung (Abb. 5.3) sind die Stromlinien Kreise, jedoch existiert ein Potential

$$\Phi = \frac{\Gamma}{2\pi}\varphi . \tag{5.6}$$

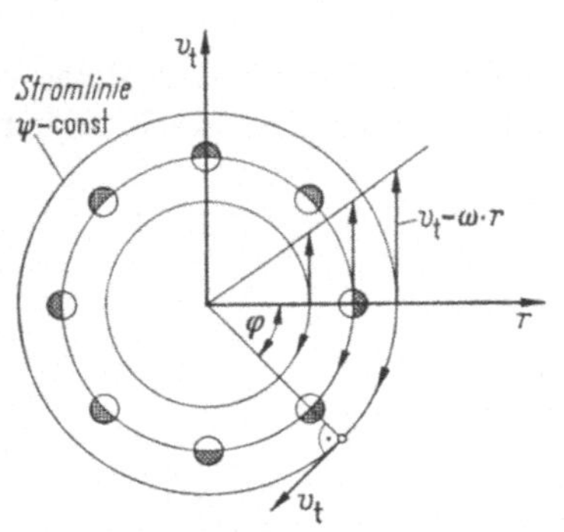

Abb. 5.2 Geschwindigkeitsverteilung in einer Rotationsströmung (Die halbschraffierten Kreise kennzeichnen die Drehung eines Gasteilchens).

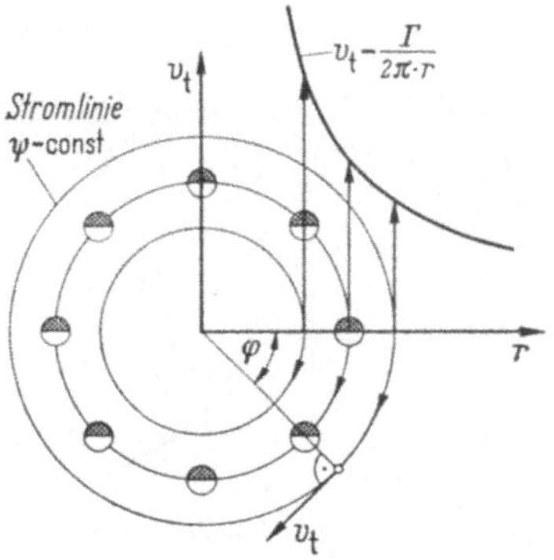

Abb. 5.3 Geschwindigkeitsverteilung in einer ebenen Potentialwirbelströmung.

Die Linien $\Phi = \text{const}$ sind Geraden, die durch den Mittelpunkt gehen. Die entsprechende Stromfunktion lautet:

$$\Psi = -\frac{\Gamma}{2\pi}\ln r . \tag{5.7}$$

Damit wird

$$v_t = -\frac{d\Psi}{dr} = \frac{\Gamma}{2\pi}\frac{1}{r} \tag{5.8}$$

und

$$a = \frac{dv_t}{dt} = \left(\frac{\Gamma}{2\pi}\right)^2 \frac{1}{r^3} . \tag{5.9}$$

Wenn man von dem Mittelpunkt absieht, verschwindet in jedem kleinen Bereich die Zirkulation, d. h. die Strömung ist drehungsfrei. Im ganzen besteht jedoch eine Zirkulation der Größe $\Gamma = 2\,r\pi \cdot v_t$.

5.1.1.3 Ebene Quell- und Senkenströmungen. Wie aus Abb. 5.1 sichtbar wird, können den Umlaufströmungen auch Quell- und Senkenströmungen überlagert sein (Abb. 5.4).

Bei ebener Betrachtung befindet sich im Mittelpunkt ein Quellpunkt der Ergiebigkeit Q. Dann gilt mit dem Potential

$$\Phi = \frac{Q}{2\pi}\ln r \tag{5.10}$$

und

$$\Psi = \frac{Q}{2\pi}\varphi \tag{5.11}$$

für die radiale Geschwindigkeit

$$v_r = \frac{d\Phi}{dr} = \frac{Q}{2\pi}\frac{1}{r}. \tag{5.12}$$

Damit beträgt die Beschleunigung

$$a = \frac{dv_r}{dt} = -\left(\frac{Q}{2\pi}\right)^2\frac{1}{r^3}. \tag{5.13}$$

Bei einer Quelle nimmt die radiale Geschwindigkeit v_r nach außen mit $1/r$ ab, im Falle einer Senke mit $1/r$ nach innen zu. Die Beschleunigung

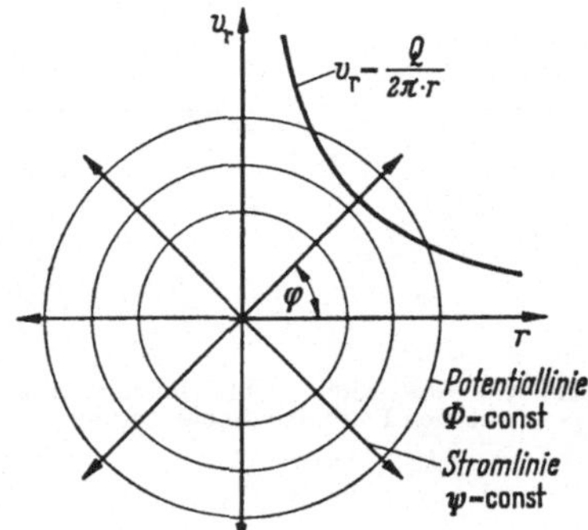

Abb. 5.4 Geschwindigkeitsverteilung in einer Quellströmung.

auf ein Gasteilchen hat in beiden Fällen die gleiche Richtung. Sie ist nach innen gerichtet.

5.1.1.4 Die Potentialwirbelsenke. Die Stromlinien von überlagerten Strömungen ergeben sich aus der Bedingung, daß die Änderung der Stromfunktion der beteiligten Strömungen an jedem Ort gleich ist

$$d\Psi_1 = d\Psi_2. \tag{5.14}$$

Somit gelten für den vorliegenden Fall also die Abschnitte 5.1.1.2 und 5.1.1.3:

$$d\left(-\frac{\Gamma}{2\pi}\ln r\right) = d\left(-\frac{Q}{2\pi}\varphi\right), \tag{5.15}$$

$$d\ln r = \frac{Q}{\Gamma}d\varphi, \tag{5.16}$$

$$r = r_0 \exp(Q\varphi/\Gamma). \tag{5.17}$$

Die Stromlinien haben die Form einer logarithmischen Spirale.

5.1.1.5 Die Rotationssenke. Für eine Rotationssenke, also eine Rotationsströmung mit Senke, gilt:

$$-\frac{Q}{2\pi}d\varphi = -\frac{\Gamma}{2\pi r_0^2}d\left(\frac{r^2}{2}\right), \tag{5.18}$$

$$\mathrm{d}r^2 = \frac{2Q\,r_0^2}{\Gamma}\,\mathrm{d}\varphi\,, \tag{5.19}$$

$$r^2 = \frac{2Q\,r_0^2}{\Gamma}\,\varphi\,, \tag{5.20}$$

$$r = r_0\sqrt{\frac{2Q}{\Gamma}}\,\sqrt{\varphi}\,. \tag{5.21}$$

Die Stromlinien folgen einer parabolischen Spirale.

5.1.1.6 Allgemeine Umlaufströmungen. Umlaufströmungen (auch mit Reibung) lassen sich sehr oft durch die Beziehung

$$v_t = \mathrm{const}/r^m \tag{5.22}$$

hinreichend beschreiben. Die beiden Grenzfälle $m = -1$ und $m = +1$ sind mit der Rotations- bzw. Potentialwirbelströmung erörtert worden. (Für $m \neq 1$ ändert sich die Einheit für die Konstante mit m; Zahlenwertgleichung).

Für die Überlagerung mit Quell- oder Senkenströmungen lassen sich die entsprechenden Gleichungen analog der gegebenen Beispiele entwickeln. Dies sei für den Fall $m = 0$ und einer Senke gezeigt:

$$-\frac{\mathrm{d}\Psi}{\mathrm{d}r} = v_t = \mathrm{const}\,, \tag{5.23}$$

$$\Psi = -\frac{\Gamma}{2\pi\,r_0}\,r\,. \tag{5.24}$$

Mit den Differentialen von (5.24) und (5.11)

$$-\frac{\Gamma}{2\pi\,r_0}\,\mathrm{d}r = -\frac{Q}{2\pi}\,\mathrm{d}\varphi\,, \tag{5.25}$$

wird

$$r = r_0\,\frac{Q}{\Gamma}\,\varphi\,. \tag{5.26}$$

Bei einer derartigen Umlaufströmung sind die Stromlinien archimedische Spiralen [s. a. Gl. (4.8)].

5.1.2 Mit Staubteilchen beladene Umlaufströmungen (Modelle)

Über die Bewegungsbahnen von Staubteilchen lassen sich nur für bestimmte Modelle, die der Wirklichkeit nicht voll entsprechen, sichere Aussagen machen. Diese sind aber geeignet, die Vorgänge in Fliehkraftentstaubern so zu beschreiben, daß sie das grundsätzliche Verhalten zeigen und daher als Grundlage für eine Optimierung und auch für neue Konstruktionen dienen können. Sie sind im Normalfall auch der Ausgangspunkt für weitergehende Aussagen und für ein vertieftes Studium.

Für die Modelle wird vorausgesetzt, daß sie den oben behandelten idealen Strömungen entsprechen und daß die Staubteilchen ohne Berücksichtigung der Fliehkräfte und damit der Verschiebung die Geschwindigkeit des Gases annehmen. Es gilt daher $w_t = v_t$ und $w_r = v_r$.

5.1.2.1 Rotationsströmungen. Die Vorgänge in einer Rotationsströmung sind vergleichsweise einfach. Mit den Gln. (5.2) und (5.4) errechnet sich die Verschiebungsgeschwindigkeit zu:

$$w = c\, d^2\, \omega^2\, r\,, \tag{5.27}$$

mit

$$c = \frac{1}{18\eta}\,(\varrho_{\mathrm{K}} - \varrho_{\mathrm{L}})\,.$$

Damit läßt sich die Zeit ausrechnen, die erforderlich ist, damit ein Staubteilchen durch die Fliehkraft in einer Rotationsströmung den Weg von einem inneren Radius r_i bis zum äußeren Radius r_a zurücklegt.

$$\frac{\mathrm{d}r}{\mathrm{d}t} = c\, d^2\, \omega^2\, r\,, \tag{5.28}$$

$$\ln r \Big|_{r_\mathrm{i}}^{r_\mathrm{a}} = c\, d^2\, \omega^2\, t\,, \tag{5.29}$$

$$t = \frac{\ln \dfrac{r_\mathrm{a}}{r_\mathrm{i}}}{c\, d^2\, \omega^2}\,. \tag{5.30}$$

5.1.2.2 Potentialwirbelströmungen. In einem Potentialwirbel errechnet sich die Verschiebungsgeschwindigkeit nach den Gln. (5.2) und (5.8) zu:

$$w = c_{\mathrm{pot}}\, \frac{d^2}{r^3}\,, \tag{5.31}$$

mit

$$c_{\mathrm{pot}} = \frac{\Gamma^2}{4\pi^2}\, \frac{1}{18\eta}\,(\varrho_{\mathrm{K}} - \varrho_{\mathrm{L}})\,. \tag{5.32}$$

Damit beträgt die Zeit für eine Verschiebung in einem zylindrischen Raum von r_i nach r_a:

$$\frac{\mathrm{d}r}{\mathrm{d}t} = c_{\mathrm{pot}}\, \frac{d^2}{r^3}\,, \tag{5.33}$$

$$\int r^3\, \mathrm{d}r = \int c_{\mathrm{pot}}\, d^2\, \mathrm{d}t\,, \tag{5.34}$$

$$r^4 \Big|_{r_\mathrm{i}}^{r_\mathrm{a}} = 4\, c_{\mathrm{pot}}\, d^2\, t \tag{5.35}$$

oder die Trenndauer

$$t = \frac{r_\mathrm{a}^4 - r_\mathrm{i}^4}{4\, c_{\mathrm{pot}}\, d^2}\,. \tag{5.36}$$

5.1.2.3 Potentialwirbelsenke, Rotationssenke. In einer Potentialwirbelsenke würden sich die Teilchen unter den gemachten Annahmen und ohne Berücksichtigung der Fliehkraft auf einer logarithmischen Spirale bewegen. Der Verschiebungsgeschwindigkeit w (infolge der Fliehkraft) wirkt eine nach innen gerichtete Geschwindigkeit w_r entgegen, die sich aus der Stärke der Senke ergibt. Damit beträgt die Trenngeschwindigkeit

$$w - w_\mathrm{r} = \frac{c_{\mathrm{pot}}\, d^2}{r^3} - \frac{Q_\mathrm{r}}{2\pi\, r\, h}\,. \tag{5.37}$$

Aus dieser Gleichung folgt, daß es für jede Betriebsbedingung und Korngröße einen Radius gibt, bei dem die Trenngeschwindigkeit Null ist. Bezeichnet r_i den Radius, der den Verschiebungsraum nach innen begrenzt, dann läßt sich hierüber die Trennkorngröße d_t des Entstaubers berechnen:

$$\frac{c_{pot}\, d_t^2}{r_i^3} = \frac{Q_r}{2\pi r_i h}, \tag{5.38}$$

mit Gl. (5.32) gilt dann für die Trennkorngröße

$$d_t = \frac{1}{\Gamma} \left(\frac{36 Q_r \pi \eta}{h(\varrho_K - \varrho_L)} \right)^{1/2} r_i . \tag{5.39}$$

Bei tangentialer Einströmung mit der Geschwindigkeit v_e beträgt die Zirkulation mit guter Näherung:

$$\Gamma = v_e\, 2\pi r_e . \tag{5.40}$$

Die Gl. (5.39) zeigt, daß die Trennkorngröße dem Radius r_i, der den Verschiebungsraum begrenzt, proportional ist. In einem Entstauber wird angestrebt, die Trennkorngröße, die dem 50%-Abscheidewert des Stufenentstaubungsgrades entspricht, so klein wie möglich zu machen. Für eine Potentialwirbelsenke zeigt diese Gleichung die Wege, nämlich Verringerung von r_i, Steigerung der Zirkulation, Verkleinerung des Durchsatzes und Vergrößerung der Höhe h der Senke.

Die Trennkorngröße einer Rotationssenke errechnet sich mit den Gln. (5.12) und (5.27) zu:

$$d_t = \left(\frac{18 \eta Q_r}{(\varrho_K - \varrho_L)\, 2\pi h} \right)^{1/2} \frac{1}{\omega} \frac{1}{r_i} . \tag{5.41}$$

Die Rotationssenke zeigt im Hinblick auf die Trennkorngröße in Abhängigkeit vom Radius r_i ein anderes Verhalten als die Potentialwirbelsenke. In diesem Fall ist für eine Entstaubung ein möglichst großer Radius r_i anzustreben.

5.2 Bauarten von Fliehkraftentstaubern

5.2.1 Zyklone

Die Zyklone bestehen aus einem rotationssymmetrischen Entstaubungsraum, in dem die Aerodispersion Umlaufströmungen ausführt. Man unterscheidet dabei zwischen Zyklonen mit tangentialem und mit axialem Gaseintritt und hierbei wiederum zwischen solchen mit und ohne Strömungsumkehr in der axialen Richtung. In Abb. 5.5 sind die wichtigsten Zyklonbauarten im Schema dargestellt. Der tangentiale Gaseintritt kann über ein Spiralgehäuse, einen normalen tangentialen Rohranschluß oder auch über eine Einlaufdüse erfolgen. Das Reingas verläßt den Zyklon über das Tauchrohr, das beim Axialzyklon mit Richtungsumkehr auch die Aufgabe des Leitschaufelträgers übernimmt. Der Staub gelangt über eine Austragsöffnung in den Staubbunker.

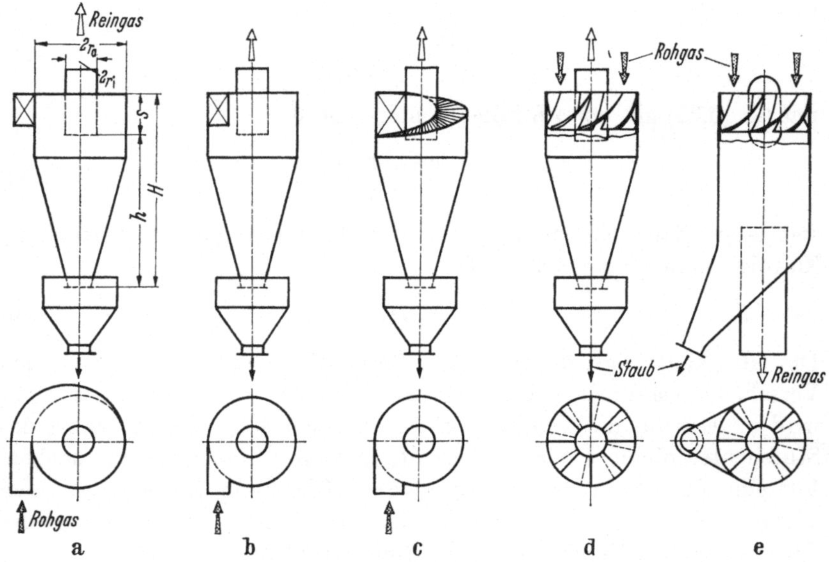

Abb. 5.5 Verschiedene Bauarten von Zyklonen.

5.2.1.1 Tangentialzyklone. Beim Tangentialzyklon, Abb. 5.1 und 5.5a u. 5.5b bildet sich wegen der Art der Gaszuführung unter der Annahme einer reibungsfreien Strömung im zylindrischen Raum zwischen r_a und r_i eine Potentialwirbelsenke aus [55]. Dieser Strömung ist eine axiale Komponente nach unten überlagert. Im Kegel erfährt diese Komponente eine Richtungsumkehr. Im Kern bildet sich eine Rotationsströmung aus, deren Radius im unteren Teil des Kegels kleiner als r_i ist, sich aber bis zum Tauchrohr auf etwa r_i ausdehnt.

Durch Reibungsvorgänge, insbesondere an den Wänden, weicht die wirkliche Strömung von diesem Modell ab. Hierüber liegen zahlreiche Messungen vor. In Abb. 5.6 sind z. B. Messungen von TER LINDEN wiedergegeben [57]. Die von anderen Autoren gemessenen Geschwindigkeits- und Druckverteilungen decken sich grundsätzlich mit diesen Werten [58, 59].

Aus den Messungen folgt, daß die Abweichungen von einer Potentialwirbelsenke im Bereich $r_i < r < r_a$ und von einer Rotationsströmung im Kern $r < r_i$ nicht so groß sind, daß man mit dem idealisierten Modell keine grundsätzlichen Erörterungen anstellen kann. Zudem lassen sich viele Abweichungen hinreichend erfassen.

Wegen der Reibung, insbesondere an der Zyklonwand, kann sich kein Potentialwirbel ausbilden. Auf Grund von Messungen [60, 61] läßt sich jedoch die Wirbelsenke durch die Beziehung $v_t \cdot r^m =$ const. näherungsweise beschreiben. Der Wert für m liegt etwa im Bereich zwsichen 0,4 und 0,7 im allgemeinen bei 0,5. Etwas schwieriger festzulegen ist jedoch die radiale Ausdehnung der Wirbelsenke und damit auch der Übergangsbereich zur Rotationsströmung.

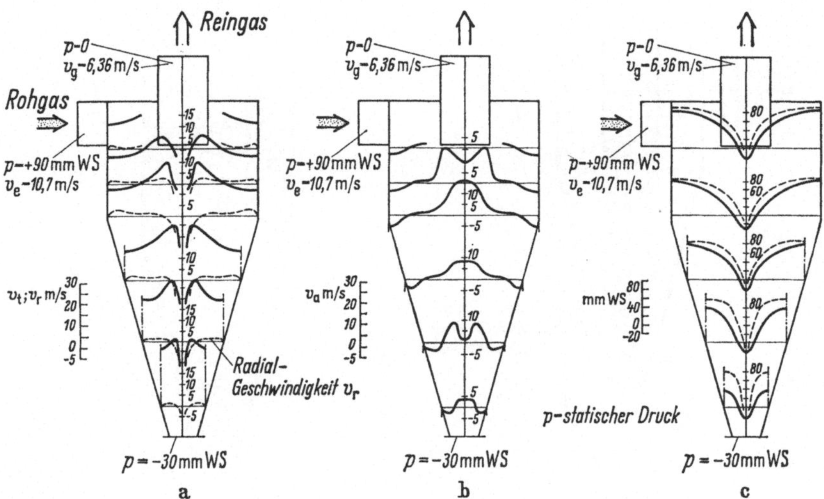

Abb. 5.6 Tangentialgeschwindigkeit v_t (a), Radialgeschwindigkeit v_r (a), Axialgeschwindigkeit v_a (b) statischer Druck p und Gesamtdruck (c) in einem Tangentialzyklon.

Man kann davon ausgehen, daß die Staubteilchen, die in den Bereich $r < r_i$ also in die Rotationsströmung gelangen, nicht abgeschieden werden. Diese Annahme gilt nur bedingt, denn diese Staubteilchen wandern infolge der Fliehkräfte nach Gl. (5.27) nach außen und können den Bereich der maximalen Umlaufgeschwindigkeit wieder erreichen. Was geschieht aber nun hier mit dem Staub? Mit dieser Frage ist das Problem der Abtrennungsgebiete und der Herausführung aus dem Entstaubungsraum angesprochen (Abb. 5.7).

Bei einem Tangentialzyklon wird der größte Anteil des Staubes, falls er im Zyklon abgeschieden werden kann, bereits kurz nach dem Einlauf abgetrennt. Durch die Fliehkräfte erfolgt eine so starke Anreicherung von Staubteilchen an der Wand, daß die Grenzbeladung [62, 63] überschritten wird, also die Staubmasse, die eine Strömung bei den gegebenen Bedingungen zu tragen in der Lage ist. Dieser Staub strömt auf schraubenförmigen Bahnen entlang der Zyklonwand in den Staubbunker. Der nicht abgeschiedene Staub verbleibt im Verschiebungsraum und unterliegt dort den Wirkungen der Wirbelsenke, die mit dem Modell aus Abschnitt 5.1.2.3 qualitativ beschrieben wird. Die Staubteilchen $d > d_t$ wandern zur Zyklonwand. Erreicht die Anreicherung Werte, die der Grenzbeladung entsprechen, fließt der Staub in den Staubbunker. Die Zyklonwand ist damit eine Abtrennungsfläche. Dabei ist die Abtrennung aber nicht endgültig, weil Staubteilchen durch Turbulenz [66, 67] und Stoßvorgänge wieder in die Wirbelsenke gelangen können.

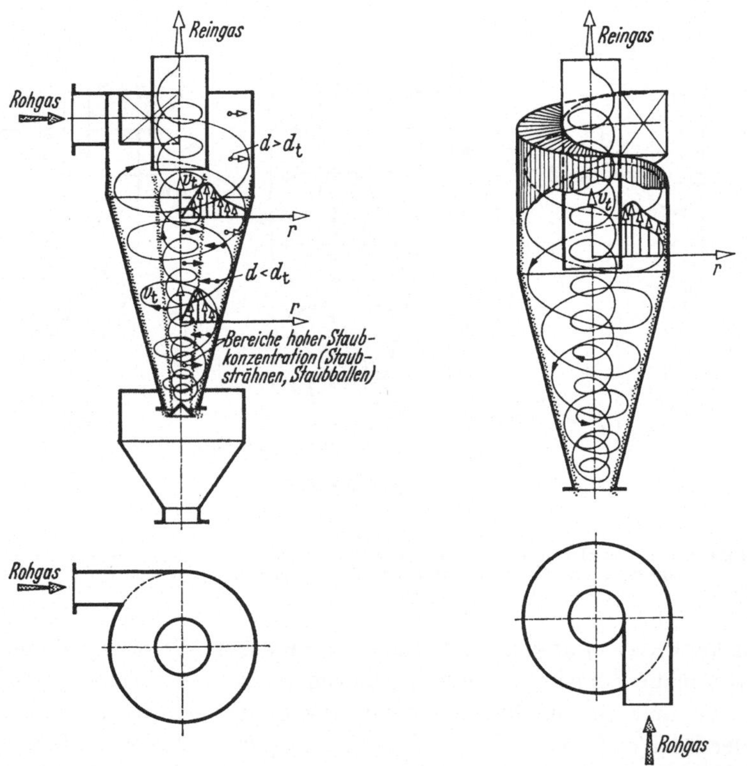

Abb. 5.7 Bereiche der Staubanreicherung (Abtrennungsgebiete) in einem Tangentialzyklon (ohne Turbulenz).

Abb. 5.8 Tangentialzyklon mit schraubenförmigem Einlauf.

Die Staubteilchen $d < d_t$ werden durch die Senkenströmung bis in die Rotationsströmung getragen. Diese Teilchen wandern nun aber wegen der Zentrifugalkräfte wieder in Richtung zur Außenwand. Steht eine ausreichende Zeit zur Verfügung, können die Teilchen noch vor Erreichen des Tauchrohres in den Übergangsbereich gelangen. So kann auch hier durch Anreicherung die Grenzbeladung erreicht werden. Die Folge ist, daß der Staub in Ballen- oder Strähnenform zur Zyklonwand gelangt.

Man kann somit davon ausgehen, daß der Übergang von der Wirbelsenke zur Rotationsströmung von der Funktion her als ein Gebiet aufzufassen ist, in dem eine Trennung dem Stufenentstaubungsgrad entsprechend erfolgt. Diesem Übergangsbereich läßt sich daher die Trennkorngröße d_t zuordnen. Durch die Geometrie des Zyklons stehen der Radius r_t des Übergangsbereiches sowie der Tauchrohrradius r_i in enger Beziehung. BARTH vertritt die Meinung, daß $r_t \approx r_i$ zu setzen ist [59]. STAIRMAND [64] dagegen setzt $r_t = r_i/2$ und TER LINDEN [65] $r_t = 2/3\, r_i$. Wir folgen der Auffassung von BARTH, da man dann im Hinblick auf die Entstaubung auf der sicheren Seite liegt. Auf Grund vorstehender Überlegungen errechnet sich die Trennkorngröße für idealisierte Bedingungen nach Gl. (5.39). Geht man davon aus, daß sich die reibungsbehaftete Strömung durch $v_t = w_t = \text{const}/r^m$ beschreiben läßt, dann gilt mit dem Durchsatz $\dot{V} = Q_r$:

$$\frac{1}{18\eta}(\varrho_K - \varrho_L)\, d^2 \frac{w_t^2}{r_i} = \frac{Q_r}{2 r_i \pi h} \tag{5.42}$$

$$\text{und } d_t = \text{const}^{-1} \left(\frac{18 Q_r \eta}{2\pi h(\varrho_K - \varrho_L)}\right)^{1/2} r_i^m. \tag{5.43}$$

Hiervon abweichende Gleichungen ergeben sich dadurch, daß für w_t andere oder erweiterte Beziehungen eingesetzt werden [59, 68–74].

Bei einem Tangentialzyklon mit schraubenförmiger Gaseinleitung nach Abb. 5.5c ist im Ringraum $r_i < r < r_a$ zunächst keine Senke vorhanden. Diese überlagert sich erst im Bereich des Kegels. Für die Entstaubung in der Wirbelströmung ist die Tatsache zu beachten, daß der Staub nicht von r_a ausgehend in den Entstaubungsraum gelangt, sondern über den gesamten Ringquerschnitt zufließt. In diesem Fall spielt daher die Zahl der Umläufe und damit die Zeit für die Verschiebung eine Rolle (Abb. 5.8).

Durch diese Bauart wird aber die Festlegung der Trennkorngröße durch die Wirbelsenke unterhalb des Tauchrohres nicht grundsätzlich geändert, so daß man auch für diesen Entstauber nach Gl. (5.42) rechnen kann.

5.2.1.2 Axialzyklone. Unter dieser Gruppe werden alle die Zyklone zusammengefaßt, bei denen die Gaszuführung axial erfolgt, wie mit Abb. 5.5d u. 5.5e gezeigt. Bei dieser Bauart wird die Umlaufströmung durch Leitschaufeln erzeugt. Da sich über die Form der Leitschaufeln sehr verschiedenartige Drallverteilungen erzeugen lassen, ist zu fragen, welche anzustreben ist.

Wenn man von äußeren Bedingungen absieht, so ist zu fordern, daß im Ringraum zwischen r_i und r_a während der Durchströmung über dem Radius eine möglichst gleiche axiale Geschwindigkeit vorliegt, damit der Verschiebungsvorgang nicht durch Sekundärströmungen verschlechtert wird. Eine gleiche Axialgeschwindigkeit erhält man bei einer Drallverteilung $v_t \cdot r = \text{konst.}$, also bei einem Potentialwirbel. Ferner ist zu bedenken, daß durch die Art der Gaszuführung, wie auch beim Tangentialzyklon mit schraubenförmigem Einlauf, der gesamte Ringraum mit Staub beaufschlagt wird. Da die Teilchen, die auf dem inneren Kreis einströmen, den längsten Abscheideweg zurückzulegen haben, ist anzustreben, daß die Verschiebungsgeschwindigkeit der Teilchen mit abnehmendem Radius r zunimmt. Auch diese Forderung spricht für einen Potentialwirbel.

Aus den genannten Gründen wird daher eine Verteilung der Tangentialgeschwindigkeiten erzeugt, die der bei einem Potentialwirbel nahe kommt. Damit lassen sich Axialzyklone grundsätzlich wie Tangentialzyklone behandeln. Als vorteilhafte Abweichung ist die Tatsache zu nennen, daß unter dem Schaufelgitter zunächst keine Senke vorhanden ist. Die Länge dieser Zone läßt sich durch das Tauchrohr oder durch einen Strömungskörper bestimmen. Durch die Leitschaufeln lassen sich aber nicht so hohe Umlaufgeschwindigkeiten wie beim Tangentialzyklon erreichen. Der Axialzyklon ist daher ein Gerät für hohen Luftdurchsatz bei vergleichsweise geringem Druckabfall. Die Trennkorngröße liegt etwas höher als bei einem Tangentialzyklon etwa gleicher Abmessungen.

5.2.1.3 Multizyklone. Die Tatsache, daß Zyklone mit kleinem Tauchrohrdurchmesser eine bessere Abscheidegüte haben als solche mit größerem, hat zur Entwicklung von Kleinzyklonen geführt. Der Ausgleich der damit verbundenen Verringerung des Luftdurchsatzes wird durch Parallelschaltung mehrerer Apparate erreicht. Dies geschieht derart, daß man Klein-Zyklone zu einer größeren Einheit in einem Gehäuse zusammenfaßt. Es werden sowohl Tangential- wie Axialzyklone parallel geschaltet. Die Abb. 5.9 zeigt eine Parallelschaltung von Tangentialzyklonen, und zwar die der Fa. Büttner AG, Uerdingen. Das Schema des Beth-Tangential-Multizyklons ist in Abb. 5.10 dargestellt. Weitere Bauarten, und zwar mit Axialzyklonen, zeigen die Abb. 5.11 und 5.12.

5.2.1.4 Gültigkeit der Theorie für Zyklonentstauber. Die Vorgänge in Zyklonen lassen sich mit den beschriebenen Funktionsmodellen nur im Rahmen der gemachten Voraussetzungen beschreiben. Uneingeschränkt ist festzustellen, daß die Theorie das grundsätzliche Verhalten und auch die wesentlichsten Abhängigkeiten für Zyklone zeigt. Am wenigsten greifbar ist derzeit noch der sehr bedeutende Einfluß der turbulenten Diffusion auf die Verschiebung und Abtrennung.

Die Gültigkeit der Gl. (5.43) verbessert sich in dem Maße, wie es gelingt, die tangentiale Umlaufgeschwindigkeit w_t genauer zu erfassen. Wie schon erwähnt, weicht die sich ausbildende Wirbelsenkenströmung von einer Potentialströmung ab. Man kann aber die wahre tangentiale Umlaufgeschwindigkeit aufgrund von Messungen recht gut durch die Beziehung $v_t \cdot r^m =$ const. annähern. Rumpf, Borho und Reichert [75] haben über umfangreiche theoretische Untersuchungen weitere Möglichkeiten für diesen Weg aufgezeigt.

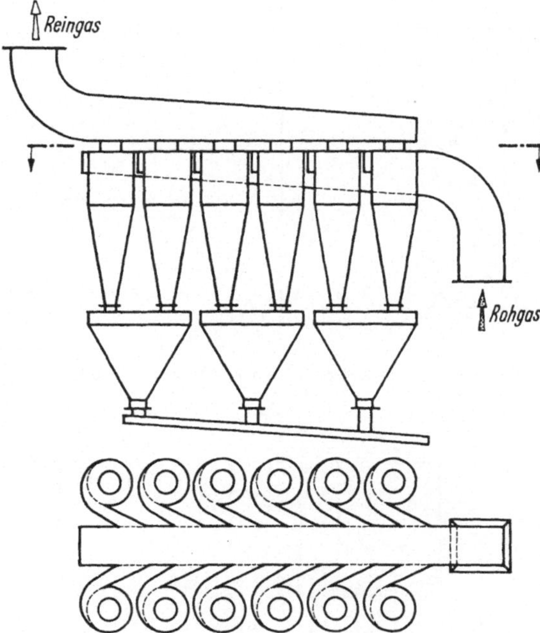

Abb. 5.9 Tangentialzyklone (Bauart Fa. Büttner).

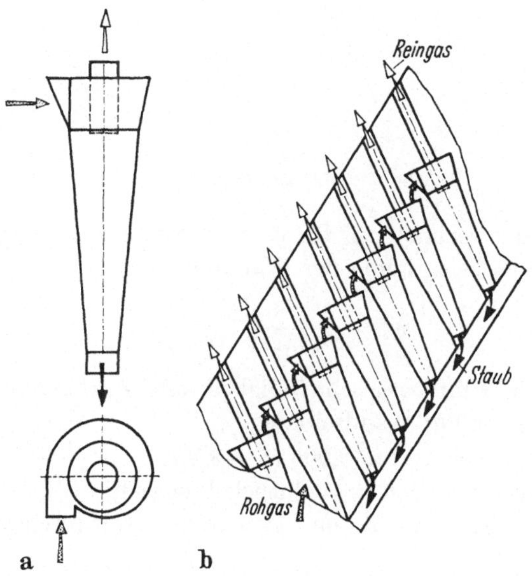

Abb. 5.10 Tangentialzyklone in Parallelschaltung (Bauart Fa. Beth).

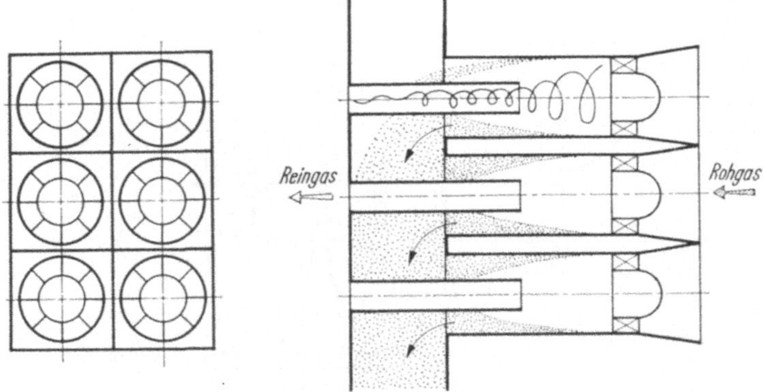

Abb. 5.11 Schicht-Zellen-Entstauber (Bauart Fa. Rothemühle).

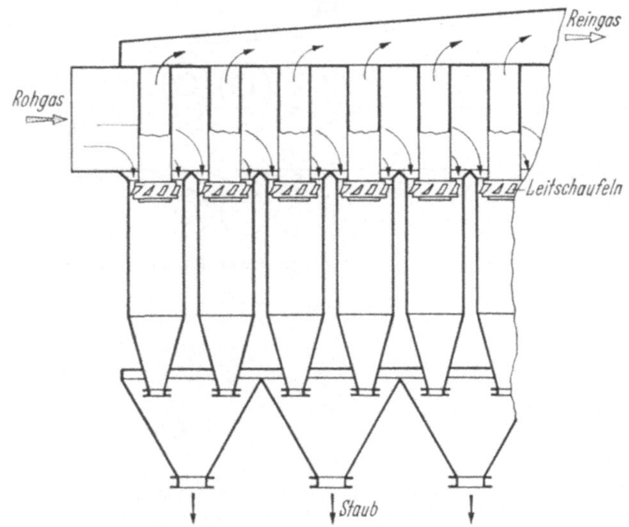

Abb. 5.12 Multiklon (Bauart Fa. Lurgi).

Barth [59] errechnet die für d_t anzusetzende Umfangsgeschwindigkeit unter Berücksichtigung der Wandreibung zu:

$$w_t = \frac{v_a\,(r_a/r_i)}{1 + (\lambda\, H/r_i)\,(v_a/v_i)\,(r_a/r_i)} \tag{5.44}$$

v_a tangentiale Umfangsgeschwindigkeit am Zyklonmantel ohne Berücksichtigung der Wandreibung,

λ Wandreibungsbeiwert $\approx 0{,}005\,(1 + 3\,\sqrt{\mu})$ bei Raumbedingungen, μ = Gutbeladung [69],

v_i axiale Geschwindigkeit im Tauchrohr = Gasdurchsatz/Tauchrohrquerschnitt,

H Zyklonhöhe.

Diese Gl. (5.44) ist von MUSCHELKNAUTZ [69, 70] noch ergänzt worden. Auch auf die Messungen von J. L. SMITH [76] sei in diesem Zusammenhang hingewiesen.

Schwieriger zu erfassen ist die Senkenströmung, und zwar sowohl im Hinblick auf die vertikale Ausdehnung als auch auf die Geschwindigkeitsverteilung über der Höhe. Als Senkenhöhe wird allgemein der Abstand zwischen Tauchrohr und Staubaustrittsöffnung gewählt. Die Ausdehnung der Senke ist aber nicht nur von dieser Höhe, sondern auch noch von anderen Einflüssen abhängig. Insbesondere ist aber die Annahme einer gleichmäßigen radialen Geschwindigkeit über der Höhe nur eine sehr grobe Näherung, wie Messungen [57, 77] zeigen.

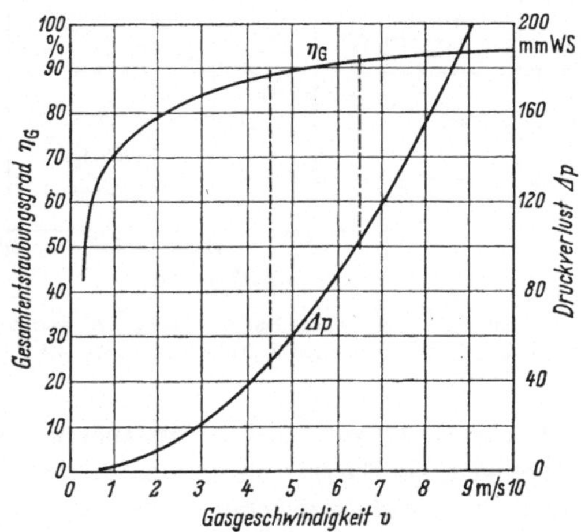

Abb. 5.13 Entstaubungsgrad und Druckverlust eines Zyklons als Funktion einer charakteristischen Gasgeschwindigkeit [3].

Einen sehr bedeutenden Einfluß auf die Entstaubung übt die turbulente Diffusion [78—81] aus. Wie dargelegt, erfolgt die Staubabscheidung in Umlaufströmungen über eine örtliche Anreicherung der Teilchen in den Abtrennungsgebieten. Die Turbulenz in der Strömung wirkt aber diesem Vorgang entgegen, und zwar um so mehr, je feiner der Staub ist.

Die Turbulenz ist auch Ursache dafür, daß sich die Entstaubung von einem bestimmten Wert ab über die Umlaufgeschwindigkeit nicht mehr verbessern läßt, obwohl dies nach der Theorie möglich wäre (Abb. 5.13).

Von der dargelegten Theorie wird weiter der Einfluß von Agglomerationen nicht erfaßt. Durch van der Waalssche, kapillare und Coulombsche Kräfte können Agglomerate entstehen, die sich wie eine Kornvergrößerung auswirken und so die Verschiebung und Abtrennung erleichtern. Bei einer nachgeschalteten Korngrößenanalyse werden diese Agglomerate zu einem Teil aber wieder zerstört und daher meßtechnisch nicht erfaßt. In solchen Fällen liegt die Trennkorngröße niedriger als errechnet. Wie bedeutend dieser Einfluß sein kann, hat SMIGERSKI [81] in einer Arbeit nachgewiesen. Die Abb. 5.14 zeigt z. B., daß der Gesamtentstaubungsgrad eines Axialzyklons mit der Feuchtigkeit der Luft erheblich zunimmt, und zwar wegen der zunehmenden Haftwirkung durch die Flüssigkeit an der Oberfläche der Teilchen. Durch elektrische Aufladung von Teilchen, es wird vor dem Zyklon ein Teilstrom gleichsinnig aufgeladen, und die damit verbundene elektrostatische Agglomeration läßt sich die Entstaubung ebenfalls bedeutend verbessern.

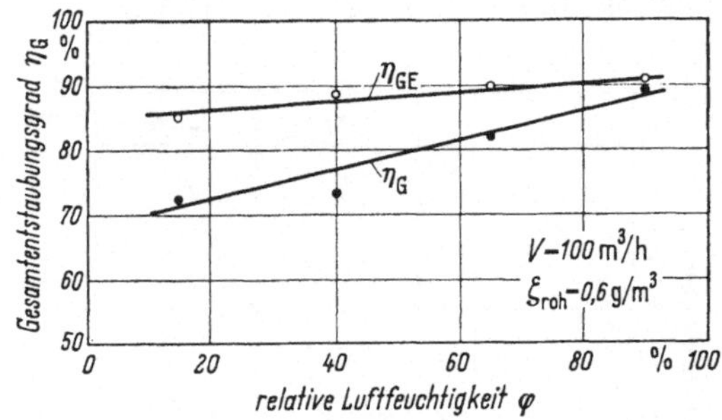

Abb. 5.14 Gesamtentstaubungsgrad eines Axialzyklons in Abhängigkeit von der Luftfeuchtigkeit ohne Aufladung (η_G) und mit elektrischer Aufladung (η_{GE}) (statt V lies $\dot{V}$).

5.2.1.5 Der Druckverlust von Zyklonentstaubern. Um Umlaufströmungen zu erzeugen, ist Energie notwendig, die bei Strömungsvorgängen durch den Druckverlust gekennzeichnet ist. In Analogie zur allgemeinen Gleichung für den Druckverlust in Strömungen schreibt man für den Zyklon [59, 60, 64, 65]

$$\Delta p = \xi \frac{\varrho}{2} v_e^2 . \tag{5.45}$$

Hierbei ist ξ der Druckverlustbeiwert und v_e die Eintrittsgeschwindigkeit.

Es läßt sich darüber streiten, ob die Eintrittsgeschwindigkeit v_e als repräsentativ für den Druckverlust anzusehen ist. BARTH [59] und MUSCHELKNAUTZ [69] benutzen auch andere Geschwindigkeiten, z. B. die mittlere axiale Geschwindigkeit im Tauchrohr. Dies beinhaltet aber kein Problem, da sich die Beiwerte leicht umrechnen lassen.

Obwohl man davon ausgehen muß, daß sich der Druckverlust letztlich nur durch Messungen ermitteln läßt, so ist es doch nützlich, die Ursachen darzulegen, weil ihre Kenntnis Voraussetzung ist für konstruktive Verbesserungen. Zudem läßt sich der Druckverlust mit erweiterten Gleichungen oft näherungsweise berechnen [69].

Der Druckverlust eines Zyklons resultiert vorwiegend aus folgenden Einflüssen:

1. Größe des erzeugten Dralls,
2. Eintritts- und Reibungsverluste an den Wandungen,
3. Austrittsverlust.

Aus Messungen ist bekannt, daß der Druckverlust zur Erzeugung der Umlaufströmung für die Entstaubung nur einen vergleichsweise geringen Anteil ausmacht. Aus diesem Grunde hat BARTH die Verlustziffer ε eingeführt, die Aufschluß über die aerodynamische Güte eines Zyklons gibt.

$$\varepsilon = \Delta p \Big/ \frac{\varrho}{2} v_{ti}^2 . \tag{5.46}$$

Hierbei gibt v_{ti} die tangentiale Umlaufgeschwindigkeit auf dem Radius r_i an.

Tab. 5.1 *Verlustziffer ε beim Tangentialzyklon für einige Beispiele*

Autor		TER LINDEN	SHEPHERD und LAPPLE		
Verhältnis r_a/r_i	—	3,00	2,00	2,00	4,00
Verhältnis F_e/F_i	—	0,60	0,32	0,64	3,00
Geschwindigkeit v_e	m/s	10,7	36,6	21,0	11,2
Geschwindigkeit v_{ti}	m/s	20,2	18,8	14,2	15,8
Druckverlust Δp	N/m²	883	863	903	2060
Widerstandsbeiwert $\xi = \frac{\Delta p}{\varrho v_e^2/2}$	—	12,6	0,97	3,14	27,3
Verlustziffer $\varepsilon = \frac{\Delta p}{\varrho v_{ti}^2/2}$	—	3,60	4,10	7,50	13,9

In Tab. 5.1 sind einige Werte für ε angegeben [58]. Man sieht, daß die Verlustziffer bei den gegebenen Bedingungen zwischen 3 und 14 liegen kann. Diese schlechte aerodynamische Güte hat Hinweise zur Verringerung des Druckverlustes geliefert. Da sich die Wandreibung nicht nennenswert verringern läßt, verbleiben der Eintritts- und der Austrittsverlust. Den geringsten Eintrittsverlust verursacht eine gut ausgebildete Einlaufspirale. Auch die Querschnittsform ist von Einfluß. So teilt SOLBACH [3] mit, daß sich über einen etwa dreieckigen Querschnitt ein fast stoßfreier Eintritt sicherstellen läßt (Abb. 5.10). Bei düsenförmigem Einlauf läßt sich durch eine gute Formgebung der Druckverlust verringern. Den Hauptverlust verursacht jedoch das Tauchrohr. Hier geht es vor allem darum, die hohe Geschwindigkeitsenergie möglichst verlustlos in Druckenergie umzuwandeln. Dies kann durch entsprechende Formgebung, wie z. B. Austrittsspirale, Einbauten und durch Leitschaufeln geschehen, wie SCHIELE [82] mit einigen Beispielen gezeigt hat (Abb. 5.15).

Allgemein läßt sich aussagen, daß der Druckverlustbeiwert ξ für Geschwindigkeiten von $5 < v_e < 25$ m/s und eine bestimmte Bauart nahezu konstant ist. In Abhängigkeit von der Bauart liegt der Wert ξ etwa zwischen 10 und 20.

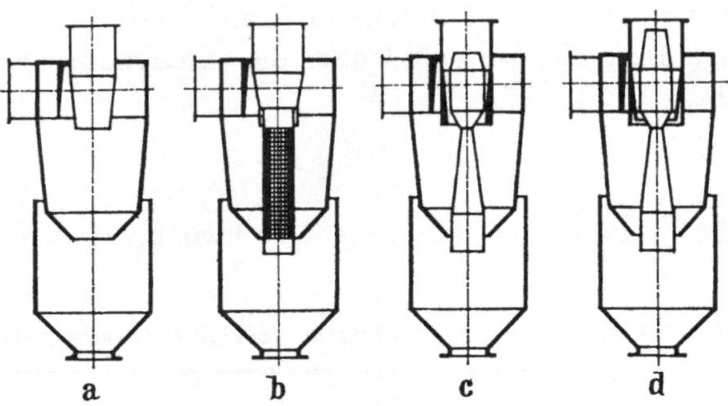

Abb. 5.15 Maßnahmen zur Verringerung des Austrittsdruckverlustes. a) konisches Tauchrohr $\xi = 17{,}4$; b) Siebeinsatz $\xi = 13{,}9$; c) Doppelt-konischer Einsatz $\xi = 16, 4$; d), c) mit Leitschaufeln $\xi = 10{,}0$.

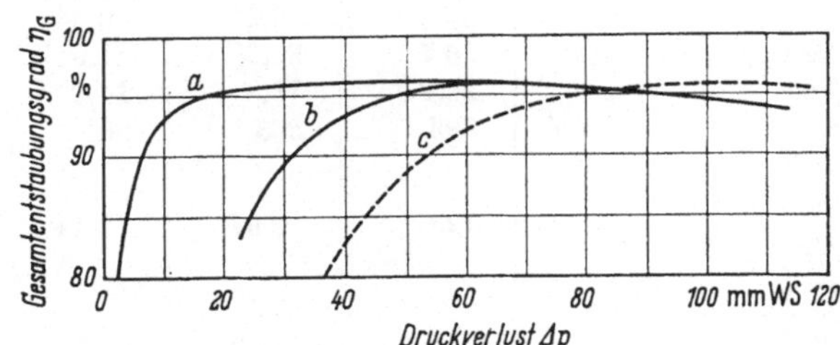

Abb. 5.16 Gesamtentstaubungsgrad von Fliehkraftentstaubern in Abhängigkeit vom Druckverlust [3]. *a* Axial-Multizyklon, *b* Tangential-Multizyklon, *c* Großzyklon.

Es wurde dargelegt, daß die Abscheidegüte eines Zyklons mit der Umlaufgeschwindigkeit und damit mit dem Druckverlust steigt. Durch die Turbulenz sind jedoch Grenzen gesetzt, wie auch die Meßwerte nach Abb. 5.16 zeigen.

5.2.1.6 Die Abscheidegüte von Zyklonen. Die Güte von Zyklonen läßt sich über den Stufenentstaubungsgrad und für einen bestimmten Staub auch über den Gesamtentstaubungsgrad beschreiben. Man kann sie noch nicht oder nur in begrenztem Rahmen (Trennkorngröße d_t) berechnen.

a) Einfluß von Durchmesser und Bauart. Die Auslegung von Zyklonen geht im allgemeinen von der gewünschten Trennkorngröße und damit vom Tauchrohrdurchmesser aus. Dieser Wert wiederum steht in enger

Beziehung zum Zyklondurchmesser. Man wählt sehr oft $r_a \approx 3\,r_i$. Aus diesem Grund ändert sich der Stufenentstaubungsgrad unbeschadet anderer Einflüsse auch mit der Zyklongröße.

In Abb. 5.17 sind die Stufenentstaubungsgrade von Zyklonen gleicher Bauart für zwei Durchmesser und für eine Parallelschaltung angegeben. Man sieht, daß der Kleinzyklon eine bessere Abscheidegüte als ein Großzyklon erreicht. Diese beiden Kurven reichen aber nicht aus, um die Gültigkeit der Gl. (5.43) im Hinblick auf die Zyklongröße zu beweisen. Es liegen aber viele Messungen vor, die den genannten Einfluß der Größe bestätigen [83]. Der Gültigkeit dieser Aussage sind aber mit abnehmendem Radius Grenzen gesetzt, und zwar durch die Turbulenzerscheinungen.

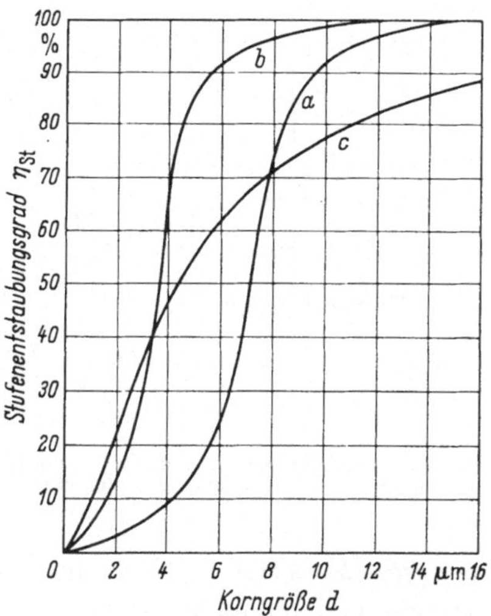

Abb. 5.17 Stufenentstaubungsgrade η_{St} für einige Zyklone [3]. *a* Großzyklon 1000 mm Außendurchmesser, *b* Kleinzyklon 200 mm Außendurchmesser. *c* Multizyklon aus Kleinzyklonen von 200 mm Außendurchmesser.

Die mit Abb. 5.17 erkennbare Tatsache, daß ein Multizyklon nicht die Güte des verwendeten Einzelzyklons erreicht, trifft fast immer zu. Zurückzuführen ist diese Verschlechterung darauf, daß es schwierig ist, für alle Zyklone in Parallelschaltung eine gleiche Beaufschlagung zu erreichen. Zudem sind zwischen den Einzelzyklonen über die Staubaustragsöffnung Rückströmungen möglich.

Durch entsprechende Einbauten lassen sich diese Einflüsse mildern. Sehr günstig ist es ferner, einen Teil der Gasmenge aus dem gemeinsamen Staubbehälter abzusaugen und in einem nachgeschalteten Zyklon zu entstauben. Dieser Sekundärstrom stabilisiert das System.

Ein quantitativer Vergleich zwischen dem Axial- und Tangentialzyklon ist nur begrenzt möglich, weil sich die optimalen äußeren Bedingungen, wie z. B. der Gasdurchsatz und der Druckverlust, für beide Typen im Versuch nicht gleich einstellen lassen.

Aus Ähnlichkeitsbetrachtungen von BARTH [68, 69, 84] ergibt sich aber, daß für vergleichbare Bedingungen kein wesentlicher Unterschied in der Entstaubungsgüte festzustellen ist. Unterschiedlich sind aber die günstigsten Arbeitsbereiche dieser beiden Bauarten. Für hohe Luftdurchsätze und geringe Druckverluste ist der Axialzyklon günstiger. Beim Tangentialzyklon lassen sich aber höhere Umlaufgeschwindigkeiten verwirklichen und damit eine kleinere Trennkorngröße. So sind Tangentialzyklone mit Trennkorngrößen unter 1 μm bekannt. Diese Werte sind mit Axialzyklonen nicht zu erreichen.

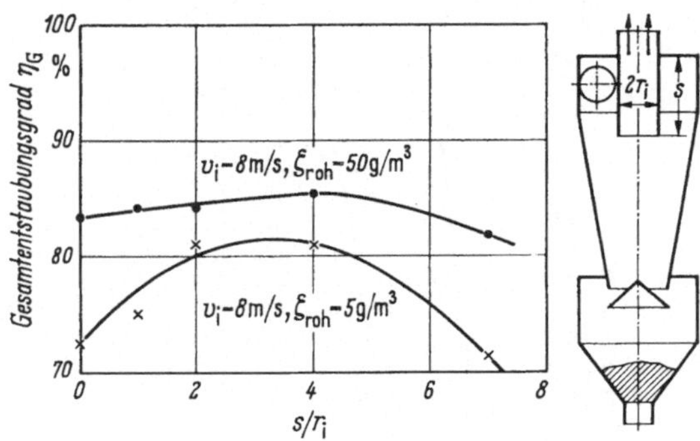

Abb. 5.18 Entstaubungsgrad eines Modellzyklons mit 100 mm Tauchrohrdurchmesser bei variabler Einstecklänge des Tauchrohrs [69]. v_i Geschwindigkeit im Tauchrohr, ζ Staubgehalt.

b) Einfluß der Umlaufgeschwindigkeit. Nach der Theorie läßt sich die Trennkorngröße über die Umlaufgeschwindigkeit und damit die Einlaufgeschwindigkeit beliebig senken. Abb. 5.13 zeigt nun aber, daß die Abscheidegüte mit der Steigerung der Einlaufgeschwindigkeit, die sich im Druckverlust zeigt, einem Grenzwert zustrebt. Ursache für diese Erscheinung ist die Turbulenz. Es hat daher keinen Zweck, die Geschwindigkeit so zu steigern, daß der Druckverlust Werte von 80 bis 100 mm WS wesentlich überschreitet.

c) Einfluß der Tauchrohrtiefe. Die Auslegung des Tauchrohres ist eine der wichtigsten Entscheidungen bei der Konstruktion eines Zyklons. Die Tauchrohrlänge hat zwar nicht die Bedeutung des Durchmessers, sie beeinflußt aber auch die Abscheidegüte [69, 85]. Wie die Messungen nach Abb. 5.18 zeigen, gibt es für die Einstecklänge des Tauchrohres einen optimalen Wert. Bei zu kleiner Eintauchtiefe besteht die Gefahr eines Kurzschlußstromes, d. h. es wird keine ausreichende Wirbelströmung ausgebildet. Bei zu langem Tauchrohr dagegen wird die Senkenströmung zu stark. Diese gegenläufigen Einflüsse bedingen das Optimum, das auch von anderen Autoren wie TER LINDEN gemessen worden ist. Man wählt sehr oft $s \approx 3\, r_i$.

d) Einfluß der Zyklonhöhe. Im Hinblick auf die Zyklonhöhe verbessert sich nach der Theorie die Abscheidegüte mit der Höhe bei gleichzeitig sinkendem Druckverlust. Diese Abhängigkeit ist durch Messungen bestätigt worden [65]. Über die Höhe läßt sich die Güte aber nicht beliebig verbessern, weil die Umlaufgeschwindigkeit im Kegel dann durch die Wandreibung stark absinkt und keinen Beitrag mehr zur Entstaubung liefert. Man wählt daher meist eine Zyklonhöhe, die etwa das acht- bis zehnfache des Tauchrohrdurchmessers beträgt.

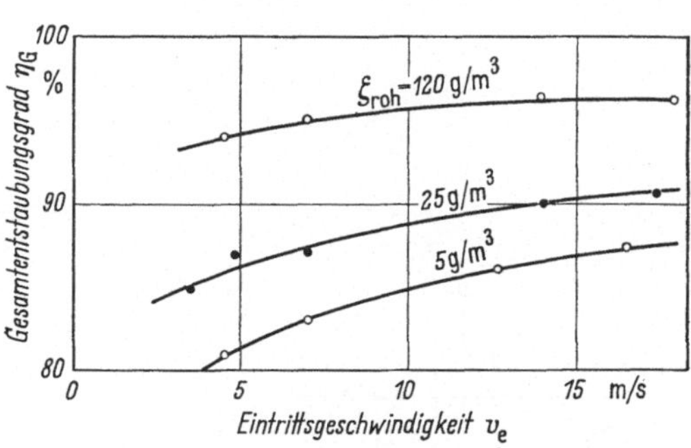

Abb. 5.19 Gesamtentstaubungsgrad eines Modellzyklons in Abhängigkeit von der Eintrittsgeschwindigkeit und dem Staubgehalt im Rohgas [69].

e) Einfluß der Staubkonzentration auf die Abscheidegüte. Mit zunehmender Staubkonzentration im Rohgas wird die Grenzbeladung in den Abtrennungsflächen früher erreicht. Auch wächst mit der Konzentration die Agglomeration von Teilchen. Aus diesen Gründen steigt der Entstaubungsgrad mit der Konzentration [68, 86—88], wie auch die Meßergebnisse nach Abb. 5.19 zeigen.

Der von einigen Autoren erwähnte Mitschleppeffekt, der die Aufnahme von kleinen Teilchen durch größere während der Abscheidung beinhaltet, steigt sicher mit der Konzentration. Dieser Vorgang ist aber nicht so groß, daß sich damit die starke Abhängigkeit der Abscheidegüte von der Staubkonzentration begründen läßt.

5.2.1.7 Beispiel zur Berechnung eines Zyklons. Um mit der Berechnung gleichzeitig einen Vergleich durchführen zu können, wird ein Zyklon (Abb. 5.20) gewählt, den MUSCHELKNAUTZ [69] in einer Arbeit nach der Methode von BARTH berechnet hat.

$H = 450$ mm $\quad r_a = 240$ mm

$r_i = 60$ mm

Gasdurchsatz $\dot{V} = Q_r = 400\ \text{m}^3/\text{h}$

$\lambda \approx 0{,}01 \quad v_a \mathrel{\hat{=}} v_e$

$v_i = 10$ m/s $\quad \varrho_K = 1{,}7\ \text{g/cm}^3$

$v_e = 13$ m/s

Nach BARTH gilt [s. Gl. (5.42)]:

$$d_t^2 = \frac{18\eta}{(\varrho_K - \varrho_L)} \frac{Q_r}{2\pi h r_i} \frac{r_i}{w_t^2} \tag{5.47}$$

$$w_t = \frac{v_a (r_a/r_i)}{1 + \lambda \frac{H}{r_i} \frac{v_a}{v_i} \frac{r_a}{r_i}} \tag{5.48}$$

Auf der Grundlage dieser Gleichungen errechnet MUSCHELKNAUTZ eine Trennkorngröße $d_t = 3{,}5\,\mu m$. Nach Gl. (5.43) ergibt sich mit $h = 0{,}3$ m, $m = 0{,}7$ und const. ermittelt für ideale Bedingungen über Gl. (5.39 u. 5.40) eine Trennkorngröße $d_t = 4{,}8\,\mu m$. Die Übereinstimmung ist recht gut.

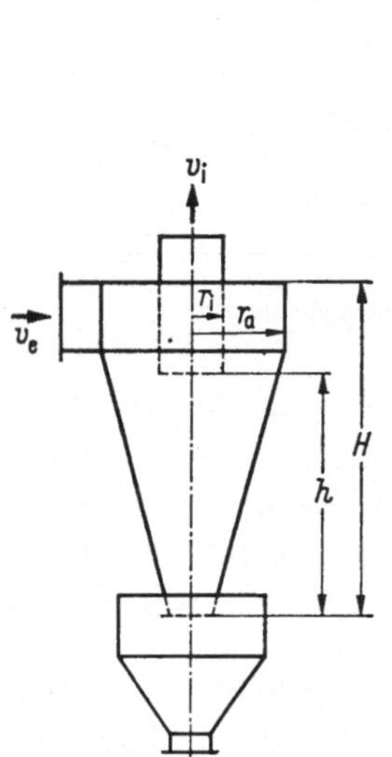

Abb. 5.20 Schema des Zyklons für das Berechnungsbeispiel.

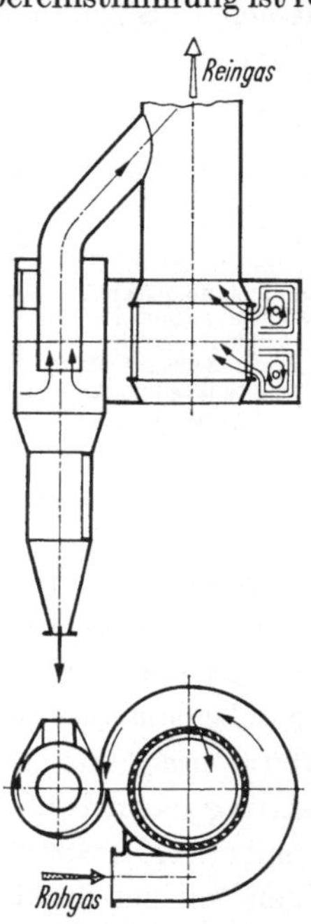

Abb. 5.21 Büttner-Kompakt-Entstauber mit van Tongeren-Zyklon.

5.2.1.8 Sonderbauarten von Zyklonen. Als besondere Zyklonbauart ist der Büttner-Kompakt-Entstauber mit van Tongeren-Zyklon, Abb. 5.21, zu bezeichnen. Das Gas strömt zunächst in ein spiralförmiges Gehäuse, wo der Staub durch die Fliehkraft auch infolge der Umlenkungen durch das innere Schaufelgitter nach außen geführt wird. Die Staubschicht wird mit einer bestimmten Luftmenge abgeschält und einem zweiten kleineren Zyklon zugeführt, wo eine weitere Staubabscheidung stattfindet.

Zu den Sonderbauarten gehören z. B. auch Zyklone mit Flüssigkeitseinspritzung oder auch mit vorgeschalteter elektrischer Aufladung [89]. Diese Maßnahmen sollen eine Agglomeration der Teilchen bewirken.

5.2.1.9 Werkstoffe für Zyklone. Aus der Funktion der Zyklone folgt, daß die Zyklonwand durch die Bewegungen des abgeschiedenen Staubes einem Verschleiß ausgesetzt ist. Die Größe hängt von den Eigenschaften des Staubes ab. Auch die Korrosion beeinflußt diesen Vorgang.

Bei nur geringem Verschleiß und ohne Korrosionsgefahr wird der Zyklon aus Stahlblech hergestellt. Bei erosiven Stoffen, wie Korund, Flugasche und Quarzsand, wird die gefährdete Zyklonwand mit verschleißfesten Stoffen, wie Stahlplatten, keramischen Stoffen und Kunststoffen, ausgekleidet. Der Hauptverschleiß tritt am Eintritt und im unteren Bereich des Kegels auf [90].

Kleine Zyklone, wie sie insbesondere bei Parallelschaltungen verwendet werden, fertigt man oft auch aus verschleißfestem Gußeisen.

Da die Turbulenz die Entstaubungsgüte verschlechtert, ist danach zu streben, diesen Vorgang nicht durch Nähte oder Unebenheiten in der Zyklonwand zu unterstützen.

5.2.2 Der Drehströmungsentstauber

Der Drehströmungsentstauber ist ein Fliehkraftabscheider, dem zwei unabhängig voneinander einstellbare Gasströme zugeführt werden. Das Schema eines solchen Drehströmungsentstaubers zeigt Abb. 5.22. Über die Grundlagen dieses Entstaubers hat K. R. Schmidt [56] und über Versuchsergebnisse u. a. H. Klein [91, 92] berichtet. Das Rohgas wird dem zylindrischen Entstaubungsraum über einen Leitapparat zugeführt und durch einen Strömungskörper verteilt. Zusätzlich wird tangential und axial über Düsen oder über einen zweiten Leitapparat Reinluft zugeführt mit dem Ziel, die Umlaufgeschwindigkeit des Rohgases zu erhöhen. Infolge dieser Gasführung entsteht im Idealfall im äußeren Ringraum eine Potentialwirbelsenke und im Inneren eine Rotationsströmung, die in einem Mischbereich ineinander übergehen. Die entsprechenden tangentialen Geschwindigkeiten und radialen Beschleunigungen in einer Umlaufebene für idealisierte Bedingungen sind in Abb. 5.23 dargestellt.

Es liegen somit ähnliche Strömungsverhältnisse vor wie in einem Zyklon. Es gibt jedoch einen wesentlichen Unterschied: Der Staub wird dem Entstaubungsraum mit der Rotationsströmung zugeführt. Die Abtrennungsgebiete liegen für diese Bauart im wesentlichen im Übergang von der Rotations- zur Potentialwirbelströmung, also im Bereich der Mischströmung.

Für die Entstaubung gilt daher unter idealen Bedingungen das in Abschnitt 5.1.2.1 behandelte Funktionsmodell (vgl. a. Abschnitt 5.3). Danach hängt die Entstaubungsgüte von der Verweilzeit, den geometrischen Abmessungen, der Korngröße und vor allem der Umlaufgeschwindigkeit ab [Gl. (5.27) und (5.30)].

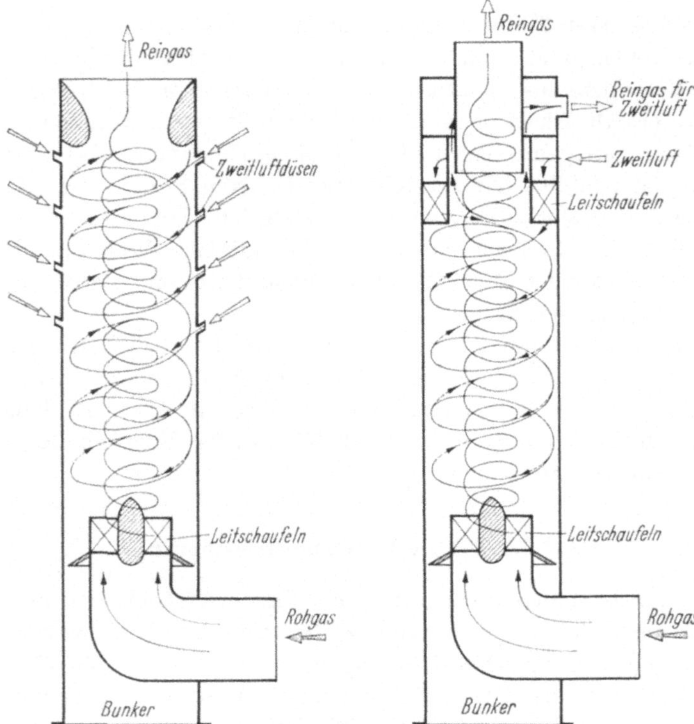

Abb. 5.22 Schema eines Drehströmungsentstaubers.

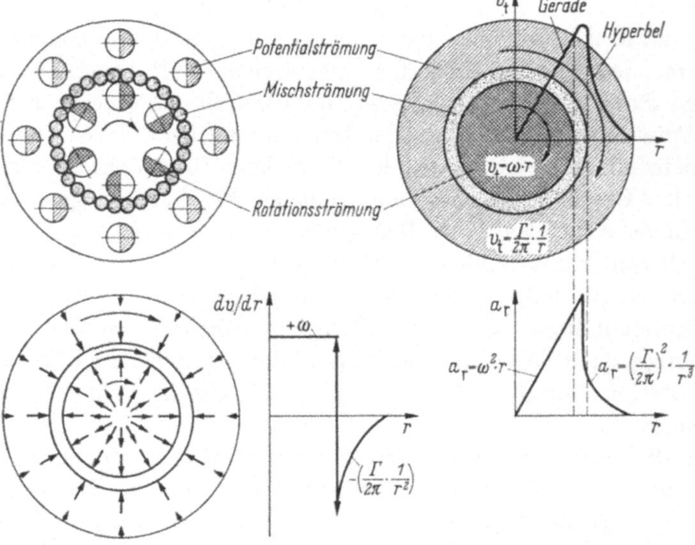

Abb. 5.23 Drehströmung, tangentiale Geschwindigkeiten und radiale Beschleunigungen in einer Umlaufebene [56]. (Die Zeichnung berücksichtigt nicht, daß v_t und a_r nach der Theorie nur für sehr große Werte von r gegen Null gehen.)

Bei einer konstanten Winkelgeschwindigkeit ω steigt die Verschiebungsgeschwindigkeit mit dem Radius r_i. Gleichzeitig wird der Abscheideweg größer. Für diesen Fall ergibt eine Abschätzung, daß die Entstaubungsgüte in weiten Bereichen nahezu unabhängig vom Außendurchmesser ist, wie auch aus Meßwerten zu entnehmen ist [93].

Im Hinblick auf die Gültigkeit der Theorie ist anzumerken, daß sie die turbulente Diffusion nicht berücksichtigt.

Im Gegensatz zum Zyklon hat die Staubbeladung oder der Staubgehalt des Rohgases auf die Abscheidegüte keinen entsprechenden Einfluß [93]. Diese Tatsache ist darauf zurückzuführen, daß keine Abtrennung der im Mischbereich angereicherten Staubteilchen gegen eine Senkenströmung erforderlich ist.

Ein Vergleich zwischen Drehströmungsentstauber und Zyklon zeigt, daß die Trennkorngröße bei einem vergleichbaren Durchmesser niedriger liegt. Klein gibt für einen Durchmesser $d_a = 200$ mm, eine Trennkorngröße $d_t \approx 0{,}4$ µm und ein oberes Grenzkorn zu $d \approx 5$ µm an. Die Trennkorngröße liegt also um eine Größenordnung niedriger als bei einem entsprechenden Tangentialzyklon. Jedoch ist bei diesem Vergleich zu berücksichtigen, daß der Druckverlust wesentlich höher liegt.

5.2.3 Die Entstaubungszentrifuge

Die Staubzentrifuge, das Schema einer Bauart ist in Abb. 5.24 dargestellt, ist vergleichsweise wenig verbreitet, weil der Bauaufwand sehr hoch ist. Für Sonderfälle kann das Gerät jedoch interessant sein, weil sich mit

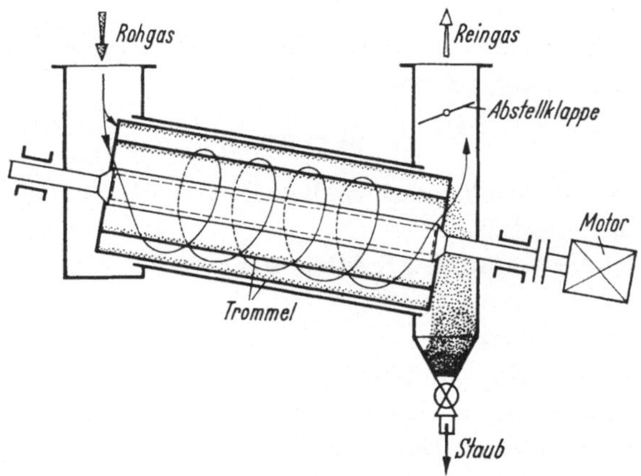

Abb. 5.24 Schema einer Staubzentrifuge.

ihm sehr kleine Trennkorngrößen erreichen lassen. Durch entsprechende Einbauten kann man sicherstellen, daß die Aerodispersion wie ein starrer Körper rotiert. Die Teilchenverschiebung ergibt sich nach Abschnitt

5.1.2.1. Sie errechnet sich wie beim idealen Drehströmungsentstauber. Dort sind der Entstaubung jedoch durch Turbulenzdiffusion Grenzen gesetzt. Bei der Zentrifuge läßt sich dieser Einfluß verhindern. Ferner kann man mit der Zentrifuge wesentlich größere Umlaufgeschwindigkeiten w_t erreichen. So ist bekannt, daß es mit der Zentrifuge im Prinzip möglich ist, Moleküle unterschiedlicher Masse zu trennen. Man benötigt dazu außerordentlich hohe Drehzahlen (Ultrazentrifuge). Eine untere Grenze für die Trennkorngröße ergibt sich aber durch die molekulare Diffusion.

Bei der in Abb. 5.24 dargestellten Bauart wird der Staub in zwei konzentrisch angeordneten Zylindern abgeschieden. Die Reinigung erfolgt bei sehr geringen Drehzahlen und abgeschalteter Rohgaszufuhr.

5.3 Abscheidegüte in Fliehkraftentstaubern mit einer Rotationsströmung

Für Rotationsströmungen, wie z. B. im Kern des Drehströmungsentstaubers oder in der Gaszentrifuge, lassen sich die Entstaubungsgrade berechnen, und zwar unter der Annahme, daß die Verschiebung der Staubteilchen durch molekulare, Turbulenz- und Elektro-Diffusion nicht beeinflußt wird.

Für die Berechnung werden Bedingungen entsprechend Abb. 5.25 vorausgesetzt und noch folgende vereinfachende Annahmen getroffen:

1. Das Gas durchströmt den Entstaubungsraum wie eine Kolbenströmung mit

$$w_z = v_g .$$

2. Das Gas dreht wie ein starrer Körper. Die radiale Verschiebungsgeschwindigkeit beträgt nach Gl. (5.27)

$$w_r = k\, r .$$

Korngröße d und Winkelgeschwindigkeit ω werden als eine konstante Betriebsgröße aufgefaßt.

Gesucht ist der Verlauf der Staubkonzentration im Entstaubungsraum

$$\zeta = f(z, r) .$$

Ansatz: Nach der Kontinuitätsgleichung entspricht die zeitliche Änderung der Staubmasse in einem Gasvolumen der dem Volumen durch Strömung zu- und durch Entstaubung abgeführten Staubmasse

$$\frac{\partial}{\partial t} \int\limits_V \zeta \,\mathrm{d}V = - \int\limits_V \operatorname{div}(\zeta\, w)\,\mathrm{d}V \tag{5.49}$$

oder

$$\frac{\partial \zeta}{\partial t} = -\operatorname{div}(\zeta\, w) . \tag{5.50}$$

Im stationären Fall wird die Gl. (5.50) zu Null. Für das Beispiel nach Abb. 5.25 gilt damit in Zylinderkoordinaten

$$w_z \frac{\partial \zeta}{\partial z} + \frac{1}{r} \frac{\partial}{\partial r} (r\, w_r\, \zeta) = 0\,. \tag{5.51}$$

Mit $w_r = k\, r$ gilt:

$$w_z \frac{\partial \zeta}{\partial z} + \frac{k}{r} \frac{\partial}{\partial r} (r^2 \zeta) = 0\,, \tag{5.52}$$

$$\frac{k}{r} \frac{\partial}{\partial r} (r^2 \zeta) = \frac{k}{r}\left(2\, r\, \zeta + r^2 \frac{\partial \zeta}{\partial r}\right) = 2\, k\, \zeta + k\, r \frac{\partial \zeta}{\partial r}\,. \tag{5.53}$$

Damit wird aus Gl. (5.52)

$$w_z \frac{\partial \zeta}{\partial z} + 2\, k\, \zeta + k\, r \frac{\partial \zeta}{\partial r} = 0\,. \tag{5.54}$$

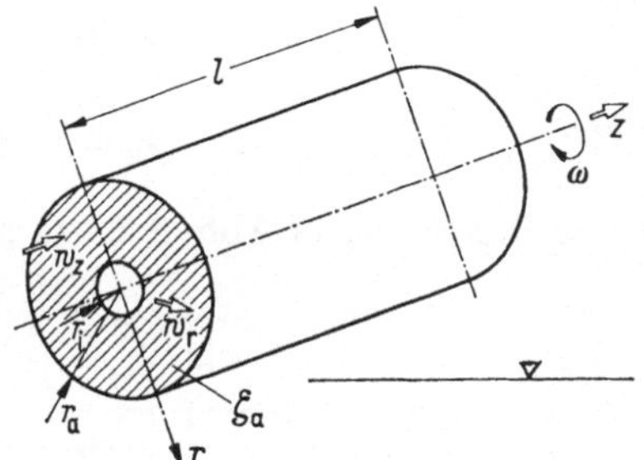

Abb. 5.25 Benennungen für die Berechnung der Abscheidegüte einer Rotationsströmung.

Die Lösung dieser partiellen Differentialgleichung erfolgt nach dem Charakteristiken-Verfahren. Die Gleichungen der Charakteristiken sind:

$$\frac{\mathrm{d}r}{k\, r} = \frac{\mathrm{d}z}{w_z} = -\frac{\mathrm{d}\zeta}{2\, k\, \zeta}\,. \tag{5.55}$$

Dieses System hat z. B. die zwei folgenden Lösungen:

$$\frac{\mathrm{d}r}{r} = \frac{k}{w_z} \mathrm{d}z\,, \tag{5.56}$$

$$\ln r \Big|_{r_0}^{r} = \frac{k}{w_z} \mathrm{d}z \Big|_{z_0}^{z} \tag{5.57}$$

und

$$\frac{\mathrm{d}\zeta}{\zeta} = -\frac{2k}{w_z} \mathrm{d}z\,, \tag{5.58}$$

$$\ln \zeta \Big|_{\zeta_a}^{\zeta} = -\frac{2k}{w_z} z \Big|_{z_0}^{z}\,. \tag{5.59}$$

Es sind zwei Bereiche zu unterscheiden, nämlich

a) Charakteristiken, die von $z = 0$ ausgehen.

Hierfür gilt:

$$\zeta_a = \text{const},$$

$$r_0 \leq r \text{ und } r_i \leq r_0 \leq r_a .$$

b) Charakteristiken, die von $r_0 = r_i$ ausgehen.

Für diesen Fall gilt:

$$\zeta_a = 0 ,$$

$$0 \leq z_0 \leq l \text{ mit } z_0 \leq z .$$

Bereich a):

$$\ln \frac{r}{r_0} = \frac{k}{w_z} z , \tag{5.60}$$

$$r = r_0 \exp\left(\frac{k}{w_z} z\right). \tag{5.61}$$

Mit $r_i \leq r_0 \leq r_a$ für $z = 0$ ergeben sich die Bereichsgrenzen zu:

$$r_1 = r_i \exp\left(\frac{k}{w_z} z\right), \tag{5.62}$$

$$r_2 = r_a \exp\left(\frac{k}{w_z} z\right). \tag{5.63}$$

Dieser Bereich ist in Abb. 5.26 dargestellt.

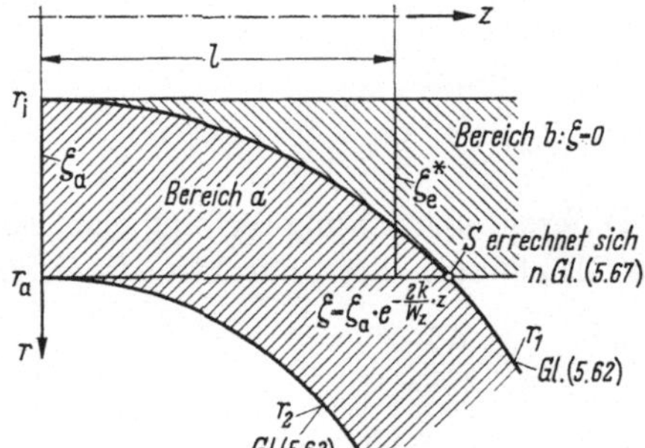

Abb. 5.26 Konzentrationsbereiche in einer Rotationsströmung.

Für die Konzentration in diesem Bereich a gilt:

$$\ln \frac{\zeta}{\zeta_a} = -\frac{2k}{w_z} z , \tag{5.64}$$

$$\zeta = \zeta_a \exp\left(-\frac{2k}{w_z} z\right). \tag{5.65}$$

Es ergibt sich, daß die Konzentration im Bereich a unabhängig vom Radius ist. Dies ist darauf zurückzuführen, daß die Verschiebungsgeschwindigkeit der Staubteilchen zwar mit r zunimmt, in gleichem Maße nimmt aber auch das Volumen zu. Dadurch bleibt die Konzentration über dem Radius konstant. Der Staubgehalt ζ ändert sich nur in Strömungsrichtung z.

Im Bereich b ist die Konzentration $\zeta = 0$, weil im Kern $r < r_i$ kein Staub zugeführt wird.

Der Schnittpunkt S berechnet sich aus Gl. (5.62) zu:

$$r_a = r_i \exp\left(\frac{k}{w_z} z_s\right), \tag{5.66}$$

$$z_s = \frac{w_z}{k} \ln \frac{r_a}{r_i}. \tag{5.67}$$

Wird die Länge des Entstaubungsraumes so gewählt, daß $l \geq z_s$ ist, dann ist $\eta_G = 100\%$, d. h. der gesamte Staub wird abgeschieden.

Für $l < z_s$ ist der Entstaubungsgrad über die Konzentration an der Stelle $z = l$ nach Gl. (5.65) und dem Radius r nach Gl. (5.62) zu ermitteln.

$$\eta_G = \frac{\zeta_a - \zeta_e^*}{\zeta_a} 100.$$

Der Staubgehalt am Ende des Verschiebungsraumes errechnet sich zu:

$$\zeta_e^* = \frac{r_a^2 - r_1^2}{r_a^2 - r_i^2} \zeta. \tag{5.68}$$

Mit den Gln. (5.62) und (5.65) wird dann für $l < z_s$

$$\eta_G = 1 - \left(\exp\left(-\frac{2k}{w_z} l\right)\right) \frac{r_a^2 - r_i^2 \exp\left(\frac{2k}{w_z} l\right)}{r_a^2 - r_i^2} \tag{5.69}$$

Für nicht gleichkörniges Gut ist der Rechengang analog den Ausführungen in Abschnitt 3.2 durchzuführen.

5.4 Geschichtliche Entwicklung

Der Fliehkraftentstauber mit Umlaufströmungen ist eine Erfindung des Amerikaners O. M. Morse. Der von ihm in der Patentschrift DRP Nr. 39219 vom 25. 7. 1886 (Knickerbocker Comp. Jackson, USA) beschriebene Zyklon besteht aus einem kegeligen Gehäuse mit tangentialer Gaszuführung. Das Tauchrohr besteht aus einer einfachen Öffnung.

Bereits um die Jahrhundertwende wurden Zyklone vorgestellt, die im Grundsatz den Bauarten nach Abb. 5.5a–e entsprechen. In der Patentschrift Nr. 134360 vom 3. 10. 1901 (Prandtl in Fa. MAN, Nürnberg) ist das Tauchrohr bereits mit Leitschaufeln ausgerüstet, um Energie zurückzugewinnen. Dieser Entwicklungsstand änderte sich über mehrere Jahrzehnte nicht wesentlich. Eine Änderung setzte mit der Untersuchung der Vorgänge im Zyklon ein [94], die mit Arbeiten von Prockat, Rosin, Rammler, Intelmann, van Tongeren, Feifel und ter Linden eingeleitet wurde. Durch diese wissenschaftliche Durchdringung konnte die Trennkorngröße von etwa 50 μm im Jahre 1900 auf etwa 5 μm im Jahre 1960 gesenkt werden, ohne daß der Aufbau der Zyklone grundsätzlich geändert worden ist.

Eine neuere Bauart ist der von der Firma Siemens entwickelte Drehströmungsentstauber (Abb. 5.22), der Anfang der 60er Jahre vorgestellt wurde.

Die Weiterentwicklung der theoretischen Grundlagen, um die sich insbesondere Barth verdient gemacht hat, hängt vor allem von der quantitativen Erfassung der Turbulenzeinflüsse auf die Entstaubung ab. Kurzfristige Ergebnisse sind hier nicht zu erwarten.

6. Der Elektroentstauber

6.1 Grundsätzliches über Aufbau und Wirkungsweise

In den bisher behandelten Entstaubern erfolgt die Verschiebung der Staubteilchen durch Schwer- oder Fliehkräfte. Eine weitere Möglichkeit zur Entstaubung bieten elektrische Kräfte. Bringt man eine elektrische Ladung q in ein elektrisches Feld, so wird auf diese Ladung eine Kraft F_E in Richtung des Potentialgefälles ausgeübt. Die Potentialdifferenz wird durch die Feldstärke E beschrieben:

$$F_E = q\,E\,. \tag{6.1}$$

Es bedeuten:

q $n\,e$ Ladung (C), (A s), ($cm^{3/2} \cdot g^{1/2} \cdot s^{-1}$),
E Feldstärke (V/m), ($cm^{-1/2} \cdot g^{1/2} \cdot s^{-1}$),
e Elementarladung $= 1{,}602 \cdot 10^{-19}$ C.

Diese Gleichung umreißt bereits die Bedingungen, die in dem Verschiebungsraum zu schaffen sind. Die Staubteilchen müssen eine unipolare elektrische Ladung erhalten, und es muß ein elektrisches Feld entsprechender Richtung und Stärke vorhanden sein.

Da die Staubteilchen je nach Herkunft entweder nicht oder gemischt geladen sind, reicht dieser Zustand für eine elektrische Verschiebung nicht aus. Es muß somit zunächst eine gleichsinnige elektrische Aufladung der Teilchen erfolgen, erst dann werden sie den Wirkungen des elektrischen Feldes ausgesetzt.

Diese beiden Vorgänge können in getrennten Räumen oder auch überlagert in einem Raum erfolgen. Die zuletzt genannte Anordnung ist beim Elektroentstauber für den industriellen Einsatz üblich. Die klassische Form eines solchen Entstaubers zeigt Abb. 6.1 im Schema. Der Entstaubungsraum, also der Verschiebungs- und Abtrennungsraum, wird von einem geerdeten Rohr gebildet, in dessen Mitte ein dünner, gegen das Gehäuse isoliert aufgehängter Draht angeordnet ist. Hieran ist z. B. eine negative Spannung von $-40\,000$ V angelegt. Es besteht somit zwischen dem Draht und der Rohrwand ein Potentialgefälle.

Die Erzeugung der Ladungen (im Sinne einer positiven oder negativen Elektrizitätsmenge auf einem Träger wie Elektronen, Ionen, Atome und Moleküle) erfolgt ebenfalls in diesem Raum. In der näheren Umgebung des dünnen Drahtes herrscht ein starkes Potentialgefälle, wodurch bei einer ausreichenden Spannung genannter Polarität eine negative Koronas entladung erfolgt. Die hierbei entstehenden negativen Ladungen bewegen sich zum geerdeten Rohr. Treten nun die Staubteilchen in den Entstaubungsraum ein, so werden sie zunächst durch die erzeugten Ladungen negativ aufgeladen. Die Folge ist eine Kraft nach Gl. (6.1), die die Teilchen in Richtung zur Rohrwand verschiebt, wo sie anhaften. Die Rohrwand, die auch als Niederschlagselektrode bezeichnet wird, ist die Abtrennungsfläche. Der abgeschiedene Staub wird in bestimmten Zeitabständen z. B. durch Klopfen abgelöst, so daß dieser durch die Schwere in den Staubbunker fällt. Die Mittelelektrode wird als Sprüh- oder auch als Ausströmerelektrode bezeichnet und der Strom, der zwischen den Elektroden fließt, als Sprüh- oder Ionenstrom.

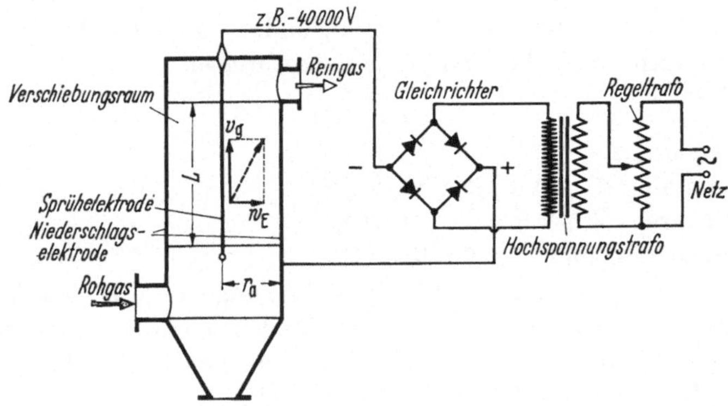

Abb. 6.1 Grundschema eines Elektroentstaubers.
r_i Radius des Sprühdrahtes, r_a Radius des Entstaubungsraumes.

Der für die Koronaentladung notwendige hochgespannte Gleichstrom wird durch Transformatoren und Gleichrichter erzeugt.

Aus dem geschilderten Funktionsablauf wird sichtbar, daß für die Elektroentstaubung vier Vorgänge grundlegend sind:

1. Erzeugung der Ladungen,
2. Aufladung der Teilchen,
3. Verschiebung der Teilchen durch elektrische Kräfte (elektrisches Feld),
4. Abtrennung der Teilchen durch die Niederschlagselektroden und Abreinigung dieser Abtrennungsfläche.

6.1.1 Erzeugung der Ladungen

Im Hinblick auf die Erzeugung von Ladungen in einem gasgefüllten Raum sei an die unselbständige und selbständige Entladung erinnert, also an elektrische Ströme in Gasen. Hierbei wird der Stromfluß durch die Anzahl und die Geschwindigkeit der Ladungen bestimmt.

Bei der unselbständigen Entladung erfolgt der Strom über Ladungen, die im Gas vorliegen oder unabhängig von der Entladung erzeugt werden, wie z. B. durch thermische Emission, wie bei den Glühkathoden in den Radioröhren.

Bei der selbständigen Entladung dagegen erfolgt der Strom durch Ladungen, die die Entladung selbst, und zwar durch Ionisation erzeugt. Zu diesen Entladungen gehören die Korona- und die Funkenentladung, die sich nur in der Intensität unterscheiden. Es gibt eine positive und negative Korona. Bei der Elektroentstaubung findet vorherrschend die negative Korona Anwendung. Wie geschieht nun hierbei die Ladungserzeugung?

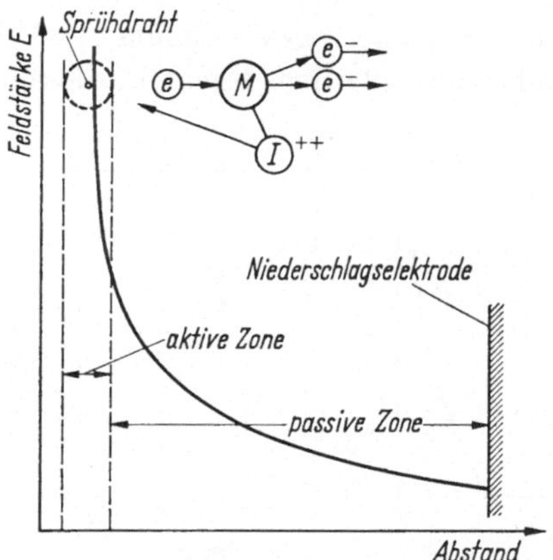

Abb. 6.2 Ladungserzeugung im Sprühfeld.

Zwischen zwei konzentrisch angeordneten Zylindern, entsprechend Abb. 6.1, beträgt die Feldstärke, wie die Elektrotechnik lehrt,

$$E = \frac{U}{r \ln \frac{r_a}{r_i}}. \tag{6.2}$$

In der Nähe des dünnen Drahtes mit dem Radius r_i herrscht nach dieser Gleichung ein starkes Potentialgefälle. Da in jeder Atmosphäre, z. B. wegen der Höhenstrahlung freie Elektronen vorliegen, erfahren diese in diesem Gefälle eine starke Beschleunigung. Beim Auftreffen auf Gasatome oder Gasmoleküle werden bei ausreichender Geschwindigkeit entweder Elektronen abgespalten, es entstehen dann neue freie Elektronen und positive Gasionen, oder sie werden adsorbiert, dann entstehen negative Gasionen (Abb. 6.2).

Dieser Vorgang setzt sich im Bereich des hohen Potentialgefälles lawinenartig fort. Dieser Bereich wird daher auch als aktive Zone bezeichnet. Die hier erzeugten positiven Ionen werden vom Sprühdraht aufgenommen. Die negativen Ladungen verlassen infolge des elektrischen Feldes die aktive Zone und wandern zur Niederschlagselektrode. Dadurch wird der gesamte Verschiebungsraum mit Ladungen ausgefüllt. Ein Maß für diese Ladungen ist der Sprühstrom.

Die für die Korona notwendige Mindestspannung wird als Koronaeinsatz- oder Koronaanfangsspannung bezeichnet. Für eine stabile negative Korona ist neben dem notwendigen Potentialgefälle in der aktiven Zone eine gewisse Raumladung in der passiven Zone erforderlich, sonst geht die Korona bereits bei geringen Spannungen oberhalb des Einsatzpunktes in eine Funkenentladung über. In diesem Fallkonzentrieren sich die erzeugten Ladungen in einer engen Zone, nämlich im Funkenweg. Eine solche Ladungsverteilung ist für die Entstaubung nicht erwünscht, da dann nur ein geringes Volumen des Verschiebungsraumes mit Ladungen erfüllt ist. Außerdem bricht in diesem Fall das Feld zusammen.

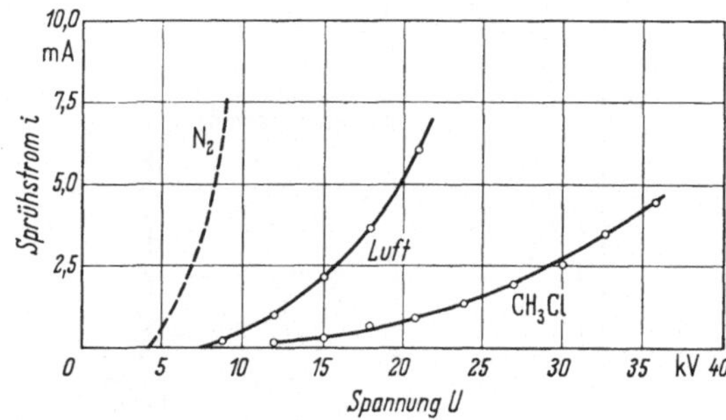

Abb. 6.3 Sprühstrom in Abhängigkeit von der Spannung bei verschiedenen Gasen und gleichen geometrischen Bedingungen [95].

Der Aufbau von Raumladungen in der passiven Zone hängt mit der Beweglichkeit der Ladungen bzw. Ionen zusammen. Man versteht unter der Ionenbeweglichkeit die Geschwindigkeit bezogen auf die Feldstärke (m/s pro V/m). Unter bestimmten Bedingungen ist der Sprühstrom ein Maß für diese Beweglichkeit. Nun zeigt Abb. 6.3, daß der Sprühstrom auch von der Gasart abhängt. Dieses Verhalten erklärt sich wie folgt: Elektronen sind unter atmosphärischen Bedingungen etwa um das 1000fache schneller als Gasionen. Da Stickstoffmoleküle, wie auch Wasserstoff, Helium, Neon und Argon fast keine Elektronen bei der Stoßionisation adsorbieren, bestehen die Ladungen in diesen Gasen aus Elektronen. Die Folge ist ein hoher Sprühstrom. Andere Gase wie Sauerstoff, Wasserdampf, Chlor, Kohlendioxid und Schwefeldioxid besitzen eine hohe Elektronenaffinität. In diesem Fall bestehen die negativen Ladungen fast nur aus Gasionen. Die Folge ist ein geringer Sprühstrom. Man nennt diese Gase auch elektronegativ.

Es ist einzusehen, daß die Ionenbeweglichkeit auch vom Druck und der Temperatur der Umgebung abhängt. So nimmt die Beweglichkeit mit Zunahme des Druckes bzw. der Dichte ab (s. Radioröhren, Entladungslampen). Die Temperatur wirkt sich dagegen in geringerem Maße aus.

Für eine stabile negative Korona zur Elektroentstaubung muß das Gas einen ausreichenden Anteil elektronegativer Gase enthalten, wie etwa die normale Luft.

Für den Betrieb von Entstaubern sind die in Abb. 6.3 und 6.4 gezeigten Strom-Spannungskurven der Korona von besonderer Bedeutung. Sie geben Auskunft über den Sprühstrom [Gl. (6.5)] und die Durchbruchsfeldstärke. Diese hängt ab von der Gasart, dem Gaszustand (Druck, Temperatur), der Art der Korona und den Vorgängen an der Niederschlagselektrode (Rücksprühen, Abschnitt 6.1.4.1).

Die positive Korona erzeugt unabhängig von der Gasart die für die passive Zone notwendigen Raumladungen. Trotzdem ist sie für die

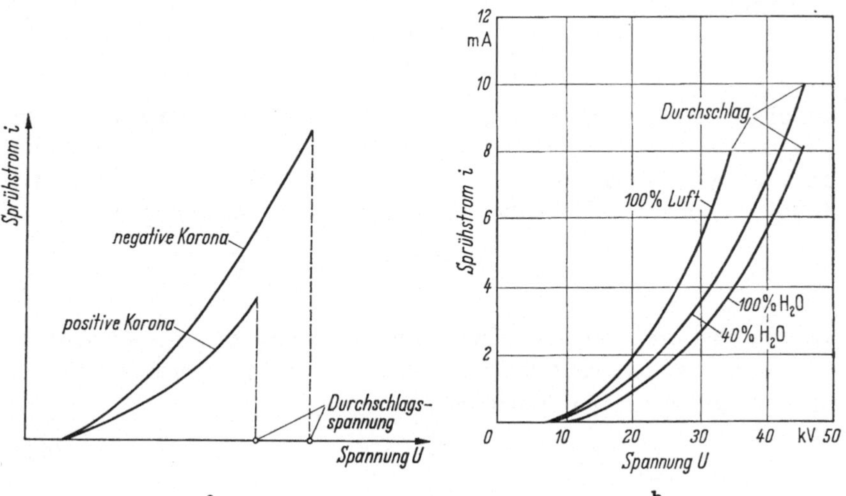

Abb. 6.4 Strom-Spannungskurven bei der Elektroentstaubung. a) positive und negative Korona; b) negative Korona bei Luft und im Gemisch mit Wasserdampf [4].

Elektroentstaubung ungünstiger, weil die Durchbruchsfeldstärke wesentlich niedriger liegt (Abb. 6.4a). Dies steht der Forderung nach Gl. (6.1) entgegen.

Für die Elektroentstaubung dürfen die Strom-Spannungskurven nicht zu steil verlaufen. So ist mit N_2 (Abb. 6.3) keine stabile Korona zu betreiben, weil die Spanne zwischen Koronaeinsatz- und Durchschlagsspannung zu gering ist. Die gute Charakteristik von Luft läßt sich durch Zugabe elektronegativer Gase wie Wasserdampf noch verbessern (Abb. 6.4b). In noch stärkerem Maße wirken sich u. a. SO_2 und SO_3

aus. Solche Maßnahmen bieten sich daher für eine Verbesserung der Elektroentstaubung an.

Während der Wanderung der negativen Ladungen im gaserfüllten Feldraum in Richtung zur Niederschlagselektrode stoßen sie dauernd mit neutralen Gasatomen oder Molekülen zusammen, wobei sie, teilweise auch unter Geschwindigkeitsverlust, von der Flugrichtung abgelenkt werden. Daher bewegen sich die Ladungen auf einem Zickzackweg, so daß unter atmosphärischen Bedingungen nur etwa ein Drittel des gesamten Weges in Richtung des äußeren Feldes liegt. Bei diesen Stoßvorgängen erfahren auch die Luftmoleküle eine Beschleunigung in Richtung zur Niederschlagselektrode und damit eine Geschwindigkeit. Dieser Vorgang wird als elektrischer Wind bezeichnet [96].

Die Koronaeinsatzspannung muß experimentell bestimmt werden. Die für diesen Wert notwendige kritische Feldstärke beträgt z. B. in einer koaxialen Zylinderanordnung für einen bestimmten Gasdruck nach WHITEHEAD [97]:

$$E_{\text{krit}} = 31\,m\left(1 + \frac{0{,}308}{\sqrt{r_{\text{i}}}}\right) \quad [\text{kV/cm}]. \tag{6.3}$$

In dieser Zahlenwertgleichung ist der Sprühdrahtdurchmesser $2\,r_{\text{i}}$ in [cm] einzusetzen. Der Faktor m erfaßt den Oberflächenzustand des Drahtes. Für polierte Oberflächen beträgt der Wert $m = 1$. Mit der Gl. (6.2) ergibt sich damit die notwendige Anfangsspannung zu:

$$U_{\text{a}} = 31\,m\left(1 + \frac{0{,}308}{\sqrt{r_{\text{i}}}}\right) r_{\text{i}} \ln \frac{r_{\text{a}}}{r_{\text{i}}}\,[\text{kV}]\,. \tag{6.4}$$

Der Sprühstrom in einem elektrischen Feld ergibt sich aus der Anzahl der Ladungen, der beaufschlagten Fläche und der Ionengeschwindigkeit $u_{\text{i}} \cdot E$. Es gilt daher die Beziehung:

$$i = n^* e\, S\, u_{\text{i}}\, E\,. \tag{6.5}$$

Hierin bedeuten:

i Sprühstrom (A),
n^* Anzahl der Ladungen/cm³,
e Elementarladung (C),
S beaufschlagte Fläche (cm²),
u_{i} Ionenbeweglichkeit (cm/s pro V/cm = cm²/V s),
E Feldstärke in V/cm.

Die Ionenbeweglichkeit beträgt bei Luft unter atmosphärischen Bedingungen etwa 1,8 cm/s pro V/cm (cm²/V s). Sie muß experimentell bestimmt werden.

Befinden sich Staubteilchen im Entstaubungsraum, so kann dadurch der Sprühstrom sinken. Dies ist dann der Fall, wenn eine sehr hohe Teilchenkonzentration [98] und damit eine hohe Raumladung im Bereich der Sprühelektroden vorliegt. Diese senkt die Feldstärke und damit den Ionisationsvorgang.

6.1.2 Aufladung der Teilchen

Mit dem Einströmen der Staubteilchen in den Entstaubungsraum beginnt die Aufladung dadurch, daß negative Ladungen auf ihrem Weg zur Niederschlagselektrode mit den Teilchen zusammenstoßen und dort haften bleiben. Die interessierende Aufladungsgeschwindigkeit ergibt sich aus der Ladungsdichte und den Bewegungen der Ladungen. Es wurde schon erwähnt, daß sich Ladungen im evakuierten Feldraum nur in Richtung des Potentialgefälles, also den Feldlinien entsprechend, bewegen. In einem gaserfüllten Raum werden jedoch wegen der Stoßvorgänge mit den Gasmolekülen zusätzliche Bewegungen erzeugt, die als Brownsche Molekularbewegungen bekannt sind.

Die Erfassung der Stoßvorgänge und damit der Aufladung vereinfacht sich, wenn man die genannten beiden Bewegungen getrennt erfaßt, obwohl dies streng nicht zulässig ist [99].

Die Aufladung durch die Wirkungen des elektrischen Feldes wird mit Feldaufladung, die durch die Brownsche Bewegung mit Diffusionsaufladung bezeichnet. Es sei im voraus erwähnt, daß die Teilchen etwa $d > 1\ \mu m$ vorwiegend durch die treibende Kraft des elektrischen Feldes aufgeladen werden, die Teilchen mit $d < 1\ \mu m$ vor allem durch Diffusion.

6.1.2.1 Aufladung durch die Wirkungen des elektrischen Feldes. Die Feldaufladung berücksichtigt nur die Stoßvorgänge als Folge der Bewegungen der Ladungen im elektrischen Feld, nicht aber die durch Dif-

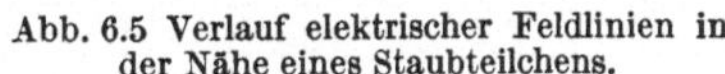

Abb. 6.5 Verlauf elektrischer Feldlinien in der Nähe eines Staubteilchens.

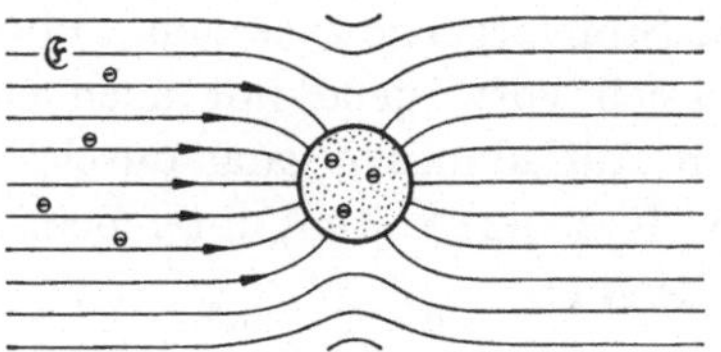

fusion. Betrachtet man nur diese Komponente, so folgen die Ladungen den Feldlinien. Im Bereich der Staubteilchen erfahren diese Linien eine lokale Verzerrung, wie Abb. 6.5 veranschaulicht. Ein solcher Verlauf ergibt sich, weil die Dielektrizitätszahl von Staubteilchen größer ist als die von Luft. Aus diesem Grunde fließen den Teilchen mehr Ladungen zu, als der Querschnittsfläche der Teilchen entspricht. Die Anzahl der zeitlich zufließenden Ionen nimmt in dem Maße ab, wie sich schon Ionen angelagert haben. Es ist einzusehen, daß die Aufladung von der Ionendichte, dem elektrischen Feld, den dielektrischen Eigenschaften des Staubes, der Teilchengröße (quadratisch) und der Zeit abhängt. Diesen Aufladungsvorgang haben u. a. Pauthénier und Moreau-Hanot [100], Rohmann [101], White [102] und Böhm [103] untersucht.

Mit den Annahmen:

a) kugelige Teilchen,

b) der Teilchenabstand ist groß im Vergleich zur Teilchengröße,

c) die Ionenkonzentration und das elektrische Feld sind gleichmäßig,

d) die geladenen Teilchen nehmen keinen Einfluß auf die noch ungeladenen Teilchen,

gilt nach PAUTHÉNIER für ein Teilchen:

$$q = n\,e = \frac{3\varepsilon_r}{\varepsilon_r + 2}\,\frac{d^2}{4}\,\frac{t}{t + t_0}\,E\,, \tag{6.6}$$

ε_r Dielektrizitätszahl,
t_0 Zeitkonstante $= 1/\pi\, n^*\, e\, u_i$,
n^* Ladungszahl/cm^3,
e Elementarladung,
u_i Ionenbeweglichkeit.

Diese Gleichung verknüpft die genannten Einflußgrößen und die Aufladungsgeschwindigkeit. Nach Untersuchungen von LOWE und LUCAS [104] ist die maximale Aufladung wegen der hohen Ionenkonzentration von 10^8 bis 10^9 Elementarladungen/cm^3 im Elektroentstauber in weniger als einer zehntel Sekunde erreicht. Man kann daher praktisch immer mit der Grenzladung rechnen. Diese ergibt sich mit $t \to \infty$ zu:

$$q = \frac{3\varepsilon_r}{\varepsilon_r + 2}\,\frac{d^2}{4}\,E\,. \tag{6.7}$$

6.1.2.2 Aufladung durch molekulare Diffusion. Für sehr kleine Teilchen, z. B. $d < 0{,}1$ μm verschwindet der Einfluß der Feldaufladung. Die Stoßvorgänge zwischen Ladungen und Staubteilchen sind für diesen Bereich vorwiegend nur noch eine Folge der Brownschen Bewegung. Den Aufladungsvorgang durch Diffusion haben insbesondere ARENDT und KALLMANN [105] untersucht.

Es gilt:

$$e\,\frac{\mathrm{d}n}{\mathrm{d}t}\left(1 + \frac{d^2}{16}\,\frac{c}{n\,u_i\,e}\right) = \pi\,\frac{d^2}{4}\,f\,c\exp\left(-\frac{2n\,e^2}{d\,k\,T}\right), \tag{6.8}$$

mit

$$c = \left(\frac{3\,k\,T}{m_I}\right)^{1/2}, \tag{6.9}$$

k Boltzmannsche Entropiekonstante $= 1{,}38\cdot 10^{-23}$ J/grd,
f Ladungsdichte $= n^*\cdot e$; $f/e \approx 10^8$ (Ionen/cm^3),
m_I Ionenmasse (kg),
c ist ein Maß für die Geschwindigkeit der Ionen [s. a. Gl. (2.31)].

Diese Gleichung läßt sich nur numerisch lösen. Es zeigt sich, daß die Aufladung wesentlich nur von der Teilchengröße d abhängt. Die Zahl der Ladungen im Grenzfall beträgt auf Grund einer Abschätzung nach LADENBURG [96]:

$$n \approx 10^6\,d \tag{6.10}$$

mit d [cm].

WHITE [102] geht von einem anderen aber äquivalenten Ansatz aus und kommt zu der folgenden Gleichung für die Aufladung durch Diffusion:

$$q = n\,e = \frac{d\,k\,T}{2e}\ln\left(1 + \frac{\pi\,d\,c\,n^*\,e^2}{2k\,T}\,t\right). \tag{6.11}$$

Einen Vergleich zwischen den beiden Aufladungsmechanismen haben LOWE und LUCAS [104] durchgeführt, und zwar für die Bedingungen eines Rohrelektroentstaubers. Die Ergebnisse sind in Tab. 6.1 dargestellt.

Tabelle 6.1 *Anzahl der Ladungen auf einem Staubteilchen bei verschiedenen Aufladungsmechanismen* [104]

Teilchen-größe in µm	Die in der Zeit t [s] aufgenommenen Elementarladungen							
	durch Feldaufladung				durch Diffusionsaufladung			
	t [s]				t [s]			
	0,01	0,1	1,0	∞	0,01	0,1	1,0	10
0,2	0,7	2	2,4	2,5	3	7	11	15
2,0	72	200	244	250	70	110	150	190
20,0	7200	20000	24000	25000	1100	1500	1900	2300

$r_a = 10$ inch (25,4 cm),
$r_i = 0{,}3$ inch (0,762 cm),
$n^* \approx 5 \cdot 10^7$ Elementarladungen/cm³,
$E \approx 2$ kV/cm,
$i_1 = 40\,\mu$ A/ft (1,31 µA/cm),
$3\,\varepsilon_r/(\varepsilon_r + 2) = 1{,}8$.

Es zeigt sich, daß die Zahl der zugeführten Ladungen bei Teilchen von etwa 1 µm durch Feldaufladung und Diffusion etwa gleichgroß sind.

6.1.3 Verschiebung der Teilchen durch die Kräfte eines elektrischen Feldes

Um die Kräfte zur Verschiebung der Teilchen über Gl. (6.1) ermitteln zu können, fehlen noch Angaben über die Feldstärke E. Es wird – um sich auf einen Fall zu beschränken – wieder der Röhrenelektroentstauber gewählt. Ohne Sprühstrom und Staubteilchen beträgt die Feldstärke nach Gl. (6.2):

$$E = \frac{U}{r \ln \frac{r_a}{r_i}}.$$

Durch die Koronaentladung entstehen Ladungen, die den Feldstärkeverlauf beeinflussen. Die Feldverteilung wird durch die Poissonsche [5]

Differentialgleichung beschrieben. Diese lautet für diese Bedingungen:

$$\frac{1}{r}\,\frac{\mathrm{d}}{\mathrm{d}r}\,(E\,r) - 4\pi\,n^*\,e = 0\,. \tag{6.12}$$

Hierbei gibt $n^*\,e$ die Ladungsdichte an.

Bezieht man den Sprühstrom auf 1 cm Sprühdrahtlänge, so wird nach Gl. (6.5)

$$n^*\,e = i_1/2\pi\,r\,u_\mathrm{i}\,E\,.$$

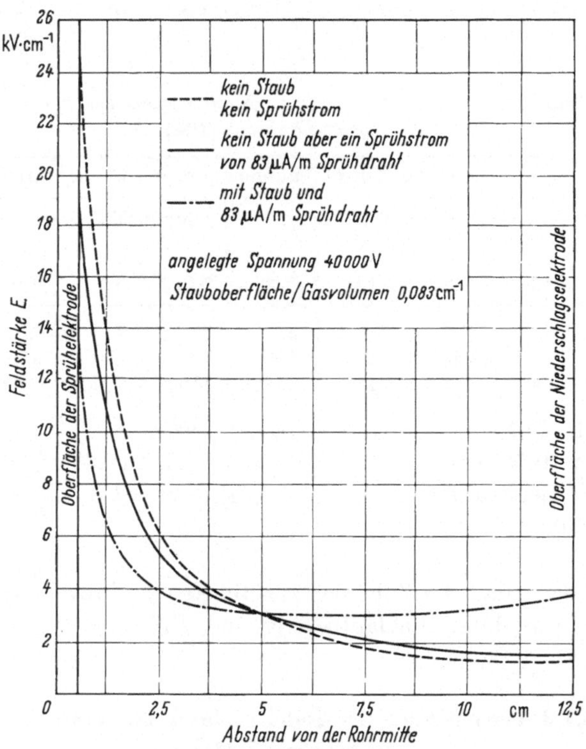

Abb. 6.6 Feldstärkeverlauf in einem Rohr-Elektroentstauber. r_a = 5 inch (12,7 cm), $U = -40000$ V.

Damit wird:

$$\frac{\mathrm{d}E}{\mathrm{d}r} + \frac{E}{r} - \frac{2\,i_1}{u_\mathrm{i}\,r\,E} = 0\,. \tag{6.13}$$

Die Integration liefert mit $r = r_\mathrm{i}$ und $E = E_\mathrm{krit}$

$$E = \left\{\left(\frac{r_\mathrm{i}}{r}\,E_\mathrm{krit}\right)^2 + \frac{2\,i_1}{u_\mathrm{i}}\left[1 - \left(\frac{r_\mathrm{i}}{r}\right)^2\right]\right\}^{1/2}. \tag{6.14}$$

Für große Sprühströme und bei $r_\mathrm{a} \gg r_\mathrm{i}$ vereinfacht sich die Gleichung zu

$$E = \left(\frac{2\,i_1}{u_\mathrm{i}}\right)^{1/2}. \tag{6.15}$$

Die Gültigkeit dieser Gleichung ist wiederholt geprüft und bestätigt worden, so z. B. von TROOST [106]. Befinden sich neben Ionen auch noch aufgeladene Staubteilchen im Feld, so ist der Ansatz (6.12) entsprechend zu erweitern. Die Anzahl der Ladungen pro Teilchen liefert z. B. die Gl. (6.7). Bei n_T Teilchen in einer Volumeneinheit des Gases gilt:

$$\frac{1}{r}\frac{\mathrm{d}}{\mathrm{d}r}(E\,r) - 4\pi\,n^*\,e - 4\pi\,n_T\left(\frac{3\varepsilon_r}{\varepsilon_r+2}\,E\,\frac{d^2}{4}\right) = 0\,. \tag{6.16}$$

Mit $c' = n_T \cdot d^2 \cdot \pi$ lautet die Lösung dieser Gleichung mit den von PAUTHÉNIER und MOREAU-HANOT angegebenen Integrationskonstanten:

$$E = \left\{\left[\frac{c_1^2}{r^2} + \frac{i_1}{u_i}\left(\frac{\varepsilon_r+2}{3\,\varepsilon_r\,c'\,r}\right)^2\right]\exp\left[\frac{6\,\varepsilon_r\,c'\,r}{\varepsilon_r+2}\right] - \frac{i_1}{u_i}\left[\frac{2\,\varepsilon_r+4}{3\,\varepsilon_r\,c'\,r} + \left(\frac{\varepsilon_r+2}{3\,\varepsilon_r\,c'\,r}\right)^2\right]\right\}^{1/2} \tag{6.17}$$

mit $c_1 = U/\ln r_a/r_i$.

LOWE und LUCAS [104] haben die verschiedenen Gleichungen für den Feldstärkeverlauf unter bestimmten Bedingungen ausgewertet. Die Ergebnisse sind in Abb. 6.6 dargestellt. Es ergibt sich, daß die Feldstärke durch Ladungen in der Umgebung des Sprühdrahtes herabgesetzt, in Nähe der Niederschlagselektrode aber angehoben wird.

Die Bestimmung des Feldstärkeverlaufs unter anderen geometrischen Bedingungen läßt sich analog entwickeln. Da die Formeln jedoch recht unhandlich sind, werden meist Näherungsgleichungen verwendet. Dabei sind gewisse Abschätzungen notwendig, da man die Feldstärke in einem Elektroentstauber noch nicht direkt messen kann. Für Plattenentstauber und Sprühdrähte mit einem Abstand s zur Platte und einem Abstand h zwischen den Drähten fand TROOST [106] die Beziehung:

$$E = \left(\frac{8\,i_1\,s}{u_i\,h}\right)^{1/2}. \tag{6.18}$$

Da nun alle Werte für die Grundgleichung (6.1) vorliegen, läßt sich die Verschiebungsgeschwindigkeit von Staubteilchen im elektrischen Feld ermitteln.

Unter Vernachlässigung der Schwere gilt $F_E = F_W$, Abb. 6.7. Für den Strömungswiderstand F_W gilt im vorkommenden Korngrößenbereich und bei den auftretenden Verschiebungsgeschwindigkeiten das Stokessche Gesetz mit der Korrektur nach CUNNINGHAM (und ggfs. DAVIES [10]), die mit Cu bezeichnet wird.

Mit der Gl. (6.1) und ohne Berücksichtigung der Anlaufvorgänge (Teilchenbeschleunigung) wird dann:

$$n\,e\,E = 3\pi\,\eta\,d\,w/Cu \tag{6.19}$$

und

$$w = \frac{n\,e\,E\,Cu}{3\pi\,\eta\,d}\,. \tag{6.20}$$

Für den Bereich $d > 1\,\mu m$ gilt mit Gl. (6.7) und der Annahme, daß für die Aufladung und die Verschiebung die gleiche Feldstärke gelten:

$$w = \frac{\varepsilon_r}{(\varepsilon_r + 2)\,\pi\,\eta}\,\frac{d}{4}\,E^2\,. \tag{6.21}$$

Mit dieser Gleichung errechnet sich für ein Teilchen von $1\,\mu m$ und einer Feldstärke von etwa 4 kV/cm sowie Raumbedingungen eine Verschiebungsgeschwindigkeit w von etwa 10 cm/s.

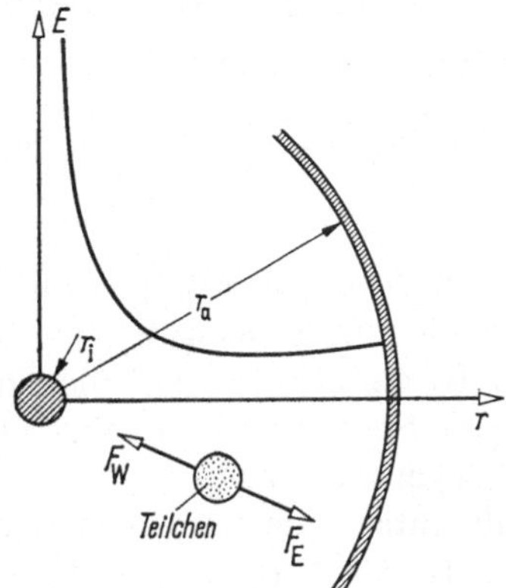

Abb. 6.7 Kräfte an einem Staubteilchen im Elektroentstauber (Größenmaßstab verzerrt).

Für Teilchen mit $d < 1\,\mu m$, also vorherrschender Aufladung durch Diffusion, gilt mit Gl. (6.10):

$$w = \frac{10^6\,e}{3\pi\,\eta}\,Cu\,E\,. \tag{6.22}$$

Es ergibt sich, daß die Verschiebungsgeschwindigkeit für Teilchen $d > 1\,\mu m$ proportional mit d zunimmt und für $d < 1\,\mu m$ unabhängig von der Korngröße ist, wenn man den Schlupf (Korrekturfaktor Cu) unberücksichtigt läßt. Die Geschwindigkeit steigt quadratisch bzw. proportional mit der Feldstärke. Damit ist ein charakteristisches Merkmal der Elektroentstaubung aufgezeigt. Es lassen sich mit diesem Entstauber im Prinzip alle vorkommenden Teilchengrößen abscheiden. Eine möglichst hohe Feldstärke ist anzustreben. Diesem Bestreben sind durch die Durchbruchfestigkeit des Gases jedoch Grenzen gesetzt.

Die Gültigkeit der Gln. (6.21) und (6.22) ist durch Versuche im Grundsatz bestätigt worden. Wesentliche Abweichungen erklären sich durch Einflüsse, die später erörtert werden.

Damit sind Grundlagen für eine Berechnung gegeben. Die Verweilzeit der Aerodispersion und damit die Gasgeschwindigkeit v_g ist so zu wählen, daß eine gewünschte Staubmenge bei der jeweiligen Verschiebungsgeschwindigkeit abgeschieden wird. Da sich diese aber mit dem Radius und auch der Korngröße verändert, ist eine Lösung nur mit numerischen

Methoden möglich. Des weiteren ist zu berücksichtigen, daß die bedeutenden Einflüsse des elektrischen Windes und der Turbulenz von der Theorie noch nicht erfaßt sind. Hieraus wird deutlich, daß die Theorie über die Verschiebungsgeschwindigkeit nur grundsätzliche Angaben liefern kann. (Die Verschiebungsgeschwindigkeit in Elektroentstaubern wird von vielen Autoren auch mit Wanderungsgeschwindigkeit bezeichnet.)

6.1.4 Abtrennung der Staubteilchen durch die Niederschlagselektroden

Durch das elektrische Feld wandern die unipolar geladenen Staubteilchen zur Niederschlagselektrode und haften hier fest. Es gelten die Teilchen als abgetrennt, deren Haftkräfte größer sind als die Schleppkräfte des vorbeiströmenden Gases. Die Teilchen haften fest infolge von van der Waalsschen, kapillaren und elektrischen Kräften (Kap. 2.4).

6.1.4.1 Einfluß des Staubes an der Niederschlagselektrode auf die Entstaubung. Der Einfluß der abgeschiedenen Stäube auf die Entstaubung ist in hohem Maße vom spezifischen Staubwiderstand abhängig. Es ist dies der auf eine Schichtdicke von 1 cm bezogene elektrische Widerstand einer staubbedeckten Fläche von 1 cm² (s. Gl. 11.35). Der Gesamtbereich des spezifischen Staubwiderstandes läßt sich in drei charakteristische Bereiche unterteilen:

a) bis zu etwa $10^4\ \Omega\cdot$cm	geringer	
b) von 10^4 bis $2\cdot10^{10}\ \Omega\cdot$cm	mittlerer	spezifischer
c) über $2\cdot10^{10}\ \Omega\cdot$cm	hoher	Widerstand

Die Staubteilchen des Bereiches a) verlieren beim Auftreffen auf die Niederschlagselektrode wegen der verhältnismäßig hohen Leitfähigkeit fast augenblicklich ihre negative Ladung. Sie nehmen daher in kurzer Zeit die Polarität der Niederschlagselektrode an. Durch diese Umladung werden sie abgestoßen und gelangen zurück in den Gasstrom. Auf diese Weise hüpfen die Staubteilchen vor der Niederschlagselektrode, eine Erscheinung, die mit Abb. 6.8 gezeigt wird.

Diese Stäube lassen sich daher ohne besondere Maßnahmen (Flüssigkeitsfilm an der Niederschlagselektrode) nur schwer abscheiden. Zu den Stäuben mit geringem spezifischen Widerstand gehören z. B. reiner Kohlenstoff ($3\cdot10^3\ \Omega\cdot$cm) und manche reinen Metalloxide.

Stäube, deren Widerstand im Bereich b) liegt, können als ideal für den Elektroentstauber angesehen werden. Sie bereiten keine Schwierigkeiten.

Liegt der Staubwiderstand in dem unter c) genannten Bereich, dann gibt es eine besondere Erscheinung, und zwar deswegen, weil sich die Staubschicht wie ein Isolator verhält. Die Teilchen geben ihre Ladungen nicht ab. Ferner gelangt ein großer Teil des von den Sprühelektroden ausgehenden Stromes, also die zahlreichen von den Staubteilchen nicht adsorbierten freien Elektronen und Ionen, nicht durch die abgeschiedene Staubschicht hindurch zur Niederschlagselektrode. Wenn sich eine solche

Abb. 6.8 Hüpfen gut leitender Teilchen in einem Sprühfeld [107].

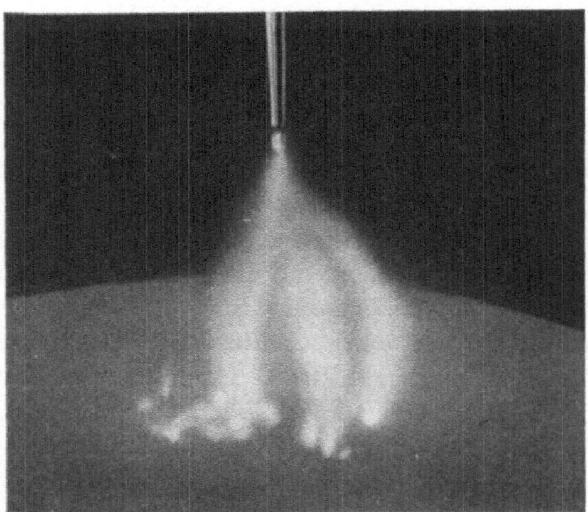

Abb. 6.9 Rücksprühen einer Staubschicht [107].

Isolierschicht auf der Niederschlagselektrode befindet, so geschehen folgende Vorgänge: Die isolierende Staubschicht wirkt wie das Dielektrikum eines Kondensators, dessen Beläge von der Niederschlagselektrode und von der dem Gasstrom zugekehrten Seite der Staubschicht gebildet werden. Auf dieser zuletzt genannten Seite sammeln sich negative Ladungen an. Es baut sich so ein Potentialgefälle in der Schicht auf. Wird dabei die Durchbruchsfeldstärke der Staubschicht überschritten, entlädt sich der Kondensator an den Durchbruchsstellen. Diese Entladung in der Staubschicht wird als Rücksprühen bezeichnet. Es entstehen positive Ionen, die von der Staubschicht in den Gasraum treten. Dieses Rücksprühen ist in Abb. 6.9 dargestellt. Es sei erwähnt, daß es sich hierbei um einen elektrischen Durchbruch handelt und nicht um eine Spitzenladung. Der Einsatzpunkt des Rücksprühens ist meßtechnisch nicht ohne Schwierigkeiten zu erfassen [167].

Was bewirkt nun das Rücksprühen? Beim Durchbruch entstehen positive Ionen, die in den Entstaubungsraum treten. Diese positiven Ionen neutralisieren negativ geladene Staubteilchen, wodurch deren Abscheidung unterbleibt. Insbesondere aber können die ausgeschiedenen positiven Ionen dazu führen, daß es zu Überschlägen im Entstauber kommt, so daß man die für die Koronaentladung und die Entstaubung notwendige Spannung nicht mehr aufrechterhalten kann [108—111].

Aus den Ausführungen ist ersichtlich, daß der Staubwiderstand einen entscheidenden Einfluß auf die Güte eines Elektroabscheiders ausüben kann.

Erschwert ein Staub wegen zu großen Staubwiderstandes eine Elektroentstaubung, so ist daran zu denken, den Staubwiderstand zu verändern. Dies ist möglich, indem man an der Oberfläche der Teilchen Stoffe ablagert, die eine ausreichende Leitfähigkeit besitzen. Zu diesen Stoffen gehört Wasser. Wird Staubluft angefeuchtet, so belegen sich die Staubteilchen mit einer Adsorptionsschicht aus Flüssigkeit. Damit steigt die Oberflächenleitfähigkeit der Teilchen an.

Es gibt noch weitere Methoden, um die Leitfähigkeit der Teilchen zu erhöhen, beispielsweise Einblasen von SO_3-Dämpfen oder von Ammoniak in das Rohgas [112, 113].

Da die Gastemperatur im Elektroentstauber schwanken kann, ist die Temperaturabhängigkeit des Widerstandes zu beachten. Den charakteristischen Verlauf dieser Abhängigkeit zeigt Abb. 6.10. Der Widerstand steigt zunächst mit der Temperatur, um nach einem Maximum abzufallen. Solche Erscheinungen sind auf gegenläufige Einflüsse zurückzuführen. Im Bereich bis etwa 150 °C ist der Oberflächenwiderstand vorherrschend. Jeder Körper in entsprechender Umgebung adsorbiert an der Oberfläche einen Flüssigkeitsfilm, der bei Staubteilchen den Hauptanteil der Leitfähigkeit liefert. Mit der Temperatur nimmt die Dicke dieser Schicht ab und in entsprechendem Maße steigt der Widerstand. Bei höheren Temperaturen dagegen tritt der Durchgangswiderstand zunehmend in Erscheinung. Dieser Widerstand sinkt mit der

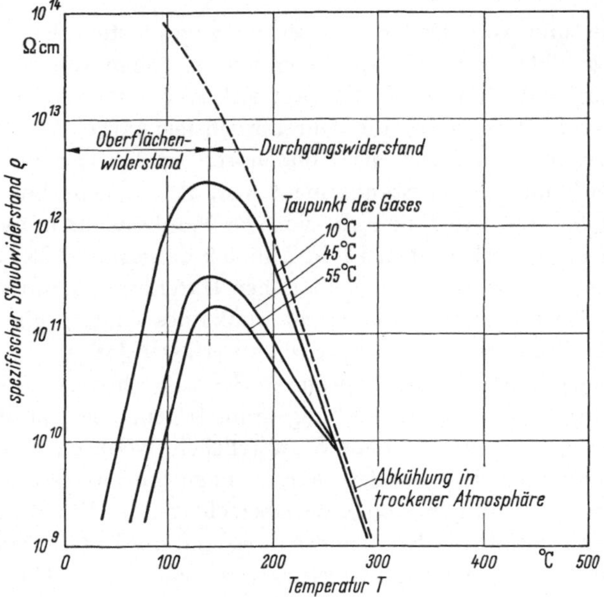

Abb. 6.10 Abhängigkeit des Staubwiderstandes von der Temperatur [114].

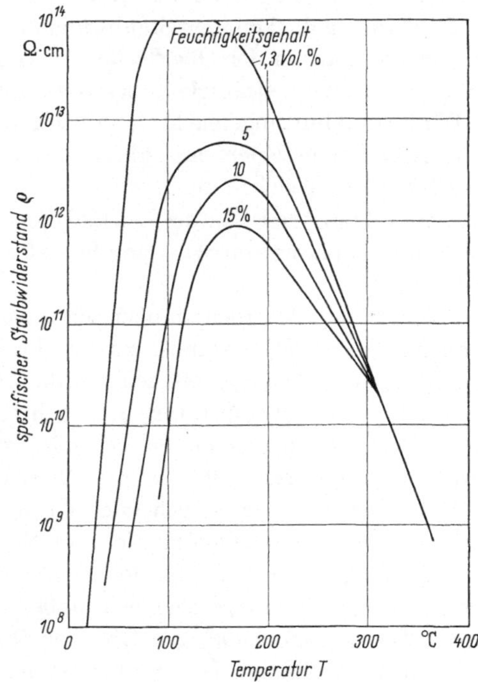

Abb. 6.11 Widerstand von Kalksteinmehl bei verschiedenen Vol.-% H_2O im Abgas [115].

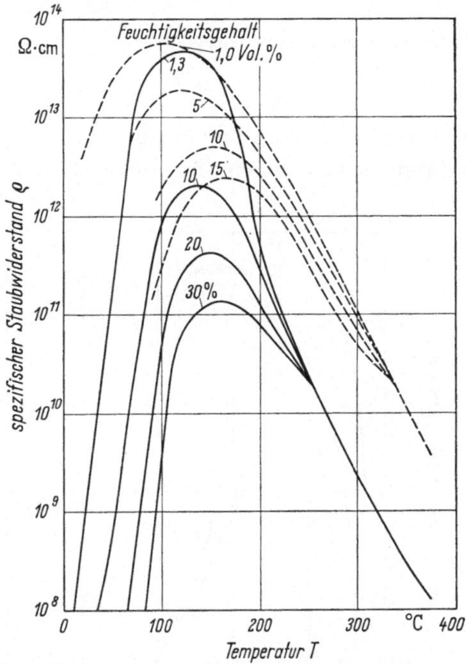

Abb. 6.12 Widerstand von Bleirauchen aus einem Kupolofen (gestrichelt) und von einer Sinteranlage (ausgezogen) bei verschiedenen Vol.-% H_2O im Abgas [115].

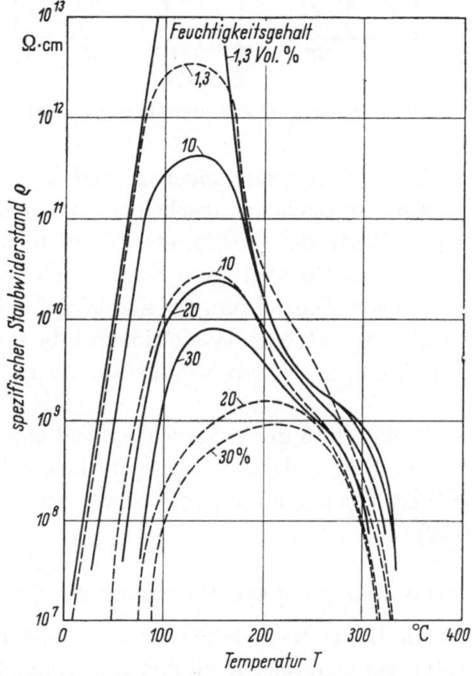

Abb. 6.13 Widerstand der Stäube von Siemens-Martin-Öfen. Die ausgezogenen Linien betreffen einen Ofen, in dem viel Schrott verarbeitet wurde [115]. Parameter: Vol.-% H_2O.

(absoluten) Temperatur nach der Gleichung:

$$\varrho = A\, e^{\alpha/T}\,. \tag{6.23}$$

Die Konstanten α und A sind stoffabhängig.

Einige Widerstandskurven zeigen die Abb. 6.11 bis 6.14.

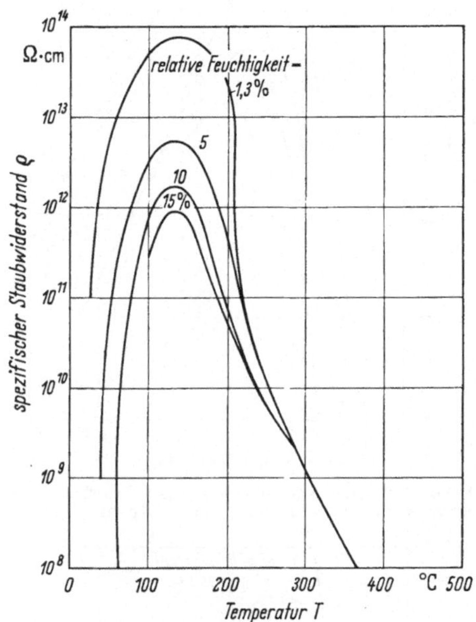

Abb. 6.14 Elektrischer Widerstand bleihaltiger Abgase einer Sinteranlage [116].

Wie KERCHER [117] in Untersuchungen gezeigt hat, lassen sich auch rücksprühende Stäube hinreichend abscheiden, wenn die Schichtdicke an den Niederschlagselektroden bestimmte Werte nicht überschreitet. Die Anlage ist dann ferner für niedrigere Feldstärken und auch mit entsprechenden elektrischen Einrichtungen auszulegen. Mit flüssigkeitsberieselten Niederschlagselektroden lassen sich Stäube mit hohem Widerstand ohne Rücksprühen abscheiden, weil keine isolierende Staubschicht auftritt.

Es steht außer Zweifel, daß der Staubwiderstand eine wichtige Größe für die Elektroentstaubung darstellt. Liegen keine Erfahrungswerte vor, so ist dieser Wert vor jedem Entwurf oder jeder Planung zu ermitteln [114, 117–122].

6.1.5 Reinigung der Abtrennungsflächen

Für einen kontinuierlichen Betrieb müssen die Niederschlagselektroden in bestimmten Zeitabständen oder auch kontinuierlich gereinigt werden.

Hierbei besteht die Forderung, daß möglichst kein Staub in die direkt angrenzende Gasströmung gelangt.

Eine der sichersten Methoden zur Erfüllung dieser Forderung ist die Berieselung der Niederschlagselektroden, so daß ein Flüssigkeitsfilm nach unten fließt. Dieser Film nimmt die Staubteilchen auf und transportiert sie aus dem Entstaubungsraum heraus. Hierbei entfallen auch Probleme des Rücksprühens. Nachteilig ist, daß in diesem Fall die Gastemperatur entsprechend niedrig liegen muß und daß korrosionsbeständige Werkstoffe zu wählen sind. Weiterhin entstehen höhere Kosten durch den zusätzlichen Wasser- und Schlammkreislauf.

Ein anderer Weg zur Erfüllung der genannten Forderung besteht darin, die Rohgaszufuhr während der Reinigung abzuschalten. Das bedingt aber parallele Anordnungen und damit höhere Kosten.

Allgemein üblich ist die trockene Abreinigung, und zwar durch meist periodisches Rütteln oder Klopfen der Elektroden. Um dabei eine Mitnahme von Staub durch den Gasstrom zu verhindern, bildet man die Niederschlagselektroden so aus, daß in bezug auf den Gasstrom Strömungstoträume vorhanden sind, in denen der Staub nach unten in den Bunker fallen kann. Nun gelingt es aber nicht, den gesamten Staub in den Toträumen niederzuschlagen. Der Anteil des in den Toträumen niedergeschlagenen Staubes wird als die Schluckfähigkeit der Niederschlagselektrode bezeichnet. Konstruktiv ist anzustreben, diesen Wert so groß wie möglich machen. Bei flüssigkeitsberieselten Niederschlagselektroden beträgt die Schluckfähigkeit 1. Bei der üblichen trockenen Abreinigung ist weiter anzustreben, daß die Staubschicht während oder nach der Abreinigung möglichst nicht aufgelockert oder aufgewirbelt wird.

6.1.6 Gütegrad von Elektroentstaubern

Die Güte von Elektroentstaubern läßt sich derzeit nur begrenzt berechnen, da ein solcher Schritt die Kenntnis über den Verlauf der Staubkonzentration im Entstaubungsraum voraussetzt. Dieser Verlauf läßt sich dadurch ermitteln, daß man in die Gleichungen über die Verschiebungsgeschwindigkeit [Gln. (6.21) und (6.22)], den Feldstärkeverlauf und die abzuscheidenden Korngrößen einsetzt und dann unter Berücksichtigung der jeweiligen geometrischen und betrieblichen Bedingungen über eine Stoffbilanz den Verlauf des Staubgehaltes ermittelt. Die sich so ergebenden Gleichungen sind aber nur numerisch lösbar. Zudem berücksichtigen sie zwei wesentliche Einflüsse nicht, nämlich den elektrischen Wind und die turbulente Diffusion, die einen Konzentrationsausgleich anstrebt.

Um zu einer übersichtlichen quantitativen Aussage zu kommen, muß daher nach anderen Möglichkeiten gesucht werden. Einen recht brauchbaren Weg hat Deutsch [123, 124] gezeigt. Er geht davon aus, daß wegen des elektrischen Windes und der Turbulenz in jedem Strömungsquerschnitt eine gleichmäßige Staubkonzentration vorliegt. Nimmt man ferner an, daß die Verschiebungsgeschwindigkeit unabhängig von der Korngröße ist und alle Staubteilchen als abgetrennt gelten, die die Niederschlagselektrode erreicht haben, dann läßt sich bei einer Kolbenströmung über eine Massenbilanz folgender Ansatz für eine Längeneinheit machen (Abb. 6.15):

$$\mathrm{d}M_r = -2 r_a \pi \zeta w_E \,\mathrm{d}t \,. \tag{6.24}$$

Hierbei ist w_E die Wanderungsgeschwindigkeit *in Wandnähe*:

$$\mathrm{d}M_l = r^2 \pi \,\mathrm{d}\zeta \,. \tag{6.25}$$

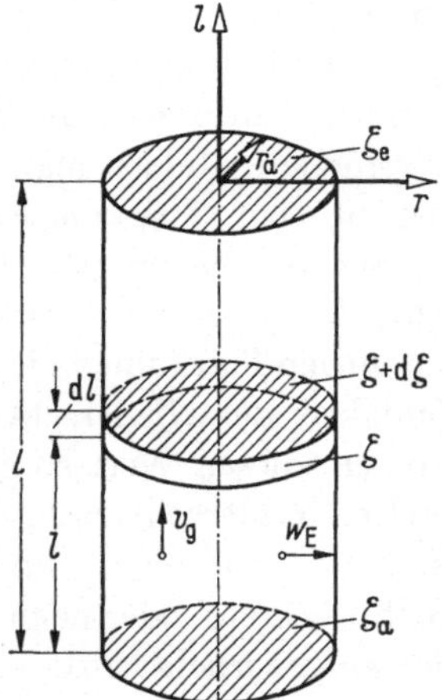

Abb. 6.15 Benennungen zur Beschreibung der Entstaubung in einem Rohrelektroentstauber.

Mit $v_g = \mathrm{d}l/\mathrm{d}t$ wird

$$\frac{\mathrm{d}\zeta}{\zeta} = -\frac{2 w_E \,\mathrm{d}l}{r\, v_g} \quad \text{und} \quad \ln \zeta = -\frac{2 w_E\, l}{r_a\, v_g} + c \,,$$

für $l = 0$ ist $\zeta_e = \zeta_a$,

$$\ln \frac{\zeta_e}{\zeta_a} = -\frac{2 w_E\, l}{r_a\, v_g} \,. \tag{6.26}$$

Nach (2.2) gilt für den Gesamtentstaubungsgrad:

$$\eta_G = 100 - 100 \frac{\zeta_e}{\zeta_a} \,, \tag{6.27}$$

$$\eta_G = 100 - 100 \exp\left(-\frac{2 w_E\, L}{r_a\, v_g}\right), \tag{6.28}$$

mit w_E in Wandnähe aus den Gln. (6.21) und (6.22), also

$$w_E = f(\varepsilon_r, \eta, d, E, Cu, i) \,.$$

Für rechteckige Entstaubungsräume, wie z. B. Plattenelektroentstauber, gilt:

$$\eta_G = 100 - 100 \exp\left(-\frac{w_E L}{s v_g}\right). \tag{6.29}$$

s Abstand zwischen Sprüh- und Niederschlagselektrode.

Die Genauigkeit dieser Gleichungen ist für Elektroentstauber, in denen die Vorgänge von den gemachten Annahmen nicht wesentlich abweichen, recht gut. Hierin liegt auch der Grund, daß man aus den an fertigen Anlagen — oder auch Versuchsgeräten — gemessenen Gütegraden rückwärts eine Wanderungsgeschwindigkeit w_D errechnet, die man zur Unterscheidung zu w_E auch als die effektive Wanderungsgeschwindigkeit w_D bezeichnet [106, 125, 126].

In Abb. 6.16 sind von D. O. Heinrich [127] aus gemessenen Gesamtentstaubungsgraden errechnete Wanderungsgeschwindigkeiten w_D dargestellt. Die Abb. 6.17 zeigt Werte von Dalmon und Lowe [128]. Vergleiche mit theoretischen Werten zeigen im Bereich von etwa 1 bis 5 µm eine recht gute Übereinstimmung. Dagegen liegen die effektiven Wanderungsgeschwindigkeiten für größere Teilchen wesentlich unterhalb der theoretischen Werte.

Ein Vergleich der Wanderungsgeschwindigkeit w_D über Gl. (6.28) mit w ist grundsätzlich problematisch, insbesondere dann, wenn sich im

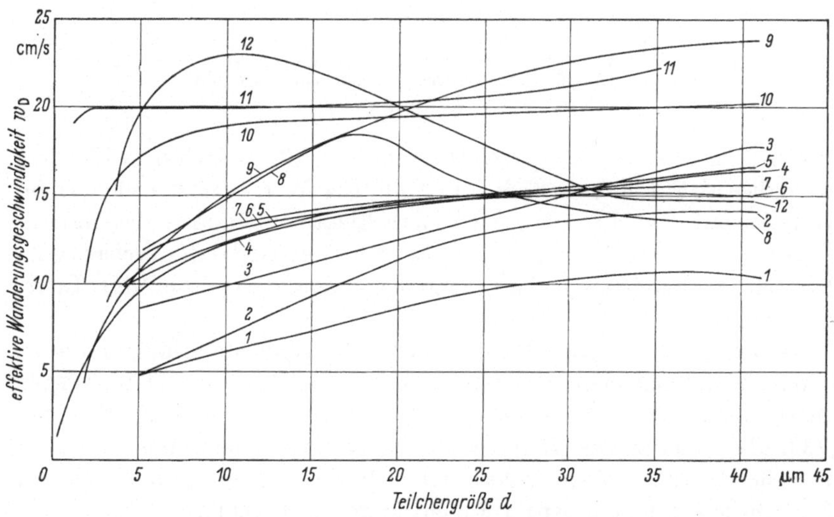

Abb. 6.16 Abhängigkeit der effektiven Wanderungsgeschwindigkeit w_D von der Teilchengröße. *1* Flugstaub, Horizontal-Elektro-Entstauber $v_g = 0{,}84$ m/s; *2* Flugstaub, Horizontal-Elektro-Entstauber $v_g = 1{,}07$ m/s; *3* Flugstaub, Horizontal-Elektro-Entstauber $v_g = 1{,}83$ m/s; *6* Flugstaub, Horizontal-Elektro-Entstauber $v_g = 1{,}9$ m/s; *7* Flugstaub, Horizontal-Elektro-Entstauber $v_g = 2{,}72$ m/s; *9* Flugstaub, Horizontal-Elektro-Entstauber $v_g = 1{,}9$ m/s; *10* Flugstaub, Horizontal-Elektro-Entstauber $v_g = 1{,}6$ m/s; *8* Flugstaub, Vertikal-Elektro-Entstauber $v_g = 2{,}5$ m/s; *12* Flugstaub, Vertikal-Elektro-Entstauber $v_g = 1{,}9$ m/s; *4* Katalysatorstaub, Horizontal-Elektro-Entstauber $v_g = 2{,}0$ m/s; *5* Zementstaub, Horizontal-Elektro-Entstauber $v_g = 1{,}7$ m/s; *11* Kohlenstaub, Vertikal-Elektro-Entstauber $v_g = 1{,}17$ m/s.

Meßergebnis von der Gleichung nicht erfaßbare Einflußgrößen auswirken, wie Rücksprühen, Mitnahme von Teilchen beim Abreinigen und eine schlechte Gasverteilung, um nur einige Beispiele zu nennen.

In Abb. 6.17 ist z. B. die Abhängigkeit der Geschwindigkeit w_D von der Teilchengröße bei verschiedenen Gasgeschwindigkeiten und Elektrodenformen dargestellt. Die wahre Verschiebungs- oder Wanderungsgeschwindigkeit w ändert sich wahrscheinlich nur wenig mit der Elek-

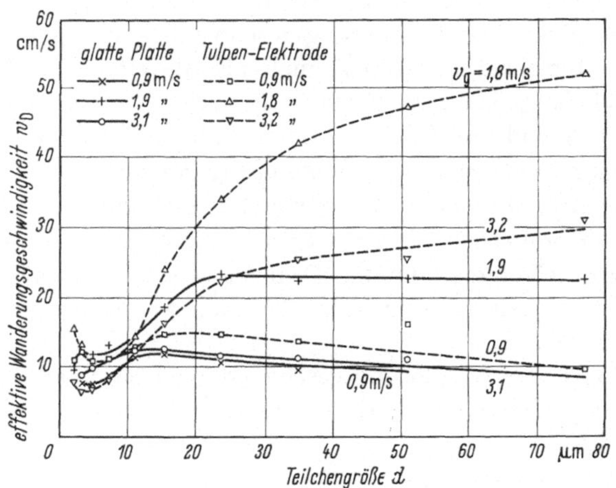

Abb. 6.17 Effektive Wanderungsgeschwindigkeit in Abhängigkeit von der Teilchengröße nach DALMON und LOWE für verschiedene Gasgeschwindigkeiten.

trodenform und der Gasgeschwindigkeit [129, 130]. Nach dem Wert w_D wäre dies aber in hohem Maße der Fall. Der Wert w_D ist mehr als ein Hinweis auf die „Belastbarkeit" eines Elektroentstaubers bestimmter Konstruktion aufzufassen. Für den Entwurf können damit durchaus gute Hinweise verbunden sein. Zu beachten sind aber die Grenzen einer Interpretation.

Da die Gleichung von DEUTSCH nicht alle Einflüsse erfaßt und auch von bestimmten Annahmen ausgeht, haben u. a. ROBINSON [130], WHITE [131], WILLIAMS und JACKSON [132], KOGLIN [3, 136, 137], PETROLL [133, 134] und PENNEY [135] modifizierte oder von einem anderen Ansatz ausgehende Gleichungen entwickelt. Ob diese einen grundsätzlichen Fortschritt beinhalten, ist noch nicht hinreichend geklärt.

In diesem Zusammenhang sei nochmals darauf hingewiesen, daß sich die Güte eines Elektroentstaubers letztlich nur durch Versuche ermitteln läßt. Die angegebenen Theorien dienen dazu, die grundsätzlichen Einflußgrößen und Abhängigkeiten zu zeigen. Diese bilden daher die Grundlagen für den Bau und den Entwurf, insbesondere aber für Weiterentwicklungen. Die Theorie bietet auch die Möglichkeit, Erfahrungen systematisch zu ordnen.

Im Vergleich zu anderen Entstaubern ist festzustellen, daß die Gütegrade von Elektroentstaubern allgemein sehr hoch liegen, etwa zwischen 97% und 99%. Gesamtentstaubungsgrade über 99% sind nicht selten.

6.2 Bauarten von Elektroentstaubern

6.2.1 Grundsätzlicher Aufbau

Man unterscheidet auf Grund der in Abb. 6.18 dargestellten Formen der Niederschlagselektroden zwischen Röhren- und Plattenentstaubern. Vorherrschend sind die Plattenentstauber. Diese werden für horizontalen und vertikalen Gasdurchtritt gebaut.

Die wichtigsten konstruktiven Einzelheiten eines horizontal durchströmten Plattenelektroentstaubers zeigt Abb. 6.19. Die parallel angeordneten Niederschlagselektroden bilden jeweils Gassen, die etwa 200 bis 300 mm breit sind. Die Gasgeschwindigkeit v_g beträgt etwa 1 bis 4 m/s in manchen Fällen auch mehr. In der Mitte der Gassen sind die

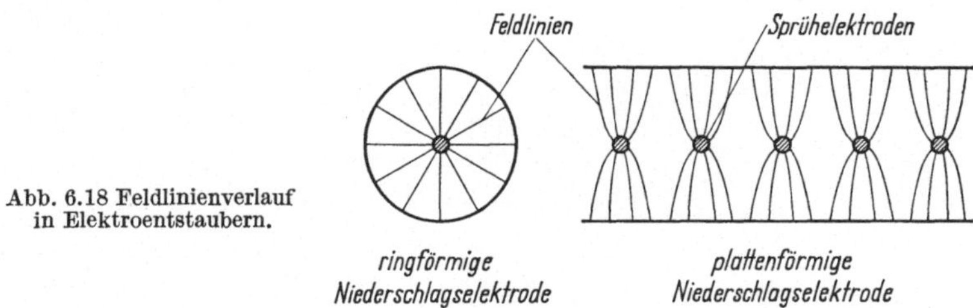

Abb. 6.18 Feldlinienverlauf in Elektroentstaubern.

Sprühdrähte d angeordnet. Sie werden meist in Rahmen eingespannt, die wiederum über Zwischenträger e an den Stützisolatoren hängen, die in der Decke des Gehäuses angeordnet sind. Dieses gesamte System ist an den hochgespannten Gleichstrom angeschlossen. Da sich auch hier Staub abscheidet, müssen die Sprühdrähte periodisch durch Rütteln abgereinigt werden.

Die Niederschlagselektroden sind im allgemeinen pendelnd aufgehängt, damit bei der Abreinigung durch Klopfeinrichtungen keine Erschütterungen übertragen werden. Sind mehrere Niederschlagselektroden (einschl. Sprühelektroden) in Strömungsrichtung hintereinandergeschaltet, dann spricht man von Mehrfeld-Elektroentstaubern.

Die Röhrenentstauber (Abb. 6.20) bestehen aus einer Anzahl von parallel angeordneten Röhren von etwa 100 bis 300 mm ∅ und 2000 bis 5000 mm Länge. Der in jeder Rohrmitte angeordnete Sprühdraht wird

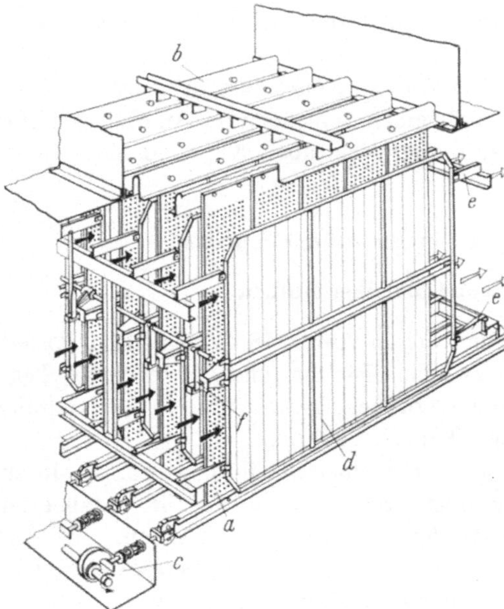

Abb. 6.19 Anordnung der Elektroden im horizontal durchströmten Plattenelektroentstauber [138].

a Niederschlagselektroden, *b* Träger für *a*, *c* Klopfeinrichtung für Niederschlagselektroden, *d* Sprühelektrode, *e* Träger für Sprühelektrodenrahmen, *f* Klopfhämmer für Sprühelektroden.

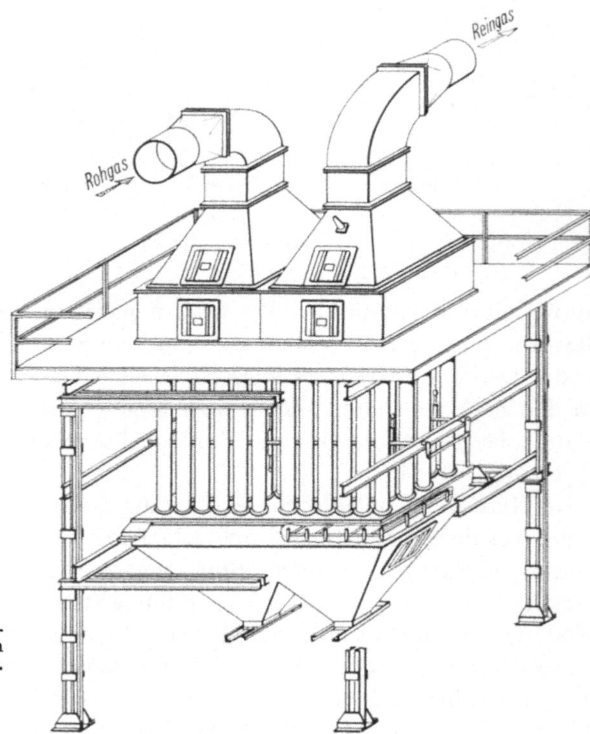

Abb. 6.20 Röhrenentstauber aus parallelgeschalteten Röhren (Bauart Fa. Lurgi).

durch ein Gewicht straff gehalten. Profilrohre wie z. B. sechseckige lassen sich wabenförmig zusammensetzen.

Bewertung dieser Bauarten:

Röhrenentstauber	Plattenelektroentstauber
a) gute elektrische Feldverteilung	a) einfach im Aufbau
b) gute Gasverteilung	b) gute Abreinigung der Elektroden
c) schlechte Abreinigung, daher meist mit Naßelektroden	c) geringes Volumen

6.2.2 Die Sprühelektroden

Die Sprühelektroden bestehen im einfachsten Fall aus dünnen Drähten von etwa 0,5—3 mm ∅, meist aber aus Vierkant-, Stern- und Dorndrähten. Die Sprühelektroden müssen durch Klopfen oder Rütteln von Staub befreit werden, da sonst der Sprühstrom stark zurückgehen kann. Zur Sicherung des Abstandes von den Niederschlagselektroden werden die Drähte durch ein Gewicht belastet oder beidseitig eingespannt. Einige weitere Beispiele sind in Abb. 6.21 dargestellt.

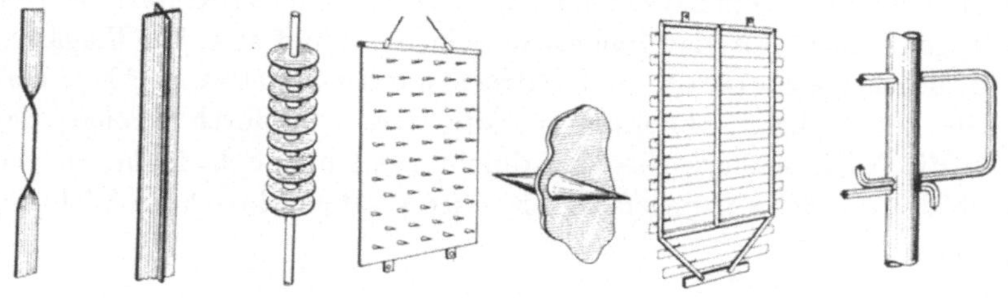

Abb. 6.21 Ausführungsbeispiele für Sprühelektroden.

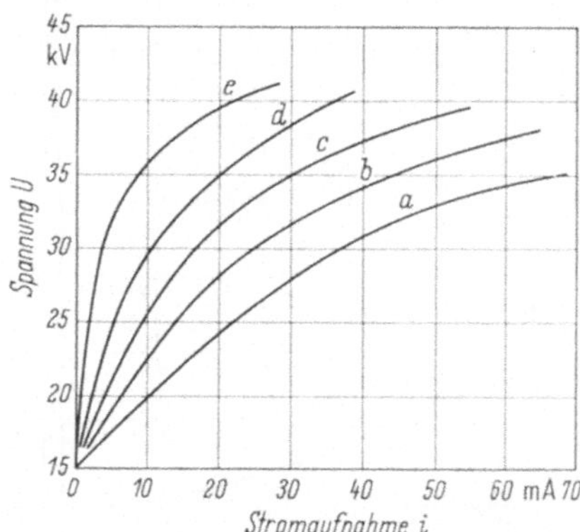

Abb. 6.22 Strom-Spannungskurven für verschiedene Sprühdrahtformen in ruhender Luft [138].
a Stacheldraht, *b* Sterndraht 3 mm Vierkant, *c* Runddraht 5 mm, *d* Runddraht 6 mm, *e* Runddraht 8 mm.

Die Gleichung für die zur Koronaentladung notwendige Anfangsspannung [Gl. (6.4)] zeigt, daß die Zahl der erzeugten Ladungen um so größer ist, je stärker die Oberflächenkrümmung ist. Einige Meßwerte dazu zeigt die Darstellung Abb. 6.22.

6.2.3 Die Niederschlagselektroden und deren Abreinigung

Nach den Ausführungen in Abschnitt 6.1.5 liefern die Niederschlagselektroden einen wichtigen Anteil zur Güte eines Elektroentstaubers. Mit ihnen sind zwei Funktionen verbunden, nämlich die Abtrennung des Staubes von der Aerodispersion und der Transport dieses Staubes in den Staubbunker. Im Gegensatz zum Anhaften des Staubes, das außer von der Feldstärke vorwiegend von Stoffeigenschaften abhängt, wird das Abführen des Staubes im wesentlichen von konstruktiven Lösungen bestimmt. Diese Abreinigung besteht aus zwei Schritten, nämlich dem Ablösen des anhaftenden Staubes und dem Transport in den Staubbunker.

Das Ablösen des anhaftenden Staubes erfordert z. B. Kräfte normal zur Niederschlagselektrode, die größer sind als die Haftkräfte. Über die Größe von Haftkräften existiert eine umfangreiche Literatur, worauf schon in Abschnitt 2.4 hingewiesen worden ist. Hier ist noch zu berücksichtigen, daß die Haftkräfte durch die Wirkungen des elektrischen Feldes meist nachhaltig verstärkt werden. Penney [139], Sproull [140] und Simm [119] haben in Untersuchungen festgestellt, daß z. B. diese Haftkräfte unter Einfluß des Feldes etwa das 20fache der Kräfte ohne Feld betragen. Auch übt der Ionenstrom einen Einfluß aus. Bei Flugasche z. B. liegen die Haftkräfte im Elektroentstauber bei etwa 10^{-2} N je cm^2.

Die notwendigen Abreinigungskräfte werden dadurch erzeugt, daß man die Niederschlagselektroden durch Klopfen in Schwingungen versetzt. Da die Schwingungsfähigkeit einer Plattenelektrode in Richtung

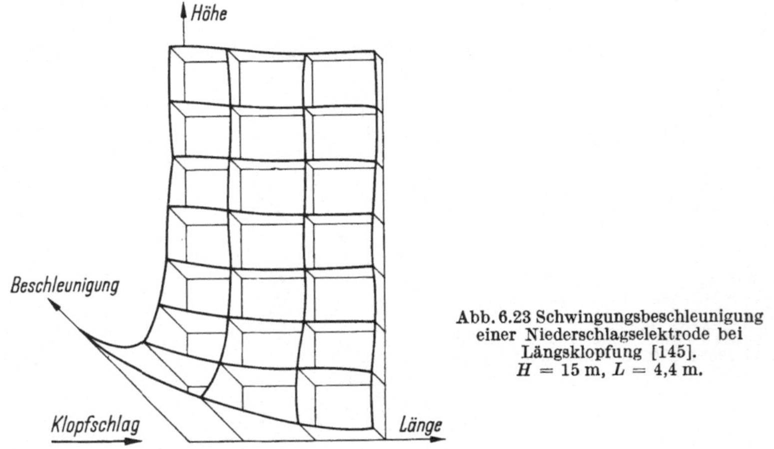

Abb. 6.23 Schwingungsbeschleunigung einer Niederschlagselektrode bei Längsklopfung [145]. $H = 15$ m, $L = 4{,}4$ m.

der Plattenebene um Größenordnungen niedriger liegt als senkrecht dazu, ist verständlich, daß die Querbeschleunigung überwiegt, oft unabhängig von der Klopfrichtung [141, 142]. Die Frage, ob Längs- oder Querklopfung günstiger ist, läßt sich nur in Verbindung mit der Konstruktion der Niederschlagselektrode und damit ihren Schwingungseigenschaften beurteilen [129, 143—147]. Bei sehr vielen Formen beinhaltet die Längsklopfung Vorteile, die zudem meist noch geringeren Bauaufwand erfordert. Ein Beispiel der Beschleunigungsverteilung zeigt Abb. 6.23. Da das Schwingungsverhalten der Niederschlagselektroden das Abtrennen des abgeschiedenen Staubes wesentlich mitbestimmt, ist diese Eigenschaft bei der konstruktiven Auslegung entsprechend zu berücksichtigen.

Als Klopfvorrichtungen finden Fall- und Federhämmer Anwendung; letztere werden z. B. durch eine Kurvenscheibe gespannt. Vibratoren bewirken grundsätzlich das Gleiche wie Klopfvorrichtungen. Sie erfordern aber einen höheren Aufwand. Die Größe der ablösenden Kraft ergibt sich aus der Schichtdicke des Staubes, der Raumdichte, der Dämpfung und der Beschleunigung [148]. Die Dämpfung ist deshalb von Einfluß, weil hiervon die Übertragung der Beschleunigung abhängt. Mit sehr hochfrequenten Schwingungen läßt sich trotz hoher Beschleunigung oft kein Staub ablösen.

Im Hinblick auf die Schichtdicke gibt es optimale Werte, die sich aus elektrischen Bedingungen, wie Feldstärke, Sprühstrom und Rücksprühen einerseits und der Abreinigung andererseits ergeben.

Bezeichnet man die während der Abreinigung vom Gasstrom aufgenommene Staubmenge zur ursprünglich abgeschiedenen Menge mit A_R, so ist anzustreben, diesen Wert so klein wie möglich zu halten. Über die Abhängigkeit dieses Rückstromes A_R hat Plato [149] Untersuchungen durchgeführt. Es ergibt sich z. B. nach Abb. 6.24, daß der Rückstrom stark mit der jeweils abgetrennten Staubmenge abnimmt, d. h. mit der Schichtdicke. Diese an glatten Niederschlagselektroden gemessenen Werte gelten sinngemäß auch für andere Formen. Die optimalen Schichtdicken liegen in ausgeführten Anlagen je nach den Bedingungen etwa zwischen 5 und 25 mm.

Unabhängig von einem optimalen Zustand der herabfallenden Staubwolke, — diese soll möglichst kompakt sein — läßt sich der Rückstrom senken, indem man Strömungstoträume schafft, in denen der Staub in den Bunker fällt (Abb. 6.25).

Ursprünglich waren die Niederschlagselektroden einfache Drahtnetze. Durch die Einführung der Kastenelektroden wurde der Rückstrom wesentlich gesenkt. Das Schluckvermögen dieser Elektroden liegt bei etwa 20%. Durch Fangtaschen wird auch ein Teil des auf der Gasseite abgeschiedenen Staubes (80%) nach dem Ablösen in das Innere der Elektrode geleitet. Ein noch besseres Schluckvermögen besitzen die sog. Windschattenelektroden. Diese haben noch den Vorteil, daß der Staub nach dem Ablösen nur wenig aufgelockert wird und daher als *kompakt zusammenhängende* Staubwolke nach unten fällt.

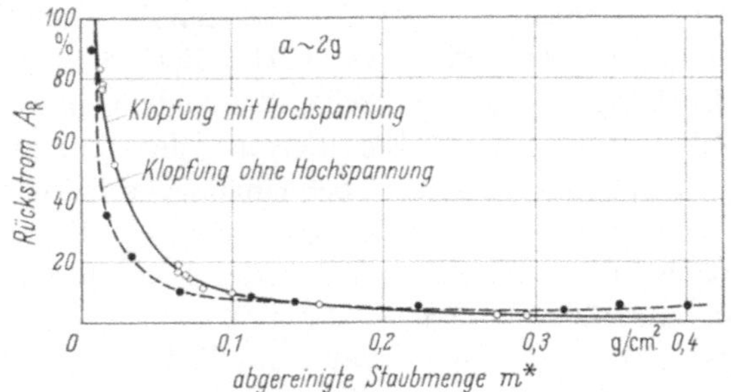

Abb. 6.24 Rückstrom in Abhängigkeit von der abgereinigten, auf die Fläche bezogenen Staubmenge (Schichtdicke) bei ein- und ausgeschalteter Hochspannung.

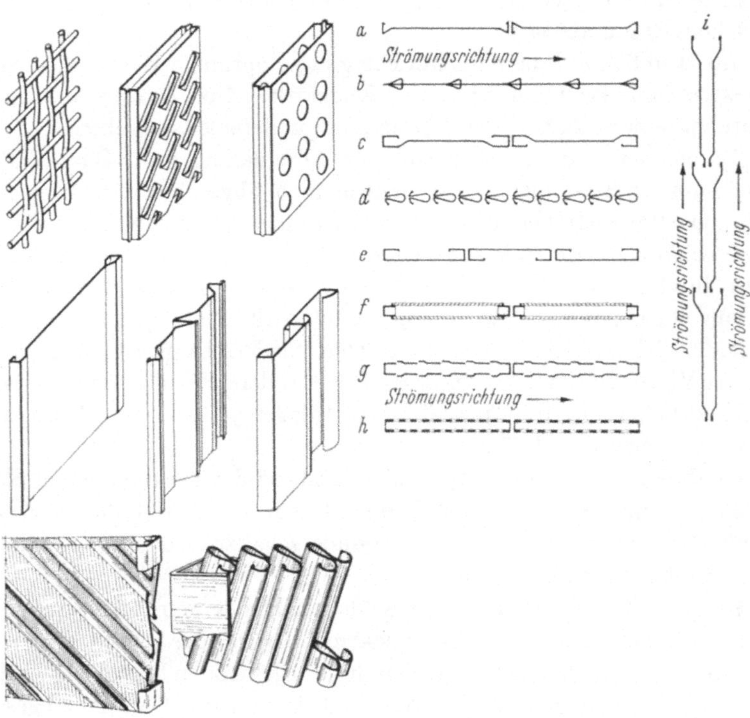

Abb. 6.25 Formen und Systematik von Niederschlagselektroden [138].
a) Plattenelektrode (Büttner); b) Plattenelektrode (Research-Cottrell); c) Plattenelektrode (Rothemühle); d) Rinnenelektrode (Walther); e) Plattenelektrode (Lurgi); f) Käfigelektrode (Koppers Ver.-St., aus Streckmetall); g) Fangtaschenelektrode (Lurgi); h) Lochkastenelektrode (Elex, Rothemühle); i) Tulpenelektrode (allgemein für Vertikal-Elektroentstauber);
a) und b) einfache Plattenelektroden; c) bis e) Plattenelektroden mit Fangrinnen; f) bis i) Fangraumelektroden.

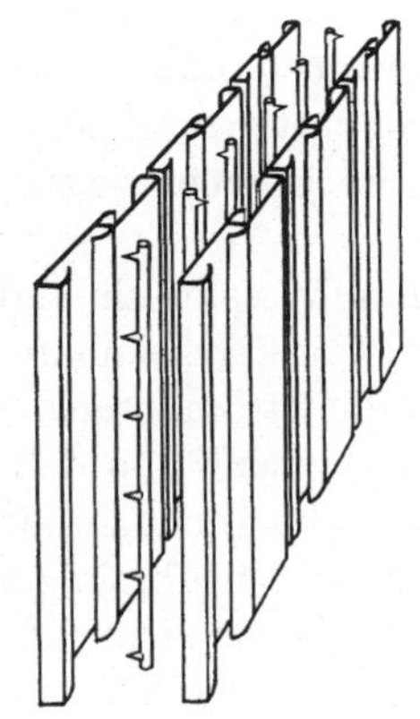

Abb. 6.26 Gasse eines horizontalen elektrischen Entstaubers mit wechselseitig gerichteten Dorndrähten.

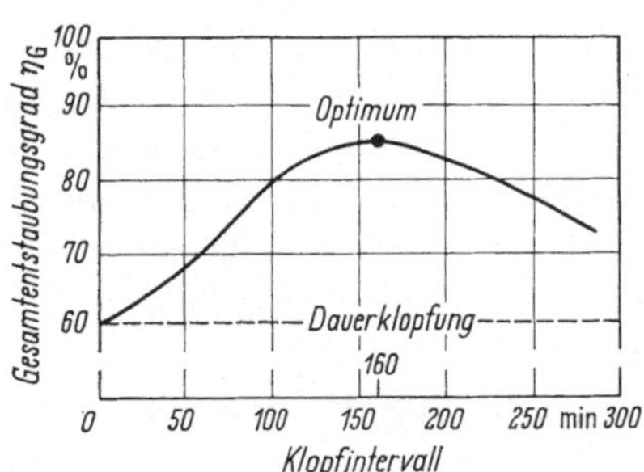

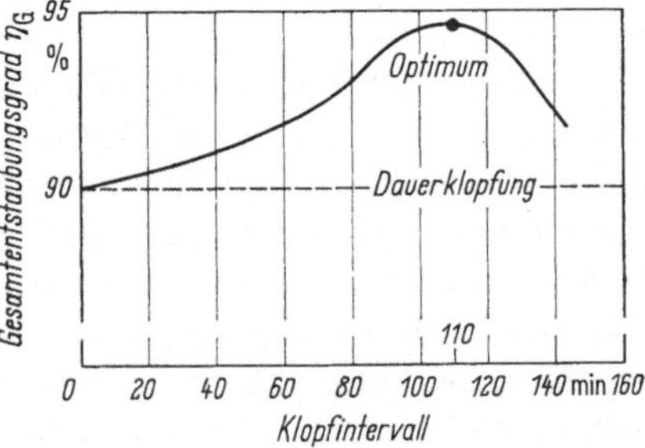

Abb. 6.27 Abhängigkeit des Entstaubungsgrades η_G von den Klopfintervallen bei verschiedenen Betriebszuständen [145].

Zwischen diesen Bauarten liegt die Rinnenelektrode der Fa. Walther, Köln-Dellbrück. Nach dem Ablösen fällt der Staub in die schräg-angeordneten Rinnen und gleitet hier in den Bunker.

Die Firma Lurgi erhöht das Schluckvermögen dadurch, daß die Koronaentladung durch entsprechende Anordnung der Spitzen so gerichtet wird, daß der Staub hauptsächlich in den Windschattenbereichen abgeschieden wird, Abb. 6.26.

Die günstigste Schichtdicke wird über die Klopfintervalle eingestellt. Abb. 6.27 zeigt beispielsweise einige durch Versuche ermittelte optimale Klopfintervalle für bestimmte Bedingungen. Es sei in diesem Zusammenhang noch erwähnt, daß man nicht alle Felder gleichzeitig klopft, sondern immer nur einige Gruppen [150].

Da die Dicke der Staubschicht in Richtung der Gasströmung abnimmt, bieten Mehrkammer- oder Mehrfeld-Ausführungen Vorteile. Es werden bis 5 Felder, in Sonderfällen auch mehr, hintereinandergeschaltet. Während im ersten Feld die Klopfintervalle z. B. 30 Minuten betragen, so erreichen diese im letzten Feld z. B. 8 Stunden. Diese Mehrfeldbauarten, die sich bei Horizontalplattenentstaubern leicht verwirklichen lassen, ermöglichen auch eine elektrische Optimierung. Jedes Feld besitzt ein eigenes Hochspannungsversorgungssystem mit entsprechend eingestellten Spannungen und Sprühströmen.

Es sei noch erwähnt, daß die Schluckfähigkeit besonders in Nähe der Reingasseite von Bedeutung ist. Außerhalb der Strömungstoträume fällt der Staub wegen der Gasgeschwindigkeit nicht lotrecht nach unten. Dies kann an der Austrittsseite des Gases örtlich zu einem besonders hohen Rückstrom führen. Die oft gemessene Abhängigkeit der Abscheidegüte von der Gasgeschwindigkeit ist auch auf diesen Einfluß zurückzuführen [129].

Im Hinblick auf das Abreinigen ist noch zu erwähnen, daß ein unkontrolliertes Ablösen durch Fremderschütterung ungünstig sein kann. Die Klopfwirkungen müssen daher auf den jeweils vorgegebenen Sektor beschränkt bleiben.

Außer den genannten Abreinigungsmethoden gibt es noch andere, meist auf spezielle Fälle beschränkte Verfahren. Um stark anhaftende Stäube abzulösen, benutzt man in Sonderfällen die Stromabschaltung. Dazu wird die Spannung unter die Sprühgrenze abgesenkt, so daß der Stromfluß aufhört. Die Staubschicht entlädt sich allmählich, wodurch die elektrostatischen Haftkräfte abnehmen. Man kann den Abreinigungsvorgang noch unterstützen, indem man die Sprühelektroden auf den positiven Pol schaltet. Unter Umständen sind mehrere Umschaltungen notwendig. Während einer solchen Abreinigung muß der Gasdurchgang nach der Reingasseite dicht abgesperrt werden, damit keine Staubwolken austreten. Eine Abreinigung während der Abschaltung erfordert einen um den abzuschaltenden Teil größeren Entstauber, sofern nicht eine regelmäßige Lastabsenkung der zugehörigen Anlage, beispielsweise einer Kesselanlage, möglich ist.

Die mechanische Abreinigung durch Bürsten findet man bei einem Elektroentstauber mit rotierenden Niederschlagselektroden [151].

6.2.4 Gehäuse und Zuleitungen

Die Ansicht eines Elektroentstaubers zur Reinigung der Abgase aus einem Braunkohlenkraftwerk zeigt Abb. 6.28. Für die Anlage gelten folgende Daten:

Betreiber: Preußische Elektrizitäts AG., Han.
Kraftwerk: Wölfersheim, Hessen
Kessel: Dürr-Rohbraunkohlenkessel mit Einblasmühlen
Kesselleistung: 210 t/h
Niederschlagsfläche: 4680 m²
Höhe der Niederschlagselektroden: 7,5 m
Zahl der parallelen Gassen: 40
Zahl der hintereinandergeschalteten Felder: 2
Feldlänge: 4 m
Zu reinigende Rauchgasmenge: 184 m³/s bei 180 °C
Im E-Entstauber abgeschiedene Staubmenge: 20 t/h.

Die Gehäuse der Elektroentstauber werden im allgemeinen als Stahlkonstruktion ausgeführt. Aber auch andere metallische Werkstoffe wie Aluminium sind üblich. Für niedrige Temperaturen, z. B. bis 150 °C, findet auch Stahlbeton Anwendung.

Abb. 6.28 Ansicht eines Elektroentstaubers für ein Kraftwerk (Hersteller: Fa. Rothemühle).

Bei der Gehäusekonstruktion sind insbesondere die Wärmespannungen und die Wärmedehnung zu berücksichtigen. Da die Elektroentstauber sehr oft bei höheren Temperaturen arbeiten, ist eine Wärmeisolierung erforderlich, vor allem im Hinblick auf Wärmespannungen und Korrosion. Für eine gute Befestigung der Isolierstoffe ist zu sorgen.

Da in Elektroentstaubern Explosionen auftreten können, sind entsprechende Sicherheitsvorrichtungen vorzusehen, wie Explosionsschlote mit Reißflächen aus Folien oder auch Explosionsklappen.

In Verbindung mit der Gehäusekonstruktion ist auf die Zu- und Ableitungskanäle hinzuweisen. In diesen liegen die Gasgeschwindigkeiten etwa zwischen 10 und 30 m/s, um Staubablagerungen zu vermeiden. Diese Geschwindigkeit muß in einem Diffusor so herabgesetzt werden, daß die Gassen gleichmäßig mit z. B. 1,5 m/s beaufschlagt werden. Zur Lösung dieser Aufgabe bieten sich insbesondere Modellversuche an [152]. Mögliche Lösungen zeigt Abb. 6.29. In der linken Hälfte des Bildes

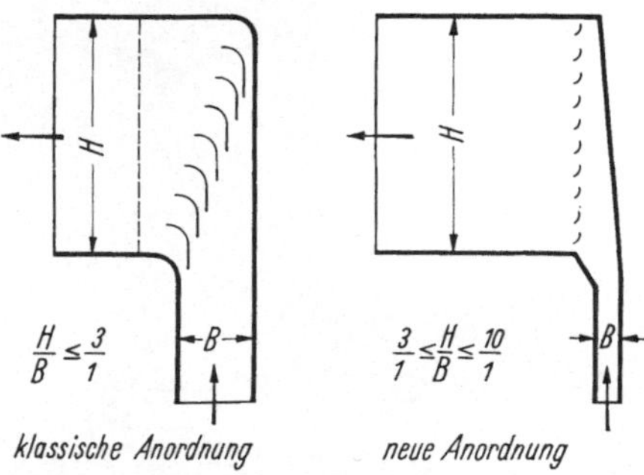

Abb. 6.29 Gaszuführung bei einem Elektroentstauber mit 90°-Umlenkung [145].

sind Leit- und Drosselvorrichtung getrennt. Sie lassen sich aber auch kombinieren, wie GÜPNER [145] gezeigt hat. Durch diese Lösung (rechte Bildseite) wird neben einer besseren Gasverteilung noch an Masse gespart.

6.2.5 Elektrische Einrichtungen

Zum Aufbau der notwendigen Feldstärke im Entstaubungsgraum benötigt man einen Gleichstrom mit einer Spannung, die kurz unterhalb der Durchbruchsspannung [108] liegt. Damit sind von der Funktion her die wichtigsten Forderungen im Hinblick auf die elektrische Einrichtung aufgezeigt [153 bis 155]. Weiter strebt man eine hohe Lebensdauer der Einrichtungen sowie einen geringen Kontroll- und Wartungsbedarf an.

Der erforderliche Gleichstrom wird – wie auch aus dem Schema in Abb. 6.1 ersichtlich – durch Gleichrichten eines hochtransformierten Wechselstromes erzeugt. An die Hochspannungstransformatoren werden von seiten der Elektroentstaubung keine besonderen Forderungen gestellt, so daß man auf handelsübliche Geräte zurückgreifen kann.

Zur Gleichrichtung des hochgespannten Wechselstromes stehen verschiedene Bauarten zur Verfügung, nämlich die mechanischen, die Röhren- und die Selengleichrichter (Trockengleichrichter).

Das Gleichrichten bei den mechanischen Geräten erfolgt durch einen rotierenden Polwender, der z. B. an einen Einphasentransformator angeschlossen ist. Der Polwender selbst wird durch einen Synchronmotor angetrieben. Dieser Gleichrichter ist einfach, robust und preiswert. Er hat aber eine Reihe von Nachteilen, wie Stickoxid- und Ozonbildung, Hochfrequenzerzeugung und einen gewissen Wartungsbedarf durch den Abbrand der Segmente im Polwender.

Die Röhrengleichrichter weisen gegenüber den mechanischen insofern Vorteile auf, als keine rotierenden Teile vorhanden sind. Sie erzeugen auch keine Gase und fast keine hochfrequenten Schwingungen, wodurch die Durchbruchsspannung steigt [156]. Nachteilig ist aber die begrenzte Lebensdauer der Röhren. Diese ist zwar in den letzten Jahren wesentlich gestiegen; sie liegt derzeit im Mittel bei etwa 1 bis 4 Jahren. Sie werden in größerem Umfang seit etwa 1950 eingesetzt.

In dem letzten Jahrzehnt hat sich in zunehmendem Maße der Trockengleichrichter durchgesetzt, so daß dieser derzeit das Feld beherrscht. Die einzelnen Gleichrichterplatten werden zu Säulen zusammengesetzt, um hohe Spannungen gleichrichten zu können. Durch Kühlung gelingt es, die Strombelastbarkeit zu erhöhen. Da auch die Sperrspannung je Platte gesteigert werden konnte, sind auch die vergleichsweise hohen Herstellungskosten gesunken. Die Lebensdauer der Platten wird allgemein auf mindestens 10 Jahre angesetzt. Eine Wartung der Gleichrichter ist nicht erforderlich, wenn man von den Einrichtungen zur Kühlung absieht. In neuester Zeit werden die Selen- zunehmend durch Siliziumzellen verdrängt.

Da die Güte eines Elektroentstaubers wesentlich von der Höhe der Feldstärke und damit von der angelegten Spannung abhängt, ist diese eine sehr wichtige Betriebsgröße. Aus Gründen der Optimierung wird daher der Sollwert automatisch gesteuert und durch eine Regelung eingehalten. Die Betriebsspannung soll möglichst nahe an der Durchbruchsgrenze des Gases liegen. Da diese von vielen Einflüssen, wie der Feuchtigkeit, der Temperatur, dem Staubgehalt und der Gasmenge abhängt, kann sich die Durchbruchsspannung ändern. Man muß diese daher in bestimmten Abständen messen. Die sicherste Methode ihrer Bestimmung ist der Durchbruch selbst. Hierauf beruhen auch einige Aggregate zur selbsttätigen Spannungsregelung [153]. Nach jeweils vorgegebenen Zeitintervallen wird die Spannung langsam bis zum Durchbruch gesteigert. Durch den Überschlag ausgelöst, wird die Anlage abgeschaltet, die Spannung um einen bestimmten Betrag abgesenkt und danach wieder eingeschaltet. Die Abb. 6.30 zeigt den Spannungsverlauf bei einer solchen automatischen Spannungseinstellung.

Neuere Anlagen regeln auch in Abhängigkeit von Anzahl und Intensität der Überschläge z. B. mit Transduktoren. Diese haben den Vorteil, daß sie den Stromübergang verzögerungsfrei begrenzen. Derzeit werden an Stelle von Transduktoren auch Thyristoren eingesetzt [157]. Das Schaltbild einer elektrischen Einrichtung zeigt beispielsweise Abb. 6.31.

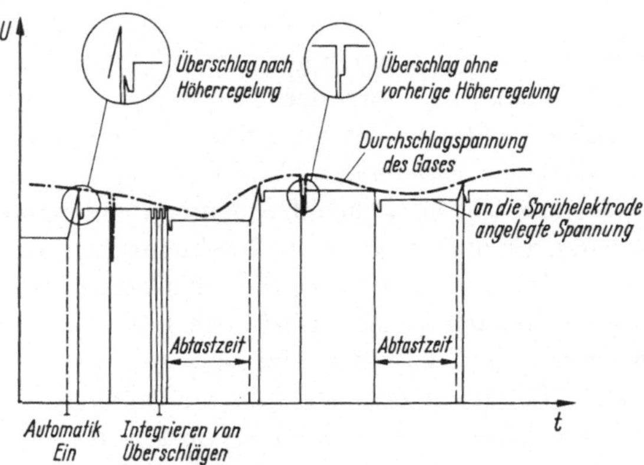

Abb. 6.30 Spannungsverlauf bei einer Regelung. Der jeweilige Sollwert wird über eine Steuerung vorgegeben [153].

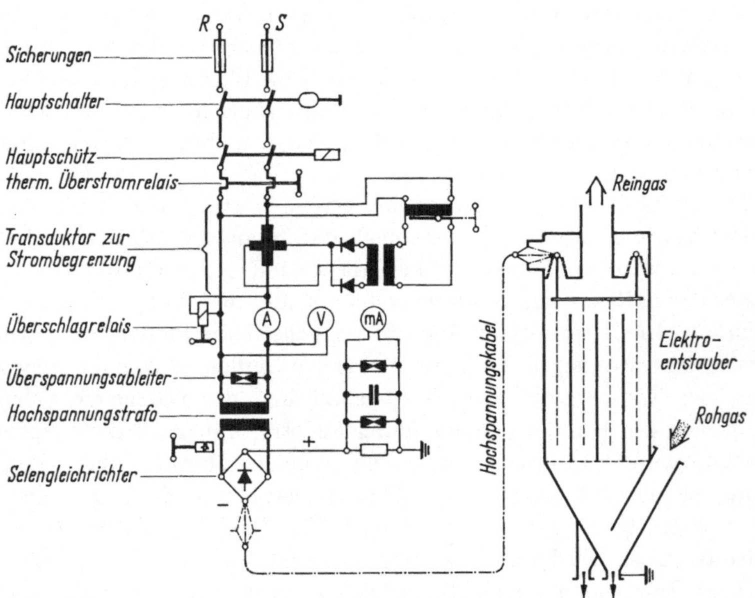

Abb. 6.31 Schaltung eines mit Transduktor gesteuerten Elektroentstaubers [3].

Es gibt Vorschläge, die Elektroentstaubung nicht mit hochgespanntem Gleichstrom der beschriebenen Art zu betreiben, sondern mit Impulsspannungen [158, 159] oder auch mit Wechselstrom [160].

6.2.6 Sonderbauarten

Elektroentstauber für den industriellen Einsatz bestehen aus einstufigen Anordnungen, d. h. Aufladung und Abscheidung erfolgen im gleichen Raum. Für die Klimatechnik mit wesentlich geringeren Staubgehalten im Rohgas hat sich die zweistufige Anordnung durchgesetzt, und zwar aus mehreren Gründen. Durch diese Anordnung, Abb. 6.32, sind wesentlich niedrigere Spannungen erforderlich. So werden die Sprühelektroden in der ersten Stufe, die die Aufladung der Teilchen übernimmt, mit 13 kV gespeist. Es wird mit positiver Koronaentladung gearbeitet. Für die Niederschlagselektroden in der zweiten Stufe sind

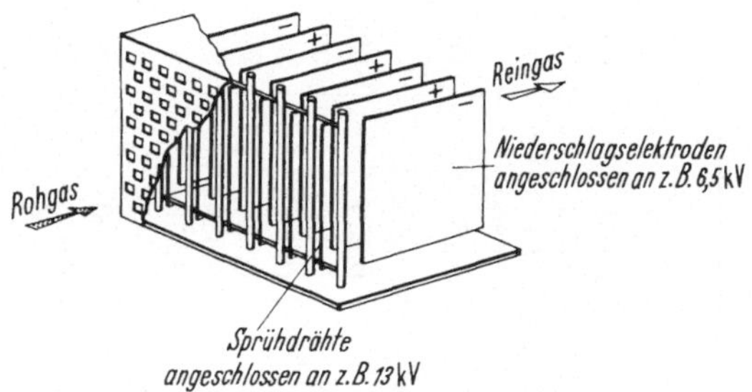

Abb. 6.32 Zweistufiger Elektroentstauber (Fa. Trion AG, Zürich).

6 kV ausreichend, da man die notwendige Feldstärke durch einen entsprechend kleinen Abstand erreicht. Diese Bedingungen beinhalten eine Herabsetzung der Ozon- und Stickoxidbildung auf Werte, die für die Raumklimatisierung zulässig sind. Des weiteren sind die elektrischen Einrichtungen verhältnismäßig einfach.

Da der Staubgehalt der Raumluft vergleichweise niedrig liegt, z. B. kleiner als 10 mg/m_n^3 ist eine Abreinigung nur in größeren Zeitabständen, etwa nach mehreren Wochen oder Monaten, notwendig. Dies geschieht z. B. nach der Abschaltung des Stromes durch Ausprühen mit Wasser.

Die Anpassung an die jeweiligen Gasmengen erfolgt durch Parallelschalten einer entsprechenden Zahl von Geräten. Die Abscheidegüte liegt über 90%, die Luftgeschwindigkeit bei 2 m/s und der Druckverlust etwa bei 3 mm WS.

Im Versuchsstadium befinden sich Elektroentstauber mit quer angeströmten Elektroden [161, 162] und Anordnungen, die die Koagulation des Staubes über induzierte Dipole ausnutzen [163—166].

6.2.7 Einige Richtwerte für Elektroentstauber

Die Gasgeschwindigkeit in ausgeführten Anlagen liegt zwischen 0,5 bis 5 m/s, in Kraftwerken meist bei 1 bis 1,5 m/s.

Tabelle 6.2 *Einige Daten für Elektroentstauber in verschiedenen Produktionsanlagen* (nach R. F. HEINRICH und J. R. ANDERSON [168])

Produktionsanlage	Gasstrom bei Betriebstemperatur	Staubgehalt bei Betriebstemperatur		Gesamtentstaubungsgrad	Energiebedarf kWh/1000 m³
		Rohgas	Reingas		
	m³/h	g/m³	g/m³	%	
Kraftwerke					
1. Dampfkessel mit Staubfeuerung	274983	13,09	0,162	98,67	0,1154
2. Dampfkessel mit Staubfeuerung	245048	10,89	0,061	99,43	0,1313
3. Dampfkessel für Müllverbrennung	84950	16,70	0,576	96,60	0,1401
4. Dampfkessel mit Braunkohlenrostfeuerung	399774	1,6 ··· 1,999	0,0169 ··· 0,0369	98,15	0,1201
5. Dampfkessel mit Braunkohlenstaubfeuerung	1600458	4,610	0,159	96,5	0,0400
Kohlen-Industrie					
1. Braunkohlen-Trommel-Trockner (Dampf)	28967	35,05	0,280	99,25	0,0300
2. Braunkohlen-Trommel-Trockner (Dampf)	25994	18,21	0,090	99,40	0,0280
3. Braunkohlen-Teller-Trockner (Dampf)	24975	7,82	0,062	99,20	0,0250
4. Braunkohlen-Trockner (Rauchgas)	41965	14,30	0,110	99,50	0,0500
5. Braunkohlen-Mahl-Trockner	40062	25,01	0,330	98,67	0,0800
6. Entstaubung einer Braunkohlen-Förderanlage	20472	54,50	0,276	99,40	0,0200
7. Fettkohlen-Trommel-Trockner (Dampf)	42984	16,22	0,081	99,50	0,0700
8. Entstaubung einer Fettkohlen-Förderanlage	11009	22,31	0,150	99,30	0,2902
9. Koks-Mahlanlage	4799	13,77	0,056	99,59	0,3002
Kokerei-Gas-Industrie					
1. Torf-Gas-Erzeuger	4502	5,31	0,0080	99,85	0,7004
2. Crackanlage für Erdgas	8698	0,2233	0,00200	99,20	1,2007
3. Generatorgas aus Braunkohlenbrikett	12997	37,5	0,200	99,47	0,6504
4. Generatorgas aus halbfetter Braunkohle	47996	28,53	0,099	99,7	0,6004
5. Schiefergas-Reinigungsanlage	33980	39,8	0,050	99,9	0,9005
6. Stadtgas-Kokerei	3100	24,0	0,0099	99,9	0,9005

Produktionsanlage	Gasstrom bei Betriebstemperatur m³/h	Staubgehalt bei Betriebstemperatur Rohgas g/m³	Reingas g/m³	Gesamtentstaubungsgrad %	Energiebedarf kWh/1000 m³
7. Stadtgas-Kokerei	2293	16,82	0,0029	99,9	1,6009
8. Koksgasanlage	13982	27,84	0,078	99,8	0,7504
9. Wassergasanlage	12504	4,71	0,039	99,2	1,4008
10. Wassergasanlage	4006	10,00	0,050	99,5	1,8011
Papier-Industrie					
1. Pyrit-Röster 25 tato	9463	3,198	0,046	98,5	0,6810
2. Pyrit-Röster 36 tato	13982	4,10	0,035	99,1	0,5503
3. Säurenebel v. Schwefelverbrennungsofen	2497	6,84	0,040	99,4	0,8005
4. Schwefelsäurenebel nach Kühlturm	4298	12,20	0,061	99,5	0,9506 (0,0235···0,0294)[1]
5. Schwefelsäurenebel nach Kühlturm	4995	7,53	0,070	99,1	0,7799 (0,0235···0,0294)[1]
6. Schwarzlauge, Kesselanlage	132522	2,823	0,132	95,3	0,2649
Zement-Industrie					
1. Drehofen 520 tato	135920	20,592	0,192	99,06	0,0901 (0,0088···0,0194)[2]
2. Lepol-Drehofen 470 tato	127000	6,292	0,073	98,85	0,0300 (0,0153···0,0194)[2]
3. Drehofen-Naßverfahren 350 tato	145094	21,186	0,066	99,68	0,0853 (0,0235···0,0244)[2]
4. Drehofen m. Kalzinierofen-Naßverfahren 350 tato	145094	11,028	0,240	98,20	0,1001 (0,0088···0,0177)[2]
5. Schachtofen	125046	1,784	0,048	97,3	0,0901
6. Rohstofftrockner	36018	48,734	0,119	99,75	0,4703
7. Zementmühle	23955	51,022	0,085	99,8	0,4497
8. Abpackanlage	15,019	37,523	0,110	99,7	0,4703

[1] Bei gleichförmiger Geschwindigkeit durch den Entstauber: Daten von R. L. Cotham, Veröffentlichung Nr. 29. Clean Air Conference, Sydney 1962.

[2] Bei gleichförmiger Geschwindigkeit durch den Entstauber: Daten von G. Funke, Zement, Kalk, Gips, 12. 189 (1959).

Tabelle 6.2 (Fortsetzung)

Produktionsanlage		Gasstrom bei Betriebstemperatur m³/h	Staubgehalt bei Betriebstemperatur Rohgas g/m³	Reingas g/m³	Gesamtentstaubungsgrad %	Energiebedarf kWh/1000 m³
Chemische Industrie						
1. Pyrit-Röster	29 tato	11009	2,173	0,037	98,3	0,8005
2. Pyrit-Röster	35 tato	13014	1,201	0,0036	99,7	0,9594
3. Blende-Röster		15528	5,102	0,0750	98,5	0,5121
4. Arsen- u. Schwefelsäurenebel-Abscheider		14016	2,699	0,0000050	99,99	0,8534
5. Gas zur Schwefelsäureherstellung		21033	12,309	0,050	99,6	0,3590
6. Schwefelabscheidung nach Schwefelwasserstoff-Verbrennungsanlage		4298	25,625	0,2002	99,2	1,701
Verarbeitung von Mineral-Erden u. -Salzen						
1. Bauxit-Trockner	180 tato	20048	15,398	0,048	99,69	0,1142
2. Bauxit-Ofen	220 tato	44004	4,999	0,059	98,8	0,1801
3. Tonerde-Kalzinierer mit Zyklonentstauber	45 tato	15206	296,296	0,030	99,99	0,4638
4. Chlorkalium-Trockner		29052	8,008	0,080	99,0	0,1901
5. Bleicherde-Trockner		29987	4,301	0,020	99,54	0,2101
Nicht-Eisen-Hüttenindustrie						
1. Schachtofen für Bleierze		9990	12,012	0,066	99,5	0,2201
2. Schachtofen für Bleierze		15987	6,314	0,150	97,5	0,1901
3. Drehofen für Zinkerze		8002	39,468	0,442	98,90	0,2001
4. Drehofen für Zinkerze		12504	13,133	0,061	99,53	0,1601
5. Schachtofen für Zinnerze		9684	4,907	0,034	99,29	0,1801
6. Schachtofen für Zinnerze		3601	6,818	0,097	98,70	0,2401
7. Schachtofen für Antimonerze		6201	3,752	0,0070	99,80	0,4202
8. Kupferkonverter		14492	4,507	0,135	97,00	0,0700
9. Drehofen für nickelhaltige Eisenerze		45023	27,524	0,065	99,76	0,2702

Der Druckverlust liegt sehr niedrig, etwa zwischen 8 und 10 mm WS, bei Klimageräten noch niedriger, z. B. bei 3 mm WS.

Im Hinblick auf bauliche Abmessungen ist zu erwähnen, daß die Gassenbreite allgemein zwischen 200 und 300 mm schwankt. Die Niederschlagselektroden erreichen Höhen bis 15 m, meist 5 bis 9 m, die Länge übersteigt 7 m nur in seltenen Fällen. Der Abstand zwischen den Sprühdrähten liegt zwischen 100 bis 200 mm.

Die installierte elektrische Leistung erreicht 200 kVA bei Spannungen zwischen 40 und 60 kV. Der Energiebedarf liegt zwischen 0,05 und 1,0 kWh/1000 m^3 Gas, der Stromverbrauch je m^2 Niederschlagsfläche zwischen 0,1 bis 0,6 mA.

Über Gütegrade, Gasmengen und Staubkonzentrationen bei ausgeführten Anlagen gibt eine Zusammenstellung von R. F. HEINRICH und J. R. ANDERSON [168] Auskunft (Tab. 6.2).

6.2.8 Entwicklung des Elektroentstaubers

Hinweise über das Verhalten von geladenen Teilchen findet man bereits in sehr frühen Mitteilungen über die Reibungselektrizität. Die ersten Experimente über die Abscheidung von Rauch hat wahrscheinlich HOHLFELD im Jahre 1824 in Leipzig angestellt [169]. Er zeigte, wie man Rauch in einer Flasche mit einer hochgeladenen Spitze niederschlagen kann. Diese Versuche haben GUITARD 1850 und O. LODGE 1883 wiederholt [170]. LODGE hat in Verbindung damit bereits auf technische Anwendungsmöglichkeiten hingewiesen [171]. Von ihm stammt auch die Idee, damit den Nebel zu beseitigen.

In dieser Zeit hat O. WALKER (US Pat. No 342548, 1886) die erste kommerzielle Elektroentstaubung in Zusammenarbeit mit W. M. HUTCHINS in der Bleihütte der Dee Bank Sead Workes in Bagillt, North Wales, eingesetzt [172]. In Deutschland hat sich K. MÖLLER mit diesem Problem beschäftigt (DRP 31991 Klasse 12b, 1884). Alle diese Versuche mußten daran scheitern, daß die zur Verfügung stehenden Reibungs- und Influenzmaschinen nicht in der Lage waren, einen ausreichenden Strom hoher Spannung zu liefern. Eine entscheidende Wende setzte daher in dem Augenblick ein, als neue Geräte zur Erzeugung von hochgespanntem Gleichstrom erfunden wurden. Dies war kurz nach der Jahrhundertwende der Fall. So hat LODGE 1903 vorgeschlagen, die Hochspannung mit einem Quecksilberdampfgleichrichter zu erzeugen [173]. Den entscheidenden technischen Durchbruch erzielte F. G. COTTRELL 1906 in Berkeley (Calif.). Er verwendete hochgespannten Wechselstrom und einen rotierenden Gleichrichter [174, 175]. Gleichzeitig erkannte er den Vorteil der negativen Koronaentladung. Das Schema des Entstaubers zeigt Abb. 6.33. Nachdem die erste kleine Anlage bei den Du Pont de Nemours Comp. in Pinole bei Berkeley zur Abscheidung der sauren

Dämpfe bei der Herstellung von Schwefelsäure nach dem Kontaktverfahren ihre Funktionstüchtigkeit erwiesen hatte, folgte die erste Großanlage zur Abscheidung der schädlichen arsen-, blei- und schwefelsäurehaltigen Dämpfe der Bleihütte in Vallejo Junctin der Selby-

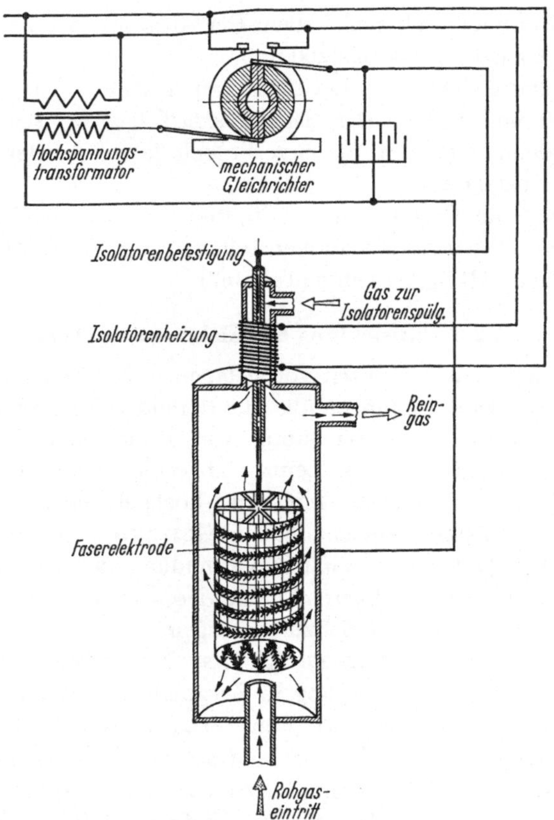

Abb. 6.33 Schema des Cottrell-Entstaubers (1908) US Pat. No. 895729 (negative Korona).

Smelting Lead Comp. Der Erfolg war auch hier so groß, daß bald weitere Anlagen folgten. Im Jahre 1912 wurde für die Riverside Portland Cement Comp. Calif. bereits eine Anlage aus mehreren Einheiten zur Entstaubung von 28300 m³/min bei 400 °C eingesetzt. Hier wurden erstmals dünne Drähte als Sprühelektroden verwendet. Die Anlage war 1957 noch im Betrieb. Cottrell hat die Erlöse seiner vielen Patente der Smithsonian Institution, einer Stiftung zur Förderung der reinen Wissenschaften, übertragen.

In Deutschland ist das Cottrell-Verfahren nach Ideen von E. Moeller-Brackwede [176] ausgebaut und im Jahre 1913 durch die Fa. Lurgi

Frankfurt/Main, in die deutsche Industrie eingeführt worden [177]. Den Stand der Technik auf dem Gebiet der Elektroentstaubung (Jahr 1930) und die wissenschaftlichen Grundlagen hat R. LADENBURG in vorbildlicher Weise im Kapitel IV des Buches „Der Chemie-Ingenieur“ dargestellt [96].

Ein Entwicklungsbereich seit dem ersten Weltkrieg bestand darin, den Elektroentstauber an die Bedingungen der verschiedenen Industrien anzupassen. Das Haupteinsatzgebiet war zunächst die Schwefelsäure- und Zellstoffindustrie, dann folgten die Zement-, die Hüttenindustrie und schließlich die Kraftwerke (1923), die heute fast ausnahmslos mit Elektroentstaubern ausgerüstet werden (Anteil der Kosten etwa 3 bis 6%). Im Jahre 1962 waren in den Kraftwerken der USA 880 Elektroentstauber mit einem Durchsatz von $390 \cdot 10^6$ m^3/h installiert. Der Durchsatz hat sich bis 1970 mehr als verdoppelt.

Die Entwicklung der technischen Einzelheiten ist bereits in den Abschnitten 6.2.2 bis 6.2.5 angesprochen worden. Sie ist insbesondere darauf gerichtet, begrenzende Faktoren abzubauen.

Der Verschiebungsvorgang wird u. a. durch die Turbulenz verschlechtert. Dieser Einfluß läßt sich über die Gasgeschwindigkeit und eine strömungsgerechte Ausbildung der Bauelemente und Kanäle, z. B. breitere Gassen, verringern. Auch ist man bestrebt, der Verschiebung entgegenwirkende Sekundärströmungen zu verhindern. — Die Betriebsspannung wird möglichst nahe an die Grenzspannung gelegt.

Bezüglich der Abtrennung werden vor allem die Eigenschaften des Staubes und der Rückstrom berücksichtigt. Die grundsätzlichen Möglichkeiten zur Verringerung des Rückstromes bei der Abreinigung in Trockenelektroentstaubern sind: a) keine Auflockerung der Staubschichten, b) Strömungstoträume für den herabfallenden Staub, c) kurze Abreinigungszeit, d) optimale Schichtdicken.

Die Bemühungen um eine Kostensenkung waren in den letzten Jahren sehr erfolgreich.

7. Waschentstauber

7.1 Allgemeines

Die Wirkungsweise der Waschentstauber besteht darin, daß die Staubteilchen im Entstaubungsraum von der Aerodispersion in eine Flüssigkeit überführt werden. Aus der Tatsache, daß ein solcher Vorgang dem Waschprozeß entspricht, begründet sich die Bezeichnung „Waschentstauber".

Für diese Entstauber bestehen zwei grundsätzliche Fragen: in welcher Form liegt die Flüssigkeit vor, und auf Grund welcher Wirkungen gelangen die Staubteilchen in die Flüssigkeit?

Im Hinblick auf die Form der dargebotenen Flüssigkeit lassen sich 3 Bereiche unterscheiden, nämlich verteilte Flüssigkeitselemente (vereinfachend als Tropfen bezeichnet), ein Flüssigkeitsnetz und eine Flüssigkeitsschicht (Abb. 7.1).

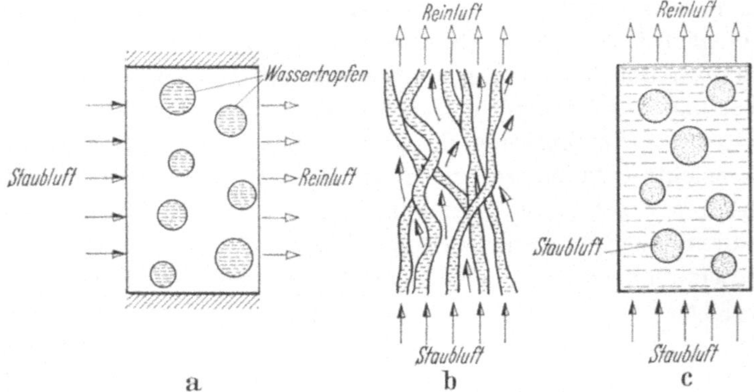

Abb. 7.1 Möglichkeiten der räumlichen Zuordnung von Flüssigkeit und Staubluft bei Waschentstaubern im Entstaubungsraum.

a) Flüssigkeitstropfen. Werden Flüssigkeitstropfen in eine strömende Aerodispersion eingedüst oder auch dort erzeugt, so erfolgt bis zum Abbau der Relativgeschwindigkeit eine Umströmung der Tropfen. Durch die Umlenkung der Strömung entstehen an den Staubteilchen Trägheitskräfte, die eine Verschiebung in die Flüssigkeit bewirken können. Staubteilchen können ferner durch molekulare Diffusion oder auch durch elektrische Kräfte zu den Flüssigkeitstropfen verschoben werden.

Die Erzeugung von Flüssigkeitstropfen im Entstaubungsraum geschieht durch Düsen, Strömungskräfte oder auch umlaufende mechanische Elemente. Abtrennungsfläche ist bei dieser Art der Entstaubung die Flüssigkeitsoberfläche. Die Abscheidung der vergleichsweise großen Flüssigkeitstropfen aus der Aerodispersion erfolgt durch Schwer- und Fliehkräfte.

b) *Flüssigkeitsnetz.* Ein Flüssigkeitsnetz läßt sich beispielsweise dadurch herstellen, daß man Füllkörper berieselt. Bei der Durchströmung solcher Netze erfolgen ebenfalls Umlenkungen, die zu der schon genannten Entstaubung durch Trägheitskräfte führen. Ebenso können auch hier die Diffusion und elektrische Kräfte wirksam werden.

c) *Flüssigkeitsschicht.* Eine Aerodispersion kann eine zusammenhängende Flüssigkeit, die diesen Zustand beibehält, nur in Form von Gasblasen oder -kanälen durchströmen. Die Entstaubung erfolgt auch hierbei durch die schon genannten Wirkungen.

Obwohl die sehr verschiedenen Flüssigkeitsformen eine recht unterschiedliche Bauweise von Waschentstaubern bedingen, sind die Ursachen für eine Verschiebung der Staubteilchen in die Flüssigkeit im Grundsatz gleich. Diese Verschiebung geschieht — wie schon in Kap. 1 angedeutet — durch Trägheitskräfte, Diffusion und durch elektrische Kräfte. Es sei im voraus erwähnt, daß im Waschentstauber die Trägheitskräfte vorherrschend sind.

Die Abtrennung der Staubteilchen aus dem Waschwasser erfolgt in einer gesonderten Anlage, z. B. durch Filtrieren oder auch Sedimentieren.

7.2 Grundlagen der Waschentstaubung

7.2.1 Benetzbarkeit der Staubteilchen

Der Übergang von Staubteilchen in ein flüssiges Medium wird auch durch die jeweiligen Grenzflächenverhältnisse beeinflußt.

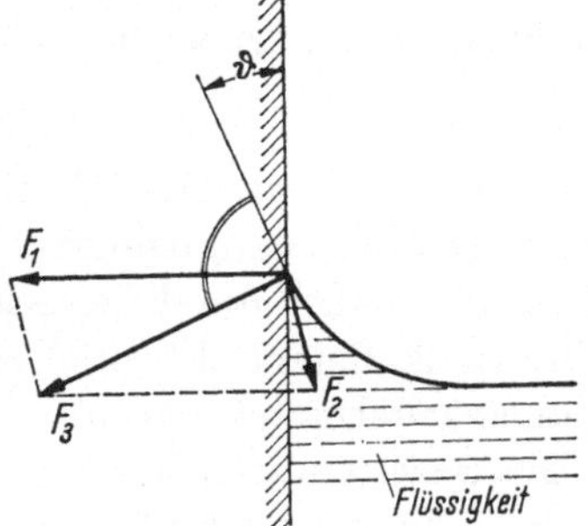

Abb. 7.2 Ausbildung des Randwinkels an der Grenzfläche fest/flüssig/gasförmig. F_1 Kräfte der Oberflächenmoleküle des Feststoffes; F_2 Kräfte der Flüssigkeitsmoleküle; F_3 resultierende Kraft; $F_2 = 0$: $\vartheta = 0 \rightarrow$ volle Benetzung; $F_1 = 0$: $\vartheta = 180° \rightarrow$ keine Benetzung; $F_1 = F_2$: $\vartheta = 90°$.

Grenzt eine Flüssigkeit an einen festen Stoff, so bestehen zwischen den Molekülen der sich berührenden Stoffe Kraftwirkungen, die die Erscheinungen der Kapillarität bedingen. Die jeweiligen Kräfteverhältnisse drücken sich im Randwinkel aus, wie Abb. 7.2 zeigt. Bei einem Randwinkel $\vartheta < 90°$ wird der Eintritt der Staubteilchen in die Flüssigkeit durch die Grenzflächenkräfte unterstützt, für $\vartheta > 90°$ jedoch erschwert. Eine Flüssigkeit für Waschentstauber sollte daher auf den abzutrennenden Staub bezogen einen möglichst kleinen Randwinkel aufweisen. Da die Flüssigkeit auch preiswert sein muß, kommt praktisch nur Wasser in Frage. Durch Zugabe von grenzflächenaktiven Stoffen läßt sich der Randwinkel oft verkleinern, d. h. die Benetzbarkeit verbessern.

7.2.2 Verschiebung der Staubteilchen in die Flüssigkeit

7.2.2.1 Verschiebung durch Trägheitskräfte. Ein repräsentatives Beispiel für die Verschiebung von Staubteilchen in eine in kleine Elemente aufgeteilte Flüssigkeit durch Trägheitskräfte ist die Entstaubung durch einen Flüssigkeitstropfen, worüber insbesondere SELL [178], BARTH [179], LANGMUIR und BLODGETT [180], ALBRECHT [181], LANDAHL und HERRMANN [182], DAVIES [183], PEARCEY und HILL [184], RANZ und WONG [185], WONG und JOHNSTONE [186], BOSANQUET [187] und JARMANN [188] Messungen und Untersuchungen durchgeführt haben. In

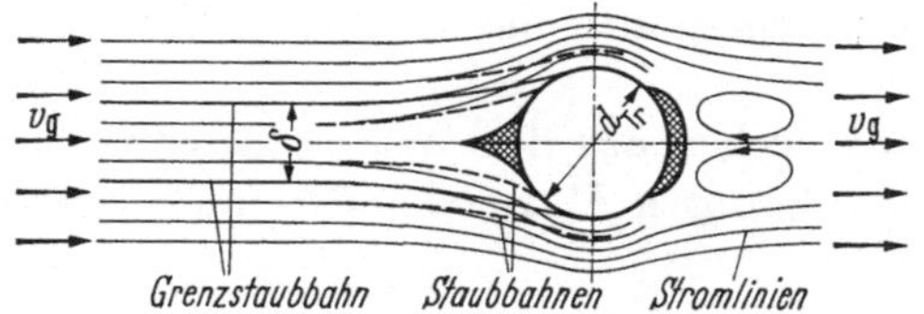

Abb. 7.3 Umströmung eines kugelförmigen Flüssigkeitstropfens.

Abb. 7.3 ist die Umströmung eines Flüssigkeitstropfens durch eine Aerodispersion dargestellt. Alle Staubteilchen innerhalb der Grenzstaubbahnen mit dem Abstand δ prallen durch die Trägheit auf die Flüssigkeitsoberfläche auf. Als Definition des Entstaubungsgrades eines Tropfens bietet sich daher das Verhältnis der Fläche zwischen den Grenzstaubbahnen zur Querschnittsfläche des Tropfens an.

$$\eta_T = (\delta/d_{Tr})^2 . \tag{7.1}$$

Die Bestimmung dieses Wertes beinhaltet im wesentlichen die Ermittlung der Grenzstaubbahnen. Dieses kann auf verschiedene Weise geschehen, nämlich durch Berechnung nach Theorien aus der Strömungslehre (z. B. Potentialtheorie) oder durch Messungen in Verbindung mit Ähnlichkeitsbetrachtungen.

Die Bewegungsgleichung eines Staubteilchens in einer Aerodispersion lautet (ohne Schwerkraft, auf eine vektorielle Schreibweise kann auch hier verzichtet werden):

$$m \frac{dw}{dt} = F_W . \tag{7.2}$$

Nach Gl. (2.11) beträgt der Strömungswiderstand F_W:

$$F_W = 3\pi\eta d(v - w)/Cu \tag{7.3}$$

mit $v - w$ = Relativgeschwindigkeit. Damit lautet die Bewegungsgleichung:

$$\frac{(\varrho_K - \varrho_L)\,d^2\,Cu}{18\,\eta}\,\frac{\mathrm{d}w}{\mathrm{d}t} - (v - w) = 0\,. \tag{7.4}$$

Zur Darstellung dieser Gleichung in rechtwinkligen Koordinaten empfiehlt sich die dimensionslose Form. Dazu drückt man die Koordinaten x und y in bezug auf die Tropfengröße d_{Tr} [Gl. (7.5)], die Geschwindigkeiten als Verhältnis zur Relativgeschwindigkeit v_r [Gl. (7.6)] und die Zeit sinngemäß aus Gl. (7.7):

$$\bar{x} = \frac{2x}{d_{Tr}}\,, \quad \bar{y} = \frac{2y}{d_{Tr}}\,, \tag{7.5}$$

$$\bar{v}_x = \frac{v_x}{v_r}\,, \quad \bar{v}_y = \frac{v_y}{v_r}\,, \tag{7.6}$$

$$\bar{t} = 2v_r\,\frac{t}{d_{Tr}}\,. \tag{7.7}$$

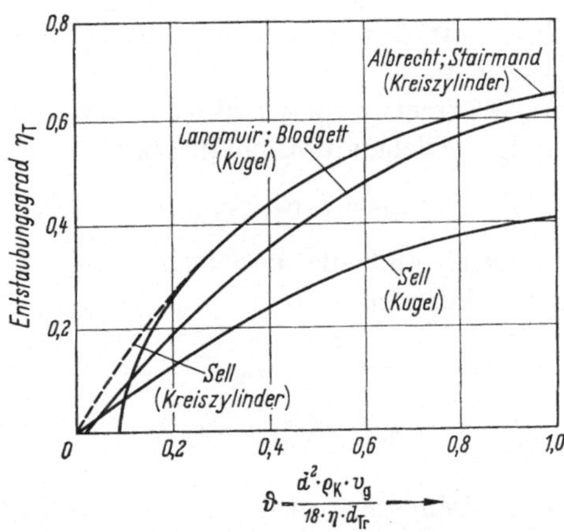

Abb. 7.4 Entstaubungsgrad durch Trägheitskräfte bei der Umströmung von Kugeln und Kreiszylinder bei festgehaltenen Körpern ist $v_g = v_r$, allgemein: lies v_r statt v_g

Führt man noch eine Aufprallkennzahl ϑ

$$\vartheta = \frac{(\varrho_K - \varrho_L)\,d^2\,v_r}{18\,\eta\,d_{Tr}} \tag{7.8}$$

ein, so lauten die Bewegungsgleichungen für den Stokesschen Bereich:

$$2\vartheta\,\frac{\mathrm{d}^2\bar{x}}{\mathrm{d}\bar{t}^2} + \frac{\mathrm{d}\bar{x}}{\mathrm{d}\bar{t}} - \bar{v}_x = 0\,, \tag{7.9}$$

$$2\vartheta\,\frac{\mathrm{d}^2\bar{y}}{\mathrm{d}\bar{t}^2} + \frac{\mathrm{d}\bar{y}}{\mathrm{d}\bar{t}} - \bar{v}_y = 0\,. \tag{7.10}$$

Diese Gleichungen lassen sich nur numerisch lösen, wie dies z. B. DAVIES [183] durchgeführt hat.

Den Entstaubungsgrad eines Flüssigkeitstropfens hat als erster W. SELL [178] ermittelt. Er hat dazu nicht die Bewegungsgleichungen ausgewertet, sondern Messungen in Verbindung mit Ähnlichkeitsbetrachtungen durchgeführt. In Abb. 7.4 sind die von ihm gefundenen Werte, nämlich der Entstaubungsgrad η_T eines Tropfens in Abhängigkeit von der Aufprallkennzahl ϑ, dargestellt, ergänzt durch einige später in der Literatur mitgeteilte Ergebnisse. Es ergibt sich, daß die Entstaubung eines Tropfens mit der Anströmgeschwindigkeit, der Teilchengröße und abnehmender Tropfengröße ansteigt.

7.2.2.2 Entstaubung durch molekulare Diffusion. Wie in Kapitel 2 dargelegt worden ist, können schwebende Staubteilchen auch durch molekulare Diffusion in einen dispergierten Flüssigkeitstropfen gelangen. Die zeitliche Änderung der Teilchenzahl in der Umgebung eines Tropfens wird durch das zweite Ficksche Gesetz beschrieben. Nun läßt sich aber das Konzentrationsgefälle für die verschiedenen Bedingungen noch nicht zufriedenstellend berechnen. Genauer sind Experimente, deren Ergebnisse in Verbindung mit Ähnlichkeitsbetrachtungen auf andere Bedingungen übertragbar sind.

In Analogie zum Wärmetransport läßt sich für die Entstaubung durch einen Tropfen infolge Teilchendiffusion ansetzen:

$$\eta_D = f(Re, Sc, Pe)\,, \tag{7.11}$$

wobei die Schmidtsche und die Pecletsche Zahl den Diffusionskoeffizienten wie folgt verknüpfen:

$$Sc = \frac{\nu}{D_M}\,, \tag{7.12}$$

$$Pe = Re\,Sc = \frac{v_r\,d_{Tr}}{D_M}\,. \tag{7.13}$$

Als charakteristische Länge ist bei der *Re*-Zahl in dieser Gleichung der Tropfendurchmesser einzusetzen.

Nach JOHNSTONE und ROBERTS [189] beträgt der Entstaubungsgrad einer Kugel durch Teilchendiffusion:

$$\eta_D = \frac{4}{Pe}\,(2 + 0{,}56\,Re^{1/2}\,Sc^{1/3})\,. \tag{7.14}$$

Für Zylinder, $0{,}1 < Re < 10^4$ und $Sc < 100$ gibt RANZ [190] folgende Gleichung an:

$$\eta_D = \frac{\pi}{Pe}\left(\frac{1}{\pi} + 0{,}55\,Re^{1/2}\,Sc^{1/3}\right). \tag{7.15}$$

Für Luft bei 760 Torr, 20 °C, $v_r = 10$ cm/s und einem Fadendurchmesser $d_f = 1$ µm ergeben sich mit dieser Gleichung die in Tab. 7.1 genannten Werte (ausgedrückt in Prozent).

Tabelle 7.1

Entstaubungsgrad η_D eines Zylinders nach Gl. (7.15) *für verschiedene Teilchengrößen*

d (µm)	10	1	0,1	0,01	0,001
η_D (%)	$6{,}6 \cdot 10^{-2}$	$3{,}5 \cdot 10^{-1}$	3,1	82	4700

Die Gleichungen anderer Autoren liefern für die Teilchendiffusion Werte, die in der Größenordnung befriedigend mit diesen übereinstimmen [180, 187, 191–193].

Aus den Ergebnissen folgt, daß eine Entstaubung durch Teilchendiffusion für Teilchen mit $d < 0{,}1$ µm von Bedeutung ist. Für die Waschentstaubung ist der Einfluß der Teilchendiffusion aber auch für diesen Korngrößenbereich gering, und zwar aus folgendem Grund: Um eine ausreichende Entstaubung beispielsweise für $d > 0{,}1$ µm durch Trägheitskräfte zu erreichen, sind hohe Anströmgeschwindigkeiten erforderlich. Große Geschwindigkeiten und damit hohe Pe-Zahlen bedingen aber eine geringe molekulare Diffusion.

7.2.2.3 Entstaubung durch elektrische Kräfte. Wenn entweder Staubteilchen oder Flüssigkeitstropfen oder auch beide Ladungen tragen, so entstehen Kraftwirkungen, die eine Entstaubung sowohl unterstützen, als auch erschweren können. Die vielfältigen Möglichkeiten lassen sich z. B. in drei Bereiche zusammenfassen:

a) Staubteilchen und Flüssigkeit tragen Ladungen. Sind diese gleichsinnig, so ist eine Abstoßung die Folge. Sind die Ladungen verschieden, so resultiert daraus eine Anziehung.

b) Nur ein Partner trägt Ladungen. Diese erzeugen durch Influenz im ungeladenen Partner Dipole.

c) Die unter a) und b) genannten Erscheinungen werden durch technisch erzeugte elektrische Felder überlagert.

Über die Auswirkungen dieser Kräfte im Hinblick auf die Entstaubung durch Kugeln und Zylinder haben vor allem Kraemer und Johnstone [194] und Gillespie [195] Untersuchungen durchgeführt.

Aus den Ergebnissen folgt, daß sich elektrische Kräfte nur dann ausreichend ausnutzen lassen, wenn durch entsprechende Bedingungen oder technische Maßnahmen die Zahl der Ladungen nach Größe und Polarität bestimmte Voraussetzungen erfüllt. Insbesondere muß eine ausreichende Zeit zur Verfügung stehen. Aus diesem Grunde sind die Wirkungen von elektrischen Ladungen für die Waschentstaubung im allgemeinen von geringem Einfluß. Dies hat z. B. Güntheroth auch durch Messungen bestätigt [196].

7.2.3 Die Entstaubung in Waschentstaubern

Auf Grund der vorgestellten Grundlagen der Entstaubung durch Flüssigkeitstropfen über Trägheitskräfte, Diffusion und elektrische

Ladungen läßt sich aussagen, daß man Waschentstauber zur Verarbeitung größerer Gasmengen nur auf die Wirkungen von Trägheitskräften aufbauen kann, wenn man von Naßelektroentstaubern absieht, die man auch in die Gruppe der Waschentstauber einordnen könnte. Damit sind auch bereits die grundsätzlichen Hinweise für die Konstruktion gegeben. Trägheitskräfte führen zu einer guten Entstaubung, wenn angestrebt wird:

a) eine hohe Anström- bzw. Relativgeschwindigkeit,

b) Flüssigkeitsoberflächen mit einer starken Krümmung bzw. einem kleinen Krümmungsradius,

c) häufige Umlenkvorgänge, d. h. viele Tropfen, bzw. ein tiefes Flüssigkeitsnetz (ausreichende Zeitdauer).

Der Nachteil der Trägheitswirkungen liegt darin, daß sie mit der Teilchengröße (Masse) stark abnehmen. Die untere Grenze dieser Entstauber liegt daher praktisch bei etwa 0,1 μm.

7.2.3.1 Waschentstauber mit dispers verteilter Flüssigkeit. Die Güte eines Waschentstaubers mit dispers verteilter Flüssigkeit, des Dispersionswaschers, läßt sich von den Wirkungen eines Einzeltropfens ($\eta_{\mathrm{Tr}} \triangleq \eta_{\mathrm{Tr}}$) ableiten [179, 189, 197—200]:

$$\frac{\mathrm{d}n}{n} = N \frac{\pi d_{\mathrm{Tr}}^2}{4} \eta_{\mathrm{Tr}} v_{\mathrm{r}} \, \mathrm{d}t \,, \tag{7.16}$$

N Tropfenzahl/cm³, n Anzahl der Staubteilchen.

Bei dispers verteilter Flüssigkeit wird die Relativgeschwindigkeit v_{r} nach Zugabe der Flüssigkeit durch den Strömungswiderstand abgebaut.

Die Lösung dieser Gleichung hängt daher davon ab, wie man den Entstaubungsgrad η_{Tr} eines Tropfens bei zeitlich veränderlicher Relativgeschwindigkeit ausdrückt. Im einfachsten Fall einer nahezu gleichen Tropfengröße und eines bestimmten wirksamen Tropfenweges erhält man:

$$\eta_{\mathrm{G}} = 1 - \exp\left(-\frac{1}{4} O_{\mathrm{F}} \eta_{\mathrm{Tr}} v_{\mathrm{r}} \Delta t\right) \tag{7.17}$$

$v_{\mathrm{r}} \cdot \Delta t$ = wirksamer Tropfenweg.

Untersuchungen über Tropfenwege und Relativgeschwindigkeiten in einigen Dispersionswaschern hat W. Bruchhäuser [201] durchgeführt.

Mit dieser wie auch anderen Lösungen läßt sich der Gütegrad quantitativ nicht genügend genau vorausberechnen. Die Gleichung zeigt aber die grundsätzlichen Einflußgrößen in qualitativ richtiger Verknüpfung.

7.2.3.2 Waschentstauber mit netzartiger Flüssigkeitsverteilung. Für diesen Entstauber gilt die Gl. (7.17) sinngemäß, weil man sich Flüssigkeitsnetze aus vielen Tropfen zusammengesetzt denken kann. Da die Entstaubung durch Zylinder nicht wesentlich anders als die durch Kugeln ist, lassen sich auch die Werte für η_{T} sinngemäß bzw. von einer gültigen Kurve aus Abb. 7.4 übernehmen. Verhältnismäßig einfach ist in diesem Fall die Bestimmung der Relativgeschwindigkeit und der Kontaktzeit.

7.2.3.3 Waschentstauber mit Flüssigkeitsschichten. Für die Entstaubung über eine Flüssigkeitsschicht lassen sich noch keine übersichtlichen Funktionen angeben, da die Blasenbewegungen von sehr großer Vielfalt sein können. Es sind aber die grundsätzlichen technischen Möglichkeiten bekannt, wie man für solche Bedingungen möglichst hohe Trägheitskräfte erzeugt.

Ein weiterer wichtiger Einfluß ist die Blasengröße, weil durch sie der notwendige Verschiebungsweg bestimmt wird. Im Hinblick auf die Darbietung möglichst kleiner Blasengrößen bestehen insofern Grenzen, weil sich viele kleine Blasen durch Turbulenz und wegen der Oberflächenspannung zu größeren Blasen vereinigen. Die Diffusion kann sich in diesem Fall unter entsprechenden Bedingungen, anders als bei der Entstaubung durch Tropfen, auswirken.

7.2.4 Abscheidegüte von Waschentstaubern

Aus der Funktion der Waschentstauber wird verständlich, daß eine quantitative Vorausberechnung auf große Schwierigkeiten stößt. Es stehen aber für Konstruktion, Betrieb und Entwicklung grundsätzliche Kriterien zur Verfügung. So zeigt beispielsweise Gl. (7.17) die wichtigsten Einflußgrößen und ihre Abhängigkeiten. Weitere Informationen liefern die Leistungen ausgeführter Anlagen. Diese zeigen, daß die Entstaubungsgüte in engem Zusammenhang mit dem Energiebedarf steht [197, 202, 203]. K. T. SEMRAU hat hierzu folgende Formel angegeben [204, 205]:

$$\eta_G = 1 - \exp(-A\, W_K^{\varkappa}) \,. \tag{7.18}$$

Hierin beinhaltet W_K die Kontaktenergie (kWh/1000 m³ Gas). A und $\varkappa$ sind Parameter, die vor allem vom jeweiligen Staub abhängen. Auch die Konstruktion beeinflußt diese Parameter. In Abb. 7.5 sind von SEMRAU zusammengestellte Ergebnisse dargestellt mit $N_T = A\, W_K^{\varkappa}$. Die Gleichungen ergeben in einem doppel-logarithmisch geteilten Netz gerade Linien, so daß sich die Parameter leicht bestimmen lassen.

Den Stufenentstaubungsgrad von Venturi-Waschern, eine besonders große Gruppe der Dispersionswascher, hat GÜNTHEROTH für bestimmte Bedingungen ermittelt. Es gilt [196]:

$$\eta_{St}(d) = 1 - \exp\left(-f^+ d \sqrt{W - \frac{\varrho_L}{2}\, v_{gK}^2 k_1}\right), \tag{7.19}$$

W spezifischer Arbeitsaufwand (Nm/m³),
v_{gk} Gasgeschwindigkeit in der Kehle des Venturi-Rohres,
f^+, k_1 sind Parameter, die sich aus der Konstruktion ergeben.

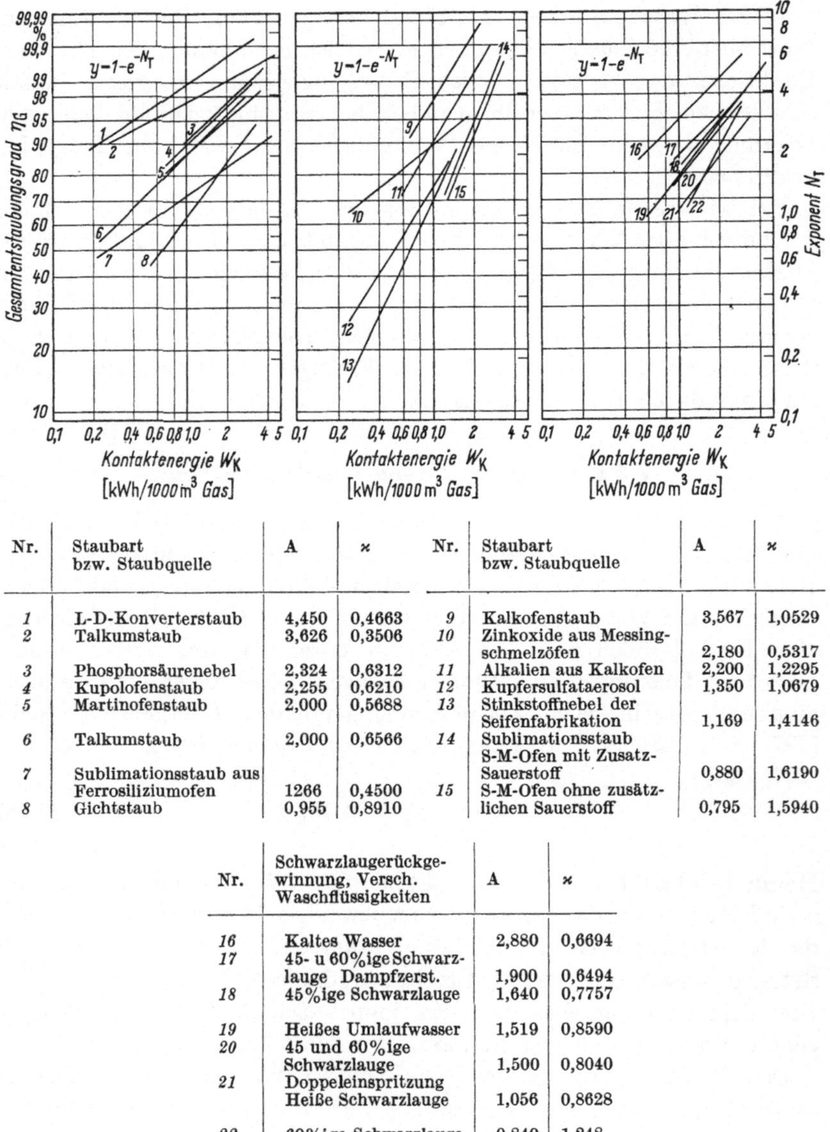

Nr.	Staubart bzw. Staubquelle	A	ϰ	Nr.	Staubart bzw. Staubquelle	A	ϰ
1	L-D-Konverterstaub	4,450	0,4663	*9*	Kalkofenstaub	3,567	1,0529
2	Talkumstaub	3,626	0,3506	*10*	Zinkoxide aus Messingschmelzöfen	2,180	0,5317
3	Phosphorsäurenebel	2,324	0,6312	*11*	Alkalien aus Kalkofen	2,200	1,2295
4	Kupolofenstaub	2,255	0,6210	*12*	Kupfersulfataerosol	1,350	1,0679
5	Martinofenstaub	2,000	0,5688	*13*	Stinkstoffnebel der Seifenfabrikation	1,169	1,4146
6	Talkumstaub	2,000	0,6566	*14*	Sublimationsstaub S-M-Ofen mit Zusatz-Sauerstoff	0,880	1,6190
7	Sublimationsstaub aus Ferrosiliziumofen	1266	0,4500	*15*	S-M-Ofen ohne zusätzlichen Sauerstoff	0,795	1,5940
8	Gichtstaub	0,955	0,8910				

Nr.	Schwarzlaugerückgewinnung, Versch. Waschflüssigkeiten	A	ϰ
16	Kaltes Wasser	2,880	0,6694
17	45- u 60%ige Schwarzlauge Dampfzerst.	1,900	0,6494
18	45%ige Schwarzlauge	1,640	0,7757
19	Heißes Umlaufwasser	1,519	0,8590
20	45 und 60%ige Schwarzlauge	1,500	0,8040
21	Doppeleinspritzung Heiße Schwarzlauge	1,056	0,8628
22	60%ige Schwarzlauge	0,840	1,248

Abb 7.5 Abhängigkeit des Entstaubungsgrades von der Kontaktenergie bei der Waschentstaubung nach K. T. SEMRAU.

In Abb. 7.6 sind gemessene Werte und die über Gl. (7.19) ermittelten Kurven dargestellt. Die Teilchen unter etwa 0,1 μm sind nicht bestimmt worden, weil die Korngrößenmessung in diesem Bereich große Schwierigkeiten bereitet.

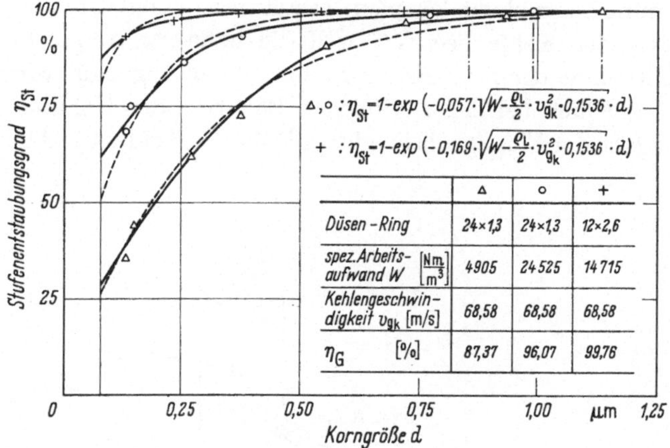

	△	○	+
Düsen-Ring	24×1,3	24×1,3	12×2,6
spez. Arbeitsaufwand W $\left[\frac{Nm}{m^3}\right]$	4905	24525	14715
Kehlengeschwindigkeit v_{gk} [m/s]	68,58	68,58	68,58
η_G [%]	87,37	96,07	99,76

Abb. 7.6 Stufenentstaubungsgrad für einen Venturi-Entstauber [196]. ——— Meßwerte, – – – Kurven aus Näherungsgleichung (7.19).

7.3 Bauarten

7.3.1 Waschentstauber mit dispers verteilter Flüssigkeit (Dispersionswascher)

Die größte Gruppe der Waschentstauber arbeitet mit dispers verteilter Flüssigkeit. Unterschiedlich bei dieser Bauart ist die Erzeugung der Flüssigkeitstropfen und die Eingabe in den Entstaubungsraum. Im Bereich der Dispersionswascher lassen sich vier Gruppen unterscheiden:

1. Kehldüsenwascher (Venturi-Entstauber),
2. mechanische Dispersionswascher,
3. Sprühdüsenwascher,
4. Anströmwascher.

7.3.1.1 Der Venturi-Entstauber. Eine gute Entstaubung wird nach Gl. (7.17) durch eine hohe Relativgeschwindigkeit erreicht. Dies hat zur Entwicklung der Kehldüsenwascher geführt. In diesen Entstaubern wird die Aerodispersion in einer Düse auf eine hohe Geschwindigkeit gebracht. Wird nun an dieser Stelle Flüssigkeit eingedüst, so sind hier die Bedingungen für eine gute Entstaubung in hohem Maße erfüllt [206]. Den Aufbau eines solchen Entstaubers zeigt Abb. 7.7. Das Rohgas wird einem Venturirohr zugeführt und im konvergenten Teil beschleunigt. Im engsten Querschnitt, in der Kehle, wird Flüssigkeit zugeführt und zerstäubt. Durch die hohe Relativgeschwindigkeit erfolgt eine Entstaubung durch Trägheitskräfte. Im Diffusor wird Geschwindigkeitsenergie in Druckenergie zurückverwandelt (max. 85%). Im Separator werden die staubbeladenen Flüssigkeitstropfen durch Fliehkräfte abgeschieden. Durch Turbulenz vereinigen sich viele Tropfen auf dem Weg bis zur

Abscheidung zu größeren Tropfen. Der Entstaubungsvorgang ist bereits kurz nach der Kehle beendet, weil die hohe Relativgeschwindigkeit durch Mitnahme der Flüssigkeitstropfen schnell abgebaut wird.

Unterschiedlich bei den zahlreichen Bauarten der Kehldüsenwascher ist die Zugabe der Flüssigkeit in oder in Nähe der Kehle. Die Abb. 7.8 zeigt

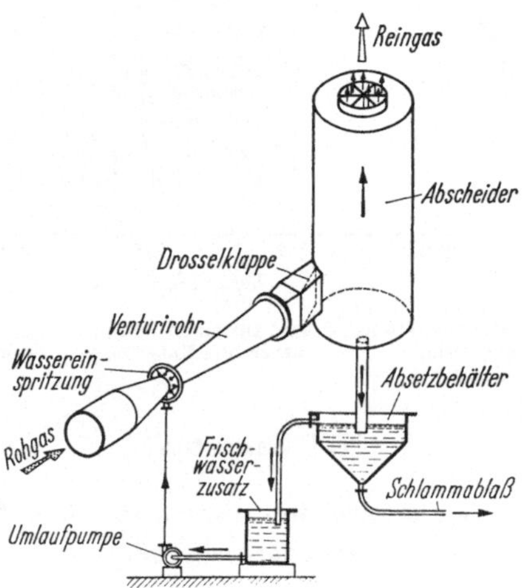

Abb. 7.7 Kehldüsenwascher (PA-Venturi) mit Zyklon-Separator [196].

beispielsweise einige Ausführungen. Mit der jeweiligen Konstruktion wird auch die Frage nach der erforderlichen Reinheit des Frisch- oder Umlaufwassers beantwortet.

Den Einfluß der wichtigsten Parameter hat z. B. Güntheroth [196] am Beispiel des P. A.-Venturi-Waschers untersucht (vgl. auch [197, 207, 208]).

Abb. 7.9 zeigt den Gesamtentstaubungsgrad in Abhängigkeit vom Wasser-Luft-Verhältnis für verschiedene Kehlgeschwindigkeiten. Das Optimum ist auf gegenläufige Einflüsse zurückzuführen. Mit der Wassermenge steigt die Oberfläche der Flüssigkeit und damit η_G nach Gl. (7.17). Wird aber die Tropfenzahl sehr groß, dann vereinigen sich diese zu größeren Einheiten, wodurch die Abscheidung nach Abb. 7.4 wieder sinkt. Aber auch andere Vorgänge, wie gegenseitige Behinderung, Verringerung der Gasgeschwindigkeit und Dämpfung der Turbulenz wirken sich in gleichem Sinne aus.

Daß die Entstaubungsgüte mit der Gasgeschwindigkeit steigt, ergibt sich aus den grundlegenden Ausführungen. Den Einfluß der Teilchengröße zeigt Abb. 7.6. Über die Konzentration gibt es widersprechende Aussagen. Nach Ekman [199] steigt die Entstaubungsgüte mit dem

Staubgehalt leicht an, demgegenüber hat GÜNTHEROTH eine entgegengesetzte Abhängigkeit gemessen.

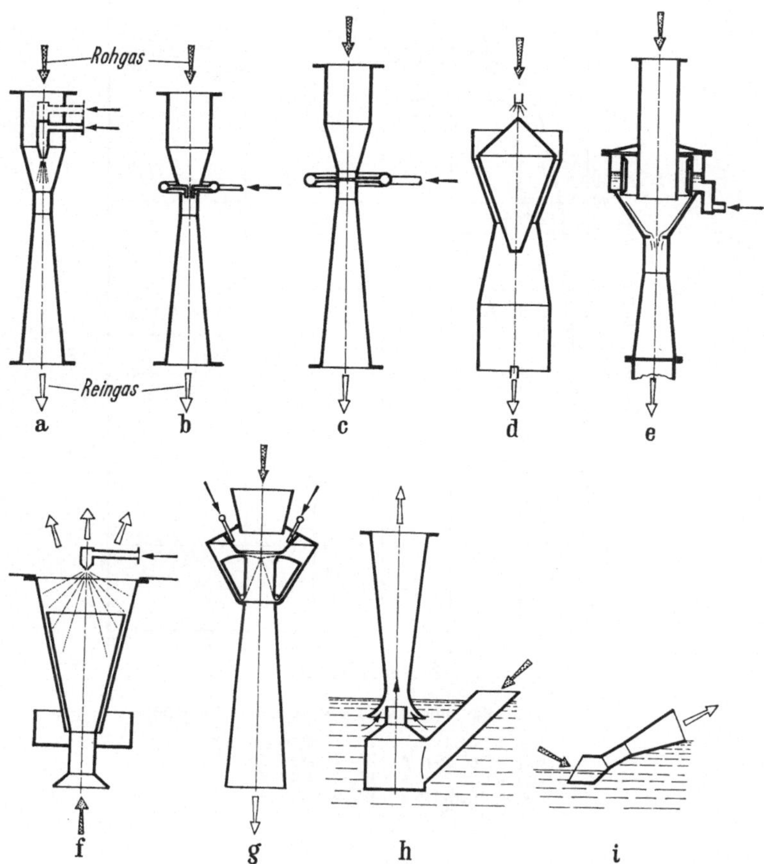

Abb. 7.8 Bauarten einiger Kehldüsenwaschentstauber. a) Injektor-Venturi (Körting und Aerojet); b) Imatra-Venturi; c) Pease-Anthony-Venturi-Scrubber; d) Ringspaltwascher (Fa. Bischoff); e) S-F-Venturi; f) Beth-Venturi; g) Kinpactor (Fa. CEAG); h) Keller-Venturi; i) Clairator (Fa. Badische Maschinenfabrik).

Die Entstaubungsgüte hängt, wie wiederholt dargelegt, in besonderem Maße von der Gasgeschwindigkeit ab. Diese wird jeweils so hoch gewählt, wie es die Aufgabenstellung erfordert. Damit ist auch der Druckverlust festgelegt, der zwischen 150 und 1500 mm WS liegen kann. Um bei sich ändernden Gasgeschwindigkeiten optimale Entstaubungsgrade zu erhalten, werden einige Bauarten auch mit verstellbarer Kehle ausgerüstet.

Allgemein läßt sich aussagen, daß man mit Venturi-Waschern, selbst bei Teilchen von etwa 0,5 µm hohe Gütegrade von z. B. 99% und höher erreicht. Bei vergleichsweise geringen Anschaffungskosten liegen die Betriebskosten relativ hoch.

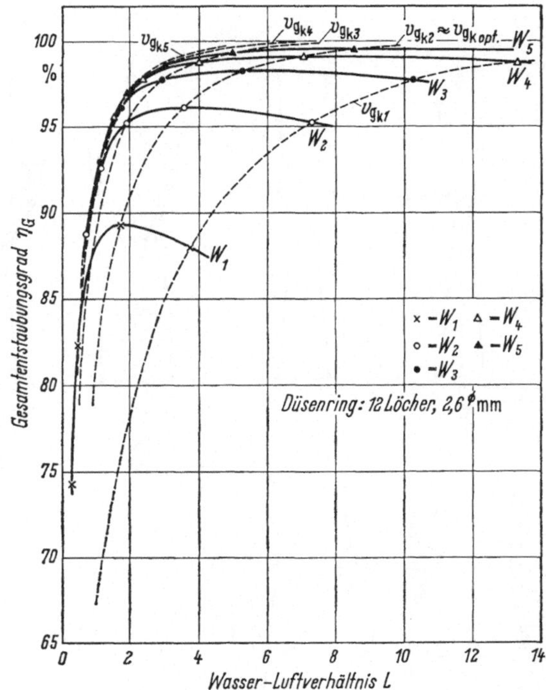

Abb. 7.9 Entstaubungsgrade für Venturi-Wascher [196].

v_{gk_1} = 51,44 m/s W_1 = 4905 Nm/m^3
v_{gk_2} = 68,58 m/s W_2 = 9810 Nm/m^3
v_{gk_3} = 85,72 m/s W_3 = 14715 Nm/m^3
v_{gk_4} = 102,86 m/s W_4 = 19620 Nm/m^3
v_{gk_5} = 120,00 m/s W_5 = 24525 Nm/m^3

7.3.1.2 Mechanische Dispersionswascher. Bei den mechanischen Dispersionswaschern wird durch umlaufende Elemente eine sehr hohe Turbulenz in der Aerodispersion erzeugt. In diesem Gebiet wird gleichzeitig Flüssigkeit fein verteilt.

Durch Trägheit gelangen die Staubteilchen in die Flüssigkeitstropfen. Den von THEISEN eingeführten Desintegrator neuerer Bauart zeigt Abb. 7.10 im Schema. Die am Rotor befestigten Stäbe laufen zwischen fest am Gehäuse angeordneten Stäben um. Die Flüssigkeit wird durch einen Spritzkegel in das Stabsystem (Schlagsystem) eingegeben und dort zu feinen Tröpfchen zerschlagen. Zwischen den ruhenden und umlaufenden Stäben bilden sich starke Wirbel aus, die die Waschentstaubung bewirken. Über die Umlaufgeschwindigkeit und die Ausführung der Schlagsysteme läßt sich der Entstaubungsgrad beeinflussen.

Energiebedarf und Entstaubungsgrad liegen etwa im Bereich der Venturientstauber.

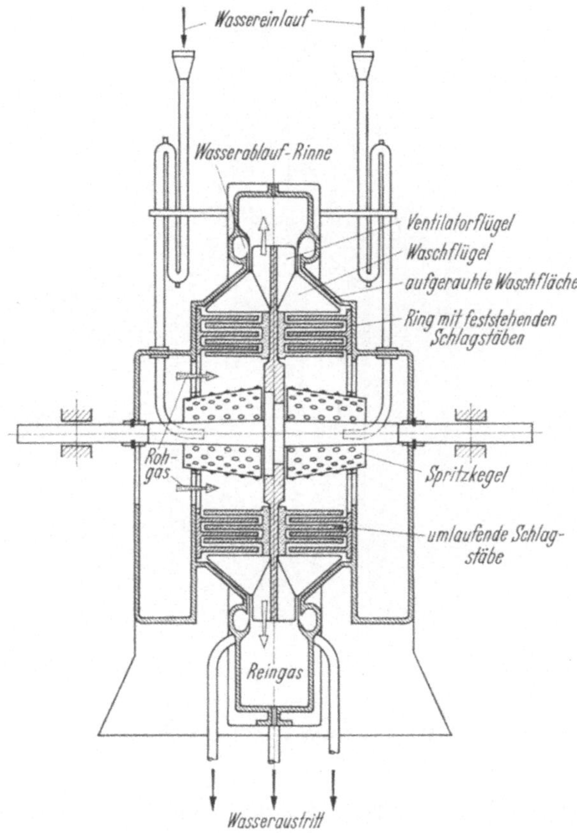

Abb. 7.10 Desintegrator (Bauart Theisen).

Abb. 7.11 zeigt den Desintegrator Bauart Dingler. Die Flüssigkeit wird durch Düsen in den Raum mit dem Schlagsystem eingespritzt. Hier erfolgt die Waschentstaubung. Danach schließt sich eine Vorabscheidung an. Über einige Gebläsestufen wird dem Gas Druckenergie zugeführt, um eine ausreichende Abscheidung im Zyklonraum zu erreichen.

Etwas einfacher im Aufbau sind der Rotoclone W (Fa. CEAG) und der rotierende Waschentstauber (System Krupp). Dies sind Ventilatoren mit einem für die Aufgabe abgewandelten Schaufelrad. Die Abscheidegüte der Desintegratoren wird bei feinen Stäuben nicht erreicht.

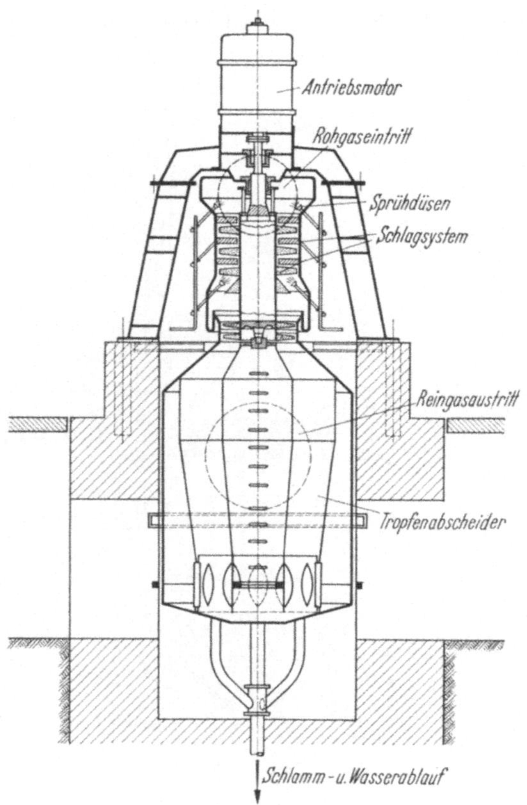

Abb. 7.11 Gaswascher (Bauart Dingler).

7.3.1.3 Sprühdüsenwascher. Bei den Sprühdüsenwaschern wird die Flüssigkeit durch Düsen tropfenförmig verteilt. Die Aerodispersion strömt mit geringer Geschwindigkeit im Gegen- oder Querstrom zur Bewegung der Tropfen.

Die Sprühtürme bestehen im einfachsten Fall aus einem Turm, z. B. bis 6 m Durchmesser und 40 m Höhe. Die Flüssigkeit wird im oberen Bereich bzw. in mehreren Etagen durch Brausen eingedüst. Den herabfallenden Tropfen strömt die Aerodispersion entgegen. Hierbei findet die Waschentstaubung statt. Da die Relativgeschwindigkeit begrenzt ist, sie kann nicht größer als die Fallgeschwindigkeit der Tropfen sein, liegt die Entstaubungsgüte wesentlich niedriger als beim Venturiwascher.

Die Entstaubung durch im Schwerefeld fallende Tropfen hat STAIRMAND [209] untersucht. Nach Abb. 7.12 gibt es, wie sich auch aus Abb. 7.4 in Verbindung mit der Fallgeschwindigkeit ableiten läßt, eine

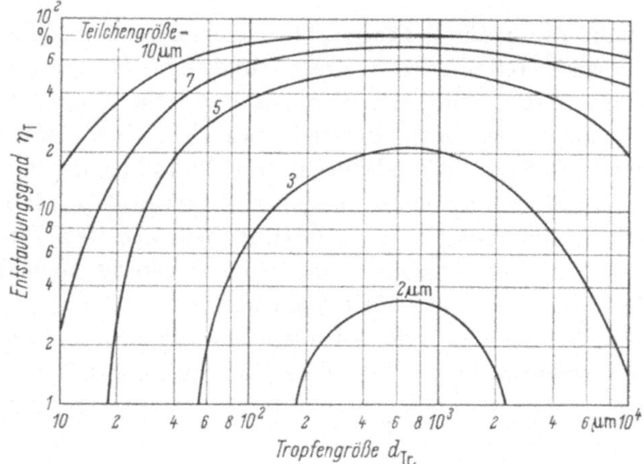

Abb. 7.12 Entstaubungsgrad an einem in einer Aerodispersion fallenden Tropfen in Abhängigkeit von der Größe. Parameter: Teilchengröße [209].

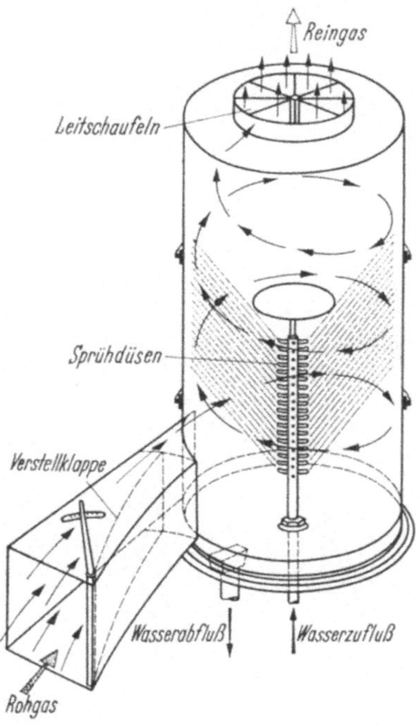

Abb. 7.13 Zentrifugal-Sprühdüsen-Wascher [210].

optimale Tropfengröße. Sie liegt zwischen etwa 0,5 und 1 mm. Aus der Entstaubungsgüte der Tropfen für verschiedene Teilchengrößen folgt, daß sich ausreichende Abscheidegrade nur für größere Staubteilchen erreichen lassen.

Nimmt man die Höhe eines Sprühturmes mit 20 m, die mittlere Tropfengröße mit 0,8 mm ($v_r \approx 3$ m/s) und eine Gasgeschwindigkeit $v_g = 0{,}5\, v_r$ an, dann sind die Verweilzeiten von Tropfen und Gas gleich. Sie betragen für dieses Beispiel etwa 13 s. Unter diesen Bedingungen kann auch die Teilchendiffusion von Einfluß sein.

Die Relativgeschwindigkeiten lassen sich vergrößern, indem man nicht im Schwerefeld, sondern im Zentrifugalfeld arbeitet. Ein Beispiel zeigt Abb. 7.13. In diese Gruppe von Entstaubern ist auch der Elex-Schneible-Wascher (Fa. Elex, Zürich) einzuordnen.

7.3.1.4 Waschentstauber mit teilweiser Dispergierung eines Flüssigkeitsbades (Anströmwascher). Bei den Anströmwaschern wird die Oberfläche einer Flüssigkeit mit hoher Gasgeschwindigkeit angeströmt. Dabei wird Flüssigkeit dispergiert. In diesem Bereich und bei nachgeschalteten

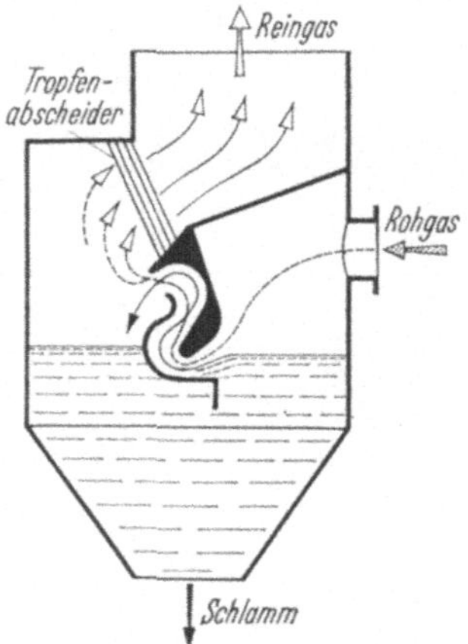

Abb. 7.14 Roto-Clone N (Firmen AAF, CEAG).

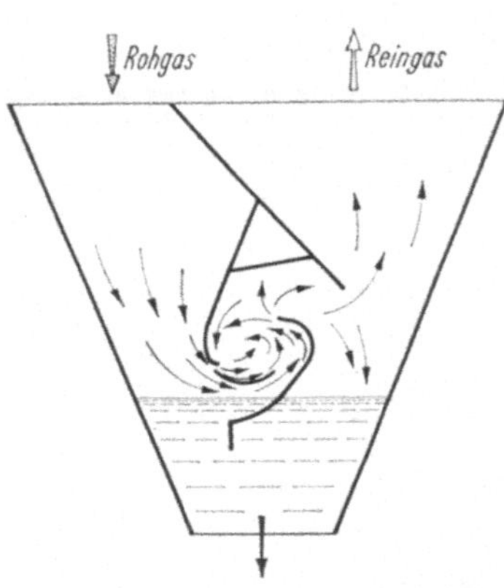

Abb. 7.15 Wirbelwascher (Bauart Fa. Schnakenberg).

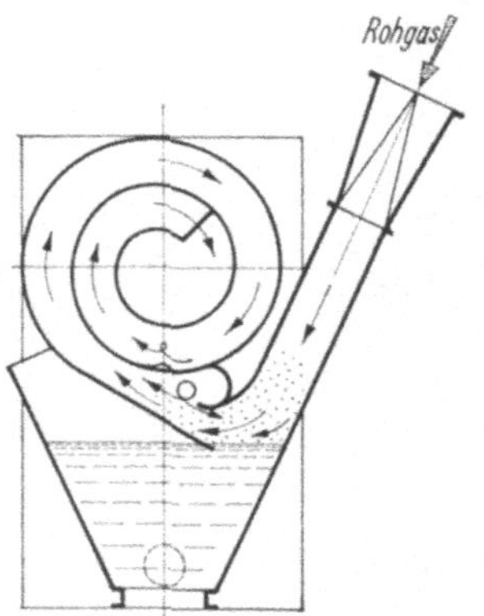

Abb. 7.16 Wirbelstromwascher (Bauart Fa. Ventilatorenfabrik, Oelde).

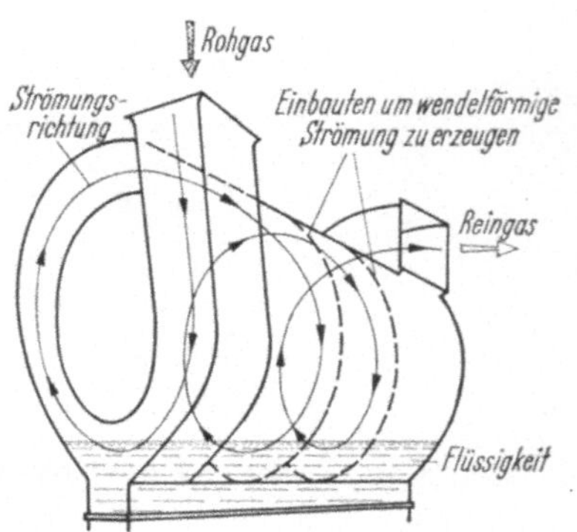

Abb. 7.17 Air Tumbler der Fa. Büttner.

Strömungsumlenkungen erfolgt die Entstaubung. Von diesen Waschentstaubern gibt es sehr viele Bauarten. Die Abb. 7.14 bis 7.18 zeigen einige typische Ausführungen.

Durch Einbauten oder die Form der Strömungskanäle wird an einer Stelle zur Oberfläche des Flüssigkeitsbades eine Querschnittsverengung

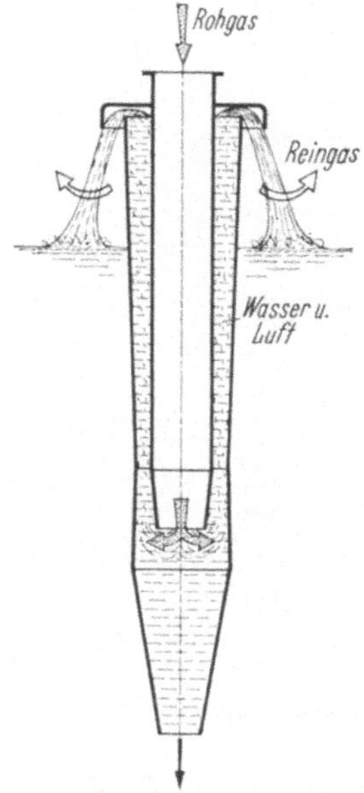

Abb 7.18 Kaskadenscrubber [343].

hergestellt. An dieser Stelle wird Flüssigkeit verteilt, mitgerissen und der Entstaubungsvorgang eingeleitet.

Die mit Staub beladenen Flüssigkeitstropfen werden durch Schwer- und Fliehkräfte abgeschieden.

Die Druckverluste der gezeigten Bauarten liegen zwischen etwa 100 und 200 mm WS. Hieraus ergibt sich bereits ein Hinweis auf die Arbeitsbereiche. Die Trennkorngröße liegt zwischen etwa 0,25 und 1 μm. Diese Wascher erreichen nicht den Entstaubungsgrad der Kehldüsenentstauber.

7.3.2 Waschentstauber mit netzartig verteilter Flüssigkeit

Eine netzartig verteilte Flüssigkeit läßt sich z. B. durch Berieseln von Füllkörpern herstellen. Das Schema eines solchen Entstaubers zeigt Abb. 7.19. Die Form des Flüssigkeitsnetzes wird im wesentlichen durch Füllkörper, wie Raschig-Ringe, Sattelkörper, Drahtwendel usw. bestimmt.

Die Entstaubungsgüte liegt etwa im Bereich der Waschtürme. Für den Betrieb kann vorteilhaft sein, daß sich die Verweilzeiten von Flüssigkeit und Gas unabhängig voneinander einstellen lassen.

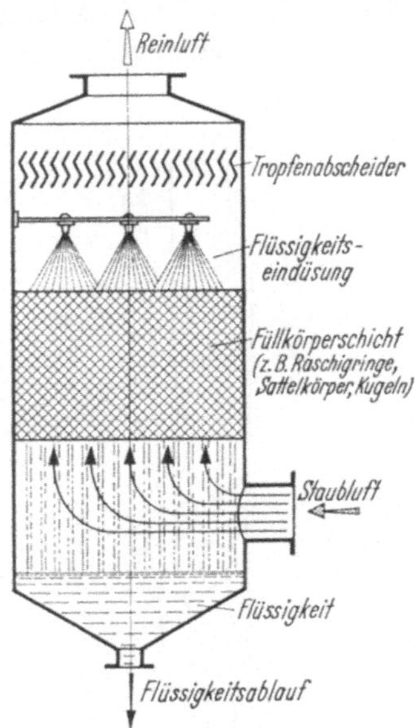

Abb. 7.19 Waschentstauber mit berieselten Füllkörpern.

Zwischen den Konstruktionen nach den Abschnitten 7.3.1.3, 7.3.1.4 und 7.3.2 wird auch kombiniert, um sich gegebenen Bedingungen besser anpassen zu können.

7.3.3 Waschentstauber mit durchströmten Flüssigkeitsschichten

Bei diesen Waschentstaubern strömt das Aerosol durch Flüssigkeitsschichten, die sich auf perforierten Böden befinden. In Abb. 7.20 ist

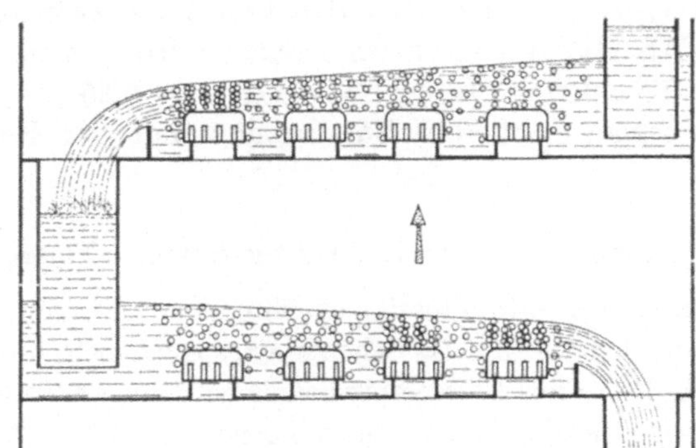

Abb. 7.20 Waschentstauber mit Glockenböden.

ein Ausschnitt aus einem Turm dargestellt, der mit Glockenböden ausgerüstet ist. Es lassen sich auch Siebböden verwenden. Dies sind Konstruktionen, wie sie in der Rektifiziertechnik [211] oft Anwendung finden.

Eine Übersicht über die Bauarten der Waschentstauber zeigt Tab. 7.2, wobei kombinierte Bauarten nur einer Gruppe zugeordnet sind.

Tabelle 7.2 *Übersicht über Waschentstauber*

Form der Flüssigkeit	dispers				netz- und schichtartig
Entstauber	Dispersionswascher				Schichtwascher
	Kehldüsenwascher	mechanische Dispersionswascher	Sprühdüsenwascher	Anströmwascher	
Firmennamen von Entstaubern[1] (Beispiele)	Körting-Injektor, P.A.-Venturi-Scrubber (Baumco), Imatra-Venturi, S-F-Venturi, Ringspalt-Wascher (Bischoff), Keller-Venturi, Kinpactor (CEAG), Clairator (Badische Masch.-Fabrik) Abb. 7.8,	Theisen-Desintegrator Abb. 7.10, Dingler-Gasreiniger Abb. 7.11, Rotoclone W (CEAG), Krupp-Naßentstauber,	Sprühturm, Elex-Schneible-Wascher, P.A. Cyclonic Abb. 7.13,	Rotoclone N (CEAG) Abb. 7.14, Clairomat, Asco-Wirbelwascher Abb. 7.15, Wirbelstrom-Wascher Abb. 7.16, Air-Tumbler Abb. 7.17, Vortex-Entstauber (Standard), Handte-Naßentstauber, Keller-Naßabscheider,	Horden-Wascher, Siebboden-Wascher, Glockenboden-Wascher, Hydrofilter System Elex,

[1] Weitere Angaben dazu Seite 270.

7.3.4 Sonderbauarten

Zu den Sonderbauarten sind die Kondensationsentstauber zu rechnen. Wenn man ein gesättigtes Gas abkühlt, so kondensiert die Flüssigkeit.

Als Kondensationskerne können auch Staubteilchen wirken. Auf diese Weise werden die Teilchen mit einer Flüssigkeitshülle umgeben. Im Hinblick auf die Entstaubung ergeben sich hieraus zwei Effekte, nämlich eine Vergrößerung der abzuscheidenden Teilchen durch die kondensierte Flüssigkeitsmenge und eine Agglomeration bei Zusammenstößen durch kapillare Haftkräfte.

Auch gibt es Waschentstauber mit zusätzlicher elektrischer Feldwirkung.

7.4 Geschichtliche Entwicklung der Waschentstauber

Die technische Entwicklung der Waschentstauber ist eng mit der Gichtgasreinigung verbunden.

Der Vorgang der Waschentstaubung ist von der Natur her schon sehr lange bekannt. Staubhaltige Luft wird durch Regen, Schnee und Nebel über die Trägheits- und Diffusionsverschiebung entstaubt. So ist verständlich, daß auch die ersten technischen Waschentstauber diesem Vorbild entsprachen. Es waren große, senkrecht aufgestellte Rohre, in denen das Gas den herabregnenden Flüssigkeitstropfen entgegenströmte. Die weiteren Entwicklungen hatten zum Ziel, diesen Waschprozeß raumsparender zu gestalten, wie auch aus dem ersten Patent über einen Hordenwascher aus dem Jahre 1892 von G. Zschocke zu entnehmen ist. Bis zur Jahrhundertwende beherrschte dieser Hordenwascher ausschließlich das Feld. Die hohen Anforderungen der Gichtgasmaschinen an die Entstaubung waren ursächlich für die Weiterentwicklung der Waschentstauber. So wurden etwa um 1900 die ersten Gaswascher mit umlaufenden Elementen von G. Zschocke und E. Theisen vorgestellt. Bereits im Jahre 1910 wurde die Hälfte der Gichtgasmenge in Deutschland mit dem Theisen-Desintegrator (Abb. 7.10) entstaubt. Eine weitere Stufe der Entwicklung ist verbunden mit der starken Verbreitung des Venturi-Entstaubers und der Anströmwascher etwa nach dem 2. Weltkrieg, und zwar von den USA ausgehend.

8. Filtrationsentstauber

8.1 Grundsätzliches über den Filtrationsvorgang

Die Filtration weicht insofern von den bisher behandelten Entstaubungsmethoden ab, weil der Entstaubungsraum von einem festen, durchlässigen porösen System, dem Filterstoff, gebildet wird. Bei der Strömung des staubhaltigen Gases durch dieses System werden die Teilchen durch zwei wesensverschiedene Erscheinungen zurückgehalten, nämlich durch eine Sperr- oder Gitterwirkung und durch Verschieben der Teilchen zur Oberfläche des porösen Systems durch Trägheit, elektrische Kräfte und molekulare Diffusion. Durch Anhaften erfolgt die Abtrennung.

Bei der Durchströmung werden durch Gitterwirkung die Staubteilchen zurückgehalten, die an irgendeiner Stelle größer sind als die dargebotenen Strömungsquerschnitte. Da sowohl die Poren- als auch die Teilchengrößen um einen mittleren Wert schwanken, gibt es keine scharfe Trennungsgrenze. Beschreiben lassen sich aber etwa die Mittelwerte.

Das poröse System wird durch Gewebe, Faserstoffe (Faservliese) wie Filz und durch lose oder gesinterte körnige Stoffe gebildet. Die Zwischenräume in diesen Filterstoffen bestehen somit aus mehr oder weniger verzweigten Porenkanälen, wobei sich Richtung und Durchmesser der Kanäle regellos ändern. Dieses Zwischenporensystem, dessen Form und Größe sich durch die Herstellung festlegen läßt, gibt die geometrischen Bedingungen vor.

Die Verschiebung der Staubteilchen zur Oberfläche von umströmten Elementen des Porensystems erfolgt im Grundsatz wie bei der Waschentstaubung, nämlich durch Trägheit, Diffusion und elektrische Kräfte. Unterschiedlich sind nur die Anteile dieser Einflüsse an der Entstaubung. Daher werden diese beiden Entstauber von der Theorie her oft zusammen behandelt.

Der Transport der abgetrennten Teilchen aus dem Entstaubungsraum heraus erfolgt entweder durch periodisches Abreinigen des Filterstoffes oder durch Erneuern des porösen Systems.

8.1.1 Allgemeine Filtrationstheorie

Bei der Filtration erfolgt die Entstaubung durch den im Entstaubungsraum fest angeordneten porösen Filterstoff. Bezieht man die Entstaubung zunächst auf einzelne Elemente, wie zylindrische oder kugelige Elemente, so gelten im Grundsatz die Ausführungen von Abschnitt 7.2.2.

Die ersten theoretischen Grundlagen von der Filtration ausgehend stammen von LANGMUIR [192], die u. a. durch Beiträge von RANZ [190], STERN [212], FRIEDLANDER [213], FUCHS [11], DAVIES [183], PICH [214], SPURNY [215] und ZEBEL [216] ergänzt worden sind. Eine gute Zusammenstellung findet man in den Beiträgen von DORMANN (Kap. 7) und PICH (Kap. 8) in dem Buch von DAVIES [10].

Bezeichnet man den Entstaubungsgrad eines Faserelementes mit η_F, so gelangt man mit einer konstanten Anströmgeschwindigkeit in Analogie zur Entwicklung der Gl. (7.17) zu der Beziehung:

$$\eta_G = 1 - \exp - [\eta_F \, f(\text{Geometrie})], \tag{8.1}$$

Die Geometrie des Fasersystems läßt sich durch den Ausdruck

$$f(\text{Geometrie}) = \frac{1-\varepsilon}{\varepsilon} \frac{4}{\pi} \frac{L}{d_f}, \tag{8.2}$$

ε Porenziffer (cm³ Zwischenraum/cm³ Filterstoff),
L Schichtdicke (m),
d_f Durchmesser der Faserelemente (m),

beschreiben. Damit ergibt sich folgende Gleichung für die Filtrationsentstaubung:

$$\eta_G = 1 - \exp - \left[\frac{1-\varepsilon}{\varepsilon} \frac{4}{\pi} \frac{L}{d_f} \eta_F\right]. \tag{8.3}$$

BENARIE [217] zeigt, daß auch die Porengrößenverteilung zu berücksichtigen ist, die von Gl. (8.3) noch nicht erfaßt wird.

Der Entstaubungsgrad η_F eines Faserelementes setzt sich aus den schon genannten Anteilen zusammen. Für den Anteil η_D durch molekulare Diffusion gilt z. B. Gl. (7.14) und für den durch Trägheit η_T die Abb. 7.4. Im Hinblick auf die elektrischen Wirkungen (η_E) sei auf die Literatur [216] verwiesen.

Bei der Filtration sind noch die Gitter- oder Sperrwirkungen zu berücksichtigen. Eine solche Wirkung tritt auf, wenn ein Teilchen mindestens zwei Faserelemente (keine konkave Form) berührt. Mit diesem Gedankengang läßt sich die Gitterwirkung über eine Berührung (Anteil η_B) beschreiben [178, 179]. Quantitativ kann man diesen Anteil derzeit nur experimentell und indirekt ermitteln.

Bei der Zusammenfassung der einzelnen Anteile zum Wert η_F im System Filterstoff ist zu bedenken, daß die Entstaubung an einer einzelnen Faser quantitativ anders sein kann als an einer solchen im Filterstoff. Nach FUCHS [11] ist die Entstaubung des Systems im allgemeinen niedriger als die einfache Summe der einzelnen Einflüsse. Für die gegenseitige Beeinflussung der einzelnen Vorgänge im System sind verschiedene empirische und auch halbempirische Beziehungen vorgeschlagen worden

[10]. Unbeschadet der genannten Probleme bei der Synthese zeigt Gl. (8.3) die grundsätzlichen Einflußgrößen und ihre Verknüpfung bei der Filtrationsentstaubung. Durch viele Messungen sind diese Aussagen bestätigt worden.

Eine Filtration verbessert sich danach u. a. mit abnehmender Porosität ε und Faserstärke d_f sowie zunehmender Schichtdicke. Im Hinblick auf die Diffusion ist eine kleine, bei Ausnutzung der Trägheitskräfte eine hohe Gasgeschwindigkeit anzustreben. Diese beiden Einflüsse lassen sich also *nicht gleichzeitig* verbessern.

Wesentliche Bedingungen stellt naturgemäß der Staub. Aerodispersionen mit Teilchen $d > 1\ \mu m$ lassen sich durch Diffusion nicht entstauben. Für solche Stäube kann man nur die Gitterwirkung und eine Verschiebung durch Trägheitskräfte ausnutzen. Eine ausschließliche Entstaubung durch Trägheitskräfte — wie bei der Waschentstaubung — läßt sich bei der Filtration, außer in bestimmten Fällen, nicht verwirklichen, weil die Haftkräfte nach der Verschiebung bei gröberen Teilchen und bei hohen Geschwindigkeiten nicht immer ausreichen. Bei der Waschentstaubung liegen in dieser Hinsicht günstigere Bedingungen vor, weil der abgetrennte Staub in der Flüssigkeit den Strömungskräften direkt nicht mehr ausgesetzt ist. Für Stäube mit Korngrößen $d < 1\ \mu m$ dagegen verbleiben für den Normalfall nur die Gitter- und Diffusionsentstaubung. Die elektrischen Kräfte lassen sich im allgemeinen nur unterstützend ausnutzen, jedoch mit einem bedeutenden Effekt, wie WALKENHORST [218] durch Messungen gezeigt hat.

Der Einfluß der Geschwindigkeit auf die verschiedenen Entstaubungskomponenten läßt sich wie folgt zusammenfassen:

$$\eta_B \text{ nahezu unabhängig von } v_g$$
$$\eta_D \sim v_g^{-1/2}$$
$$\eta_T \sim v_g^2$$

Wegen der gegenläufigen Einflußgrößen gibt es optimale Bereiche [219]. Für feine Stäube wählt man bei der Filtration wegen der Diffusion keine Anströmgeschwindigkeiten über etwa 10 cm/s. Bei grobem Staub kann man diesen Wert überschreiten.

8.1.2 Betrieb und Abscheidegüte von Filtrationsentstaubern

Die Art des Filtrationsvorganges bringt es mit sich, daß sich das poröse System durch die Abscheidung der Staubteilchen mit der Zeit verändert, und zwar nimmt die Porosität im allgemeinen mit der Zeit ab. Bei hohen Staubgehalten im Rohgas geht dieser Vorgang so schnell, daß bereits nach kurzer Zeit der abgeschiedene Staub selbst die Filtration übernimmt. In diesen Fällen dient der Filterstoff nur zur Einleitung des Filtrationsvorganges. Mit diesem Vorgang nimmt zwar die Güte der

Gitterabscheidung zu, die Diffusionsabscheidung kann sich aber unter bestimmten Bedingungen verschlechtern.

Aus der Abscheidung des Staubes auf dem porösen System leitet sich bereits eine wesentliche Bedingung für den technischen Ablauf der Filtration ab. Übersteigt der Druckverlust Werte, die als unwirtschaftlich anzusehen sind oder sinkt die Güte, dann muß der Filterstoff gereinigt oder erneuert werden (Abb. 8.1).

Die Erneuerung oder Reinigung geschieht im allgemeinen bei abgeschalteter Gaszufuhr. Kann der Rohgasstrom nicht unterbrochen werden,

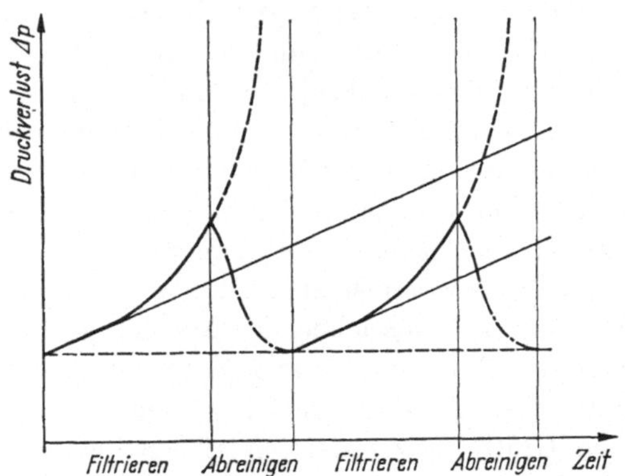

Abb. 8.1 Zeitlicher Verlauf des Druckverlustes (ausgezogene, parabelförmige Kurve) bei der Filtration.

so wird das poröse System in Sektionen aufgeteilt. Die Abreinigung wird dann jeweils an einer Sektion vorgenommen, so daß sich insgesamt gesehen ein kontinuierlicher Betrieb ergibt.

Eine Vorausberechnung des Entstaubungsgrades ist bei der Filtration vor allem wegen der zeitlichen Veränderung des porösen Systems noch nicht möglich. Eine Notwendigkeit stellt sich in diesem Bereich auch nicht mit Nachdruck, weil der Modellversuch vergleichsweise einfach ist. Es lassen sich hierzu die Geräte verwenden, die auch für die Bestimmung des Staubgehaltes durch Filtration [220] eingesetzt werden. Abb. 11.3 zeigt das einfachste Gerät. Es wird der vorgesehene Filterstoff eingespannt und die Staubluft durchgesaugt. Nach einer bestimmten Zeit wird die abgeschiedene Menge durch Wiegen ermittelt.

Für die Bestimmung des Gesamtentstaubungsgrades fehlen noch Werte über die im Rohgas zu- oder die im Reingas abgeführten Staubmengen. Welche Messung zu wählen ist, hängt von den jeweiligen Bedingungen ab. Im allgemeinen empfiehlt es sich, auch im Reingasstrom ein Gerät einzubauen und mit einem Filterstoff zu bestücken, der mit Sicherheit alle Staubteilchen abscheidet.

Die Abscheidegüte eines Filtrationsentstaubers hängt in erster Linie vom gewählten Filterstoff ab. Die Bedingungen zeigt die Theorie [Gl. (8.3)]. Bestimmend sind die Abhängigkeiten von η_F. Da die Porosität ε wegen des erforderlichen Gasdurchsatzes nicht beliebig klein gewählt werden kann, muß man d_f klein gestalten. Diesem Bestreben sind aber durch die Festigkeit Grenzen gesetzt. Es läßt sich aber in dieser Hinsicht eine Trennung dadurch vornehmen, daß man z. B. zwischen Fäden für die Festigkeit und solchen für die Filtration unterscheidet.

Wenn für den Druckverlust und die Filterfläche keine Begrenzungen gestellt werden, lassen sich mit Filtrationsentstaubern durch entsprechende Wahl der Filterstoffe alle vorkommenden Staubteilchen abscheiden. Für technische Zwecke liegt die kleinste Trennkorngröße im Bereich zwischen 0,1 und 0,01 μm. Gesamtentstaubungsgrade über 99% bereiten keine grundsätzlichen Schwierigkeiten.

8.2 Filterstoffe

Bei den Filterstoffen interessieren insbesondere zwei Merkmale, nämlich die Geometrie der Zwischenraumporen und damit der Aufbau des Stoffes und einige Stoffeigenschaften, wie die mechanische Festigkeit, die Temperaturbeständigkeit, die Beständigkeit gegen Säuren, Laugen, Feuchtigkeit und biologische Schädlinge und einige elektrische Eigenschaften. Die mechanische Festigkeit ist insofern wichtig, als der Filterstoff bei vielen Bauarten die durch den Druckverlust gekennzeichneten Kräfte aufnehmen muß. Die erwähnten Beständigkeiten interessieren insbesondere im Hinblick auf die Anwendbarkeit des Filtrationsverfahrens und die Lebensdauer der Filterstoffe. Durch die elektrischen Eigenschaften lassen sich u. U. Aufladungen bestimmter Polarität erreichen, die die Entstaubung unterstützen.

8.2.1 Aufbau der Filterstoffe

Die Filtration wird primär durch die Porenstruktur der Filterstoffe bestimmt [217]. Die Hersteller von Filterstoffen liefern diese für einen weiten Bereich an Porengrößen, so daß man ohne Berücksichtigung anderer Bedingungen für jeden Staub einen geeigneten Stoff finden kann.

Die Größe der Poren wird entweder direkt oder über den Druckverlust bei der Durchströmung einer bestimmten Gasmenge angegeben, woraus sich dann mit den noch anzugebenden Gleichungen über den Druckverlust eine Porengröße errechnen läßt. Wegen der Vorgänge bei der Filtration kann die Porengröße allein noch keinen Aufschluß über die Trennkorngröße geben, weil durch Verschiebungsentstaubung auch kleinere Teilchen als die Porengröße abgeschieden werden. Zudem ist zu berücksichtigen, daß sich die Porenweiten mit dem abgeschiedenen Staub ändern. Überdies verbleiben auch bei der Abreinigung immer einige Staubteilchen im Filterstoff, und dies ist im Normalfall sogar erwünscht, um auf diese Weise die Porenweiten zu verkleinern.

Vom Aufbau her sind im wesentlichen drei Gruppen von Filterstoffen zu unterscheiden, nämlich Gewebe, Faserstoffe und lose bzw. gesinterte körnige Stoffe.

Gewebe sind textile Flächengebilde, die durch Verweben von Fäden entstehen. Die Porenweite läßt sich über mehrere Größenordnungen verändern. Die Tiefe des Systems ist vergleichsweise gering, obwohl es auch mehrschichtige Gewebe gibt. Die Abscheidung erfolgt daher vornehmlich auf und nicht im Gewebe. Es baut sich verhältnismäßig schnell ein Filterkuchen auf.

Die Faserstoffe sind ebenfalls textile Flächengebilde. Der Zusammenhalt zwischen den Fasern wird jedoch nicht durch Verweben hergestellt, sondern durch Haftwirkungen, die durch zusätzliche Bindemittel oder auch fasereigene Mittel entstehen. Bekannte Faserstoffe sind z. B. Filz, viele Papiersorten oder Kunststoffvliese. Die Faserstoffe lassen sich im Gegensatz zu den Geweben in größerer Dicke herstellen. Da sich der Staub aber auch im porösen System abscheidet, ist eine Abreinigung schwieriger. Die mechanische Festigkeit ist im Normalfall niedriger als bei Geweben, der Druckverlust bei gleicher Entstaubungsgüte meist kleiner. Bei nur geringer Haftwirkung zwischen den Fasern spricht man zur Unterscheidung auch von Faserschichten.

Filterstoffe aus losen oder gesinterten körnigen Stoffen lassen sich mit beliebigen Porenweiten und auch sehr unterschiedlicher Dicke herstellen.

8.2.2 Stoffeigenschaften der Filterstoffe

Im Hinblick auf die Stoffeigenschaften [221–226] lassen sich die Filterstoffe am einfachsten nach der Herstellungsmethode oder der Entstehung aufgliedern. Natürliche Stoffe sind pflanzliche oder tierische Produkte, wie Baumwolle, Wolle, Flachs, Naturseide und Hanf. Chemisch hergestellte Filterstoffe bestehen beispielsweise aus Polyvinylchlorid, Polyamid, Polyacrylnitril, Polyester, Polytetrafluoräthylen und Polyäthylen. Ferner finden Mineralstoffe, wie Glas und Asbest und auch Metalle Verwendung. Eine Zusammenstellung der Stoffeigenschaften, soweit sie insbesondere für die Entstaubung wichtig sind, zeigt Tab. 8.1.

Neben den in dieser Tabelle aufgeführten Eigenschaften interessieren auch noch einige Struktureigenschaften. So sind Wolle und Baumwolle für die Filtration deswegen günstig, weil die Wollfaser ein schuppenförmiges Gebilde ist, so daß die Faser eine recht rauhe und zerklüftete Oberfläche aufweist. Ähnliches gilt für die Baumwollfaser. Diese Eigenschaft ist für die Filtration besonders günstig (d_f). Demgegenüber sind

Tabelle 8.1 *Eigenschaften verschiedener Textilfasern für Filterstoffe*

Chemischer Aufbau	Naturfasern		Chemiefasern								
			Poly-vinyl-chlorid	Poly-amid	Polyacrylnitril				Poly-ester	Poly-tetra-fluor-äthylen	Glas
Fabrikname: deutsch	Wolle	Baum-wolle	PCU PeCe Rhovyl-Fibro	Nylon Perlon Phrilon	Rein. Polyacryl-nitril: Redon	Rein. Polyacryl-nitril: DralonT (früher Pan)	Mischpolymeri-sate: Dralon	Mischpolymeri-sate: Dolan	Diolen Trevira	Hosta-flon Viton	
englisch	Wool	Cotton		Nylon					Terylene		
amerikanisch	Wool	Cotton	Vinyon	Nylon	Orlon				Dacron	Teflon	
Dichte in g/cm³	1,32	1,47···1,50	1,39···1,44	1,13···1,15	1,17	1,14···1,16		1,14	1,38	2,3	2,54
Zerreißfestigkeit in Reißlänge[1] (km)	9···15,3	22,5···36	24,3···35	40,5···55	25···30	27···31,5	23···30	36···45	40···49	45···80	56···62
Naßfestigkeit relativ zur Trockenfestigkeit in %	85	110	100	90	90···95	90···95	90	90	93···97	100	
Bruchdehnung in %	25···35	7···10	12···25	25–45	30···40	15···30	24···30	18···22	40···55	10···25	3···4
Feuchtigkeitsaufnahme bei 20 °C und 65 % relativer Luftfeuchtigkeit in %	10···15	8···9	0	4,0···4,5	1,3	2	1	1	0,4	0	0
Quellwert in %	50···70	50···80	max. 1	10···14	ca. 7		ca. 13		3···4	0	0

Tabelle 8.1 (Fortsetzung)

Chemischer Aufbau	Naturfasern		Chemiefasern								
			Poly-vinyl-chlorid	Poly-amid	Polyacrylnitril				Poly-ester	Poly-tetra-fluor-äthylen	Glas
Beständigkeit gegen Säuren	gut bei schwachen Säuren in niedrigen Temp.	schlecht	fast vollkommen resistent in jeder Konzentration	bei verd. Säuren kalt gut, warm gering	gut				gut gegen fast alle Säuren	sehr gut	wird von einigen starken Säuren angegr.
gegen Alkalien	schlecht	gut	fast vollkommen resistent	praktisch beständig	ausreichend beständig gegen schwache Alkalien				gut bei Zimmertemp. gegen schw. Alkalien	sehr gut	angegr. v. starken Alkalien
gegen Insektenfraß und Bakterien	unbehandelt wenig	unbehandelt wenig	absolut beständig	ausgezeichnet						wird nicht befallen	
Temperaturbeständigkeit Dauertemperatur in °C	80 · · · 90	75 · · · 85	40 · · · 50	75 · · · 85	125 · · · 135	125 · · · 135	110 · · · 130	110 · · · 130	140 · · · 160 ×	200 · · · 250	250 · · · 300
max. Temperatur in °C (× = Trockenhitze)	100	95	65	95	150	150	—	—	×	—	350

[1] Diejenige Faserlänge in km, deren Gewicht der Reißlast entspricht.

die Kunststoffasern wie „Drähte“ aufgebaut, sie besitzen also glatte Oberflächen. Dieser Nachteil läßt sich nur bedingt durch die Herstellung, also durch den Aufbau des porösen Systems beseitigen.

Ein besonderes Interesse haben in letzter Zeit Gewebe erhalten, die auch bei Temperaturen weit oberhalb von 100 °C einsetzbar sind. Stoffe aus Polytetrafluoräthylen sind bis etwa 250 °C temperaturfest. Nachteilig ist der hohe Preis. Interessant und handelsüblich sind silikonierte Glasfasergewebe, die für Temperaturen bis etwa 300 °C geeignet sind [226–228]. Die Lebensdauer ist abhängig von der Temperatur.

8.3 Der Druckverlust

Für den Betrieb von Filtrationsentstaubern ist der Druckverlust eine wichtige Größe. Es gibt zahlreiche Vorschläge zu seiner Beschreibung. Nachfolgend seien die wichtigsten genannt:

Nach D'ARCY gilt:

$$v = K_D \frac{\Delta p}{L \eta} . \tag{8.4}$$

v	Anströmgeschwindigkeit,	η	dynamische Zähigkeit,
K_D	Durchlässigkeitsgröße,	Δp	Druckverlust.
L	Schichtdicke,		

Der Wert K_D ist eine Kenngröße für das jeweilige Porensystem. Wegen der zeitlichen Änderung durch Ablagerung von Staubteilchen ändert sich auch diese Größe mit der Zeit.

HAGEN und POISSEUILLE ersetzen das Porensystem durch eine Anzahl von Kapillaren.

$$v = N \frac{\pi d_K^2}{4} v_K . \tag{8.5}$$

N Anzahl der Kapillaren/pro Flächeneinheit
d_K Durchmesser der Kapillaren.

$$N = \varepsilon \frac{4}{\pi d_K^2} . \tag{8.6}$$

v_K Geschwindigkeit in den Kapillaren,
L_K Länge der Kapillaren.

$$v_K = \frac{d_K^2 \Delta p}{32 L_K \eta} , \tag{8.7}$$

$$\varepsilon = \frac{\text{Fläche der Kapillaren}}{\text{angeströmte Fläche}} .$$

Aus den Gln. (8.5), (8.6) und (8.7) wird mit S = angeströmte Fläche

$$\dot{V} = S v = S \varepsilon \frac{d_K^2 \Delta p}{32 L_K \eta} . \tag{8.8}$$

In dieser Gleichung ist der Durchmesser der Kapillaren d_K meist unbekannt.

KOZENY setzt hierfür [229, 230]:

$$d_K = \frac{\text{Volumen der Zwischenraumkapillaren/kg}}{\text{Oberfläche der Zwischenraumkapillaren/kg}} = \frac{\frac{\varepsilon}{(1-\varepsilon)\,\varrho_K}}{O}. \tag{8.9}$$

O Oberfläche [cm²/kg],
ε Porenziffer,
ϱ_K Dichte der Körner.

Aus den Gln. (8.8) und (8.9) ergibt sich:

$$v = \frac{1}{k}\,\varepsilon\,\frac{\Delta p}{32\,L\,\eta}\,\frac{\varepsilon^2}{(1-\varepsilon)^2\,\varrho_K^2\,O^2}. \tag{8.10}$$

Diese Gleichung hat den Vorteil, daß alle Parameter meßbar sind bis auf den Wert k, der als eine Konstante aufzufassen ist. Dieser Wert ist aber sehr oft abhängig von der Porenstruktur [231].

Die Gleichungen für den Druckverlust zeigen die wichtigsten Einflußgrößen. Sie sind aber nur beschränkt geeignet, um den Druckverlust bei der Filtration im voraus zu berechnen. Dies ist meist nur in Verbindung mit Messungen möglich. Auf andere Gleichungen sei hingewiesen [183, 212, 232–235].

8.4 Aufladungsvorgänge bei der Filtration

Bei der Filtration können durch Reibung sehr hohe Aufladungen entstehen, woraus zwei Erscheinungen resultieren, nämlich eine Beeinflussung der Staubabscheidung und u. U. Funkenbildungen, die eine Explosion nach sich ziehen können.

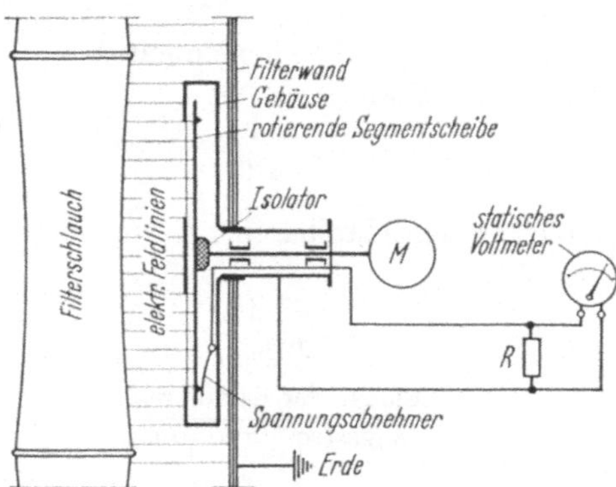

Abb. 8.2 Anordnung zur Messung der Aufladung von Filterstoffen [3].

Die Auswirkungen von Aufladungen haben vor allem FREDERICK [236] und ZEBEL [216] untersucht. Besteht zwischen den Ladungen der Staubteilchen und der Aufladung der Filterstoffe eine entgegengesetzte Polarität, so wird damit der Entstaubungsvorgang unterstützt, im entgegengesetzten Fall jedoch verschlechtert. Hieraus wird sichtbar, daß die elektrischen Eigenschaften der Filterstoffe, soweit von ihnen eine Aufladung im Zusammenhang mit dem abzuscheidenden Stoff abhängt, bei der Konstruktion oder Auslegung zu berücksichtigen sind.

Ein anderes Problem der Aufladung ist die Funkenbildung, die bei entsprechenden Bedingungen (Zusammensetzung von Gas und Staub) zu Explosionen führen kann. Um diese Gefahr zu verringern, bieten sich verschiedene Möglichkeiten an, wie z. B. Abführen der Ladungen durch den Filterstoff. Die Leitfähigkeit der Filterstoffe läßt sich durch einen gewissen Anteil von Metallfäden oder auch durch bestimmte chemische Mittel verbessern. Auch eine höhere Luftfeuchtigkeit kann eine Entladung unterstützen.

Bei problematischen Fällen ist es empfehlenswert, die Aufladung meßtechnisch zu verfolgen. Eine mögliche Anordnung zeigt Abb. 8.2 und den für einen bestimmten Fall gemessenen Aufladungsvorgang (Abb. 8.3).

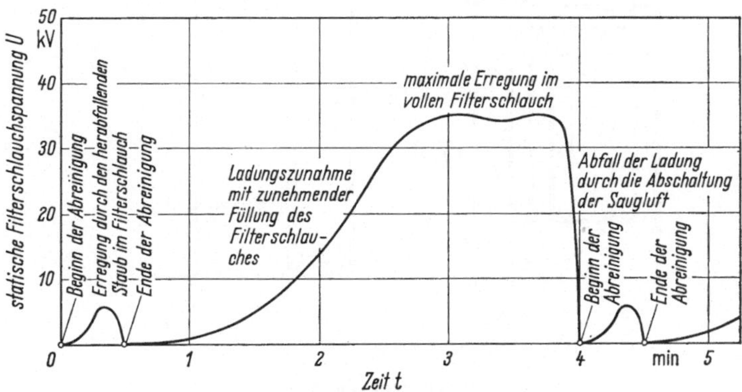

Abb. 8.3 Aufladung bei der Filtration [3].

8.5 Bauarten

Hinsichtlich der Bauarten von Filtrationsentstaubern gibt es viele Unterscheidungsmöglichkeiten, wie z. B. zwischen Druck- und Saugfilter, Schlauch- und Flächenfilter, Filter mit und ohne Abreinigung sowie Gewebe-, Faserstoff- und Faserschichtfilter. Aus dieser Aufzählung wird sichtbar, daß eine Systematik ohne Überschneidung nicht möglich ist. Da der Entstaubungsvorgang primär vom Filterstoff abhängt, erscheint es sinnvoll, die Bauarten hiernach zu unterscheiden.

8.5.1 Gewebe- und Faserstoffilter

In der industriellen Produktion fallen meist Aerodispersionen mit einem hohen Staubgehalt an. Für diesen Bereich eignen sich, falls

Filtrationsentstauber überhaupt infrage kommen, insbesondere die Gewebe-Entstauber, weil sich diese Filterstoffe am leichtesten abreinigen lassen. (Unter Faserstoffe werden hier textile Flächengebilde mit ähnlich festen Form- und Struktureigenschaften wie Gewebe verstanden.) Sie erreichen zudem eine hohe Abscheidegüte bei vertretbarem Druckverlust. Gewebefilter lassen sich als Druck- oder Saugfilter und als Schlauch- oder Flächenfilter ausführen.

Druck- und Saugfilteranlagen unterscheiden sich dadurch, daß im einen Fall das Gebläse vor, im anderen Fall hinter dem Filter liegt. Die Druckfilter haben einen einfacheren Aufbau, weil weitere Kanäle hinter dem Filterstoff nicht notwendig sind. Als Nachteil ist zu nennen, daß die Gebläse mit staubhaltiger Luft beaufschlagt werden, wodurch ein höherer Verschleiß und auch eine Verschlechterung des Wirkungsgrades möglich ist. Zwischen den beiden Systemen gibt es im Hinblick auf die Entstaubung keine Unterschiede.

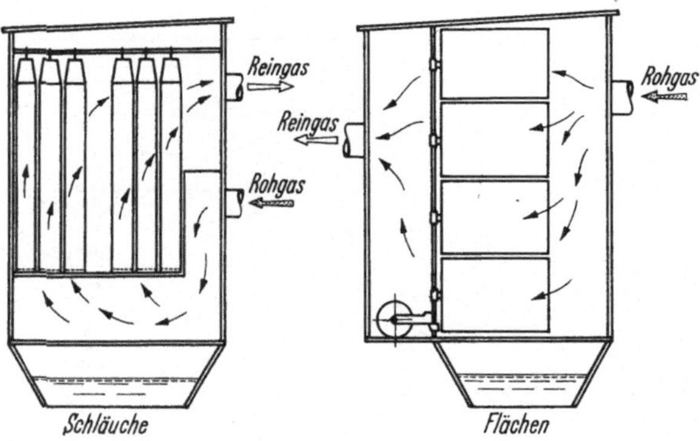

Abb. 8.4 Gewebefilter; links: Schlauchfilter, rechts: Flächenfilter.

Den grundsätzlichen Aufbau von Gewebefiltern zeigt die Abb. 8.4. Der Vorteil des Schlauchfilters liegt darin, daß der Filterschlauch bei einer Anströmung von innen die Kräfte, die durch den Druckabfall im Filterstoff auftreten, ohne Schwierigkeiten übernehmen kann. Beim Flächenfilter sind bei beiden Strömungsrichtungen zusätzliche Stützkonstruktionen, z. B. Sieb- oder ähnliche Tragelemente erforderlich. Demgegenüber ermöglicht dasFlächenfilter eine bessere Raumausnutzung (Abb. 8.5).

Die Abreinigung der Gewebe erfolgt periodisch, wie schon im Zusammenhang mit Abb. 8.1 erwähnt. Nun sind aber bei Produktionsprozessen im allgemeinen konstante Gasmengen stetig abzuführen. Ein quasi-kontinuierlicher Betrieb läßt sich dadurch erreichen, daß man das Filter in Sektionen aufteilt und die Sektionen in einer bestimmten Zeitfolge abreinigt (Abb. 8.6). Diese Abreinigung geschieht im Normalfall dadurch, daß man die Abluftseite der Sektion schließt (Klappe *5*), den Staub durch Rütteln vom Filterschlauch ablöst, und den abgerüttelten Staub mit einer geringen Spülluftmenge (Zufuhr über *4*) in den

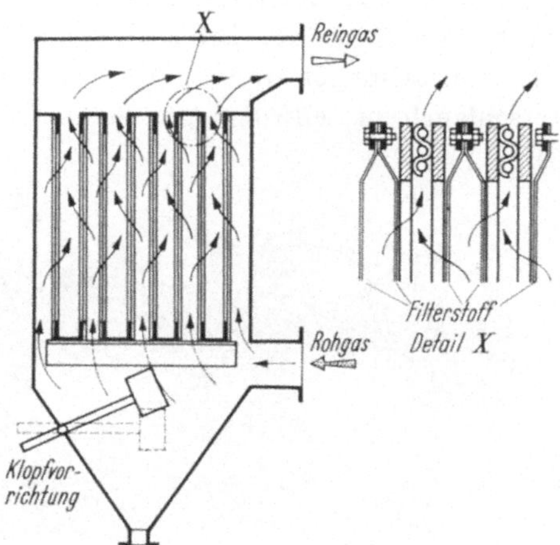

Abb. 8.5 Schema eines Flächenfilters.

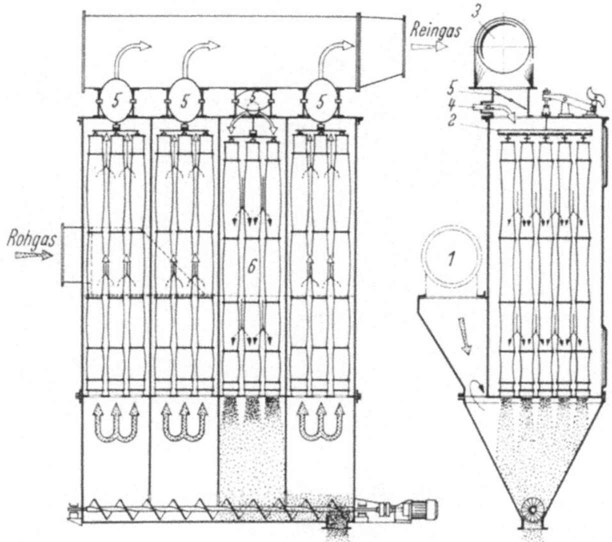

Abb. 8.6 Schema eines Schlauchfilters. Die Sektion *6* wird abgereinigt.
1 Zuluftkanal, *2* Traggerüst, *3* Abluftkanal, *4* Spüllufteintritt, *5* Umschaltklappe.

Bunker und die dispergierten Teilchen in die noch in Betrieb befindlichen Sektionen leitet. Eine Automatik, die für diesen Schaltvorgang notwendig ist, wird im allgemeinen auf der Decke der Filtergehäuse angeordnet. Abb. 8.7 zeigt eine solche Einrichtung.

Die Abreinigung des abgeschiedenen Staubes erfolgt entweder durch Rütteln oder pneumatisch. Das Rütteln kann auf sehr verschiedene Weise erfolgen, wie Abb. 8.8a—c zeigt. Da Gewebe im allgemeinen empfindlich gegenüber Scherbeanspruchungen sind, bestimmt der Abreinigungsvorgang in hohem Maße die Lebensdauer der Filterschläuche. Die geringsten Beanspruchungen treten auf, wenn man einen straff gespannten Filterschlauch zu Schwingungen anregt.

Abb. 8.7 Schaltautomatik für Sektionsfilter.

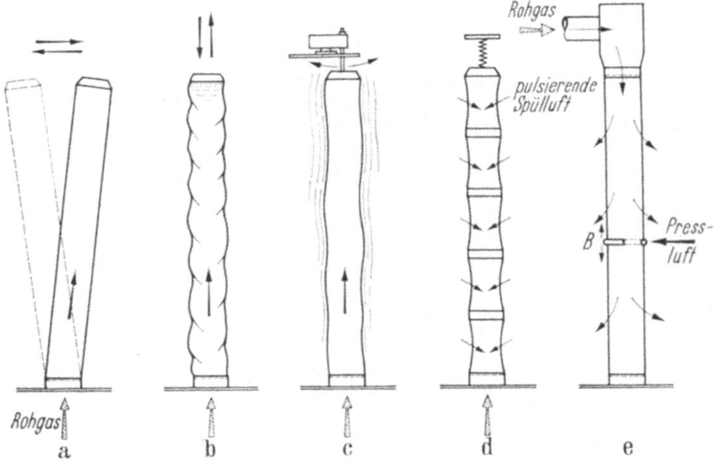

Abb. 8.8 Abreinigungsverfahren.

Die pneumatische Reinigung bedingt für die Filterschläuche auch bei Anströmung von innen eine Stützkonstruktion, damit ein Zusammenfallen der Filterschläuche bei umgekehrter Strömungsrichtung verhindert wird. Bei der Anordnung nach Abb. 8.8d wird der gesamte Schlauch durch pulsierende Spülluft abgereinigt. Mit der Düsenmethode (Abb. 8.8e) ist es möglich, ohne Sektionen zu arbeiten. Bei laufendem Filterbetrieb wird der Staub über die aus Ringdüsen *B* austretende Spülluft örtlich

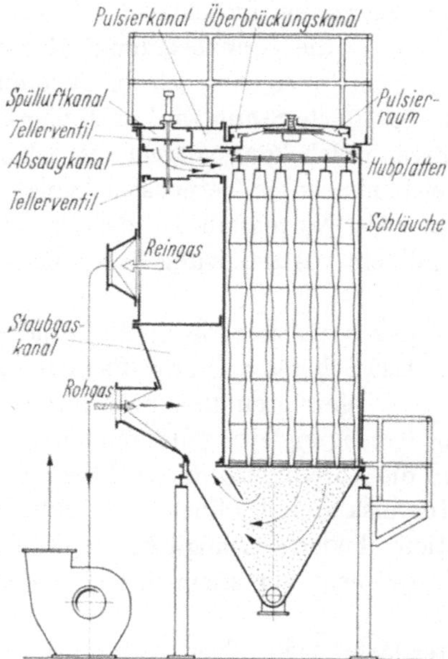

Abb. 8.9 Schema des Hubdeckenfilters der Fa. Intensiv-Filterbau in Reinigungsstellung [237].

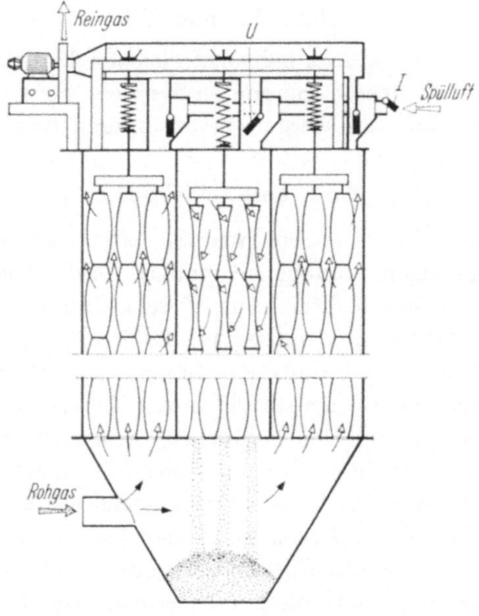

Abb. 8.10 Pneumo-Filter der Fa. J. S. Fries Sohn, Frankfurt/Main [238].

abgeworfen. Die Düsen werden in Schlauchrichtung bewegt. Sobald die abgereinigte Staubmenge die Grenzbeladung überschreitet, fällt diese je nach Betriebsweise mit oder entgegen der Strömungsrichtung in den Bunker. Der nicht abgeführte Staub wird auch hier erneut der Filtration zugeführt. Die Frage, welche der vorgenannten Konstruktionen anzuwenden ist, läßt sich nur unter Berücksichtigung der gegebenen Umstände entscheiden. Als Normalfall ist derzeit das Schlauchfilter in Sektionsbauweise mit einer Abreinigung durch Rütteln und zusätzliche Spülluft anzusehen.

Die Abreinigung durch pulsierende Spülluft hat sich in den letzten Jahren eingeführt. Das Schema von zwei Bauarten zeigen Abb. 8.9 und 8.10. Die als Beispiele gezeigten Bauarten unterscheiden sich in den Vorrichtungen zur Erzeugung des pulsierenden Luftstromes. Bei dem Pneumo-Filter wird die Abreinigung durch Öffnen der Umschaltklappe U eingeleitet. Die Impulsklappe I öffnet und schließt im Takt der gewünschten Pulsation. Federn ermöglichen eine Längenänderung der Schläuche. Der Vorteil liegt vor allem in einem wesentlich einfacheren Aufbau der Filter.

Für Schlauchfilter lassen sich folgende Richtwerte angeben:

Anströmgeschwindigkeit:	0,5 bis 10 cm/s
	im Mittel etwa 2,0 cm/s
Flächenbelastung:	20 bis 360 $m^3/h\ m^2$
	im Mittel etwa 70 $m^3/h\ m^2$
Druckverlust:	20 bis 150 mm WS

Die Flächenbelastung liegt bei sonst gleichen Bedingungen bei Wolle und Baumwolle im oberen genannten Bereich, für Chemiefasern etwa im mittleren und für Glasfasergewebe im unteren Bereich.

8.5.2 Faserschichtfilter

Faserschichtfilter sind wegen ihres Aufbaues nur zur Entstaubung von Gasen mit geringem Staubgehalt günstig, da die Abreinigung schwieriger ist als beim Gewebefilter. Aus diesem Grunde finden die Faserschichtfilter vor allem Anwendung bei Belüftungs- und Klimaanlagen für Wohn-, Arbeits- und Produktionsräume, nicht aber so sehr für Produktionsvorgänge. Sie werden sowohl in der Zu- wie auch in der Abluftseite angeordnet, je nach den gegebenen Bedingungen. Im einfachsten Fall besteht ein Faserschichtfilter aus einer Filtermatte mit einer Stützkonstruktion und einem Gehäuse. Der Austausch des Filterelements erfolgt, wenn entweder der Druckverlust den zulässigen Grenzwert überschreitet oder die geforderte Entstaubungsgüte nicht mehr erreicht wird. Daneben gibt es auch kontinuierlich arbeitende Geräte, d. h. die Faserschicht wird stetig erneuert.

Abb. 8.11 zeigt beispielsweise den Roll-O-Mat der Firma CEAG. Es wurde schon bei der Besprechung der Filterstoffe erwähnt, daß Faserschichtfilter vorwiegend über die Verschiebung der Teilchen durch Trägheit abscheiden, und daß bei Ausnutzung dieser Wirkung hohe

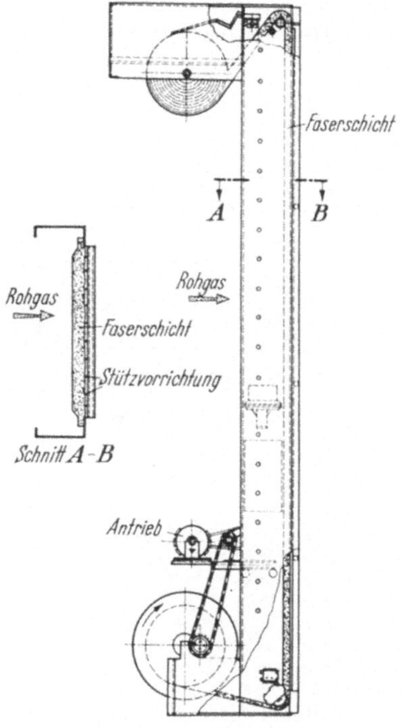

Abb. 8.11 Kontinuierlich arbeitendes Faserschichtfilter.

Luftgeschwindigkeiten notwendig sind (1—2 m/s). Um hierbei das Abreißen schon abgeschiedener Staubteilchen zu verhindern, werden die Oberflächen der einzelnen Fasern sehr oft mit einem Haftmittel versehen.

Die äußere Form der Faserschichten kann bei absatzweisem Betrieb recht verschiedenartig sein, wie z. B. ebene Flächen, Taschen und Wellflächen. Die Faserschichtfilter finden auch verbreitet Anwendung für die Dekontaminierung, d. h. Entgiftung der Abluft. Auch Staubmasken sind oft mit Faserschichten ausgerüstet [239].

Für die Filtration von Raumluft mit dem Faserschichtfilter lassen sich folgende Richtwerte nennen:

Anströmgeschwindigkeit:	1 bis 2 m/s
Flächenbelastung:	3600 bis 7200 $m^3/h\ m^2$
Druckverlust:	3 bis 30 mm WS

8.5.3 Filter mit körnigen Filterstoffen

Die Filtrationsentstauber, die mit losen oder gesinterten körnigen Stoffen arbeiten, entsprechen im Aufbau den Filtern, wie sie auch für die Flüssigkeitsfiltration Anwendung finden. Es gibt Kiesbett- und Kerzenfilter, um nur zwei Beispiele zu nennen. Sie sind im Grunde als Sonderbauarten bei der Gasfiltration zu bezeichnen.

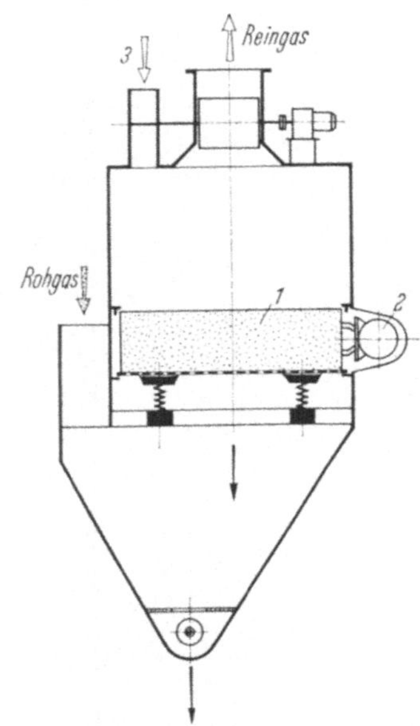

Abb. 8.12 Kiesbettfilter System Berg.
1 Kiesbett, *2* Rüttelvorrichtung, *3* Spüllufteintritt.

Das Kiesbettfilter, System Berg, ist im Schema in Abb. 8.12 dargestellt [240]. Das Reinigen erfolgt mit Spülluft und durch Rütteln der Kiesschüttung. Das Filter ist für nicht zu feinen Staub und für Temperaturen bis 350 °C geeignet. Der Druckverlust kann bis 200 mm WS betragen.

8.6 Geschichtliche Entwicklung der Filtrationsentstauber

Der Ursprung der Filtrationsentstaubung ist mit Sicherheit in dem Bestreben zur Reinigung der Atemluft durch Gewebe an Arbeitsplätzen mit stark staubhaltiger Luft zu suchen. Die hierbei gesammelten positiven Erfahrungen sind vermutlich auch Ursache dafür, daß die ersten Entstauber mit hoher Wahrscheinlichkeit nach diesem Prinzip gearbeitet haben.

Bei der Getreidevermahlung zwischen Mahlsteinen (Mahlgang) entsteht Wärme, wodurch die Verdunstung der Feuchtigkeit im Getreide gefördert wird. Beim Abkühlen der so erwärmten und mit Feuchtigkeit angereicherten Luft wird der Taupunkt unterschritten. Dies führte bei den Mahlgängen zu Verstopfungen. Um dieses „Schwitzen" zu vermeiden, wurden Absauganlagen (Aspirationsanlagen) eingeführt. Um das Mitreißen von Mehl zu verhindern, wurden oberhalb der Mahlsteine

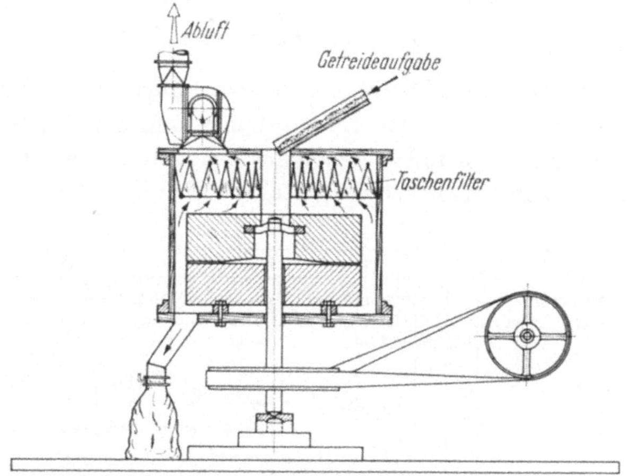

Abb. 8.13 Mahlgang mit Taschen-Filter.

Taschen aus Gewebe angeordnet (Abb. 8.13). Durch Schütteln der Taschen wird der abgeschiedene Mehlstaub in das Mahlgut zurückgeführt.

Aus dieser Konstruktion hat sich der erste Schlauchfilter mit mehreren Kammern und automatischer Abreinigung entwickelt (W. F. L. Beth in Fa. Mühlenbau Jaacks & Behrens, Lübeck, DRP Nr. 38396, 1886). Die weitere Entwicklung befaßte sich vor allem mit der Automatik des Zu- und Abschaltens der Sektionen, der Art der Abreinigung und der Anpassung an die sich schnell erweiternden Anwendungsgebiete.

Die Entwicklung ist naturgemäß eng mit der der Filterstoffe verknüpft. Bis etwa 1935 beherrschten die Filterstoffe aus Naturfasern das Feld. Mit den Chemiefasern wurden der Filtrationsentstaubung neue Gebiete erschlossen. Die in den letzten Jahren vorgestellten Glasfaserstoffe dehnen den Anwendungsbereich auch auf höhere Temperaturen aus.

9. Arbeitsbereiche, Kosten und Betriebssicherheit der Entstauber

9.1 Arbeitsbereiche

Auf Grund der unterschiedlichen Verschiebungskräfte, der Geometrie der Entstauber und der der Entstaubung entgegenwirkenden Kräfte gibt es recht unterschiedliche Arbeitsbereiche; diese sind in einer Übersicht in Abb. 9.1 und Tab. 9.1 dargestellt, wobei insbesondere die untere

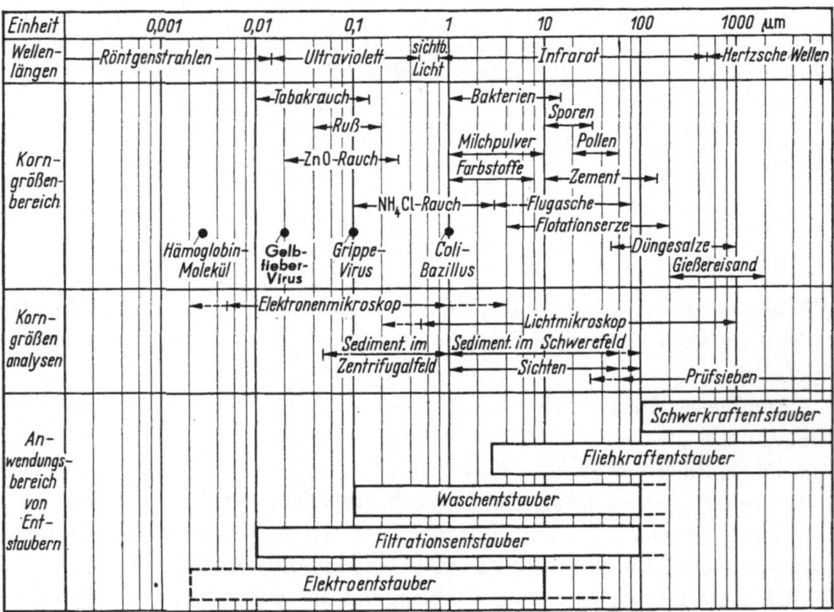

Abb. 9.1 Korngrößenbereiche, Anwendungsbereiche von Entstaubern.

abscheidbare Teilchengröße interessiert. Da es keine scharfe untere Grenze gibt, ist der Bereich nach unten in Verbindung mit der vom Stufenentstaubungsgrad festgelegten Trennkorngröße zu sehen. Bei einer Übersicht kann es sich nur um Richtwerte handeln, die sich nur auf die derzeit im Handel befindlichen Geräte beziehen.

Die vergleichsweise kleinsten Verschiebungskräfte sind im Schwerkraftentstauber wirksam. Da die Massenkräfte stark mit der Teilchen-

Tabelle 9.1 *Arbeitsbereiche von Entstaubern*

Abscheider	abscheidende Kräfte	Arbeitsbereich (Richtwerte)	Anschaffungskosten	Betriebskosten
Schwerkraftentstauber	Schwerkräfte	$d > 100\ \mu m$	mittel	niedrig
Fliehkraftentstauber	Fliehkräfte	$d > 5\ \mu m$	niedrig	mittel-hoch
Waschentstauber	Trägheitskräfte Diffusion elektrische Kräfte	$d > 0{,}1$ bis $5\ \mu m$	hoch	hoch
Filtrationsentstauber	Gitterwirkung Trägheits- u. elektrische Kräfte Diffusion	$d > 0{,}01$ bis $1\ \mu m$	hoch	hoch
Elektroentstauber	elektrische Kräfte	$d > 0{,}01$ bis $0{,}1\ \mu m$	sehr hoch	niedrig

größe abnehmen, liegt die untere Grenze für Schwerkraftentstauber bei etwa 100 μm. Wie aus Abb. 3.2 ersichtlich ist, kann man diese Grenze insbesondere über den notwendigen Verschiebungsweg verbessern, d. h. in den Bereich kleinerer Korngrößen verlagern.

Durch Fliehkräfte lassen sich die Verschiebungskräfte im Vergleich zum Schwerkraftentstauber wesentlich steigern. Die kleinste Trennkorngröße bei den handelsüblichen Fliehkraftentstaubern liegt derzeit bei etwa 5 μm. Diese untere Grenze bei Umlaufströmungen ergibt sich durch die starke Abnahme der Massenkräfte mit der Teilchengröße im Vergleich zum Strömungswiderstand und durch die turbulente Diffusion. Diese Grenze läßt sich durch Zentrifugen oder zentrifugenähnliche Bedingungen zum Teil wesentlich senken.

Bei Elektroentstaubern gibt es, ausgehend von den elektrischen Kräften und dem Strömungswiderstand der Teilchen, keine untere Grenze. Diese wird durch die turbulente und molekulare Diffusion und Probleme bei der Abreinigung verursacht. Unter günstigen Bedingungen erreicht man eine untere Grenze von etwa 0,01 μm.

Da Waschentstauber primär durch Trägheitskräfte bei der Umströmung von Flüssigkeitselementen entstauben, hängt die untere Grenze vor allem von der Relativgeschwindigkeit und damit auch dem Energiebedarf ab. Bei Kehldüsenwaschern mit einer Geschwindigkeit von 100 bis 150 m/s ist eine untere Grenze von etwa 0,1 μm möglich. Sie steigt mit sinkendem Energiebedarf der Waschentstauber auf etwa 5 μm (z. B. einfacher Sprühturm) an.

Bei den Filtrationsentstaubern liegt die technische untere Grenze bei etwa 0,01 μm, obwohl durch entsprechende Porengrößen im Grundsatz auch noch eine niedrigere untere Grenze möglich ist.

Aus den oben stehenden Ausführungen ist zu erkennen, daß es auch deswegen schwierig ist, eine feste untere Grenze für Entstauber anzugeben, weil man zwischen einer physikalisch und einer technisch-ökonomisch begründeten Grenze unterscheiden muß. Nun läßt sich aber die ökonomische Grenze im allgemeinen nicht von dem jeweiligen Anwendungszweck der Entstauber trennen. Es gibt aber auch Fälle, wo allein die physikalische Grenze ausschlaggebend ist, weil Kosten wegen einer bestehenden Aufgabenstellung nicht entscheidend sind. Unabhängig von derartigen Sonderfällen ist zu einer Beurteilung der Arbeitsbereiche noch der Kosteneinfluß mit zu berücksichtigen.

9.2 Kosten von Entstaubern

[241 bis 246]

Wegen der unterschiedlichen Arbeitsbereiche lassen sich die Kosten zwischen Entstaubern im wesentlichen nur in Verbindung mit der Auf-

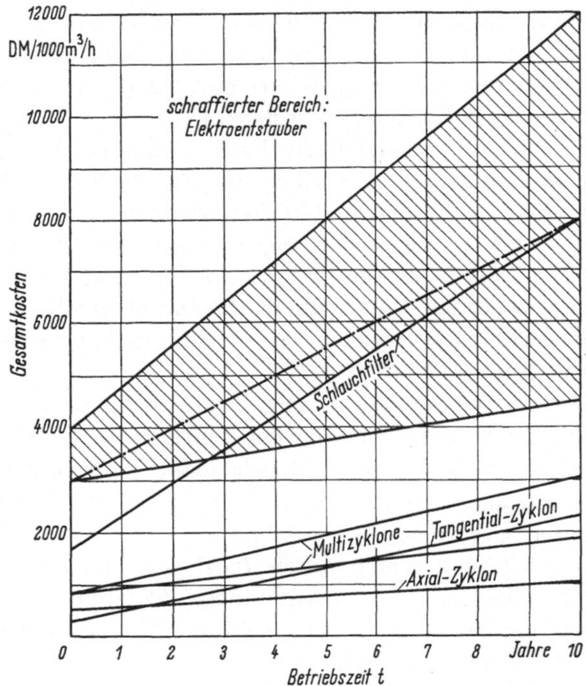

Abb. 9.2 Gesamtkostenaufwand für verschiedene Entstauber in Abhängigkeit von der Betriebszeit [80].

gabenstellung bewerten. Es ist beispielsweise nicht möglich, Schwerkraftentstauber mit Elektroentstaubern kostenmäßig direkt zu vergleichen, weil sich die Arbeitsbereiche nicht decken. Ein solcher Ver-

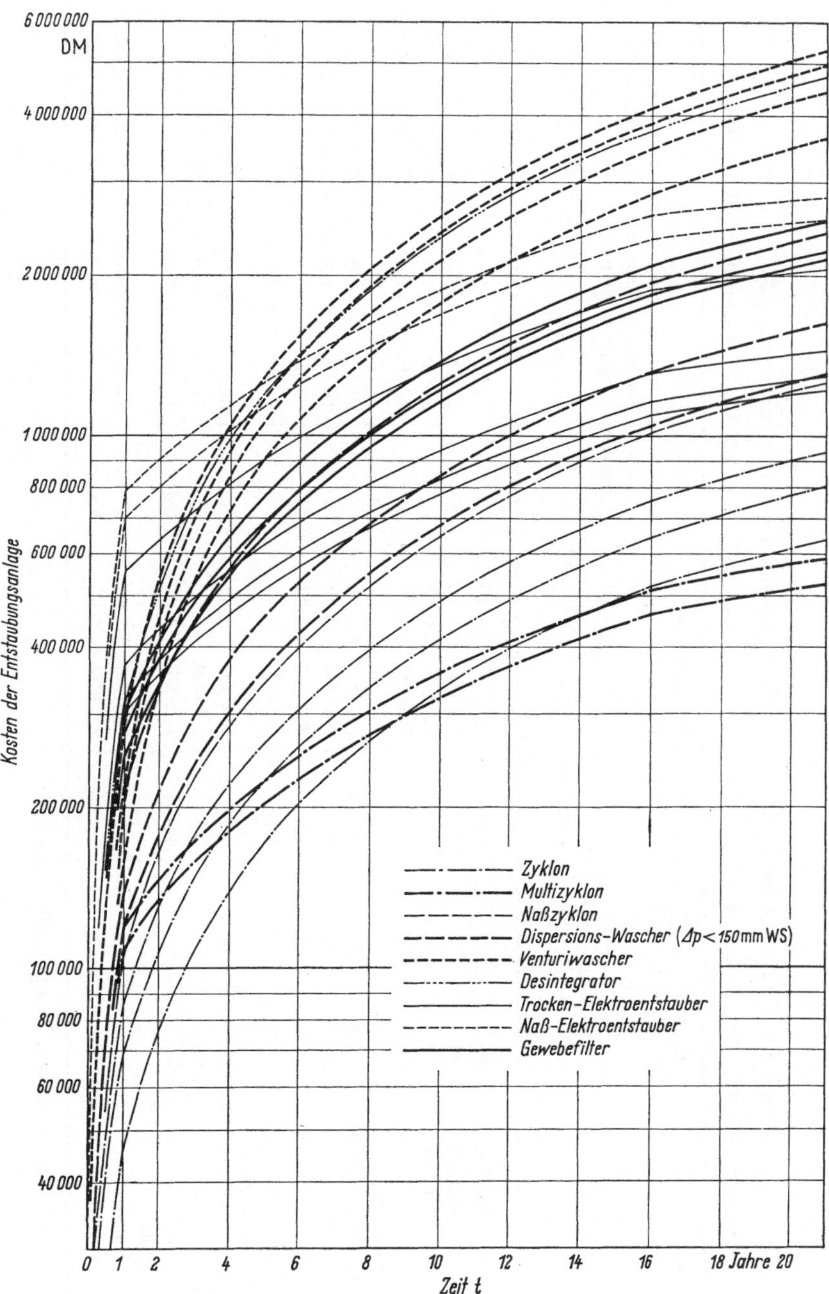

Abb. 9.3 Kosten für Entstaubungsanlagen in Abhängigkeit von der Betriebszeit ($10^5\ m^3/h$; Stand 1962) [3].

Tabelle 9.2 *Entstaubungsgrade und Kosten für verschiedene Entstauber nach* Kohn [223]

Durchsatz: 100000 m³/h; Betriebsstunden: 8000 pro Jahr; Strompreis: 0,06 DM/kWh; Wasserpreis: 0,0165 DM/m³

Entstauber	Entstaubungsgrad %		Druck-verlust	Anlagekosten DM[1]		Unterhalt				
						Wasser-verbrauch	Strom-Wasser	Kapital-dienst	Gesamtkosten	
	η_G	0···5 µm	mm WS	gesamt	pro m³/h	g/m³	DM/Jahr	DM/Jahr	DM/Jahr	Dpf/1000 m³
Mittelwertige Zyklone	65,3	27	94	39600	0,40	—	21020	3960	24980	3,1
Hochwertige Zyklone	84,2	73	125	75500	0,76	—	27820	7550	35370	4,4
Multizyklon-Anlagen	93,8	89	110	82900	0,83	—	24520	8290	32810	4,1
Naß-Zyklone	91,0	87	99	93500	0,94	640	34000	9350	43350	5,4
Multi-Zyklone mit niedrigem Druckverlust	74,2	42	36	67000	0,67	—	8570	6700	15270	1,9
Elektroentstauber	94,1	92	15	369000	3,70	—	10420	36900	47320	5,9
Naß-Elektroentstauber	99,0	98	15	633000	6,33	400	23530	63300	86830	10,9
Gewebeflächenfilter	~ 99,9	99,9	102	211000	2,11	—	60700	21100	81800	10,2
Gewebeschlauch mit Spülluft	~ 99,9	99,9	127	204000	2,04	—	80200	20400	100600	12,6
Waschtürme	96,3	94	35	220000	2,20	2900	71700	22000	93700	10,5
Naß-Prallabscheider	97,9	97	155	124000	1,24	480	45000	12400	57400	7,2
Düsenwascher (Venturi-Wascher)	99,7	99,6	560	180000	1,80	1100	145100	18000	163100	20,4
Desintegratoren	98,5	98		286000	2,86	800	284600	28600	313200	39,2

[1] einschließlich Ventilatoren, Pumpen, Montagekosten.

gleich zwischen Entstaubern liefert nur dann sinnvolle Werte, wenn für eine bestimmte Aufgabenstellung verschiedene Entstauberbauarten die gleiche Güte erreichen. Dann sind die Kosten ein wichtiges Kriterium, wobei nicht der Gesamtkostenwert allein, sondern u. U. auch das Verhältnis von Anschaffungs- zu Betriebskosten (einschließlich Wartungsbedarf) von Bedeutung ist. Bei der Kostenbewertung lassen sich die Entstauber sehr oft nicht isoliert, sondern nur in Verbindung mit dem Einsatzort und den dort gegebenen Bedingungen betrachten.

Über die Investitions- und Rentabilitätsberechnung von Entstaubungsanlagen hat O. Rentz [246] berichtet. Für solche Berechnungen sind gültige Marktpreise Voraussetzung, die hier nicht angegeben werden können. Um aber Vorstellungen über die Größenordnungen und vor allem über die Abhängigkeiten der Kosten für Entstauber zu gewinnen, sind in den Abb. 9.2 und 9.3 sowie in der Tab. 9.2 einige Literaturangaben zusammengestellt. Allgemein ist — wie zu erwarten — festzustellen, daß die Kosten mit der Güte der Entstauber also mit abnehmender Trennkorngröße und (oder) dem Gesamtentstaubungsgrad steigen.

Weitere Kriterien, die in Verbindung mit dem Arbeitsbereich und den Kosten stehen, ergeben sich bei einer Diskussion des Einsatzes von Entstaubern im Kapitel 10.

9.3 Betriebssicherheit der Entstauber

Für den Einsatz von Entstaubern ist neben dem Entstaubungsgrad und den Kosten noch die Betriebssicherheit ein wichtiges Kriterium.

Die Betriebssicherheit hängt von sehr vielen Einflüssen ab. Als bedeutendster Komplex ist die Zuverlässigkeit (Funktionssicherheit, Lebensdauer) der Bauelemente auch unter Berücksichtigung von Korrosion, Verschleiß und Staubansatz zu nennen. Zu beachten ist ferner die Gefährdung des Betriebes durch Staubexplosionen und Staubbrände.

Die Probleme der Betriebssicherheit lassen sich nur begrenzt gesondert behandeln. Soweit sie nicht als Teil des allgemeinen Maschinen- und Apparatebaues aufgefaßt werden können, sind sie im Zusammenhang mit der jeweiligen Entstauberbauart oder dem Einsatz zu erörtern. An dieser Stelle ist daher nur noch ein stoffbezogenes Problem anzusprechen, nämlich die Gefahr von Staubexplosionen.

Unter Raumexplosionen versteht man alle Verbrennungsreaktionen von Gasen, Dämpfen und Staub in Verbindung mit Luft, die mit einer plötzlichen Volumenvergrößerung verbunden sind. Um solche Verbrennungen von Staub, die man auch als Staubexplosionen bezeichnet, zu verhindern, müssen die Bedingungen für die Entstehung bekannt sein.

Die Verbrennung fester Stoffe geschieht im allgemeinen derart, daß zunächst durch Verdampfung oder Zersetzung ein Gas entsteht, das dann oxydiert wird. Dieses Modell gilt nicht für Metalle. Zur Einleitung des Verbrennungsvorganges muß in der Raumeinheit eine bestimmte Mindestenergie vorliegen, die durch die Zündtemperatur gekennzeichnet ist. Diese Temperatur kann durch langsame Oxydation (Selbstentzündung) oder durch Fremdenergie (Fremdzündung) erreicht werden. Die Zündtemperaturen sind nicht nur vom Stoff, sondern auch noch von äußeren Bedingungen abhängig. Sowohl die Selbstentzündungs- wie auch die Fremdentzündungstemperaturen lassen sich derzeit nur durch das Experiment bestimmen [247]. Damit eine eingeleitete Staubexplosion von selbst abläuft, muß für jede Stoffart eine bestimmte Staubkonzentration vorliegen. Dieser Bereich wird durch die untere und obere Zündgrenze festgelegt [247—250]. Die untere Zündgrenze von Stäuben liegt im allgemeinen oberhalb von 10 g/m_n^3, während die obere Grenze etwa zwischen 1—10 kg/m_n^3 liegt.

Da die Kenndaten einer Explosion vorwiegend stoffabhängig sind, lassen sie sich unter Berücksichtigung der jeweiligen äußeren Bedingungen im wesentlichen nur durch das Experiment bestimmen. In diesem Zusammenhang ist auf die Untersuchungen des US-Bureau of Mines, Pittsburgh, USA und die der Bundesanstalt für Materialprüfung, Berlin-Dahlem hinzuweisen. Viele Angaben über Zündtemperaturen und Zündgrenzen, auch aus diesen beiden Institutionen, findet man in Handbüchern [3, 251] und in zahlreichen Aufsätzen. Auf einige sei hingewiesen [252—256].

Die Voraussetzungen für Staubexplosionen lassen sich in Entstaubern nicht immer verhindern, weil durch örtliche Anreicherung Konzentrationswerte erreicht werden können, die innerhalb der Zündgrenzen liegen. Die erforderlichen Zündtemperaturen können durch Funkenentladung entstehen. Aus diesen Bemerkungen wird sichtbar, daß Entstauber oft explosionsgefährdet sind. Diesen Tatbestand muß die Konstruktion in angemessener Weise berücksichtigen [257, 258]. Entweder ist die Anlage so auszulegen, daß sie dem Explosionsdruck standhält oder so, daß die Explosion in eine Richtung gelenkt wird, die für die Menschen und auch für die Anlage ungefährlich ist. Eine Staubexplosion läßt sich aber auch dadurch begrenzen, daß Löschmittel automatisch zugeführt werden. Da die Druckwelle der Explosionsfront meist hinreichend vorauseilt, können solche Schutzmaßnahmen über einen Druckdetektor ausgelöst werden. — (s. a. mehrere Aufsätze zu diesem Thema in den Heften 3 und 4 Staub-Reinh. Luft 1971).

Abschließend zu diesem Kapitel sei erwähnt, daß die Frage der Betriebssicherheit im wesentlichen unter dem Gesichtspunkt angesprochen wird, um auf ihre Bedeutung hinzuweisen.

10. Anwendung und Einsatz von Entstaubern

10.1 Allgemeines über die Anwendung von Entstaubern

Die Aufgaben der Entstaubung lassen sich im wesentlichen in zwei Bereiche aufgliedern, nämlich

1. Entstauben von Luft, die entweder Produktions-, Arbeits- oder Wohnräumen zugeführt wird oder Entstauben von Abgas, das Orte mit Staubquellen wie manche Produktionsprozesse verläßt, auf Werte, die für Mensch, Tier oder Pflanze als unbedenklich gelten. Dieser Aufgabenbereich umfaßt also die Entstaubung von Zu- und Abluft oder Abgas.

2. Abscheidung von dispergierten Stäuben aus Gasen während eines Produktionsvorganges. In diesem Fall liegt die Aufgabe in der Gewinnung des Staubes oder in der Reinigung von Gasen im Verlauf von Produktionsprozessen.

Wenn sich beide Bereiche in sehr vielen Fällen auch nicht wie dargelegt trennen lassen, so ergeben sich aus der genannten Unterscheidung doch einige übersichtliche Bedingungen für die Anwendung und den Einsatz von Entstaubern.

Bei der Staubgewinnung oder der Reinigung von Gasen in der Produktion sind die Kriterien für den Einsatz in erster Linie von produktionstechnischen und ökonomischen Überlegungen abzuleiten. Demgegenüber resultieren die Gründe für die Entstaubung der Zu- und Abluft (oder Abgas) mehr aus gesellschaftsbezogenen Notwendigkeiten (Umweltschutz). So ist verständlich, daß der zulässige Staubgehalt in der Zu- oder Abluft durch gesetzgebende Körperschaften und zuständige Behörden festgelegt wird. Dieser Bereich ist derzeit durch die allgemeine Diskussion über den Umweltschutz verstärkt in das Bewußtsein der breiten Öffentlichkeit gerückt.

Grundsätzliche Bestimmungen über die Reinhaltung der Luft bestehen in sehr vielen Ländern, und zwar der Entwicklung der Technik angepaßt schon seit langer Zeit [259–261].

So sei aus der Fülle der Beispiele nur erwähnt, daß die Stadt Goslar im Jahre 1407 das Rösten der Rammelsberger Erze in der Nähe der Stadt untersagte. Napoleon hat bereits im Jahre 1810 ein Dekret über die Genehmigung für neue Fabrikationsstätten nach Maßgabe der zu erwartenden Belästigung bzw. Gefährdung der Nachbarschaft erlassen.

Die derzeit gültigen Bestimmungen in den Ländern sind so umfangreich, daß sie hier nicht genannt werden können. In der Bundesrepublik sind die rechtlichen Fragen der Luftreinhaltung in zahlreichen Gesetzen und Verordnungen geregelt [262, 263]. Die Normen über den Schutz vor Einwirkungen sind in das Zivilrecht eingegliedert. Hier sind die §§ 823ff., 909 und 1004 BGB zu nennen. Für den Bereich des Strafrechtes sind die Bestimmungen über Körperverletzungen § 223 StGB und Sachbeschädigung § 303 StGB anzuwenden. Die öffentlich rechtlichen Vorschriften dagegen betreffen Probleme der Immission, die mit der Gewerbeordnung (GewO) in den §§ 16ff. geregelt sind. So ist nach § 16 GewO für die Errichtung von Anlagen, die durch ihre örtliche Lage oder die Beschaffenheit der Betriebsstätten für die Besitzer oder Bewohner der benachbarten Grundstücke oder für das Publikum überhaupt erhebliche Nachteile, Gefahren oder Belästigungen herbeiführen können, die Genehmigung der zuständigen Behörde erforderlich. Die Anforderungen an die Luftreinhaltung, die von den entsprechenden Behörden bei der Zulassung genehmigungspflichtiger Anlagen zu stellen sind, enthalten die allgemeinen Verwaltungsvorschriften, Technische Anleitung zur Reinhaltung der Luft vom 8. Sept. 1964 [264]. Neben den bestehenden allgemeinen Immissionsschutzvorschriften haben die Länder spezielle Gesetze erlassen, beispielsweise das Gesetz zum Schutz vor Luftverunreinigungen, Geräuschen und Erschütterungen des Landes Nordrhein-Westfalen vom 30. 4. 1962 und Gesetze mit ähnlichem Inhalt der Länder Baden-Württemberg, Niedersachsen, Rheinland-Pfalz und Bayern [262]. Ferner besteht ein Bundesgesetz über Vorsorgemaßnahmen zur Luftreinhaltung, das vom 17. 5. 1965 datiert [262].

Unbeschadet aller bestehenden Gesetze gilt für den Konstrukteur von Entstaubungsanlagen im Hinblick auf die Entstaubung der Zu- und Abluft (bzw. Abgas), das technisch Mögliche zu verwirklichen und den technischen Fortschritt auf diesem Gebiet mit Nachdruck zu fördern. In dieser Hinsicht sind insbesondere die Arbeiten der VDI-Kommission „Reinhaltung der Luft“ und der VDI-Fachgruppe Staubtechnik zu nennen, deren Arbeitsergebnisse als VDI-Richtlinien „Reinhaltung der Luft“ veröffentlicht werden (VDI-Handbuch Reinhaltung der Luft) [1].

Das Ziel dieses Kapitels ist es, mit der Auswahl der Beispiele auf Möglichkeiten und Schwerpunkte der Entstaubung hinzuweisen. Weiter gilt es zu zeigen, daß sehr viele Entstauber nur in enger Verbindung mit dem jeweiligen Prozeß oder Verfahren und damit als integriertes Element entwickelt, konstruiert und betrieben werden können. Die größten Fortschritte in der Entstaubung sind derzeit über eine Optimierung nicht nur der Entstauber, sondern des gesamten Prozesses zu erreichen.

10.2 Entstaubung von Rauchgasen aus Feuerungsanlagen für feste Brennstoffe

Bei der Verbrennung fester Stoffe tritt Flugstaub auf, der aus unverbrennlichen und nicht verbrannten Anteilen des Brennstoffes besteht, also aus Asche und Flugkoks. Dieser Flugstaub aus den Feuerungsanlagen liefert derzeit den größten Anteil der Luftverschmutzung durch Staub. Bei den Feuerungsanlagen läßt sich zwischen industriellen Anlagen und der Hausbrandfeuerung unterscheiden. Im Hinblick auf die Emission ist anzumerken, daß — zumindest in den Wintermonaten — der Hausbrand einen größeren Anteil an Flugasche emittiert als die Industrie und daß sich dieses Verhältnis wegen der technischen Möglichkeiten und der bestehenden Verordnungen derzeit zu Ungunsten des Hausbrandes verschiebt [265]. Nach QUACK hat sich in der Bundesrepublik von 1953 bis 1966 die installierte Leistung der Wärmekraftwerke etwa vervierfacht, bei einer Verringerung des Staubaustritts um ein Drittel [266].

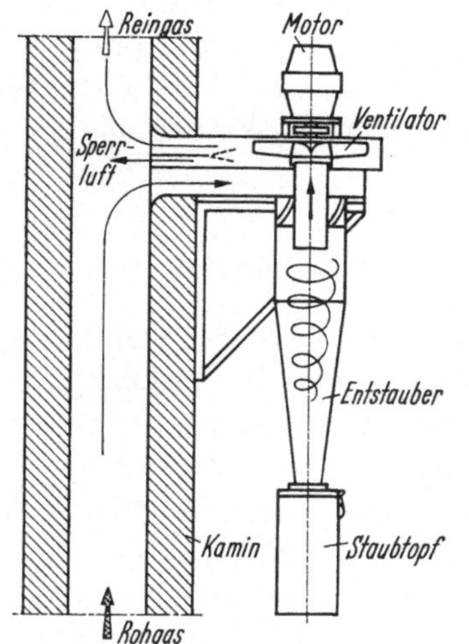

Abb. 10.1 Schema des Kamin-Rauchgas-Entstaubers (Neuzeitliche Verbrennungs- u. Wärmetechnik GmbH u. Co.).

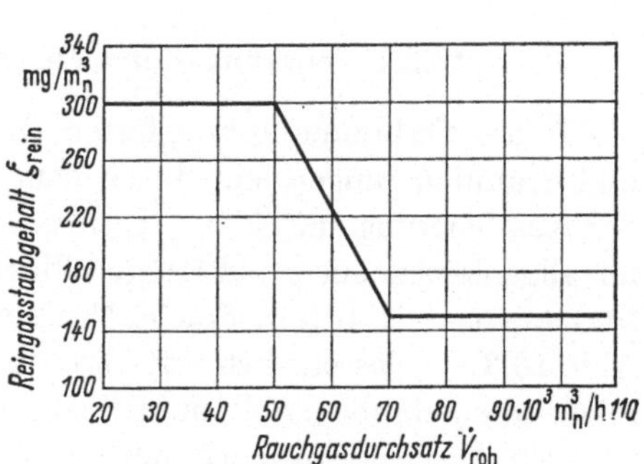

Abb. 10.2 Reingasstaubgehalt in Abhängigkeit von der stündlich durchgesetzten Rauchgasmenge bezogen auf trockenes Rauchgas.

Eine Entstaubung der Rauchgase aus dem Hausbrand wird sich vermutlich aus wirtschaftlichen und betriebstechnischen Gründen nicht in größerem Umfang verwirklichen lassen. Die Bestrebungen werden sich mehr darauf richten, die Stauberzeugung zu verringern, obwohl technische Lösungen auch für die Entstaubung bekannt sind. Abb. 10.1 zeigt z. B. einen Fliehkraftentstauber für diesen Zweck.

Die Stauberzeugung läßt sich herabsetzen durch eine technische Verbesserung der Hausbrandanlagen für feste Brennstoffe [267—269], eine

Umstellung auf Öl [270], Gas [271], Fernwärme [272, 273] oder auf elektrische Energie.

Aus vorgenannten Gründen beschränken sich die Maßnahmen zur Entstaubung von Rauchgasen aus Feuerungsanlagen im wesentlichen auf industrielle oder kommunale Anlagen. Da in diesem Bereich die Feuerungsanlagen für Dampfkessel den weitaus größten Anteil ausmachen, werden sie hier behandelt. Eine sinngemäße Übertragung auf andere Fälle ist ohne weiteres möglich. Der zulässige Staubauswurf für solche Anlagen ist durch die schon angesprochenen Richtlinien festgelegt. Als technisch möglich werden derzeit die mit Abb. 10.2 gezeigten Werte angesehen, die der VDI-Richtlinie 2091 entnommen sind.

Die Bedingungen für die Entstaubung ergeben sich aus den genannten Richtlinien [274, 275] und zahlreichen technischen Einflußgrößen, von denen insbesondere die Art des Brennstoffes, die Arbeitsweise der Feuerungsanlagen und die Leistung der Anlage zu nennen sind.

Zur Entstaubung von Rauchgasen aus industriellen Feuerungsanlagen kommen derzeit nur Fliehkraft- und Elektroentstauber in Frage. Waschentstauber bereiten wegen der Korrosion und des Abwasserproblems Schwierigkeiten und gegen Filtrationsentstauber mit Filterstoffen für höhere Temperaturen sprechen die hohen Wartungskosten und der Druckverlust von etwa 200 mm WS.

10.2.1 Feuerungs- und Flugstaub bei Kesselanlagen

Für die Verbrennung von festen Brennstoffen verwendet man Rost- und Staubfeuerungen mit trockenem und flüssigem Ascheabzug. Bei der Rostfeuerung mit Plan-, Treppen-, Schub- und Wanderrosten fällt im allgemeinen ein grobkörniger Flugstaub an. Nur etwa 10 bis 30% sind kleiner als 10 μm. Solche Feuerungsanlagen — ein Beispiel zeigt Abb. 10.3 — lassen sich oft mit guten Fliehkraftentstaubern hinreichend entstauben. Sollten im Bedarfsfall Elektroentstauber wegen der höheren Abscheidegüte erforderlich sein, so ist zu bedenken, daß Flugkoks wegen seines geringen elektrischen Widerstandes Schwierigkeiten bei der Abscheidung bereiten kann.

Im Bereich der Wärmekraftwerke ist die Staubfeuerung vorherrschend. Durch die Zerkleinerung der Kohle wird die reagierende Oberfläche des Brennstoffes so vergrößert, daß ein Verhalten etwa wie bei Gas- und Ölfeuerungen erreicht wird. Die Folge ist jedoch ein wesentlich feinerer Flugstaub. Die Eigenschaften des Flugstaubes werden aber nicht nur von der Zerkleinerung, sondern auch vom Einbindegrad β beeinflußt. Dieser Wert gibt das Verhältnis zwischen der abgezogenen und der dem Feuerraum zugeführten gesamten Aschemenge an. Bei der Rostfeuerung beträgt der Einbindegrad etwa 60 bis 90%, so daß nur 10 bis

40% der Asche das Kesselende als Flugstaub verlassen. Bei der Staubfeuerung hängt der Einbindegrad β davon ab, wie die Asche abgezogen wird. Man unterscheidet bei der Staubfeuerung zwischen dem trockenen und dem flüssigen Ascheabzug. Bei der Staubfeuerung mit trockenem Ascheabzug (Abb. 10.4a) liegt der Ascheeinbindegrad β sehr niedrig, etwa zwischen 10 bis 20%, so daß vergleichsweise viel Flugstaub anfällt; etwa 20 bis 70% des Flugstaubes haben eine Teilchengröße kleiner als 10 µm.

Ein flüssiger Ascheabzug setzt entsprechend hohe Temperaturen voraus. Bei der Schmelztrichterfeuerung (Abb. 10.4b) liegen nur im Trichter so hohe Temperaturen vor, daß die Schlacke dort flüssig ist. Bei der

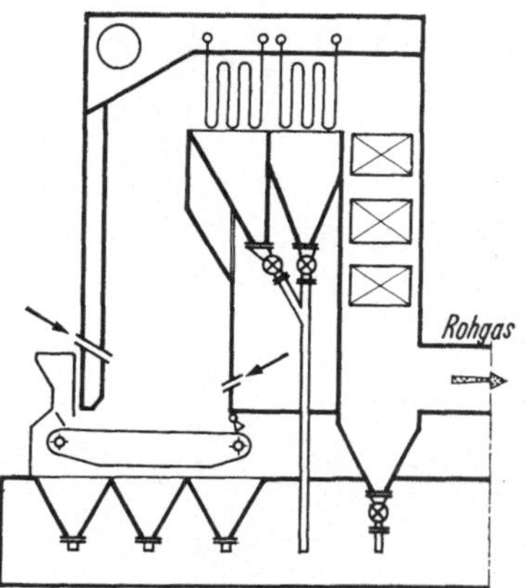

Abb. 10.3 Dampferzeuger mit Wanderrost.

Zyklonfeuerung (Abb. 10.4c) wird durch die spezielle Brennstoff- und Luftführung eine so intensive Verbrennung erreicht, daß die Schlacke bereits im Zyklon flüssig abläuft. Der Einbindegrad β liegt bei der Trichterform bei etwa 50%, bei den Zyklonfeuerungen dagegen bei etwa 80%. Der Vorteil der Staubschmelzfeuerungen liegt neben der geringeren Staubmenge noch darin, daß man aus der flüssigen Schlacke ein grobkörniges Granulat erhalten kann. Aus diesem Grunde wird auch der gesamte im Entstauber abgeschiedene Flugstaub bei der Schmelzfeuerung in die Schmelzkammer zurückgeführt und dort eingebunden. Als Nachteil für die Entstaubung ist anzuführen, daß mit der Temperatur und daher mit dem Einbindegrad β die Feinheit des Flugstaubes und der elektrische Widerstand ansteigen. Bei den sehr hohen Temperaturen verdampfen Teile der Schlacke. Der als Folge durch Sublimieren entstehende sehr feine Staub besteht aus reinen Mineralstoffen, die einen hohen Widerstand besitzen.

Die Braunkohlefeuerungen unterscheiden sich im Prinzip nicht von den Steinkohlefeuerungen, jedoch in gewissen Daten. Einige Richtwerte über den Staub bei Kraftwerken gibt Tab. 10.1.

Nach den vorstehenden Ausführungen beeinflußt die Bauart der Feuerungsanlage nicht nur die Feinheit des Flugstaubes, sondern auch den Staubwiderstand, von dem die Abscheidegüte eines Elektroentstaubers ebenfalls in hohem Maße abhängt. Da der Flugkoks nur einen geringen Widerstand von etwa $10^3\,\Omega\cdot\mathrm{cm}$ besitzt, darf der Anteil im Flugstaub nicht zu hoch sein. Es liegt aber im Bestreben der Kraft-

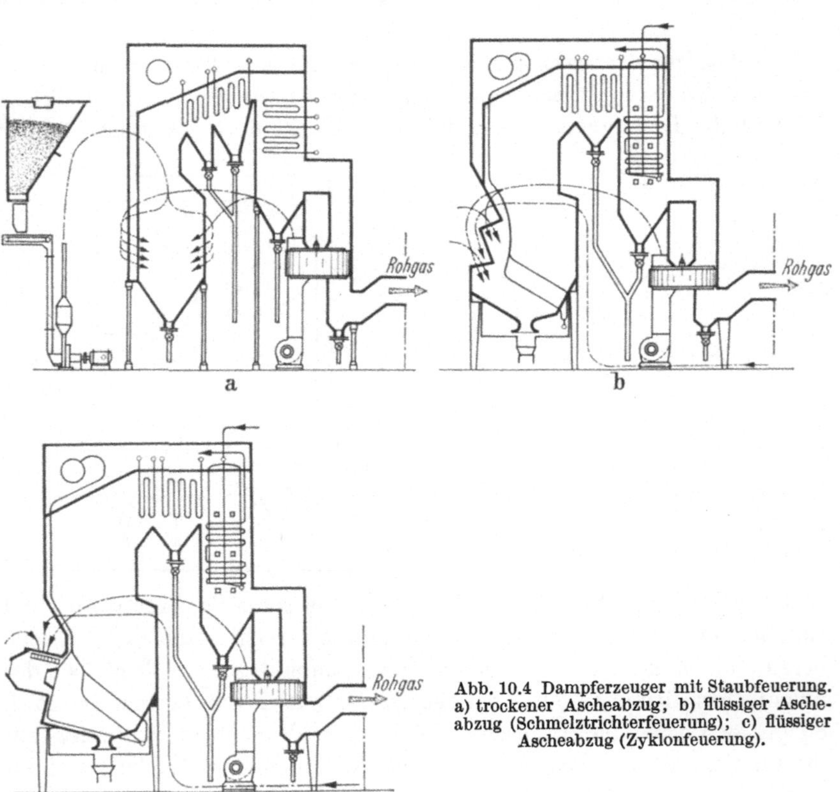

Abb. 10.4 Dampferzeuger mit Staubfeuerung. a) trockener Ascheabzug; b) flüssiger Ascheabzug (Schmelztrichterfeuerung); c) flüssiger Ascheabzug (Zyklonfeuerung).

werke, den Brennstoff möglichst gut auszunutzen und somit den Anteil an Unverbranntem möglichst klein zu halten, wie es z. B. bei den Staubfeuerungen der Fall ist. Besondere Probleme durch Rücksprühen treten bei hohem Staubwiderstand auf. Dieser Bereich kann bei Schmelz-, insbesondere bei Zyklonfeuerungen erreicht werden. In diesem Fall ist neben konstruktiven Lösungen auch an betriebstechnische Maßnahmen zur Verbesserung der Abscheidegüte zu denken. Möglichkeiten hierzu bieten die Rauchgastemperatur und die Feuchtigkeit. Bei hohem elektrischen Staubwiderstand, der maximale Wert liegt in Abhängigkeit von der Temperatur meist im Bereich zwischen 130 und 150 °C, ist eine

Tabelle 10.1

Einige Richtwerte über den Staub bei Feuerungsanlagen in Wärmekraftwerken [276–280]

Brennstoff		Steinkohle				Braunkohle	
Feuerungsart		Rost	Staub			Rost	Staub
Ascheabzug		trocken	trocken	flüssig		trocken	trocken
				Trichter	Zyklon		
Ascheeinbindegrad β		60···90	10···20	~ 50	~ 80	40···80	10···30
Flugstaub-anteil % < 10 μm	Mittel-wert	15	50	60	70	20	40
	Bereich	10···30	20···70	30···80	50···90	10···40	10···70
ζ_{roh} g/m$_n^3$	Mittel-wert	5	20	—	—	5	10
	Bereich	0,5···40	5···40	5···50	5···60	1···10	3···30
ζ_{rein} g/m$_n^3$		0,03 ··· 0,4	0,01···0,2			0,1 ··· 0,6	0,01 ··· 0,3
Entstauber		Flieh-kraft-	Elektro-			Flieh-kraft-	Elektro-
Gesamtentstaubungs-grad η_G %		70···95	96···99,9			80···95	97 ··· 99,9

möglichst niedrige Rauchgastemperatur bei gleichzeitig hoher Feuchtigkeit anzustreben, damit die Oberflächenleitfähigkeit des Staubes zunimmt. Auch SO_3- und Ammoniakdämpfe können sich günstig auswirken [112, 113, 281, 282].

10.2.2 Entstaubungsanlagen für Dampfkessel und industrielle Feuerungsanlagen

Für kleinere Anlagen mit einer Leistung bis etwa 50 t Dampf/h wird im allgemeinen die Rostfeuerung eingesetzt. In diesen Fällen ist eine Entstaubung mit Fliehkraftentstaubern möglich [283]. Die Anordnung eines Entstaubers aus parallelgeschalteten Zyklonen zeigt Abb. 10.5. Über den Entstaubungsgrad solcher Anlagen bei verschiedenen Bedingungen findet man in einer Arbeit von Brandt zahlreiche Angaben. Als Richtwert darf man einen Gesamtentstaubungsgrad von etwa 90 bis 92% annehmen [277].

Für größere Anlagen verwendet man fast ausschließlich Elektroentstauber, und zwar sowohl horizontal- wie vertikaldurchströmte

Elektroentstauber [280, 284–292]. Einige Beispiele für Aufstellungsmöglichkeiten zeigt Abb. 10.6. Als Standort kommen in Frage eine erdlastige Aufstellung zwischen Kesselhaus und Schornstein (Abb. 10.6a

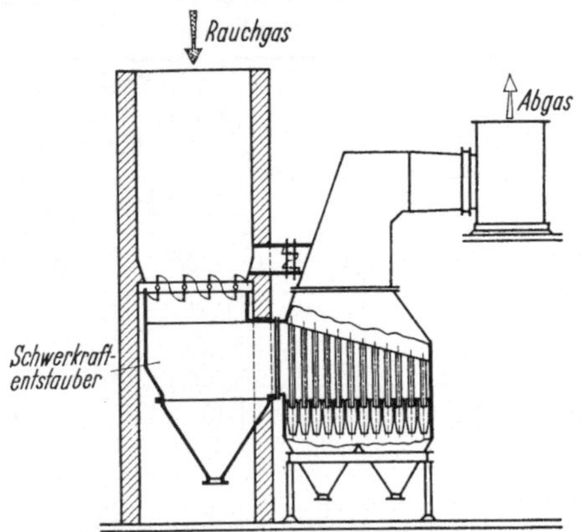

Abb. 10.5 Schema einer Anlage zur Entstaubung von Rauchgasen durch einen Vielzellen-Fliehkraftentstauber.

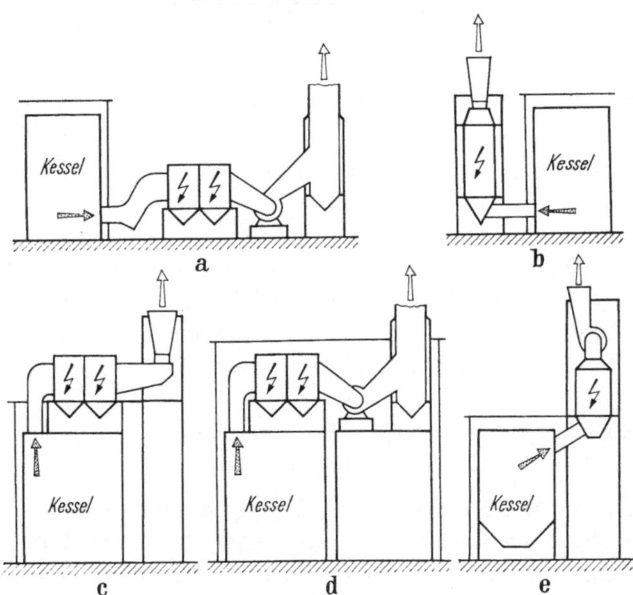

Abb. 10.6 Verschiedene Einbaumöglichkeiten von Elektroentstaubern bei Dampfkesselanlagen.

u. b), das Dach des Kesselhauses (Abb. 10.6c), das Kesselgerüst (Abb. 10.6d) und der Kraftwerksturm (Abb. 10.6e). Die erdlastige Aufstellung ist im Hinblick auf Wartung und Kosten die günstigste und daher auch die häufigste. Hierbei ist zu bedenken, daß große Elektroentstauber ein Gewicht von mehreren hundert Tonnen erreichen.

Nach den Referenzlisten der Hersteller von Elektroentstaubern, z. B. der Fa. Lurgi, Frankfurt/Main oder der Firma Apparatebau Rothemühle, werden für die Kraftwerksentstaubung über 90% als horizontaldurchströmte Elektroentstauber ausgeführt. Für hohe Anforderungen an die Entstaubung und für schwierige Bedingungen bietet der Mehrkammer- oder Mehrfeldentstauber Vorteile. Diese liegen darin, daß sich jedes Feld sowohl im Hinblick auf die Strom- und Spannungswerte wie auch auf die Klopfintervalle optimieren läßt. Das Schema eines solchen Entstaubers aus zwei Kammern zeigt Abb. 10.7.

Für die Rauchgasentstaubung werden wiederholt Kombinationen von Fliehkraft- und Elektroentstaubern vorgeschlagen und auch eingesetzt

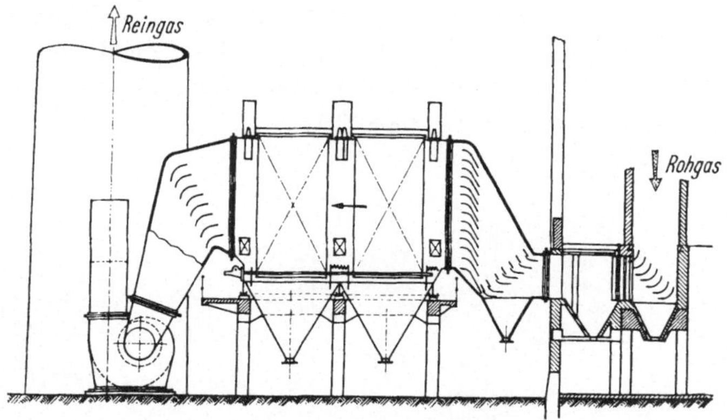

Abb. 10.7 Horizontal durchströmter Entstauber mit zwei Kammern (Mehrzonenentstauber).

[293, 294]. Dabei kann der Fliehkraftentstauber dem Elektroentstauber sowohl vor- als auch nachgeschaltet sein. Diese Lösung ist noch recht umstritten, und es ist zu vermuten, daß Elektroentstauber, entsprechend optimiert und ausgelegt, auch ohne zusätzliche Fliehkraftentstauber bei etwa gleichen Kosten eine vergleichbare Leistung erreichen.

Für ausgeführte Elektroentstauber lassen sich folgende Richtwerte nennen:

Effektive Wanderungsgeschwindigkeit	3 bis 20 cm/s
Gasgeschwindigkeit in den Gassen	1 bis 1,5 m/s
Druckverlust	10 mm WS
Abgastemperatur	130 bis 250 °C
Energiebedarf	0,1 bis 0,6 kWh/1000 m_n^3
Sprühstrom	0,15 bis 0,65 mA/m^2 Niederschlagsfläche

Die Anlagekosten der Entstaubung betragen bei Wärmekraftwerken etwa 4 bis 6% der Gesamtkosten.

Insgesamt gesehen stellen die modernen Wärmekraftwerke an die Elektroentstaubung höchste Anforderungen. Wie die bisherigen Ausführungen haben sichtbar werden lassen, darf man die Entstaubung nicht isoliert betrachten. Im Hinblick auf eine Optimierung sind bei Planungen für Kraftwerke die Maßnahmen und Möglichkeiten der Entstaubung von Anbeginn an mit in die Gesamtkonzeption einzubeziehen. Zu berücksichtigen ist ferner, daß sich die Zusammensetzung des Brennstoffes im Laufe der langjährigen Betriebszeiten ändern kann. Man muß daher bei der Bemessung ausreichende Sicherheitszuschläge vorsehen.

Eine zunehmende Bedeutung erhalten Feuerungen zur Müllverbrennung. Spezifisch ist hierbei die Ausbildung der Roste und des Feuerungsraumes, die insbesondere von der Art des Mülls abhängt. Die Probleme der Entstaubung unterscheiden sich im Grundsatz nicht von denen für Dampfkessel. Es werden wegen der stadtnahen Standorte bevorzugt Elektroentstauber eingesetzt [295–297].

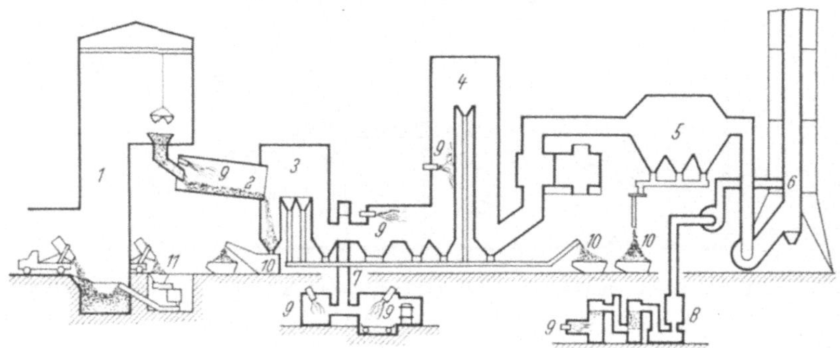

Abb. 10.8 Schema einer Anlage zum Verbrennen von Produktionsrückständen [296].
1 Bunkergebäude, *2* Drehrohrofen, *3* Nachbrennkammer, *4* La Mont-Abhitzekessel, *5* Elektroentstauber, *6* Kamin, *7* Herdwagenofen, *8* Brennkammer mit Waschanlage, *9* Brenner für flüssige Rückstände, *10* Schlackentrog, *11* Prallmühle.

Abbildung 10.8 zeigt das Schema einer Anlage zum Verbrennen von Produktionsrückständen aus einer chemischen Fabrik [296]. Die Verbrennung erfolgt in einem Drehofen bei etwa 1200 °C und einer Verweilzeit von 30 min. Die Eintrittstemperatur beim Elektroentstauber beträgt 300 °C, der Gesamtentstaubungsgrad $\eta_G = 99{,}5\%$.

10.3 Die Gichtgasentstaubung

[298–305]

Bei der Verhüttung von Eisenerzen im Hochofen entsteht Gichtgas, das sich aus etwa 6–12% CO_2, 28–33% CO, 1–4% H_2 und 55–60% N_2 zusammensetzt. Der Heizwert liegt zwischen 600 und 1000 kcal/m_n^3. An Beimengungen enthält das Gas etwa 10–50 g/m_n^3 Gichtstaub, der vor allem aus Feinerz und Koksabrieb besteht. Da pro Tonne Roheisen etwa 4000 m_n^3 Gichtgas anfallen, beträgt die Staubmenge etwa 40 bis 200 kg/Tonne Roheisen, also 4—20% der Roheisenerzeugung.

Das Gichtgas, ein Nebenprodukt der Roheisengewinnung, ist zu einem wichtigen Bestandteil der Energiewirtschaft der Hüttenwerke geworden.

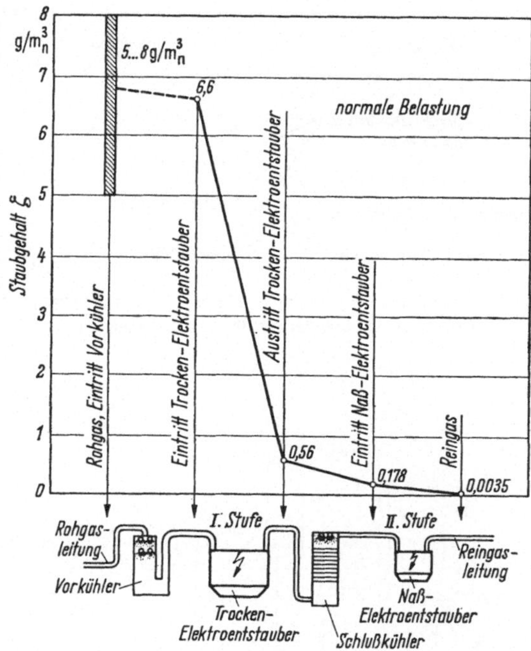

Abb. 10.9 Gichtstaubgehalt von der Hochofengicht bis zur Reingasleitung [304].

Es dient, um nur einige Beispiele zu nennen, zur Beheizung der verschiedenen Öfen in den Hüttenwerken, wie Wärme-, Schmelz-, Trocken-, Kokerei- und Glühöfen und der Winderhitzer. Gichtgas wird aber auch als Brennstoff für Gasmaschinen, Gasturbinen und Dampfkraftwerke verwendet.

Für den Betrieb von Gasmaschinen ist wegen des Verschleißes eine Entstaubung auf etwa 5 mg/m_n^3 anzustreben. Für Feuerungen ist eine so weitgehende Entstaubung nicht erforderlich. Es werden derzeit Werte von etwa 20 mg/m_n^3 als ausreichend angesehen. Wenn dieser Wert teilweise auch durch die technischen Einrichtungen gefordert wird, so ist gleichzeitig zu berücksichtigen, daß jede Gichtgasreinigung auch zur Reinhaltung der Luft beiträgt, denn das verbrannte Gichtgas tritt letztlich als Abgas auf, das in die umgebende Luft abgegeben wird und damit den gegebenen Richtlinien unterworfen ist.

Die Entstaubung eines Rohgases von z. B. 50 g/m_n^3 auf 5 mg/m_n^3

erfordert einen Gesamtentstaubungsgrad von $\eta_G = 99{,}99\%$. Es ist einzusehen, daß eine so hohe Entstaubung in einer einzigen Stufe, außer in Sonderfällen, nicht zu erreichen ist. Daher wird Gichtgas im Normalfall in zwei Stufen gereinigt, nämlich in einer Grob- und einer Feinreinigungsstufe. Geht man davon aus, daß in der Vorreinigung eine Ent-

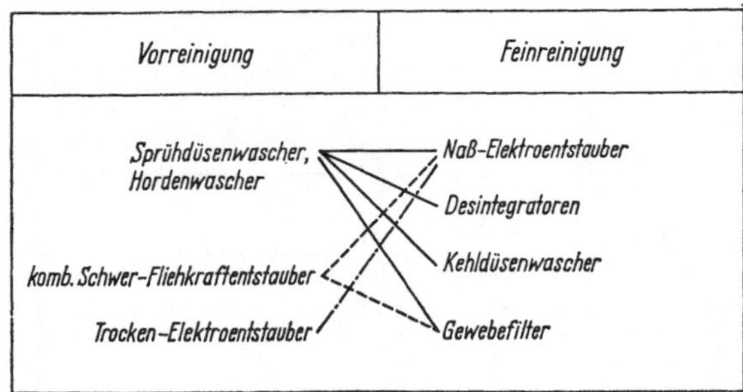

Abb. 10.10 Entstauber für die Gichtgasreinigung.

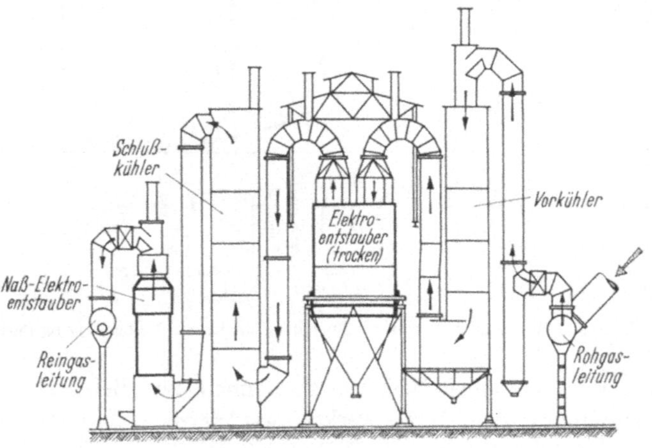

Abb. 10.11 Zweistufige Elektroentstauberanlage zur Reinigung von Hochofen-Gichtgas (nach K. GUTHMANN).

staubung auf 1 g/m_n^3 erfolgt, so beträgt die Gesamtentstaubung in der Vorreinigung 98% und in der Feinreinigung 99,5%. Dieses Rechenbeispiel möge die Anforderungen an die Entstaubung aufzeigen. Den Verlauf des Staubgehaltes im Gichtgas in einer ausgeführten zweistufigen Anlage zeigt Abb. 10.9.

Zur Entstaubung des Gichtgases sind alle behandelten Entstauber in entsprechender Kombination geeignet. Es bieten sich an für die Vorreinigung z. B. Schwer-, Fliehkraft- und Waschentstauber, für die Feinreinigung Elektro-, Filtrations- und Waschentstauber. Eine Übersicht hierzu zeigt Abb. 10.10.

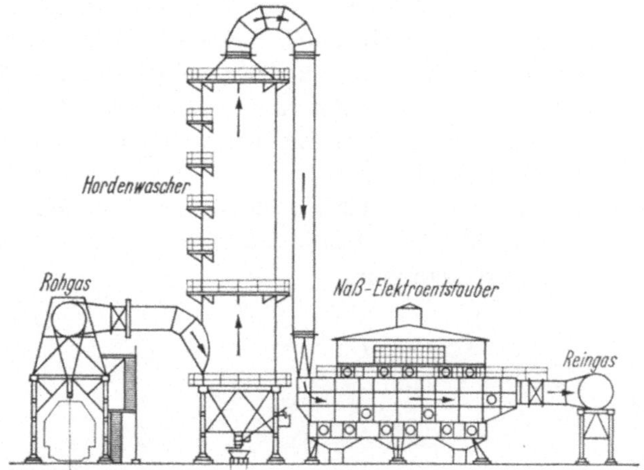

Abb. 10.12 Hochofen-Gichtgas-Naßelektroentstauber (nach K. GUTHMANN [301]).

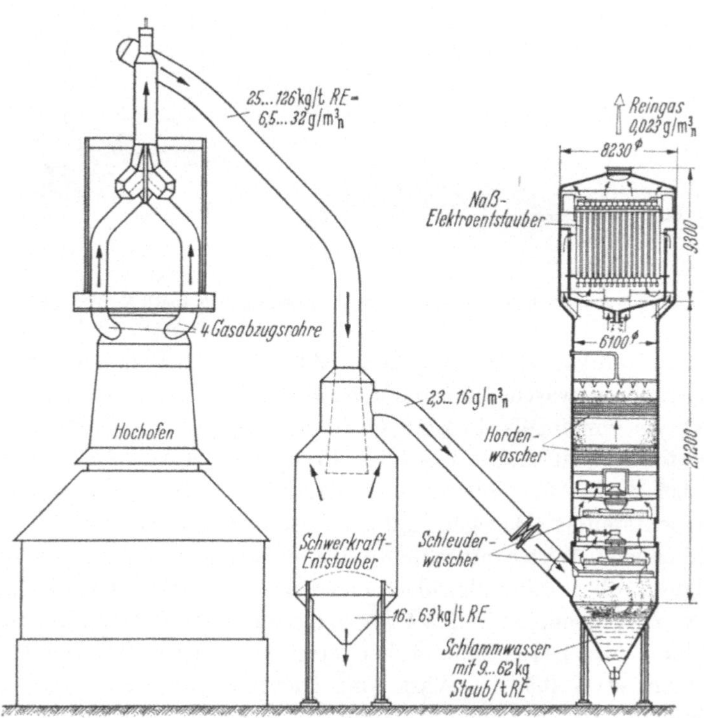

Abb. 10.13 Amerikanische Gichtgasreinigung für Hochdrucköfen mit Wasch- und Elektroentstauber im Verbund (nach K. GUTHMANN [301]).

Ein kombiniertes Verfahren mit zwei Elektroentstaubern zeigt Abb. 10.11 im Schema. Das den Hochofen mit einer Temperatur von etwa 300 °C verlassende Gichtgas wird zunächst vorgekühlt und dann einem trocken arbeitenden Elektroentstauber zugeführt. Da die zweite Reinigungsstufe aus einem Naß-Elektroentstauber besteht, ist eine weitere Kühlung zwischengeschaltet.

Auf den elektrischen Vorreiniger kann man verzichten, wie aus Abb. 10.12 hervorgeht. Der Hordenwascher übernimmt sowohl die Kühlung wie die Vorentstaubung.

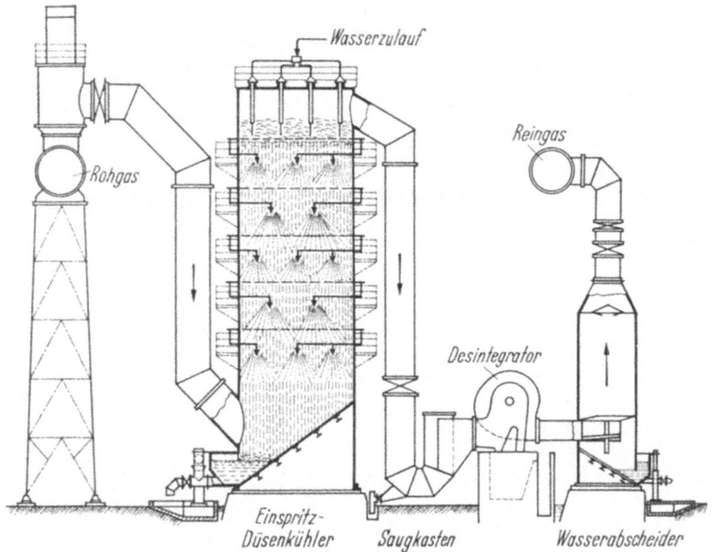

Abb. 10.14 Naßreinigung mit Einspritzkühler und Desintegrator (nach K. GUTHMANN [300]).

Eine weitere moderne Anlage zeigt Abb. 10.13. Hier sind ein Schleuder- und ein Hordenwascher sowie der Naß-Elektroentstauber zu einer Baueinheit zusammengefaßt. Eine Gichtgasreinigung mit Hilfe von Desintegratoren zeigt Abb. 10.14. Der Energiebedarf von Desintegratoren liegt bei 4—6 kWh/1000 m_n^3 und damit wesentlich höher als beim Elektroentstauber. Dagegen sind die Anschaffungskosten niedriger. Eine abschließende Wirtschaftlichkeitsangabe läßt sich nur unter Berücksichtigung aller Einflußgrößen machen [305]. Für Überdruckhochöfen werden besonders in den USA und neuerdings auch in der Bundesrepublik Venturi-Waschentstauber eingesetzt. Diese Venturi-Wascher benötigen etwa 0,5—1 l Wasser/m_n^3 Gichtgas. Je nach Feinheit des Staubes sind Druckverluste bis 1000 mm WS und mehr zu überwinden. Beim Halberg-Beth-Verfahren erfolgt die Feinreinigung mit einer Schlauchfilteranlage.

10.4 Entstaubung von Gasen aus offenen metallurgischen Prozessen

Offene metallurgische Prozesse sind die durch Oxydationsvorgänge gekennzeichneten Frischverfahren. Sie dienen dazu, die im Roheisen gelösten unerwünschten Bestandteile, wie Kohlenstoff, Phosphor, Mangan und Silizium zu oxydieren und in Form einer festen oder auch flüssigen Schlacke oder über die Gasphase zu entfernen. Man erhält durch diesen Prozeß einen Stahl entsprechender Güte. Zur Oxydation verwendet man Luft, mit Sauerstoff angereicherte Luft oder auch reinen Sauerstoff. Das Gas kann entweder auf oder durch das flüssige Metallbad

Tabelle 10.2

Anteil der Frischverfahren bei der Weltstahlerzeugung (teilweise Schätzwerte auf Grund von geplanten Investitionen)

Jahr	Sauerstoff-aufblas-Verfahren	Siemens-Martin-Verfahren	Elektro-lichtbogen-Verfahren	Thomas- und sonstige Verfahren
1965	16,4	59	12,0	12,6
1970	38,5	43,8	11,8	5,9
1975	52,7	30,7	14,4	2,2

geleitet werden. Als Frischverfahren finden derzeit Anwendung das Sauerstoffaufblas-, das Siemens-Martin-, das Elektrolichtbogen- und das Thomas-Verfahren. Die Anteile dieser einzelnen Verfahren an der Stahlerzeugung in der Welt sind in Tab. 10.2 dargestellt, die auch die Entwicklungstendenzen auf diesem Gebiet zeigt.

10.4.1 Das Sauerstoffaufblasverfahren

Beim Sauerstoffaufblasverfahren, das von den Hüttenwerken Linz und Donawitz entwickelt worden ist (LD-Verfahren), wird technisch reiner Sauerstoff auf das flüssige, mit Schlackenbildnern und Schrott versetzte Metallbad (1100—1300 °C) geblasen. Die Dauer des Frischvorganges beträgt je nach der Größe des Konverters etwa 15 bis 40 min bei einem Sauerstoffverbrauch von etwa 50—60 m_n^3 pro Tonne Fertigstahl. Die Temperatur des Metallbades steigt beim Frischen auf etwa 1600 °C an. Als Reaktionsgase entweichen bei 4,2% Kohlenstoffgehalt und ohne Luftzusatz [306, 307] 78 m_n^3/t Roheisen, die zu 90% aus CO, 10% aus CO_2 und etwa 10 kg Eisendämpfe je t Roheisen bestehen. Da dieses Gas wegen des Kohlenmonoxidgehaltes hoch giftig ist, darf es nicht ohne entsprechende Behandlung in die Atmosphäre abgeleitet werden.

Zur Abgasbehandlung finden zwei Methoden Anwendung, nämlich eine Gasgewinnung ohne Oxydation und eine mit Nachverbrennung. Ohne Nachverbrennung ist nur die fühlbare Wärme durch Kühlen abzuführen und der Staub durch entsprechende Entstauber zu beseitigen. Aus Sicherheitsgründen werden derzeit nur Venturi-Entstauber und ähnliche Bauarten benutzt. Als Beispiele für diese Methode sind das O. G.-Verfahren der Yawata-Demag-Baumco [306, 307], das Krupp-Mindestgas-Verfahren [308] und das französische IRSID-CAFL-Verfahren [309] zu nennen.

Die andere Möglichkeit, nämlich eine Verbrennung des Konvertergases mit einer möglichst kleinen Luftüberschußzahl ($1 < n < 2$), wird derzeit am häufigsten angewendet. Bei dieser Verbrennung entstehen neben einer entsprechenden Wärmeenergie auch größere Abgasmengen bei höheren Temperaturen. Ferner wird das verdampfte Eisen zu Eisenoxiden, etwa 80% Fe_2O_3 und 20% FeO oxydiert. Dieses Eisenoxid erteilt dem Rohgas eine intensive braune Farbe, woraus sich auch der Name „Brauner Rauch" ableitet. Der Staub im Rohgas ist sehr fein, z. B. 85% < 1 μm (s. Tab. 10.3). Der Staubgehalt liegt je nach Luftüberschuß um etwa 30 g/m_n^3. Bei der Nachverbrennung kann die Gastemperatur auf über 2000 °C ansteigen.

Tabelle 10.3 *Teilchengröße beim Braunen Rauch* [314, 316, 317]

Verfahren	Korngröße und Mengenanteil			
Aufblasverfahren	0···0,5 μm	0,5···1 μm	> 1 μm	
	a) 20%	65%	15%	
	b) 20···50%	45···65%	12%	
Siemens-Martin-Verfahren	0···5 μm	5···10 μm	10···20 μm	> 20 μm
	55%	25%	15%	Rest
Lichtbogen-Verfahren	0···10 μm	10···44 μm	> 44 μm	
	8···18%	7···70%	7···16%	

10.4.2 Das Thomas-Verfahren [310, 311]

Beim Thomas- und auch dem älteren Bessemer-Verfahren wird Luft durch das Metallbad geblasen (bodenblasende Konverter). Das hierbei entstehende Kohlenmonoxid verbrennt in der Konvertermündung. Es fallen etwa 2200 m_n^3 Abgas je Tonne Roheisen mit einem Staubgehalt von etwa 20 g/m_n^3 an. Die Temperatur kann durch die Nachverbrennung bis auf etwa 2000 °C ansteigen. Durch Sauerstoffzusatz ändern sich die genannten Werte.

Der Unterschied zwischen den beiden Windfrischverfahren liegt im Hinblick auf die Entstaubungstechnik darin, daß beim Thomas-Verfahren mit 2200 m_n^3/t Roheisen wesentlich größere Abgasmengen als beim Aufblasverfahren mit etwa 300 $m^3{}_n$/t Roheisen bei $n \approx 1{,}5$ bzw. 60—80 m_n^3/t ohne Nachverbrennung anfallen.

10.4.3 Das Siemens-Martin-Verfahren

Dieses Verfahren ist dadurch gekennzeichnet, daß die Beschickung aus Schrott, Roheisen und Zuschlagstoffen in einem flachen Ofenherd durch darüber hinwegstreichende Flammengase zunächst geschmolzen und dann oxydiert wird. Dieses Verfahren ist also nicht an einen Hochofen gebunden, weil kein flüssiges Metallbad zum Anfahren erforderlich ist. Das Frischen im Siemens-Martin-Ofen kann sowohl mit normaler wie auch mit sauerstoffangereicherter Luft erfolgen. Ohne Sauerstoffzusatz fallen etwa 2800 m_n^3 Abgas/t Schmelze mit einer Temperatur von etwa 1600 °C und einem Staubgehalt von 1 g/m_n^3 an.

Durch die Art des Verfahrens entsteht ein verbranntes Abgas. Die erste Kühlung auf etwa 700 °C erfolgt in dem für das Verfahren notwendigen Regenerator zum Vorwärmen der Luft. In einem nachgeschalteten Abhitzekessel wird weiter gekühlt, etwa auf Werte unter 300 °C. Dieses Abgas wird dann der Entstaubung, in der Mehrzahl Elektroentstaubern, zugeführt.

Der Staubgehalt und auch die -feinheit hängen außer von der Beschickung vor allem von dem Frischvorgang ab. Wird mit normaler Luft oxydiert, dann liegt der Staubgehalt meist unter 1 g/m_n^3. Der Staub ist verhältnismäßig grob. Durch Sauerstoffzusatz steigt die Feinheit, insbesondere aber der Staubgehalt z. B. auf 20 g/m_n^3 an [312—314].

10.4.4 Das Elektrolichtbogen-Verfahren

Das Elektrolichtbogen-Verfahren steht dem Siemens-Martin-Prozeß vergleichsweise nahe. Jedoch wird die Wärmeenergie zum Schmelzen nicht durch Brennstoffe erzeugt, sondern über die elektrische Gasentladung.

Das Frischen erfolgt mit Sauerstoff, angereicherter oder normaler Luft. Die Frischdauer hängt vom Sauerstoffgehalt der Gase ab und liegt im allgemeinen unter 2 Stunden. Die Abgasmenge erreicht ohne Falschluft und je nach O_2-Zusatz Werte etwa zwischen 150 und 400 m_n^3/h und Tonne Schmelze. Die Abgastemperatur am Ofenausgang schwankt, wie auch bei anderen Frischverfahren, während des Oxydationsvorganges. Bei reinem Sauerstoff sind abhängig von der Kühlung der Haube Werte bis etwa 2000 °C möglich [315]. Auch der Staubgehalt ändert sich wie bei anderen Verfahren während einer Arbeitsperiode. Er liegt etwa zwischen 1 und 5 g/m_n^3. Die Feinheit des Braunen Rauches hängt von den Betriebsbedingungen ab. Einige Werte sind in Tab. 10.3 angegeben.

Im Gegensatz zum Aufblasverfahren sind die Kohlenmonoxidbildung und auch der Staubanfall beim Elektrolichtbogenofen deswegen geringer, weil der Kohlenstoffgehalt des Einsatzes meist nur zwischen 0,3 und 1% liegt.

Des weiteren ist zu erwähnen, daß sich der Lichtbogenofen verhältnismäßig schwierig als ein geschlossenes Gefäß ausbilden läßt, so daß mit einer bestimmten Menge Falschluft gearbeitet wird. Die Verbrennung der Abgase findet im allgemeinen in einem wassergekühlten Rohrstück statt.

10.4.5 Allgemeine Hinweise zur Entstaubung des Braunen Rauches

Für die Entstaubung der Abgase aus den genannten Frischverfahren sind im wesentlichen drei Einflüsse zu nennen, die besondere Anforderungen stellen, nämlich die hohe Feinheit des Braunen Rauches, die hohen Abgastemperaturen und der sich zeitlich verändernde und absatzweise Vorgang. Zu berücksichtigen sind weiter das Schmelz- und Oxydationsverfahren, die Stahlsorten und die Explosions- oder Verpuffungsgefahr.

Über die Feinheit des Braunen Rauches findet man in der Literatur recht unterschiedliche Angaben. Dies ist wohl darauf zurückzuführen, daß in sehr vielen Fällen nicht die Größe der Primärteilchen, sondern die der Agglomerate genannt wird. Die Größe der Primärteilchen liegt nach elektronenoptischen Aufnahmen etwa zwischen 0,03 und 0,2 μm.

Weiter ist zu berücksichtigen, daß die Teilchengröße in hohem Maße auch von dem Verfahren und dabei insbesondere von der Temperatur und dem Sauerstoffgehalt abhängt. In Tab. 10.3 sind einige Literaturangaben über die Teilchengröße des Braunen Rauches zusammengestellt.

Die hohe Feinheit des Braunen Rauches ist Ursache dafür, daß eine Entfärbung erst bei Staubkonzentrationen unterhalb von 150 mg/m_n^3 erfolgt. Da Reingaskonzentrationen anzustreben sind, die unterhalb dieses Wertes liegen, kommen für die Entstaubung des Braunen Rauches nur Elektro-, Venturi- und Filtrationsentstauber in Frage.

Die hohen Temperaturen der Reaktionsgase erfordern eine Kühlung. Dies kann durch Dampferzeuger, Wärmeaustauscher oder auch durch eine Verdampfungskühlung geschehen. Durch die Verdampfungskühlung entstehen große Wasserdampfmengen, die den Entstauber zusätzlich belasten.

Bei der Optimierung einer Anlage sind der unterbrochene Betrieb und die sich während einer Arbeitsperiode zeitlich verändernden Abgasmengen, Abgastemperaturen und Staubmengen zu berücksichtigen. Dieser Komplex bedingt oft regelungstechnische Maßnahmen in größerem

Umfang. Mit diesen Einrichtungen läßt sich auch die Explosionsgefahr verringern oder beseitigen.

Bezüglich der eingesetzten Anlagen ist zu erwähnen, daß bei der Entstaubung der Aufblasverfahren Elektroentstauber und Venturiwascher etwa in gleichem Umfang zum Einsatz kommen. Die Zahl der bisher eingesetzten Filtrationsentstauber ist gering. Bei den Siemens-Martin-Öfen ist derzeit der Elektroentstauber vorherrschend, während bei den Elektrolichtbogen-Verfahren, z. B. in den USA, insbesondere Filtrationsentstauber zum Einsatz kommen.

Der von den Entstaubern abgeschiedene Braune Rauch wird im allgemeinen pelletisiert und als Rohstoff in den Hochofen bzw. den Stahlgewinnungsprozeß zurückgeführt.

Zur Entstaubung des Braunen Rauches sind sehr viele Einflüsse zu berücksichtigen. Die wichtigsten sind zusammengefaßt: Zusammensetzung der Beschickung, Art des Frischverfahrens, Sauerstoffgehalt beim Frischen, Dauer des Frischvorganges, Änderung der Gas- und Staubmenge während des Frischens, Änderung der Gas- und Staubzusammensetzung während einer Arbeitsperiode, absatzweiser Betrieb, Explosionsgefahr, Korrosion und Abdichtung der Hauben.

10.4.6 Entstaubungsanlagen für Aufblasverfahren

Für dieses Verfahren kommen Elektro- und Venturi-Entstauber in Verbindung mit Abhitzekesseln und Verdampfungskühlern zum Einsatz.

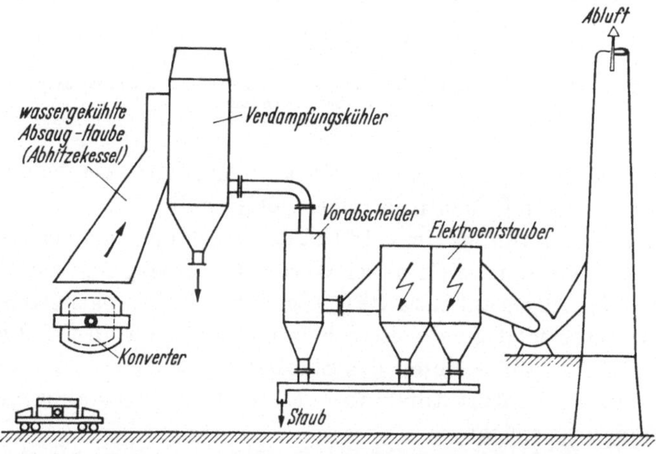

Abb. 10.15 Schema einer Elektroentstaubung für ein Sauerstoffblasstahlwerk.

In Abb. 10.15 ist das Schema einer Entstaubung für einen 270 t-Konverter mit einer Erzeugung von 0,8 Mill. t Rohstahl/Jahr dargestellt [316]. Das Abgas durchströmt eine wassergekühlte, 16,5 m lange Absaughaube, die auch als Abhitzekessel zur Dampferzeugung ausgebildet sein kann. Hier wird das Gas mit einem mittleren Staubgehalt von 16 bis 21 g/m_n^3 beispielsweise auf 800 bis 1000 °C gekühlt. Im Verdampfungskühler wird die Temperatur weiter auf etwa 300 °C herabgesetzt. Hier wird bereits eine gewisse Staubmenge abgeschieden. Im Trockenelektroentstauber erfolgt eine Gasreinigung auf etwa 60 mg/m³ (260 °C). Auch neue Bauarten von Elektroentstaubern bieten sich wegen der besonderen Eigenschaften des Braunen Rauches an [318].

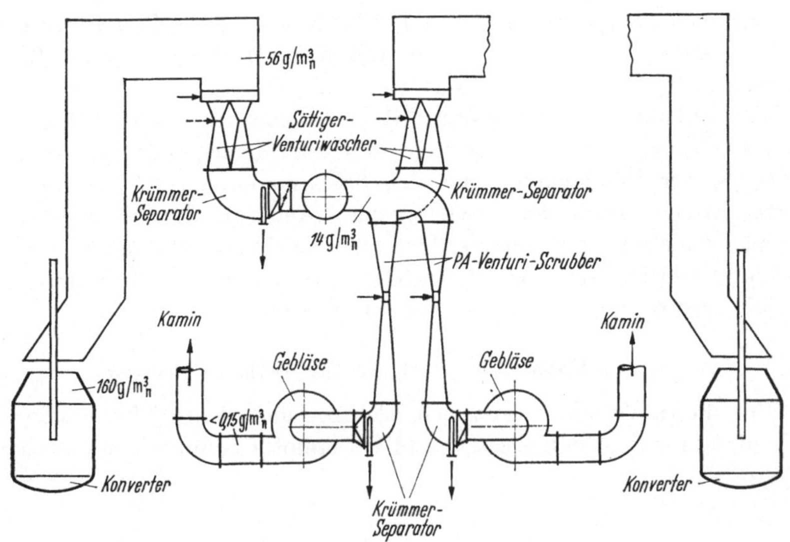

Abb. 10.16 Schema einer Anlage zur Beseitigung des Braunen Rauches mit P. A.-Venturi-Scrubbern [306].

In Abb. 10.16 ist das Schema einer Anlage zur Abscheidung des Braunen Rauches mit Venturiwaschern dargestellt. Das Primärgas hat einen Staubgehalt von maximal 160 g/m_n^3. Durch die Nachverbrennung, also weitere Gaszufuhr, sinkt dieser Wert z. B. auf 56 g/m_n^3. Im Abhitzekessel wird das Abgas auf etwa 1000 °C gekühlt. In den nachgeschalteten Venturi-Düsen erfolgt eine weitere Kühlung auf etwa 75 °C. Hier wird auch bereits der größte Anteil des Staubes abgeschieden. Zur Feinentstaubung dienen Venturi-Entstauber. Es wird ein Reststaubgehalt von etwa 140 mg/m_n^3 erreicht.

Nach diesem Prinzip wurden Konverteranlagen von 30 bis über 300 t ausgerüstet. Zur Anpassung an die sich ändernden Mengen sind die Venturi-Düsen auch mit verstellbaren Kehlen ausgerüstet.

Die Elektro- und Venturi-Entstauber dürfen derzeit als vorherrschend für die Entstaubung von Aufblasstahlwerken angesehen werden. Der

Marktanteil ist etwa gleich groß. Dies ist darauf zurückzuführen, daß die Kosten und die Vor- und Nachteile der beiden Entstaubungsverfahren etwa gleich sind [316].

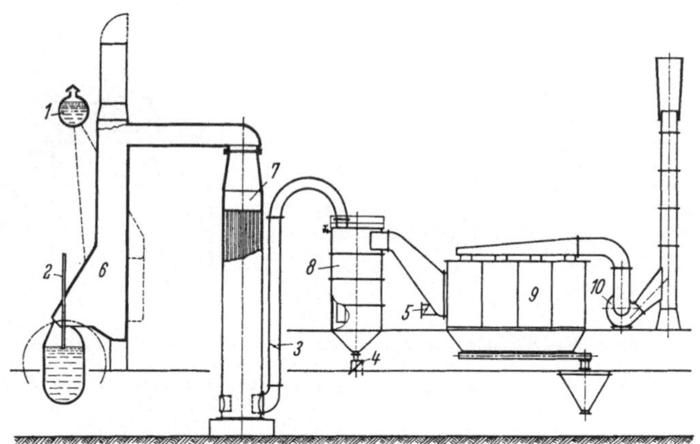

Abb. 10.17 Schema einer Anordnung zur Abscheidung des Braunen Rauches mit einem Filtrationsentstauber.
1 Ausdehnungsbehälter, *2* Sauerstofflanze, *3* Regelschieber, *4* Schlammabfuhr, *5* Falschlufteintritt, *6* Doppelwandige Absaughaube mit natürlichem Wasserablauf, *7* Wärmespeicher, *8* Kühlturm (Sprühkühler), *9* Schlauchfilter, *10* Ventilator.

Hinzuweisen ist noch auf einige Anlagen, die mit Filtrationsentstaubern ausgerüstet sind [319] (Abb. 10.17). Die Abkühlung erfolgt teilweise durch einen Wärmespeicher, der zwischen den Blasperioden durch Luft rückgekühlt wird.

10.4.7 Entstaubungsanlagen für Siemens-Martin-Öfen

Die Anforderungen an die Entstaubung beim Siemens-Martin-Verfahren sind technisch nicht so hoch wie bei den Aufblasverfahren. Ohne Sauerstoffzusatz kann man unter günstigen Umständen sogar auf eine Entstaubung verzichten. Bei den meisten Anlagen wird aber auch mit Sauerstoffzusatz gefahren, so daß Brauner Rauch anfällt. Abb. 10.18 zeigt eine Anlage mit einer Entstaubung durch einen Elektroentstauber. Von wenigen Ausnahmen abgesehen, ist dies derzeit die übliche Art der Entstaubung.

Bei Sauerstoffzusatz können wegen des hohen Staubwiderstandes (Abb. 6.13) Überschläge auftreten. In solchen Fällen lassen sich die Schwierigkeiten oft durch eine Sättigung der Abgase mit Wasserdampf beseitigen.

Auch Venturi-Wascher eignen sich für die Entstaubung von S-M-Öfen [320]. Gewisse Probleme können dabei durch die korrosiven Eigenschaften der Abgase entstehen.

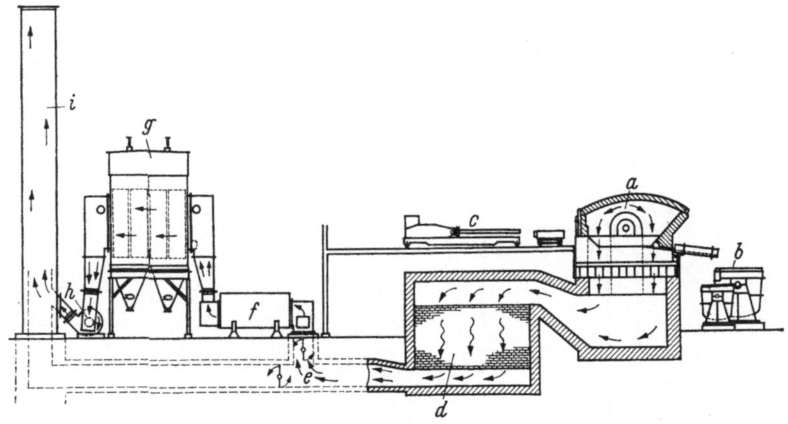

Abb. 10.18 Schema eines Siemens-Martin-Stahlwerkes mit Abhitzekessel und Elektroentstauber zum Reinigen des Abgases.
a Siemens-Martin-Stahlofen, *b* Gießpfanne, *c* Beschickungsmaschine, *d* Regenerator, *e* Drosselklappen, *f* Abhitzekessel, *g* Elektroentstauber, *h* Gebläse, *i* Kamin.

10.4.8 Entstaubungsanlagen für Lichtbogenöfen

Elektrolichtbogenöfen werden sehr oft mit Filtrationsentstaubern [317, 321–324], aber auch mit Elektro- und Venturientstaubern [322, 325, 326] ausgerüstet. Abb. 10.19 zeigt das Schema einer Anlage mit

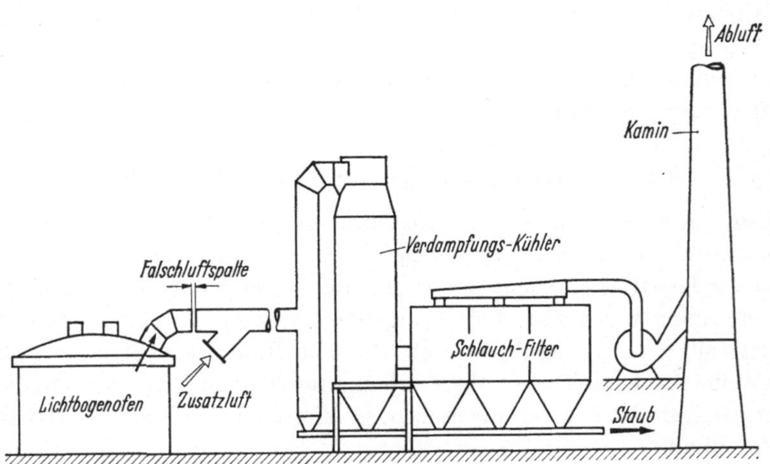

Abb. 10.19 Rauchgasentstaubung eines 70-t-Lichtbogenofens durch Schlauchfilter.

einem Gewebefilter. Als Filterstoffe haben sich solche aus Dacron und Orlon bewährt. Ihre Haltbarkeit bis zu Temperaturen von 135 °C wird als gut bezeichnet. Seit kurzer Zeit sind auch Glasfasergewebe im Einsatz, die für Temperaturen bis etwa 300 °C geeignet sind. Der Druckverlust der Filtrationsentstauber liegt etwa zwischen 150 und 250 mm

WS. Die Anlagen mit Elektroentstaubern entsprechen dem Schema nach Abb. 10.19. Der abgeschiedene Staub wird im allgemeinen der Hochofenbeschickung zugesetzt.

10.5 Entstaubungsanlagen für die Gießerei-Industrie [13, 327–338]

In der Gießerei-Industrie läßt sich unterscheiden zwischen Staub in Arbeitsräumen [327] und in Abgasen der Umschmelzöfen. In den Arbeitsräumen entsteht z. B. beträchtlicher Staub beim Gußputzen, beim Sandstrahlen und bei der Sandaufbereitung.

Bei offenen Anlagen sind die Absaugehauben so auszubilden, daß mit einer geringen Luftmenge ein möglichst staubfreier Arbeitsplatz geschaffen wird [338]. Das Erfassen der Staubluft aus geschlossenen Anlagen ist demgegenüber einfacher. Für die Entstaubung der auf diese Weise anfallenden Aerodispersionen werden, je nach den Gegebenheiten, Fliehkraft-, Wasch- und Filtrationsentstauber eingesetzt [327]. Der am

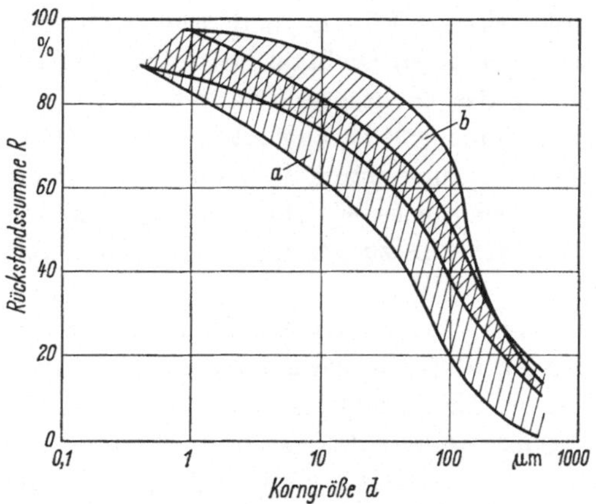

Abb. 10.20 Häufig vorkommende Korngrößenverteilung von Gichtstaub aus Kupolöfen. *a* Gichtgasstaub aus Heißwind-Kupolöfen, *b* Gichtgasstaub aus Kaltwind-Kupolöfen.

weitesten verbreitete Umschmelzofen für Gußeisen mit Lamellen- und Kugelgraphit, Hartguß und Temperguß in den Gießereien ist der Kupolofen, obwohl der Anteil der Elektroöfen zunimmt. Dies ist ein zylindrischer bis etwa 10 m hoher und kontinuierlich arbeitender Schachtofen. Als Brennstoff dient überwiegend Koks. Der für die Verbrennung notwendige Wind kann nicht oder auch vorgewärmt sein. Entsprechend spricht man von Kaltwind- und Heißwind-Kupolöfen. Die Vorwärmung erfolgt über Winderhitzer mit dem verbrannten, aus dem Kupolofen stammenden Gichtgas.

Im Hinblick auf die Entstaubung bestehen viele Analogien zum Hochofenprozeß. Über die Feinheit des Gichtstaubes aus Kupolöfen gibt Abb. 10.20 Aufschluß. Die Größenverteilung hängt nicht nur von der Art der Beschickung, dem Zeitpunkt der Messung, der Anordnung der Meßstelle und der Bauart der Öfen, sondern auch noch von vielen ande-

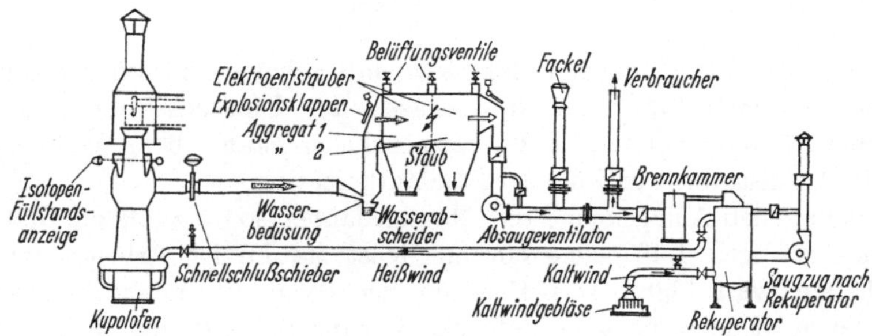

Abb. 10.21 Schematische Darstellung einer basischen Heißwindkupolofenanlage mit Trockenelektrofilter (Fa. Lurgi, Frankfurt/Main).

ren Einflußfaktoren ab. Nach diesem Bild können für die Entstaubung Fliehkraft-, Filtrations-, Wasch- und Elektroentstauber Anwendung finden. Der Staubgehalt im Gichtgas liegt etwa zwischen 2 und 25 g/m_n^3.

Die Temperatur des Gichtgases von 400 bis 700 °C muß dem Entstaubersystem entsprechend herabgesetzt werden. Dieses geschieht z. B. über die Winderhitzer und durch Verdampfungskühler. Eine Übersicht über praktisch ausgeführte Entstaubungsanlagen für Gichtgase aus Kupolöfen hat G. Engels zusammengestellt [334]. Sie ist in Tab. 10.4 wiedergegeben.

Das Schema einer Heißwindkupolofenanlage mit elektrischer Entstaubung zeigt Abb. 10.21. Bei etwa 250 bis 400 °C wird das unverbrannte Gichtgas in einem Elektroentstauber mit 2 Feldern entstaubt. Bei $\zeta_{\text{roh}} = 16 \cdots 21$ g/m_n^3 werden Reingasstaubgehalte von $\zeta_{\text{rein}} = 120 \cdots 150$ mg/m_n^3 erreicht. Das gereinigte Gas wird anschließend verbrannt und zur Vorwärmung des Windes benutzt.

Für die Elektroentstaubung ist zu berücksichtigen, daß der spezifische Widerstand von Kupolofenstaub im Bereich zwischen 50 und 250 °C wegen des Kieselsäuregehaltes höher liegt als etwa $2 \cdot 10^{10}$ Ω cm. Um Rücksprühen zu vermeiden, darf daher nicht unter etwa 250 °C gekühlt werden. Ein Wasserdampfgehalt von etwa 15 Vol % ist anzustreben.

Eine Anlage mit einem Venturi-Wascher zeigt Abb. 10.22. Auch mit diesem System werden Reststaubgehalte von etwa 150 mg/m_n^3 erreicht (s. a. [334]).

In den USA setzt man für die Kupolofenentstaubung in großem Umfang auch Gewebefilter ein. Ein Beispiel zeigt Abb. 10.23. Die Abgase

Tabelle 10.4 *Übersicht über praktisch ausgeführte oder im Großversuch erprobte Anlagen für die Kupolofenentstaubung* [334]

Schmelzleistung	Kaltwind KW Heißwind HW	sauer basisch	Staubabscheider	Gichtgasmenge (unverdünnt)	Absaugung 1 über Gicht 2 unter Gicht	Rohgasmenge vor Abscheider	Rohgasstaubgehalt	Reingasstaubgehalt	Entstaubungsgrad	Anlagekosten	Strom	Wasser
t/h				m_n^3/h		m_n^3/h	g/m_n^3	mg/m_n^3	%	DM	kW	m^3/h
8	KW	sauer	4fach-Zyklon	8300	1	14600	3,072	152	95	(40000)	[2])	
4	KW	sauer	3 12-Zyklon	3120	1	16000	2,6	370	86[1])	70000	18	
8	HW	sauer	7 14-Zyklon	(6000)	1 + 2	30000	1,5	140	90	87000	26	
25	HW	basisch	Desintegrator	[2])	2	28000	40	50	99	550000	[2])	[2])
5,2	KW	sauer	„Absorber"-Wascher	4500	1	5500	7	1400	80[1])	50000	16,6	3
3	KW	sauer	Venturi-Entstauber	2600	1	5700	15,2	290	98	90000	527	1,15
13	HW	basisch	Venturi-Entstauber	[2])	2	[2])	12	150	[2])	[2])	[2])	[2])
12	HW	basisch	Trocken-Elektroentstauber	11000	2	11000	18	130	99	450000	30	0,62
6	HW	sauer	Trocken-Elektroentstauber	(5000)	2	8500	0,9	60	94	[2])	[2])	[2])
6	HW	sauer	Naß-Elektroentstauber	(5000)	2	8100	2,8	47,4	98,3	90000	23	1,5
8	HW	sauer	Naß-Elektroentstauber	7200	1 + 2	32000	1,6	75	96	[2])	48	[2])
16	HW	sauer	Glasgewebefilter	(14000)	1 + 2	90000	0,8	[2])	> 99	[2])	150	[2])
4,5	KW	sauer	Glasgewebefilter	(3800)	1	7800	[2])	[2])	[2])	104000	32	[2])

[1]) Nach Messungen neutraler Stellen. [2]) Diese Werte sind dem Verfasser dieser Tabelle nicht bekannt.

werden in einem Verdunstungskühler auf etwa 250 °C gekühlt. Das Filter, das für eine Abgasmenge von 170000 m³/h bei 250 °C ausgelegt ist, besteht aus 624 Filterschläuchen aus Glasfasern mit 7 m Länge und 0,3 m ∅. Die Gesamtfilterfläche beträgt 3700 m², der Druckverlust 80 bis 150 mm WS. Das Filter wird als Druckfilter betrieben.

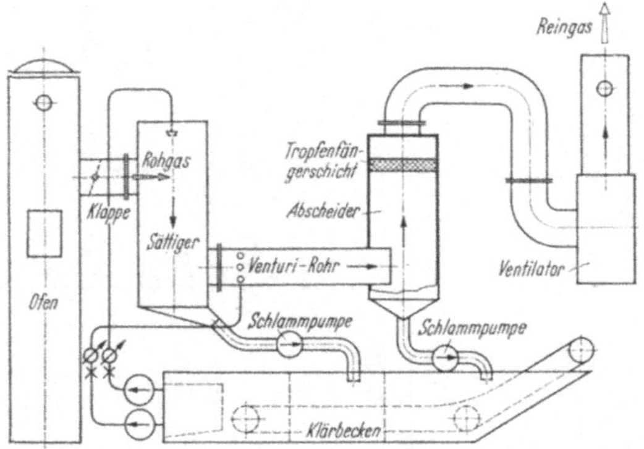

Abb. 10.22 Schematische Darstellung einer Venturi-Entstaubungsanlage für Kaltwindkupolofen (Schmelzleistung 3 t/h), (Vereinigte Economiserwerke, Hilden).

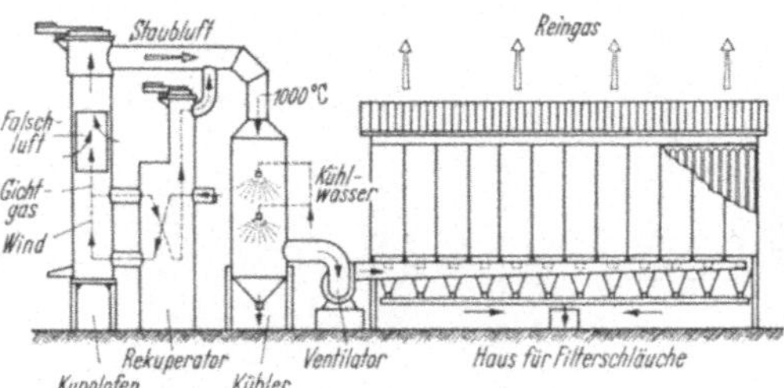

Abb. 10.23 Schema einer Abgasentstaubung (Druckbetrieb) mit Glasfasergewebeschläuchen für eine Heißwindkupolofenanlage [334].

10.6 Entstaubung bei der Zementherstellung [339–343]

Werden Mischungen aus Kalkstein und Ton bis zur Sinterung (1400 bis 1500 °C) gebrannt, entsteht der Portlandzementklinker. Dieser wird dann unter Zusatz von Gips zu Portlandzement vermahlen. Die Hüttenzemente, wie Eisenportlandzement, Hochofenzement und Sulfathüttenzement erhält man durch gleichzeitiges Vermahlen von Portlandzementklinker und entsprechender Hochofenschlacke.

Das Aufbereiten der Rohmischungen für den Einsatz der Brennöfen kann auf nassem und trockenem Wege geschehen. Entsprechend spricht man von Naß- und Trockenverfahren. Das Brennen der Mischungen erfolgt in Drehrohröfen, Schachtöfen oder auch auf dem Sinterband. Als

Brennstoffe dienen für Drehöfen Kohlenstaub, Gas und Öl, für die Schachtöfen Koks und Anthrazitkohle.

Bei der Herstellung von Zement lassen sich im Hinblick auf die Staubentstehung zwei Bereiche unterscheiden, nämlich

1. Staub aus der Aufbereitung der Rohstoffe (Zerkleinern, Trocknen, Mischen, Fördern) sowie der Klinker- und Zementstaub,
2. Staub aus den Ofenanlagen.

Zur Erzeugung von 1 kg Zement sind nach IHLEFELDT [339] etwa 8 bis 16 m³ Luft notwendig. Bei einer Produktion von 1000 t täglich fallen stündlich etwa 500000 m³ Staubluft an, die zu reinigen sind. Etwa 60% dieser Staubgase stammen aus den Aufbereitungsanlagen, die mit Fliehkraftentstaubern, vor allem aber mit Gewebefiltern, in Sonderfällen auch mit dem Elektroentstauber gereinigt werden. Für den vorherrschenden Schlauchfilter rechnet man mit einer Belastung, je nach Staubgehalt, zwischen 60 und 120 m³ Staubluft je m² Filterfläche. Der Druckverlust der Anlagen liegt zwischen etwa 60 und 150 mm WS bei einem Gesamtentstaubungsgrad von über 99%.

Das Brennen der Rohmischung zu Klinkern erfolgt in der Bundesrepublik derzeit zu 85% in Drehrohr- und zu 15% in Schachtöfen. Vom Staub im Abgas sind etwa 20 bis 70% $< 5\,\mu m$. Für die Entstaubung der Öfen kommen auf Grund dieser Feinheit und der gesetzlichen Bestimmungen über die Reinheit der Abgase Elektro- und Filtrationsentstauber mit entsprechend temperaturfesten Geweben in Frage. Eingesetzt werden in der Bundesrepublik vor allem Elektroentstauber und in den USA daneben auch Gewebefilter.

Bei den Naßdrehöfen, eine Anlage mit Vorwärmer und Ketteneinbauten zeigt Abb. 10.24, hängt der Staubanfall von der Art der Schlamm-

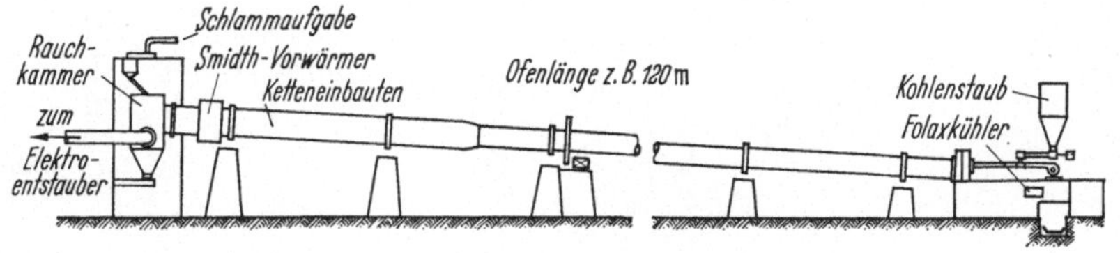

Abb. 10.24 Langer Naßdrehofen mit Kammervorwärmer und Ketteneinbauten.

behandlung im ersten Teil des Drehrohrofens ab. Bei diesen Naßdrehöfen erreicht der Staubgehalt in der Abluft Werte von 2 bis 15 g/m_n^3. Etwa 20% sind kleiner als $5\,\mu m$. Die Abgastemperatur liegt zwischen 120 und 200 °C.

Bei den Trockendrehöfen, die etwa denen der Naßverfahren entsprechen, wenn man von dem Bereich für die Schlammbehandlung absieht, fällt ein Abgas mit wesentlich höheren Temperaturen an. Diese liegen beispielsweise zwischen 300 und 400 °C, so daß aus wirtschaftlichen Gründen eine Abgasverwertung erforderlich ist. In Abb. 10.25 ist z. B.

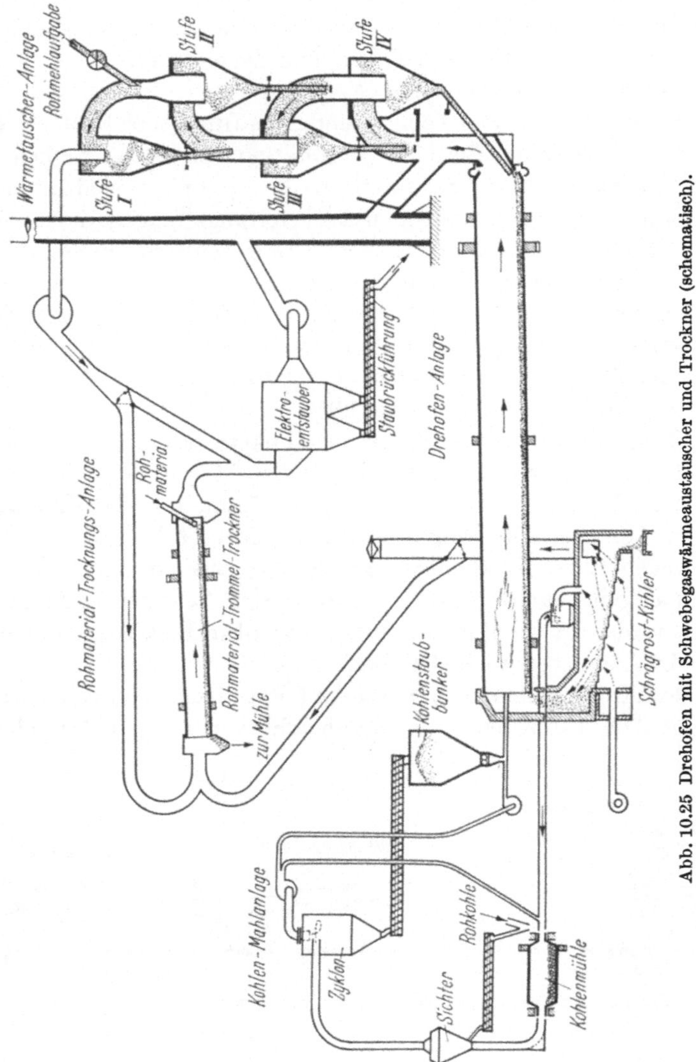

Abb. 10.25 Drehofen mit Schwebegaswärmeaustauscher und Trockner (schematisch).

ein Trockendrehofen mit einem Schwebegasvorwärmer und Rohmaterialtrockner dargestellt. Das Abgas strömt dem Rohmehl über mehrere Zyklone entgegen und gibt auf diesem Wege einen Teil der Wärmeenergie ab. Ein weiterer Anteil wird dann noch zur Trocknung des Rohmehls ausgenutzt. Auf diese Weise läßt sich die Abgastemperatur auf

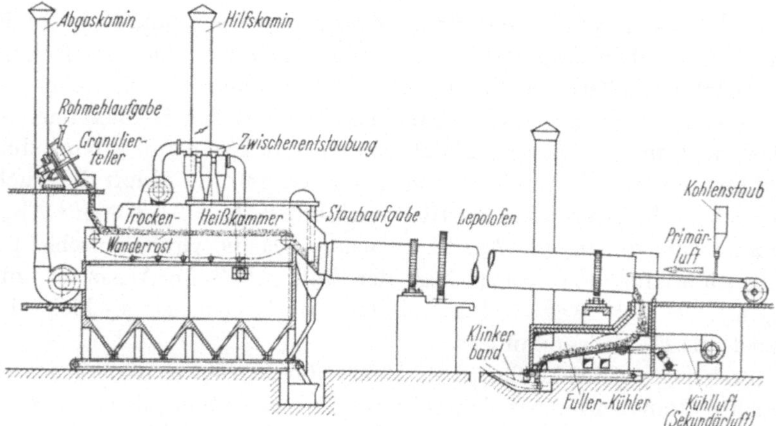

Abb. 10.26 Lepolofen mit doppelter Gasführung (schematisch).

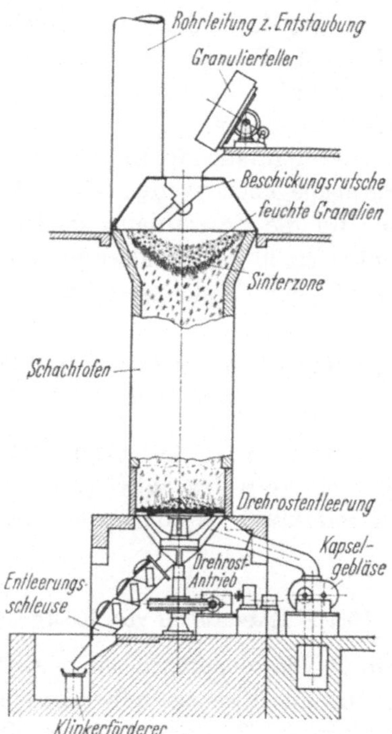

Abb. 10.27 Hochleistungsschachtofen (schematisch).

etwa 100 °C senken. Bei den trockenarbeitenden Drehrohröfen ist naturgemäß der Anfall an Staub größer als bei nassen Verfahren. Man kann mit 30 bis 50 g/m_n^3 rechnen. Der Staub ist relativ fein, etwa 70% sind kleiner als 5 μm.

Ein Trockendrehofen mit Rostvorwärmer, der sogenannte Lepolofen, ist in Abb. 10.26 dargestellt. Bei diesem Verfahren wird das Rohmehl zunächst granuliert und dann auf einen Wanderrost aufgegeben. Die Abgase durchströmen diese Granalienschicht in der Heißkammer von oben nach unten. Daran schließt sich eine Zwischenentstaubung durch Zyklone an. In der Trockenkammer durchströmt die Abluft die feuchte Granalienschicht ebenfalls vertikal nach unten. Es läßt sich eine Abgastemperatur von 90 bis 120 °C erreichen. Da die Granalienschicht als Filtrationsentstauber wirkt, liegt der Staubgehalt im Abgas oft unter 1 g/m_n^3. Ist eine weitere Entstaubung erforderlich, so geschieht diese meist mit Elektroentstaubern.

Auch beim Schachtofen (Abb. 10.27) durchströmen die Abgase eine feuchte Granalienschicht. Durch diese Vorentstaubung liegt der Staubgehalt im Abgas bei etwa 1 bis 5 g/m_n^3. Etwa 10% sind kleiner als 5 μm. Die Bedingungen entsprechen etwa denen beim Lepolofen. Jedoch ist die Abgaszusammensetzung durch die Art des Verfahrens und der Brennstoffe abweichend. Der hohe Wasserdampfgehalt erfordert, daß die Temperatur im Entstauber nicht unter 100 °C sinkt. Auch kann der CO-Gehalt zu Schwierigkeiten führen.

Der in den Entstaubern anfallende Staub kann in allen Fällen in den Produktionsgang zurückgegeben werden. Diese Materialrückgewinnung deckt oft die Kosten für die Entstaubung in der Zementindustrie. Die Emission der Zementwerke in der Bundesrepublik ist von 1950 bis 1967 von 3,5 auf etwa 0,15% der Klinkerproduktion zurückgegangen.

10.7 Entstaubungsanlagen für chemische und verwandte Industrien [344–349]

Den wohl größten Bereich an unterschiedlichen Entstaubungsaufgaben stellt die chemische Industrie auf Grund der sehr großen Zahl von Zwischen- und Endprodukten. Es können hier nur einige Beispiele angesprochen werden.

10.7.1 Entstauben von Röstgasen

Das Rösten ist ein Oxydationsprozeß, um z. B. Metallsulfide in Oxide zu überführen oder um aus Eisenerzen Kohlensäure und Wasserdampf zur Gewichtsverminderung (25–30%) auszutreiben. Bei dem Röstprozeß treten z. B. folgende Reaktionen auf:

$$4\,FeCO_3 + O_2 \rightarrow 4\,CO_2 + 2\,Fe_2O_3$$

Pyrit $3\,FeS_2 + 8\,O_2 \rightarrow 1\,Fe_3O_4 + 6\,SO_2$

Zinkblende $2\,ZnS + 3\,O_2 \rightarrow 2\,ZnO + 2\,SO_2$

Das beim Rösten von sulfidischen Rohstoffen entstehende SO_2-haltige Röstgas wird entstaubt und zur Schwefelsäureherstellung verwendet.

Die Feinheit des Staubes in den Röstgasen hängt von den Rohstoffen und der Bauart der Röstöfen ab. Derzeit werden der Etagen-, der Schweberöst-, der Fließbettröst-, der Drehofen und das Sinterband verwendet. In Abb. 10.28 ist der neueste Ofentyp, der Fließbettofen

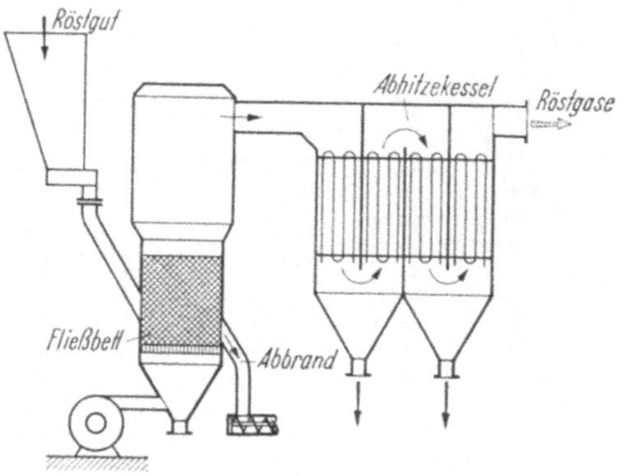

Abb. 10.28 Schema eines Fließbett-Röstofens.

dargestellt. Die Abgase werden zunächst in einem Abhitzekessel gekühlt und dann der Gasreinigung zugeführt. Im Hinblick auf den Röstgasstaub ist zu unterscheiden zwischen den mitgerissenen Anteilen des Einsatzes mit Teilchengrößen zwischen 5 und 60 µm und den entstehenden Metallsulfid- und Oxidrauchen, deren Teilchen kleiner sind als 5 µm. Zur Entstaubung dieser Röstgase werden im allgemeinen Elektroentstauber, aber auch Gewebefilter, Fliehkraft- und Waschentstauber eingesetzt.

10.7.2 Entstaubungsanlagen für die Schwefelsäureherstellung

Die Schwefelsäure ist ein wichtiges Zwischen- bzw. Endprodukt der chemischen Industrie. Sie wird als wichtiger Grundstoff oder auch als Hilfschemikalie bei ungefähr 80% aller chemischen Produktionen angewendet. Im Jahre 1970 betrug die Produktion in der Bundesrepublik etwa $5,5 \cdot 10^6$ t. Alle Herstellungsverfahren gehen von SO_2 aus. Dieses Gas erhält man durch Rösten von sulfidischen Erzen, durch Verbrennung von Elementarschwefel oder Schwefelwasserstoff und durch Spalten von Sulfaten. Die wichtigsten Verfahren zur Weiterverarbeitung von SO_2 zur Schwefelsäure sind das Kontakt- und das Kammerverfahren.

Beim Kammerverfahren wird das im Röstgas enthaltene SO_2 über Stickoxide zur Schwefelsäure oxydiert. Der Prozeß stellt im Hinblick auf die Entstaubung keine besonderen Anforderungen. Dem Röstofen ist ein seiner Funktion angepaßter Entstauber nachgeschaltet. Demgegenüber erfordert das Kontaktverfahren eine weitergehende Entstaubung,

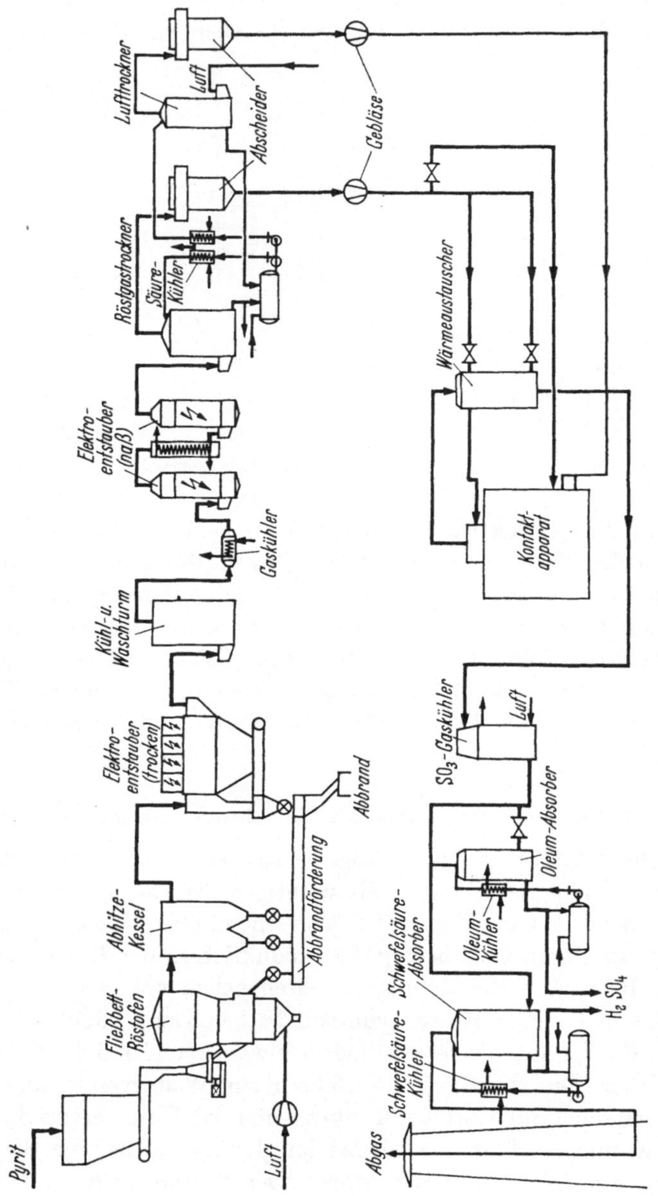

Abb. 10.29 Schema einer Schwefelsäure-Kontaktanlage auf Basis Pyrit.

weil die Funktion der Kontaktmassen durch Verunreinigungen u. U. erheblich verschlechtert oder sogar unterbunden wird. Das Schema einer Anlage zur Herstellung von Schwefelsäure nach diesem Verfahren zeigt Abb. 10.29. Das stark staubhaltige Röstgas wird nach dem Abhitzekessel in einem Elektroentstauber in einer ersten Stufe bei etwa 350—450 °C entstaubt. Hier wird der größte Anteil der Flugasche aus dem Röstofen abgeschieden. Für die Feinreinigung in nassen Elektroentstaubern ist eine weitere Kühlung auf etwa 30 °C erforderlich. Hierbei werden auch Arsen- und Selenverbindungen frei, die den katalytischen Vorgang ebenfalls ungünstig beeinflussen. Die erforderliche hohe Reinheit der Kontaktgase wird durch zwei hintereinandergeschaltete Naßelektroentstauber erreicht.

Dieses Verfahren läßt sichtbar werden, daß es Prozesse gibt, die an eine gute Entstaubung gebunden sind. Solche Fälle treten vergleichsweise oft in der chemischen Industrie auf. Überhaupt ist die Konstruktion von Entstaubern, die in chemischen Produktionsprozessen eingesetzt werden, auch unter Gesichtspunkten des chemischen Apparatebaues zu sehen. So sind Entstauber in einigen Fällen auch bei einem höheren Druckniveau zu betreiben, an die Dichtheit sind oft besondere Anforderungen zu stellen und die Probleme der Korrosion sind meist sehr vielschichtig. Ferner ist daran zu denken, daß Entstauber in einem kontinuierlichen Prozeß für die Regelung meist ein bestimmtes Zeitverhalten erfüllen müssen.

Wenn sich aus den bisher behandelten Anwendungsbeispielen ergibt, daß eine Entstaubung nicht von dem jeweiligen Prozeß losgelöst betrachtet werden kann, so gilt dies für den Bereich der chemischen Industrie in besonderem Maße. Es ist in vielen Fällen einfacher, die Bedingungen der Luftreinhaltung durch eine Änderung des Prozesses zu erfüllen, als über sehr aufwendige Entstaubungsanlagen [346]. Angestrebt wird eine Optimierung über beide Wege.

10.7.3 Entstaubung bei der Herstellung von Sulfatzellstoff

Zur Zellstoffgewinnung wird der Rohstoff Holz (Fichte, Kiefer und Buche) zunächst zerkleinert. Anschließend ist die Zellulose von den übrigen Holzbestandteilen zu trennen. Dies kann durch einen alkalischen oder sauren Aufschluß geschehen. Die Wirtschaftlichkeit der Zellstoffherstellung mit alkalischem Aufschluß hängt in hohem Maße von der Rückgewinnung der Alkalisalze ab, wozu Entstaubungseinrichtungen erforderlich sind.

Beim alkalischen Aufschluß wird Holz in einer Lösung von Natronlauge und Natriumsulfat ($NaOH + Na_2SO_4$) in Kochern mit einem Inhalt bis 100 m^3 bei 170—180 °C etwa 5—6 Stunden gekocht. Die hierdurch freigelegte Zellulose wird z. B. auf Drehfiltern abgetrennt. Die

Alkalilauge muß aus wirtschaftlichen Gründen zurückgewonnen werden. Das Schema einer Sulfatzellstoffherstellung zeigt Abb. 10.30 einschließlich der Rückgewinnung von Natriumsulfat aus der Lauge.

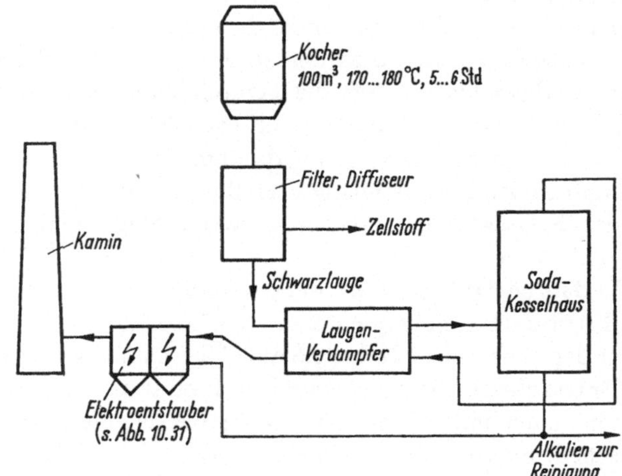

Abb. 10.30 Schema einer Sulfat-Zellstoff-Herstellung.

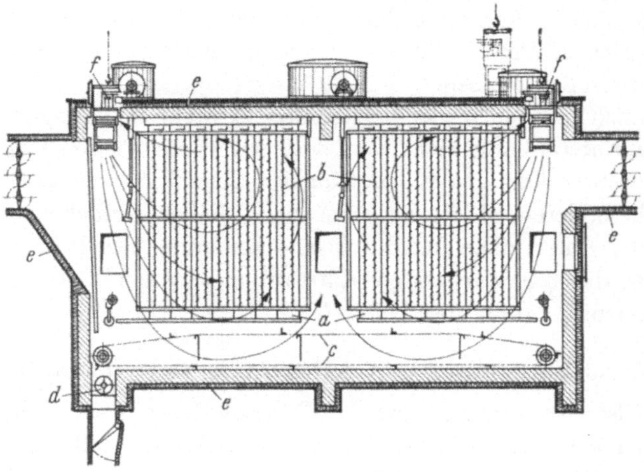

Abb. 10.31 Elektroentstauber für die Sulfat-Zellstoff-Herstellung [345].
a Niederschlagselektroden. *b* Sprühelektroden, *c* Gliederförderband, *d* Querschneckenförderer, *e* Wärmeisolierung, *f* herausnehmbare elektrische Heizkörper.

Die nach dem Aufschluß anfallende Schwarzlauge wird zunächst in einer Verdampferanlage eingedickt und dann im Soda-Kesselhaus verbrannt. Da die Rauchgase einen großen Anteil an Na_2SO_4 enthalten, ist eine Entstaubung notwendig. Zuvor erfolgt eine Abkühlung auf 130 °C dadurch, daß sie zur Beheizung der Laugeneindampfer verwendet werden. Ein für diesen Prozeß geeigneter Elektroentstauber ist in Abb. 10.31 dargestellt. Damit auch in Perioden der Betriebsunterbrechung keine Korrosion auftritt, darf der Taupunkt nicht unterschritten werden. Für diese Fälle sorgen Heizaggregate für eine ausreichende Temperatur. Es versteht sich, daß der Elektroentstauber aus diesem Grund mit einer guten Wärmeisolierung versehen ist. Die Niederschlagselektroden werden oft aus Aluminium und das Gehäuse aus Beton hergestellt.

10.7.4 Entstaubungsanlagen in der Mineralölraffinerie [348, 349]

Wenn man von Feuerungsanlagen absieht, können staubhaltige Emissionen in solchen Mineralölraffinerien auftreten, die mit katalytischen Crackanlagen nach dem Fließbettverfahren arbeiten. Das Schema einer solchen Anlage zeigt Abb. 10.32. In dem Reaktionsgefäß befindet

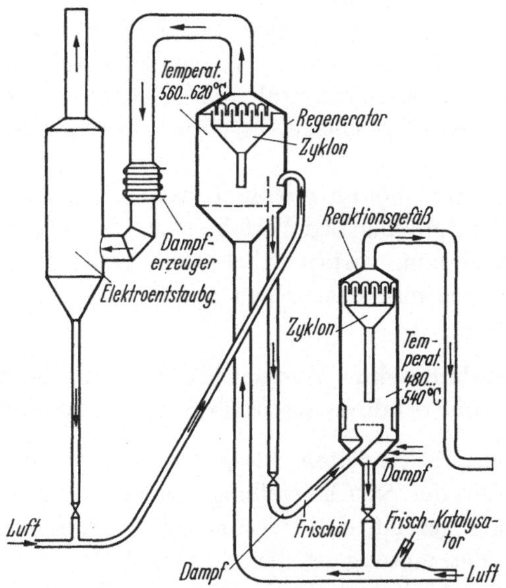

Abb. 10.32 Schema einer Anlage mit Katalysator.

sich über dem Rost das Fließbett aus einer feinkörnigen Katalysatormasse, z. B. ein behandelter Montmorillonit, das durch die Öldämpfe in Schwebe gehalten wird. Hier findet bei Temperaturen zwischen 480 und 540 °C der Crackvorgang statt, d. h. es wird Schweröl in leichtersiedende Bestandteile wie Benzin aufgespalten. Der von den Benzin- oder Dieselöldämpfen mitgerissene Katalysatorstaub wird im oberen Teil des Reaktionsgefäßes (z. B. 16 m hoch und 1,5 m ∅) mit parallelgeschalteten Fliehkraftentstaubern von etwa 150–200 mm Außendurchmesser abgeschieden.

Da sich beim Crackprozeß eine Kohlenstoffschicht auf der Katalysatormasse ablagert, muß diese regeneriert werden. Das geschieht im Regenerator. Hier wird der Kohlenstoff mit Luft verbrannt. Einen Teil der hierbei entstehenden Wärme nimmt die Katalysatormasse auf, um damit den endothermen Prozeß im Reaktionsgefäß zu speisen. Die von den Abgasen mitgeführte Katalysatormasse wird zu etwa 90% in den Zyklonen (etwa 200–250 mm ∅) abgeschieden. Die Feinreinigung erfolgt in einem nachgeschalteten Elektroentstauber, wobei zu berücksichtigen ist, daß die Staubteilchen überwiegend kleiner als 1 μm sind. Für die Elektroentstaubung ist ferner zu beachten, daß der Katalysatorstaub einen sehr hohen elektrischen Widerstand hat. Daher ist eine Vorbehandlung der Abgase notwendig. Die Abkühlung im Abhitzekessel wird auf Werte von etwa 220 °C beschränkt. Weiter wird in das Abgas durch dampfbetriebene Ejektoren Wasser und eine alkalische Aminverbindung eingeblasen. Unter diesen Bedingungen läßt sich bei Gasgeschwindigkeiten von etwa 1,1 m/s eine Entstaubungsgüte von über 99% erreichen. Diese horizontal durchströmten Elektroentstauber werden meist in Mehrfeldbauart ausgeführt. Die Zahl der Felder kann bis 5 betragen.

Das Cracken von Rohöl im Fließbett, das in Konkurrenz zu anderen, beispielsweise dem Moving-Bed-Verfahren steht, ist nur bei einer ausreichenden Entstaubung wirtschaftlich, weil die Kosten für die Katalysatormasse vergleichweise hoch liegen.

10.8 Entstaubungseinrichtungen für mechanische und thermische Grundverfahren sowie für Transportanlagen

Bei den bisher behandelten Beispielen wurde das Entstaubungsproblem als Teil des Stoffherstellungs- oder -verarbeitungsprozesses erörtert und auch gezeigt, daß sich die hohen Anforderungen nur über die integrierte Betrachtung erfüllen lassen. Andererseits gibt es auch Fälle, bei denen sich die Aufgabe der Entstaubung allein von dem jeweiligen Grundverfahren, wie Zerkleinern, Trocknen usw., ableiten läßt. Ähnliche Bedingungen liegen beim Transport staubförmiger Stoffe vor. Für diese Aufgabenbereiche sind für gröbere Staubteilchen die Fliehkraftentstauber und für feinere Teilchen die Filtrationsentstauber vorherrschend. Die Filtration hat noch den Vorteil, daß auch bei Anfahrvorgängen eine ausreichende Abscheidegüte erreicht wird.

Einige repräsentative Beispiele, die in der chemischen Produktion, bei der Zementherstellung, der Holzbearbeitung, der Getreidemüllerei, der Steinkohlenförderung und -aufbereitung und der Industrie der Steine und

Erden eine große Anwendungsbreite finden, werden nachfolgend gezeigt. Auf den Staubsauger (Industrie, Haushalt, Stadtreinigung) sei in diesem Zusammenhang hingewiesen.

Beim Siebklassieren wird der zu trennende körnige Stoff relativ zum Siebboden bewegt. Hierbei werden Teile des Feingutes und gegebenenfalls auch Abrieb aufgewirbelt. Als Entstaubungseinrichtungen eignen sich Fliehkraft- oder Filtrationsentstauber. Das Schema einer Entstaubung für eine Siebanlage zeigt Abb. 10.33.

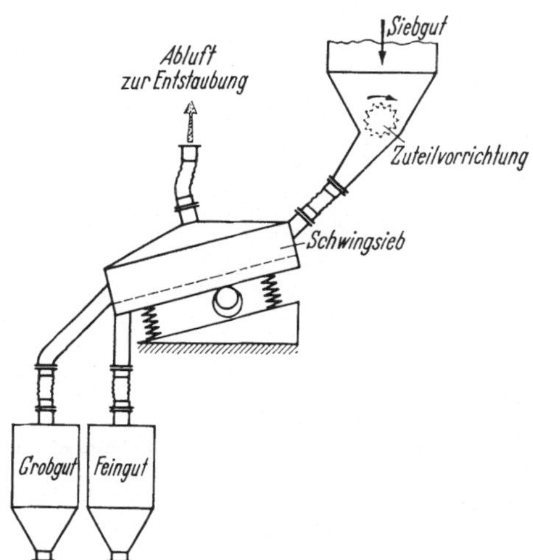

Abb. 10.33 Entstaubung einer Siebanlage.

Bei der Zerkleinerung wird körniges Material durch Bruchvorgänge weiter aufgeteilt. Bei der Grobzerkleinerung fallen Feinanteile als Staub an, die von der Zerkleinerung her gesehen nicht erwünscht sind, sich aber nicht verhindern lassen. Bei der Feinzerkleinerung ist das gesamte Endprodukt so fein, daß die Teilchengrößen im Staubbereich liegen (Nutzstaub). In Abb. 10.34 ist das Schema einer Feinzerkleinerungsanlage mit einer Hammermühle dargestellt. Das Material wird solange dem Zerkleinerungsprozeß unterworfen, bis die gewünschte Feinheit erreicht ist. Diese Grenze wird von einem Sichter eingehalten. Das Fertigprodukt wird in einem Zyklon abgeschieden. Eine weitergehende Entstaubung erfolgt im Bedarfsfall durch Schlauchfilter.

Bei sehr hohen Staubgehalten im Rohgas empfiehlt es sich, die Hauptmenge durch Zyklone abzuscheiden, um den Bauaufwand für die Filter zu senken.

Bei der Trocknung von feinkörnigen Stoffen bringt es der Vorgang mit sich, daß Teile des Trockengutes oder auch das gesamte getrocknete Material in Gas dispergiert vorliegen. Bei hohen Staubgehalten wird der größte Anteil des Staubes durch Zyklone abgetrennt. Eine weitere Entstaubung kann durch Schlauchfilter erfolgen. Das Schema einer solchen Anlage zeigt Abb. 10.35.

Da die Zerstäubungstrocknung von der flüssigen Phase ausgeht, entstehen Teilchen, die als Hohlkugeln aufgebaut sind, wie beispielsweise

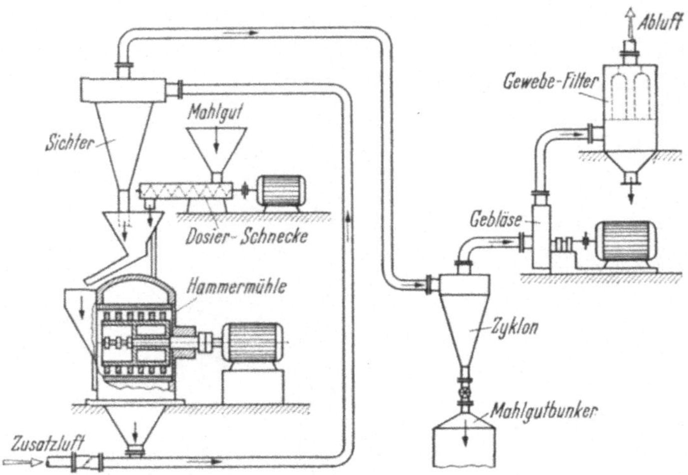

Abb. 10.34 Entstaubung bei der Feinzerkleinerung mit einer Hammermühle.

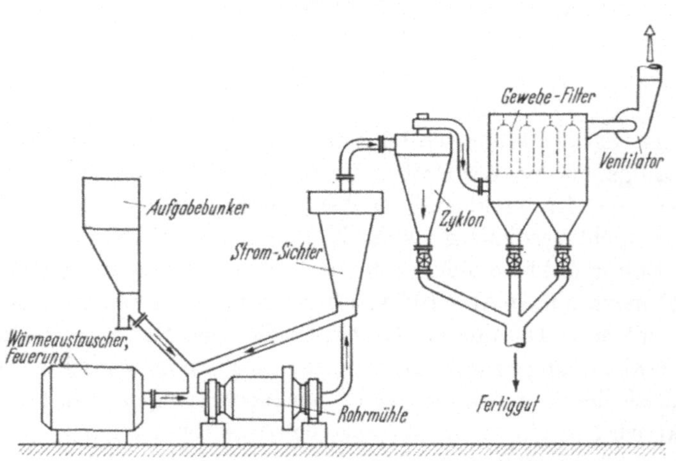

Abb. 10.35 Entstaubung bei einer Mahltrocknungsanlage.

Wasch-, Milch- und Kaffeepulver, und daher eine geringe Dichte besitzen. Eine Teilabscheidung erfolgt in Fliehkraftentstaubern. Da man wegen der geringen Festigkeit der Teilchen mit niedrigen Gasgeschwindigkeiten arbeiten muß, ist eine weitere Entstaubung mit Schlauchfiltern notwendig. Das Schema einer solchen Anlage zeigt Abb. 10.36.

Ein weiterer großer Bereich, der Entstaubungsanlagen erfordert, ist der Transport von körnigen Stoffen, beispielsweise die pneumatische Förderung. Aber auch bei Schüttel- und Fließbettrinnen fällt Staub an.

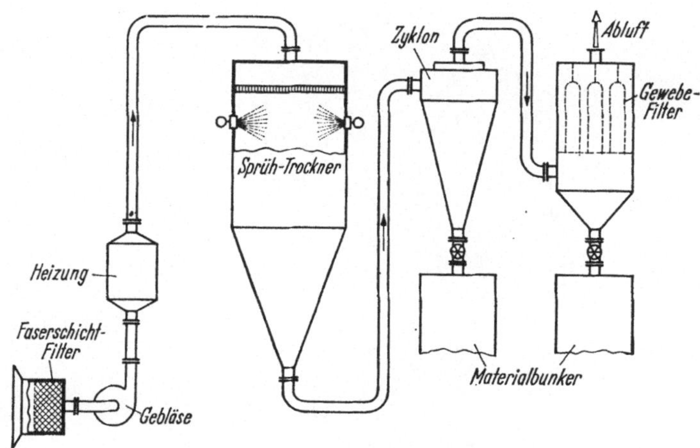

Abb. 10.36 Abscheidung nach einer Sprühtrocknung.

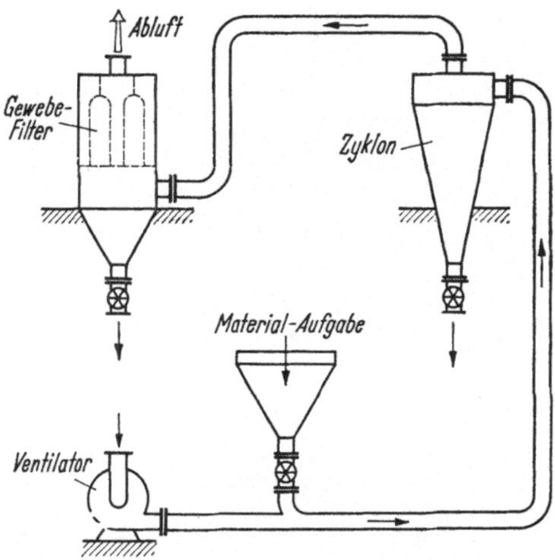

Abb. 10.37 Schema einer pneumatischen Druckförderung.

Bei der pneumatischen Förderung unterscheidet man zwischen Druck-, Saug- und Kreislaufförderung. In den Abb. 10.37 und 10.38 sind eine Druck- und eine Saugförderung dargestellt. Der dispergierte körnige Stoff wird durch Zyklone abgetrennt. Für eine Feinreinigung eignen sich besonders Filtrationsentstauber.

Ein Beispiel für eine Entstaubung bei der Verpackung zeigt Abb. 10.39. Die während des Füllens verdrängte Luft kann über ein Schlauchfilter abströmen. Nach dem Abtrennen von der Zuteilvorrichtung wird der dispergierte Staub durch eine Absaugvorrichtung abgeführt.

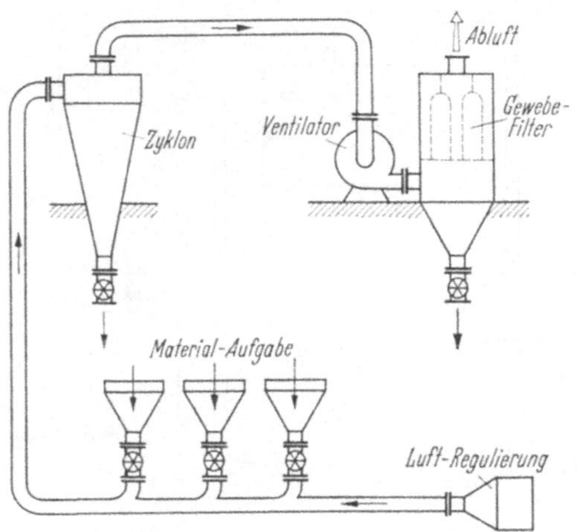

Abb. 10.38 Schema einer pneumatischen Saugförderung.

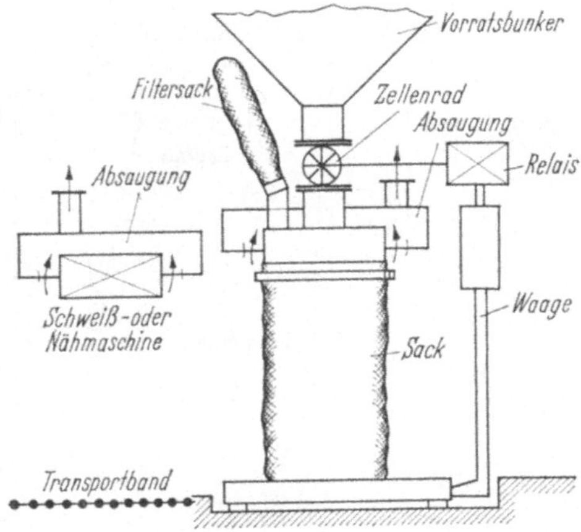

Abb. 10.39 Staubfreie Absackung von Schüttgütern aus einem Vorratsbunker [344].

11. Staubmeßtechnik

[1, 24, 385]

Die Staubmeßtechnik umfaßt das Messen derjenigen physikalischen Größen, die für Stäube, Staubverteilungen und die Entstaubung kennzeichnend oder von besonderem Einfluß sind. Eine Übersicht über die wichtigsten Meßaufgaben aus der Sicht der Entstaubung gibt Tab. 11.1.

Tabelle 11.1 *Übersicht zur Staubmeßtechnik*

Systeme, Apparate	physikalische Größen, Gütekriterien
Staub	Korngrößenverteilung
Aerodispersion	Staubkonzentration Korngrößenverteilung Zündgrenzen usw.
Entstaubung	Korngrößenverteilung Staubkonzentration elektrischer Widerstand Staubdichte usw.
Staubabscheider	Gesamtentstaubungsgrad Stufenentstaubungsgrad

11.1 Der Staubgehalt

11.1.1 Allgemeines

Eine Aerodispersion wird in erster Linie durch den Staubgehalt oder die Staubkonzentration gekennzeichnet. Dies ist die auf die Volumeneinheit des Trägermediums bezogene Staubmenge, die im allgemeinen durch die Staubmasse, in einigen Fällen auch durch das Staubvolumen oder die Teilchenzahl ausgedrückt wird.

Der Staubgehalt steht bei Fragen der Reinhaltung der Luft oft im Mittelpunkt. Erwähnt seien Begriffe wie die Immission und die Emission. Unter Emission versteht man den Austritt von luftfremden Stoffen in die Luft beim Verlassen der Quelle. Die Größe der Emission wird in zunehmendem Maße von den gesetzgebenden Körperschaften begrenzt. Demgegenüber beschreibt die Immission [350] das Auftreten luftfremder Stoffe in bodennahen Schichten. Die maximale Immissionskonzentration (MIK-Werte) gibt diejenige Konzentration luftfremder Stoffe in bodennahen Schichten an, die für Mensch, Tier und Pflanze noch als unbedenklich gelten. Diese MIK-Werte beschränken sich auf die freie Atmosphäre. Für den Bereich der Atemluft am Arbeitsplatz wird die maximale Arbeitsplatzkonzentration (MAK-Werte) verwendet [3].

Für die Entstaubungstechnik sind im Hinblick auf die Emission die Staubgehalte beim Verlassen der Entstauber von Bedeutung. Im Zusammenhang hiermit stehen auch die Gesamtentstaubungsgrade.

Für die Bestimmung des Staubgehaltes gibt es im wesentlichen zwei Methoden, nämlich die direkte und die indirekte Messung der Staubmenge. Zu den direkten Methoden gehören das Auswiegen, also die gravimetrische Methode, und das Auszählen. Bei den indirekten Methoden wird eine Hilfsgröße, wie z. B. eine optische, elektrostatische oder auch kalorimetrische Größe gemessen, die mit der Konzentration verknüpft ist.

Neben der Staubmenge ist gleichzeitig das Volumen des entsprechenden Trägermediums zu ermitteln. Dies geschieht mit den Methoden der Gasmessung, wie z. B. durch Blenden und Düsen. Für geringe Mengen bieten Gasuhren oft Vorteile.

11.1.2 Gravimetrische Bestimmung des Staubgehaltes

Die gravimetrische Messung der Staubkonzentration geschieht derart, daß der Staub aus einem bestimmten Volumen des Trägermediums vollständig abgeschieden und dann ausgewogen wird. Da das Wiegen des Staubes und die Volumenbestimmung des Gases als Teil einer allgemeinen Meßtechnik aufzufassen sind, beinhaltet die gravimetrische Methode als spezielles Problem die vollständige Abscheidung des Staubes. Hierfür kommen im Grundsatz dieselben Methoden in Frage, wie sie in den Entstaubern Anwendung finden. Das am häufigsten angewandte Prinzip der Abscheidung ist die Filtration.

Jede Staubgehaltsbestimmung wird an einer bestimmten Trägergasmenge durchgeführt, die gleichzeitig die Probemenge darstellt. Diese Probe muß der zu untersuchenden Aerodispersion entnommen werden, und zwar derart, daß die Probe die Grundgesamtheit mit vorgegebener Genauigkeit repräsentiert. Diese Forderung bedingt, daß die Entnahmevorrichtung dem jeweiligen Zustand der Aerodispersion angepaßt wird, damit keine Entmischung stattfindet.

Die Technik der gravimetrischen Staubgehaltsbestimmung läßt sich somit in vier Bereiche aufgliedern, nämlich die Probenahme, das Abscheiden des Staubes in der entnommenen Probe, das Bestimmen des Trägergasvolumens und schließlich das Auswiegen der abgeschiedenen Staubmenge.

Die Probenahme beinhaltet im wesentlichen die Entnahme eines Teilstromes aus einer strömenden oder auch ruhenden Aerodispersion.

Eine Anordnung für eine Entnahme aus einer strömenden Aerodispersion zeigt Abb. 11.1. Mit der Sonde *1* wird ein Teilstrom erzeugt. Über das Meßrohr *a* wird der Gesamtdruck und über die Bohrung *b* der statische Druck und damit die Geschwindigkeit des Hauptgasstromes gemessen. Die Werte für eine Einstellung der Teilstromgeschwindigkeit, also

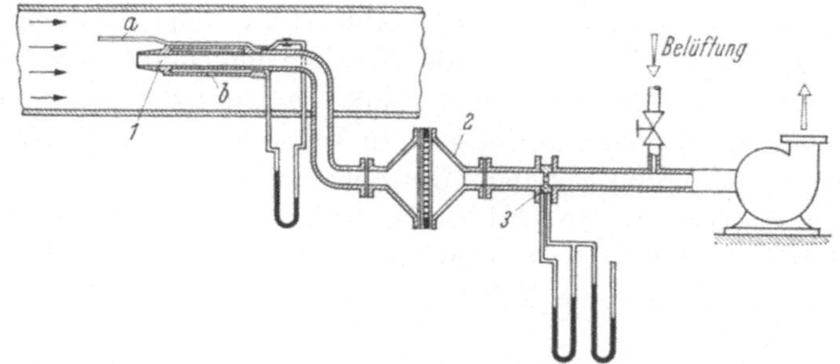

Abb. 11.1 Anordnung für eine Probenahme aus einer Aerodispersion.

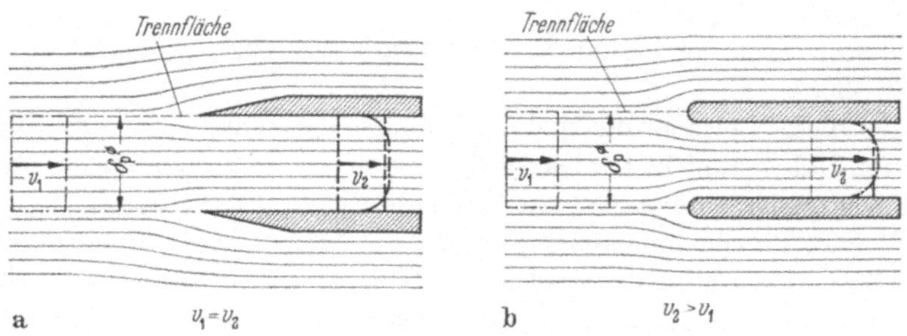

Abb. 11.2 Strömungsverhältnisse bei Entnahmesonden.

der Geschwindigkeit in der Sonde, lassen sich z. B. über eine Blendenmessung (*3*) gewinnen. Die Abscheidung des Staubes erfolgt im Abscheider (*2*).

Um bei der Teilstromentnahme eine repräsentative Probe zu erhalten, muß die Gasgeschwindigkeit in der Sonde bestimmte Bedingungen erfüllen. Eine Probe entspricht dann dem Zustand im Hauptgasstrom, wenn z. B. der in Abb. 11.2 durch die gestrichelte Linie begrenzte Stromfaden mit dem Durchmesser δ_P in die Sonde gelangt und damit zum Teilgasstrom wird. Diese Forderung wird auf Grund vieler Untersuchungen dann erfüllt, wenn im Haupt- und Teilgasstrom gleiche Geschwindigkeiten vorliegen, also die Bedingung $v_1 = v_2$ erfüllt ist [351—354]. Andere Versuche zeigen dagegen, daß $v_2 > v_1$ sein muß [355]. Beide Behauptungen können richtig sein; denn es läßt sich zeigen, daß das notwendige Verhältnis von v_1 zu v_2 ausschließlich von der Sondenform abhängt oder davon, wie man den Teilgasstrom definiert.

Lassen wir die Existenz des Teilgasstromes nicht mit dem Eintritt in die Sonde beginnen, sondern eine ausreichende Entfernung davor. Der Teilgasstrom ist dann richtig definiert, wenn in der Trennfläche zwischen diesem und dem Hauptgasstrom keine Übergänge von Staubteilchen erfolgen. Dies ist sicher dann der Fall, wenn die Trennfläche in Strömungsrichtung keine Krümmungen aufweist und in die vordere Spitze der Sonde einmündet, wie in Abb. 11.2a u. b dargestellt. Unter diesen Bedingungen verbleiben alle Teilchen im Haupt- bzw. Teilgasstrom. Es ist also die Spitze und damit die Form der Sonde, die den Querschnitt des Teilstromes festlegt. In Verbindung mit der Hauptgasgeschwindigkeit ergibt sich dann das Volumen, das durch die Sonde abzuführen ist. Diese Menge wird bei der Anordnung nach Abb. 11.1 durch Zweitluft eingestellt. Es ist eine Frage der Zweckmäßigkeit, ob man die Probenahme über das Teilstromvolumen oder die Teilgasgeschwindigkeit steuert.

Auf Grund der oben gemachten Ausführungen gilt für eine sehr scharfkantige Keilsonde, Abb. 11.2a, und strömungsparallele Anordnung die geschwindigkeitsgleiche oder isokinetische Absaugung. Für den Fall Abb. 11.2b und ähnliche Ausführungen muß v_2 größer als v_1 sein [356–358].

Bei dieser Betrachtung sind die Einflüsse der molekularen und turbulenten Diffusion nicht berücksichtigt. Sie wirken sich dann aus, wenn ein Konzentrationsgefälle quer zur Strömungsrichtung besteht.

Bei der Probenahme aus strömenden Aerodispersionen stellt sich noch die Frage, wie groß die Zahl und Verteilung der Meßpunkte, z. B. in einer Rohrleitung, sein muß, um repräsentative Proben zu erhalten. Dieses Problem wird oft unterschätzt [359]. Wegen der vielen möglichen Einflüsse, wie Geschwindigkeits-, Konzentrations- und Korngrößenverteilung im Querschnitt, läßt sich eine Antwort letztlich nur auf Grund von Versuchen mit entsprechender statistischer Prüfung geben.

Die Probenahme aus ruhenden Aerodispersionen unterscheidet sich von den bisher vorgestellten Anordnungen nur dadurch, daß die Entnahmesonde anders ausgebildet ist. Auch hier besteht die wichtigste Aufgabe darin, Entmischungen zu vermeiden. Diese Forderung wird erfüllt, wenn die Beschleunigung beim Ansaugen nur kleine Werte erreicht. Man verwendet daher möglichst große Einströmquerschnitte und damit relativ niedrige Einströmgeschwindigkeiten. Aus diesem Grund sind die Kanäle zu den Entnahmeköpfen für die Staubluft meist trichterartig erweitert.

Die häufigste Methode der Abscheidung zur gravimetrischen Staubgehaltsbestimmung ist die Filtration. Das Standardgerät zeigt Abb. 11.3

in der Ausführung für einen Einbau bei der Sondenentnahme. Liegen ruhende Aerodispersionen vor, bildet man die Anströmseite anders aus,

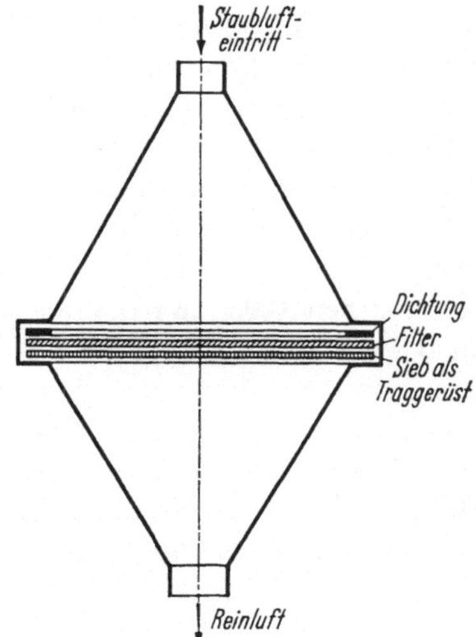

Abb. 11.3 Schema eines Filtrationsabscheiders.

weil die Entnahmesonde und die Verbindungsleitungen bis zum Abscheider fehlen. Die Filterfläche des Abscheiders wird dann praktisch zur Einströmöffnung.

Das entscheidende Element im Filtrationsabscheider ist der Filterstoff. Dieser muß so aufgebaut sein, daß alle Staubteilchen abgeschieden werden. Die Hersteller liefern daher die Filterstoffe für einen weiten Bereich an Porengrößen. Sie werden sowohl direkt als auch indirekt angegeben, wie z. B. über den Druckverlust bei der Durchströmung einer bestimmten Gasmenge.

Als Filterstoffe kommen die schon in Abschnitt 8.2 genannten in Frage, wie Gewebe aus Natur- oder Chemiefasern oder Faserschichten, wie z. B. Filterpapier oder Glasfaserfilter. Die Filterpapiere (z. B. der Firmen Schleicher & Schüll, Dassel; Gelman Instruments, Ann Arbor; Mine Safety Applications, Pittsburgh; Auer, Berlin) werden vor allem für mittlere Probenmengen eingesetzt, während für größere Mengen textile Gewebe aus Gründen der Festigkeit oft günstiger sind. Für kleinere Mengen werden neben den Faserschichten auch noch Membranfilter (z. B. Fa. Sartorius, Göttingen) verwendet.

Für manche Fälle haben sich lösliche oder auch verdampfbare Filtermedien bewährt. Das Mikrosorbanfilter der Fa. Delbag, Berlin-Halensee, z. B. ist in Trichloräthylen löslich.

Für das Auswiegen der abgeschiedenen Staubmenge ist zu berücksichtigen, daß die Filterstoffe im allgemeinen Feuchtigkeit aufnehmen.

Die Bestimmung der Nettomasse ist daher erst nach einer Trocknung gemäß Vorschrift und Abkühlung im Exsikkator möglich. Papierfilter werden z. B. vor der Nettowägung bis zu drei Stunden bei 100 bis 200 °C und Membranfilter bis zu 30 min bei etwa 100 °C getrocknet. Ein entsprechender Trocknungsprozeß ist auch nach der Staubabscheidung durchzuführen, falls es sich nicht um lösliche Filter handelt. Bei temperaturempfindlichen Stoffen empfiehlt sich eine Trocknung bei niedrigen Temperaturen in einem Vakuumtrockenschrank. Zu beachten ist, daß die Abscheidegüte eines Filters auch von der Anströmgeschwindigkeit abhängt; diese liegt bei Membran- und Papierfiltern je nach Porenweite etwa zwischen 0,05 und 0,5 m/s und beim Mikrosorbanfilter z. B. bei etwa 0,8 m/s.

Die Filtrationsabscheider sind, wie auch die Abb. 11.3 zeigt, vergleichsweise einfache Geräte. Unterschiedliche Bauarten sind vorwiegend durch die jeweils geforderte Probengröße, also den Volumendurchsatz, bedingt. Für kleinere Staubmengen kann der Abscheider direkt in die Sonde eingebaut werden, wie Abb. 11.4 zeigt. Für größere Mengen

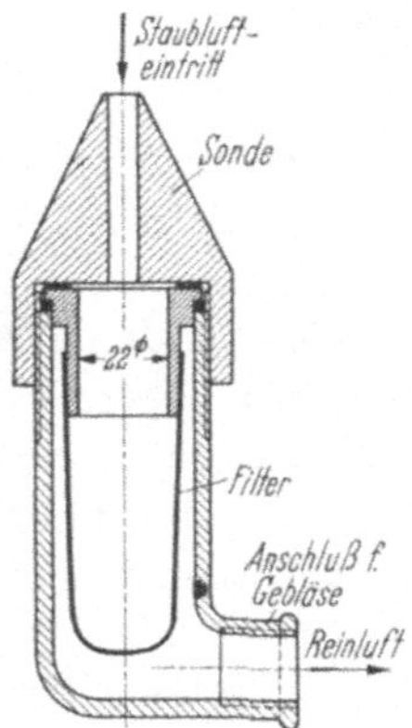

Abb. 11.4 Entnahmesonde mit eingebautem Abscheider.

ist beispielsweise das Gerät nach Abb. 11.5 geeignet. Es wird entweder mit einem Filtersack oder mit Filterpapier bestückt, wodurch eine gute Anpassung an sehr unterschiedliche Probenmengen möglich ist. Daß der Filtrationsabscheider für die gravimetrische Probenahme vorherrschend ist, liegt darin begründet, daß eine gute und einfache Anpassung sowohl an die Probengröße als auch an die Feinheit des Staubes möglich ist.

Auch die Trägheit der Teilchen bei Umlenkungen des Teilgasstromes wird zur Abscheidung ausgenutzt. Abb. 11.6 zeigt zum Beispiel das Schema eines Aufprallabscheiders bzw. Impaktors. Es handelt sich in diesem Fall um einen vierstufigen Abscheider, in dem die Geschwindigkeit vor der Prallfläche mit jeder Stufe zunimmt. Die Ausbildung der

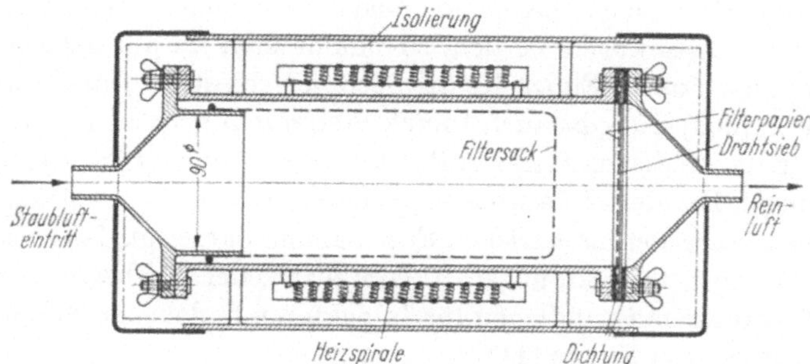

Abb. 11.5 Filtrationsabscheider (Bauart Ströhlein).

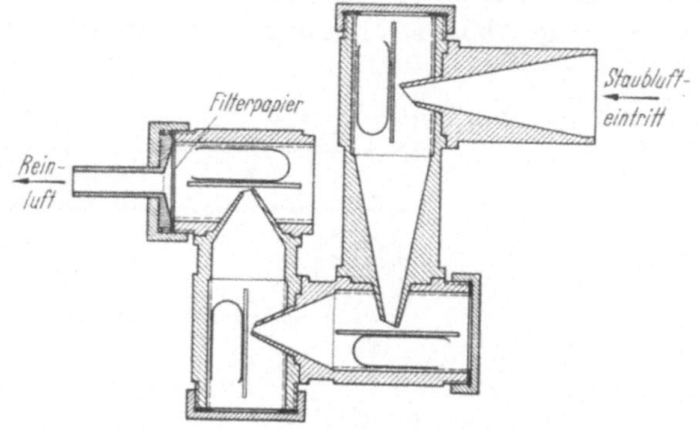

Abb. 11.6 Schema eines 4stufigen Aufprallabscheiders.

Tabelle 11.2 *Kenngrößen verschiedener Impaktoren*

	Stufe	Abstand von der Platte mm	Kenngrößen der Düsen Breite mm	Höhe mm	Durchmesser mm	Durchsatz $\dot{V}$ l/min	Strömungsgeschw. m/s	Abgeschiedene Fraktion µm
CASELLA	1	6/1	19	7/6		17,5	2,20	>12–8
	2	2/0,14	14	1,45			10,20	19–4 –2
	3	0,36	14	0,75			27,50	7–1,5–0,8
	4	0,14	14	0,27			77,00	2–0,5–0,3
ANDERSEN	1	2,5			1,18	28,3	1,08	> 9,2
	2				0,91		1,80	9,2–5,5
	3				0,71		2,97	5,5–3,3
	4				0,53		5,28	3,3–2,0
	5				0,34		12,78	2,0–1,0
	6				0,25		23,29	< 1,0
UNICO	1		20	3,56		2–40	$0{,}24 \cdot \dot{V}$	variabel
	2		20	1,52			$0{,}55 \cdot \dot{V}$	
	3		20	0,64			$1{,}31 \cdot \dot{V}$	
	4		20	0,25			$3{,}30 \cdot \dot{V}$	

Prall- oder Fangflächen hängt von dem Auswertungsverfahren ab. Sollen die Proben ausgewogen werden, so nimmt man im allgemeinen Filterpapiere oder Folien. Einige Kenngrößen verschiedener Impaktoren zeigt Tab. 11.2 [360]. Es gibt auch Impaktoren mit mehreren Düsen in jeder Stufe. Beim Andersen-Gerät z. B. ist in den Stufen jeweils eine Platte mit einigen Hundert Düsenbohrungen angeordnet.

Wie schon bei der industriellen Entstaubung dargelegt, lassen sich mit dieser Methode Teilchen mit $d < 0{,}1\,\mu m$ nicht oder nur begrenzt abscheiden. Theoretische Grundlagen für Impaktoren findet man beispielsweise in dem Buch von Fuchs [11].

Auch der Waschentstauber wird für die Probenahme eingesetzt. Das Schema eines solchen Gerätes, in dem auch eine Prallwirkung am Boden ausgenutzt wird, zeigt Abb. 11.7. Mit diesen Abscheidern, auch Impinger

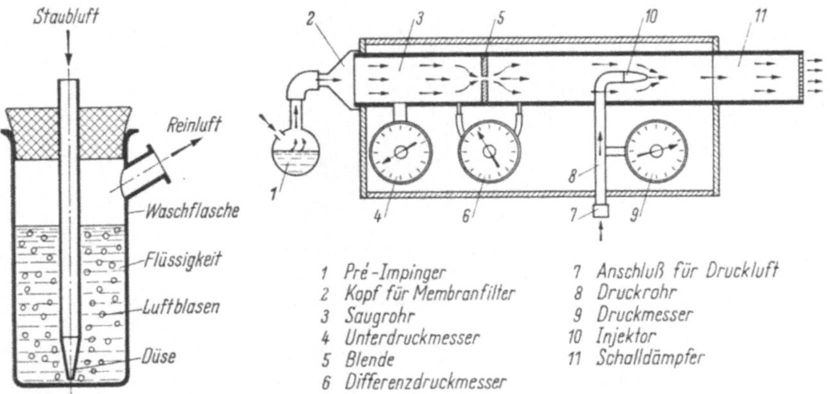

Abb. 11.7 Schema eines Gerätes zur Prallabscheidung unter Flüssigkeit (Impinger).

Abb. 11.8 Membranfilter-Absaugegerät mit vorgeschaltetem Impinger.

genannt, lassen sich nur Teilchen der Größenordnung $d > 1\,\mu m$ hinreichend abscheiden. Abb. 11.8 zeigt die Kombination von einem Wasch- mit einem Filtrationsabscheider.

Das Schema eines Fliehkraftabscheiders zeigt Abb. 11.9 [361]. Die untere abscheidbare Korngröße liegt bei etwa 0,5 bis 1 μm. Für sehr feine Stäube sind Zyklonsonden daher nicht geeignet.

Nach der in Kapitel 6 behandelten Theorie der Elektroentstauber ist dieses Gerät geeignet, eine gute Abscheidung unabhängig von der Teilchengröße zu erreichen. Diese Bauart erfordert jedoch einen Aufwand, der im Vergleich zum Filtrationsabscheider wesentlich größer ist. Der Elektroabscheider für die gravimetrische Staubgehaltsmessung ist daher auf Sonderfälle beschränkt. Eine Anwendung findet das Prinzip in der Gastschen Staubwaage, die in Abb. 11.10 [362] im Schema dargestellt ist. Dieses Gerät läßt sich so ausrüsten, daß über eine Programmsteuerung zahlreiche Messungen nacheinander durchgeführt werden können. Die Vorteile dieses Gerätes liegen in der Automatisierung.

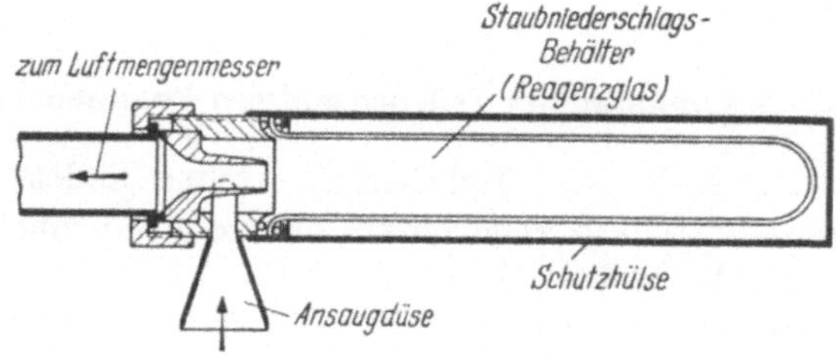

Abb. 11.9 Schematische Darstellung einer Zyklonsonde.

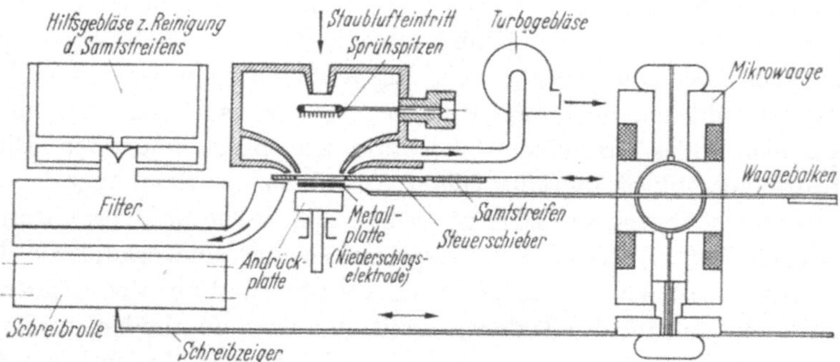

Abb. 11.10 Schema der Gastschen Staubwaage (Draufsicht).

Tabelle 11.3

Gerätebeispiele zur gravimetrischen Bestimmung der Staubkonzentration. Die Zahlenangaben sind Richtwerte

Gerät	Abb.	Luftdurchsatz m^3/h	kleinste erfaßbare Teilchengröße μm
Standardfilter	11.3	0,5···30	0,01
Filter in Sonde	11.4	bis 0,2	0,1···1
Filter (Bauart Ströhlein)	11.5	1···20	0,01
Filter (Bauart Babcock)	—	1···100	0,1···1
Fliehkraftabscheider	11.9	1···20	1
Staubwaage	11.10	0,1···20	0,01
Impaktoren	11.6	0,5···5	0,1···1
Impinger	11.7	0,5···20	1

In dem von der Fa. Brindi, Lörrach angebotenen Konzentrationsmeßgerät System 3205 wird der Staub elektrisch auf einem schwingungsfähig gelagerten Kristallplättchen abgeschieden. Die Änderung der Schwingungsfrequenz ist proportional der abgeschiedenen Staubmenge.

Eine Zusammenstellung von einigen Geräten zur gravimetrischen Bestimmung der Staubkonzentration zeigt Tab. 11.3.

11.1.3 Bestimmung der Teilchenzahl pro Volumeneinheit

Die Auszählmethode oder Teilchenzahlmessung findet Anwendung, wenn die Konzentration in Teilchenzahl pro Volumeneinheit angegeben werden soll. Das Auszählen von Staubteilchen ist optisch nur über ein mikroskopisches Bild möglich. Eine Zählung nach dieser Methode gliedert sich in zwei Schritte, nämlich das Herstellen von Präparat und Abbildung und das Auszählen im mikroskopischen Bild. Eine andere Möglichkeit der Teilchenzählung besteht darin, daß man eine Aerodispersion durch eine enge Kapillare schickt und jedes Teilchen beim Durchgang über eine physikalische Eigenschaft registriert und zählt.

Das Auszählen kann erfolgen durch Augenbeobachtung eines mikroskopischen Bildes, an einer Projektion des mikroskopischen Bildes und an einer Mikrofotografie. Dieses Auszählen mit dem Auge ist vergleichsweise mühsam, so daß man auch automatische Zählvorrichtungen entwickelt hat. So läßt sich beispielsweise das mikroskopische Bild mit einer Fernsehkamera zeilenförmig abtasten und aus den erhaltenen Signalen die Anzahl der Teilchen ermitteln. Diese Methoden werden in anderem Zusammenhang im Abschnitt 11.2.4.3.4 ausführlich behandelt.

Die für die mikroskopische Auszählung notwendige Abscheidung der Staubteilchen auf einem Objektträger kann durch Trägheits-, thermomolekulare und elektrische Kräfte sowie durch Filtration erfolgen.

Ein Gerät, in dem die Abscheidung der Staubteilchen durch Trägheitskräfte erfolgt, ist das in Abb. 11.11 im Schnitt dargestellte Konimeter. Aus der Fülle von Berichten über dieses Gerät seien die von D. Hasenclever, R. Roeber und H. Desler [363–365] genannt. Ein federbelasteter Kolben, der über einen Auslöser freigegeben wird, saugt das staubbeladene Gas durch das Gerät. Dabei kann die Austrittsgeschwindigkeit in der Düse bis zu 200 m/s betragen. Hinter der Düse befindet sich in einem Abstand von etwa 0,5 mm eine auswechsel- und drehbare Glasscheibe (Objektträger), auf die die Staubteilchen infolge der Trägheit aufprallen. Um das Anhaften der Teilchen zu verbessern, wird die Objektscheibe mit einer Haftschicht überzogen, z. B. mit einer Vaselinxylollösung. Für das Auszählen der Teilchen läßt sich die Scheibe unter ein angebautes Mikroskop drehen oder unter ein handelsübliches Mikroskop bringen. Ein Konimeter, das die Sammlung von 36 Proben in verschiedenen Zeitabständen automatisch erlaubt, ist von J. A. Schedling [366] entwickelt worden.

Um das Abscheiden der Staubteilchen und auch das Haften an der Prallfläche zu verbessern, hat J. S. OWENS das Kondensations- mit dem Aufprallverfahren vereinigt. In einer dem Konimeter vorgeschalteten

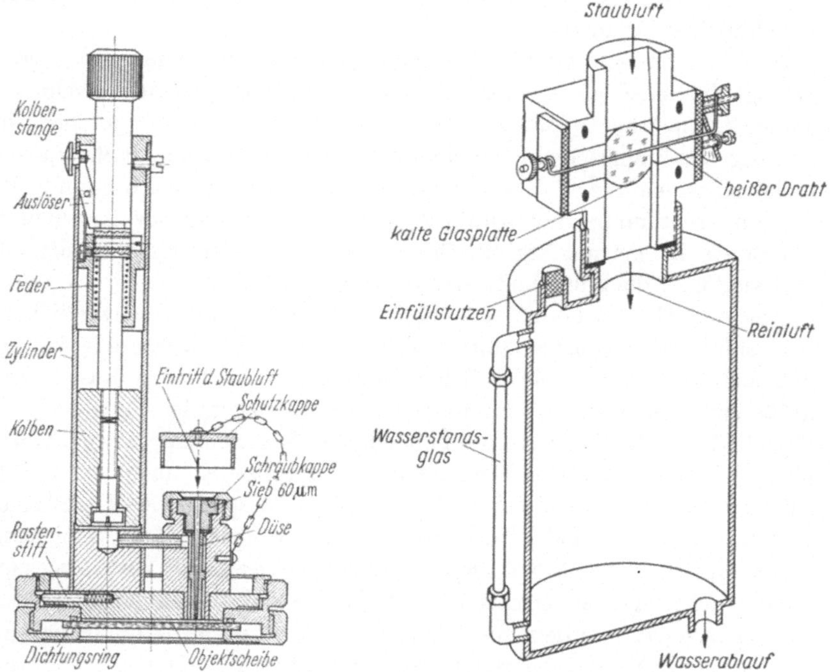

Abb. 11.11 Konimeter HS der Fa. Sartorius-Werke.

Abb. 11.12 Schema eines Thermalpräzipitators.

Kammer wird die staubbeladene Luft mit Wasserdampf gesättigt. Dieser kondensiert während der Entspannung in der Düse an den Staubteilchen. Eine Vergrößerung der Masse der Körner verbessert sowohl die Abscheidung wie auch das Anhaften.

Beim Thermalpräzipitator erfolgt die Abscheidung der Staubteilchen durch thermomolekulare Effekte. Wie das Schema in Abb. 11.12 zeigt, strömt die Aerodispersion durch einen von zwei Glasplatten gebildeten Spalt. In der Mitte ist ein Heizdraht oder ein Heizband angeordnet. Durch das zwischen dem Draht und den Glasplatten herrschende Temperaturgefälle entstehen Kräfte an den Staubteilchen in Richtung des Temperaturgefälles (thermomolekularer Druck). Die durch diese Kräfte auf den Glasplatten oder auch anderen Trägern abgeschiedenen Staubteilchen lassen sich sowohl licht- wie auch elektronenmikroskopisch auszählen [367, 368].

Es ist bekannt, daß die Moleküle der Gase in ständiger Bewegung sind und daß die durchschnittliche kinetische Energie der Moleküle mit der

Temperatur steigt. Ein Staubteilchen, das sich in einem Gas befindet, in dem ein Temperaturgefälle herrscht, ist daher von Gasmolekülen umgeben, deren mittlere kinetische Energie in Richtung steigender Temperatur zunimmt. Hierdurch entsteht die schon genannte Kraft in Richtung abnehmender Temperatur.

Bei dem in den Geräten vorhandenen starken Temperaturgefälle beträgt die Verschiebungsgeschwindigkeit der Staubteilchen in Richtung zu den Glasplatten in Luft etwa 0,8 bis 1,6 cm/s. Hieraus ergibt sich die zulässige Strömungsgeschwindigkeit der Staubluft in dem Abscheidungskanal. Diese kann z. B. etwa 5 cm/s betragen, wodurch sich dann z. B. für eine bestimmte Bauausführung eine durchzusaugende Luftmenge von etwa 10 cm^3/min ergibt. Die jeweilige Strömungsgeschwindigkeit läßt sich über die ablaufende Wassermenge einstellen.

Aus der Theorie ergibt sich, daß die Verschiebungsgeschwindigkeit bei schlupffreier Umströmung unabhängig von der Korngröße ist, so daß sich im Prinzip alle Teilchen vollständig abscheiden lassen. Bei größeren Teilchen ist jedoch infolge der sich überlagernden Fallgeschwindigkeit durch die Schwere eine hinreichende Verschiebung zu den Glasplatten in Frage gestellt. Der Thermalpräzipitator ist daher ein Gerät zur Probenahme von sehr feinen Staubteilchen, beispielsweise $d < 20\ \mu m$. Für diesen Bereich sind Abscheidungsgrade von über 99% zu erreichen.

Um eine für die mikroskopische Auswertung geeignete Verteilung auf dem Objektträger zu erhalten, muß die Meßdauer der Staubkonzentration angepaßt werden. Sie kann zwischen 5 und 45 Minuten liegen. Auch über das Temperaturgefälle bzw. den Heizstrom läßt sich die Staubverteilung beeinflussen.

Eine weitere gute Möglichkeit, Präparate für die optische Auszählung herzustellen, bietet die Filtrationsabscheidung. Man benötigt dazu naturgemäß einen Filterstoff, der so aufgebaut ist, daß sich die Staubteilchen auf der Oberfläche ablagern und nicht in das poröse System eindringen. Für diesen Zweck sind die Membran- und die Kernporenfilter geeignet. Es sind dies folienartige Stoffe mit nahezu kreisrunden und einheitlichen Öffnungen (Poren) [369, 370 u. VDI 2266].

Ein sehr einfaches Gerät zur Untersuchung schwebender Stäube zeigt Abb. 11.13. Es ist eine Balgpumpe, die eine bestimmte Staubluftmenge durch das Membranfilter saugt.

Eine Abscheidung von Staubteilchen ist auch in Zentrifugen möglich (Abschnitt 11.2.6.4). Bei diesen Zentrifugen, in denen der Abscheidungsraum recht unterschiedlich aufgebaut sein kann, beispielsweise als ebene archimedische oder logarithmische Spirale, als kegelförmiger Spaltraum oder in Form von Schraubengängen auf einer Kegelfläche, wird die Abtrennungsfläche mit einer Folie belegt. Die hier abgeschiedenen Staubteilchen werden mit optischen Hilsmitteln ausgezählt.

Bei den Zählgeräten wird die Aerodispersion durch eine enge Kapillare oder eine kleine Bohrung geschickt. Die Größe der Öffnung wird so gewählt, daß die Staubteilchen die Meßstelle einzeln passieren. Der Durchgang läßt sich beispielsweise dadurch feststellen, daß die damit verbundene Änderung der Lichtstreuung oder der Leitfähigkeit gemessen wird.

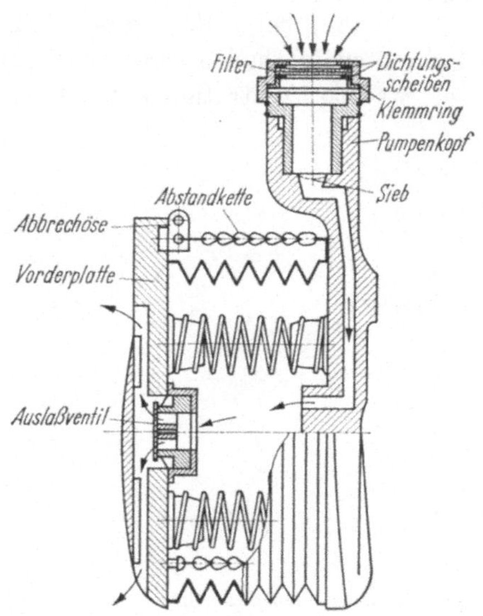

Abb. 11.13 Schnittbild einer Balgpumpe (Bauart Fa. Dräger).

Tabelle 11.4

Gerätebeispiele zur Bestimmung der Teilchenzahl pro Volumeneinheit. Die Zahlenangaben sind Richtwerte

Gerät	Abb.	Luftdurchsatz cm^3/min	Probenvolumen cm^3	kleinste erfaßbare Teilchengröße µm
Konimeter (Bauart Sartorius)	11.11	5	5	0,5···1
Zeiss-Konimeter	—	500	5	0,5···1
Automatisches Konimeter	—	500	5	0,5···1
Membranfilter	11.13	$10^3 \cdots 5 \cdot 10^3$	—	0,01
Thermalpräzipitator	11.12	2···10	100	0,01
Teilchenzählgerät	11.44	bis 150	—	0,01···0,1
Aerosolspektrometer	11.41	—	—	0,03

Die Grenze der Teilchenzählgeräte hängt von der Arbeitsweise des jeweiligen Meßsystems ab (Abschnitt 11.2.7).

Eine Zusammenstellung von Geräten zur Bestimmung der Teilchenzahl pro Volumeneinheit gibt Tab. 11.4.

11.1.4 Indirekte Messung der Staubkonzentration

Bei einer indirekten Konzentrationsmessung wird eine Hilfsgröße gemessen, aus der sich der Wert der Konzentration über eine Eichung ergibt. Da die Hilfsgröße sehr oft auch noch von anderen Einflüssen, wie der Korngrößenverteilung oder der Stoffzusammensetzung, abhängt, ist die Gültigkeit der Eichung bei Änderung der Bedingungen jeweils zu überprüfen. Die indirekten Methoden sind vorwiegend zur kontinuierlichen Messung der Staubkonzentration entwickelt worden. Als recht

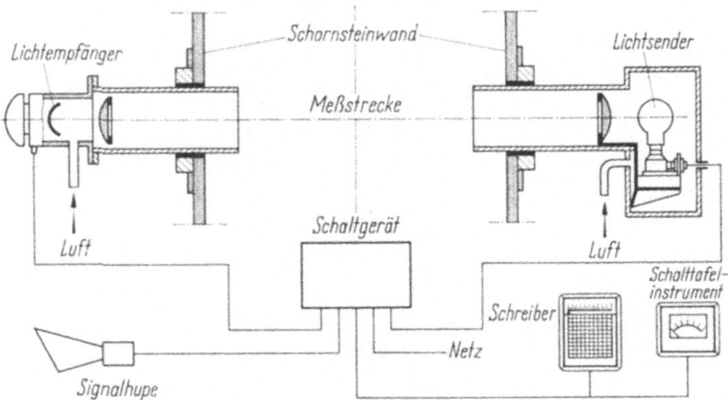

Abb. 11.14 Anordnung zum Messen der Rauchdichte.

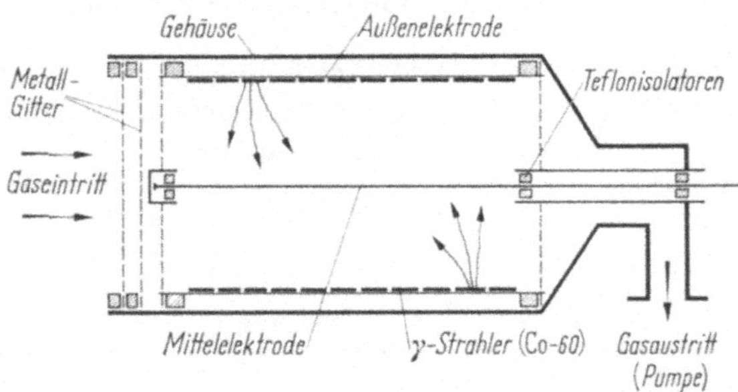

Abb. 11.15 Ionisationskammer zum Messen des Staubgehaltes nach HASENCLEVER und SIEGMANN [374].

geeignete Hilfsgrößen für eine indirekte Konzentrationsmessung haben sich u. a. die Lichtabsorption, die β-Strahlenabsorption, die Lichtstreuung, die elektrostatische Aufladung, die Leitfähigkeit und der Druckverlust bewährt.

Wird ein Lichtstrahl durch eine Aerodispersion geschickt, erfährt die Intensität durch die von den Staubteilchen verursachte Lichtabsorption eine Schwächung. Diese ist von der Konzentration abhängig (s. Abschnitt 11.2.6.2). Aus der Schwächung läßt sich daher auf die

Konzentration schließen. Ein Gerätebeispiel für die Konzentrationsmessung nach dieser Methode zeigt Abb. 11.14.

Solche Apparate (z. B. von den Firmen AEG, Durag, Dr. Lange, Visomat, Sick und Siemens) finden verbreitet Anwendung zur Rauchdichtemessung, also auch zur Messung der Staubkonzentration in den Abgasen aus Feuerungsanlagen [371–373].

Strömt staubhaltige Luft durch eine Ionisationskammer, so hängt die Schwächung des Ionenstromes auch von der Staubkonzentration ab. Zur Messung dient bei dieser von Hasenclever und Siegmann benutzten Methode eine Ionisationskammer mit zentraler Mittelelektrode, Abb. 11.15.

An die Kammer (Außenelektrode) ist eine feste Spannung angelegt. Die durch radioaktive Strahlung erzeugten Ionen wandern in Richtung abnehmenden Potentials. Es fließt so ein Ionenstrom zur Mittelelektrode. Durch die quer dazu strömenden Staubteilchen werden jedoch Ionen angelagert, so daß sich aus der Menge der Anlagerung und damit aus der Schwächung des Ionenstromes auf die Staubkonzentration schließen läßt [374–376].

Die beiden ersten Metallgitter am Gaseintritt liegen an verschiedenen elektrischen Potentialen. Sie dienen zur Abscheidung von geladenen

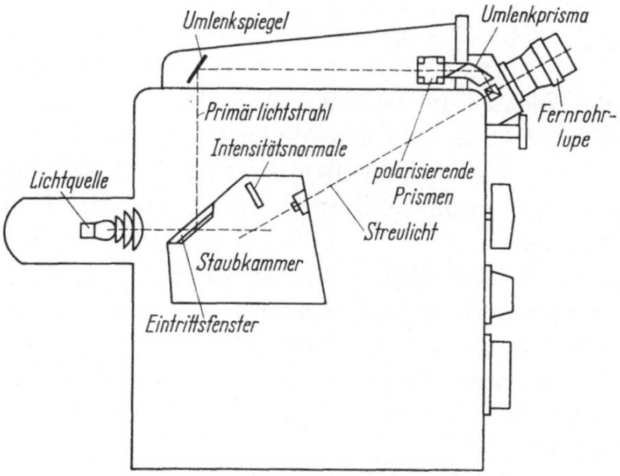

Abb. 11.16 Prinzip des Tyndallometers.

Teilchen, die sonst das Meßergebnis beeinflussen würden. Die anderen Gitter sind mit der Außenelektrode verbunden. Das ionisierende Strahlenpräparat ist gleichmäßig verteilt an der Innenseite der Außenelektrode angebracht.

Bei der mit der Lichtstreuung arbeitenden Methode wird das aus einem Primärstrahl am Staub gestreute Licht gemessen (Tyndalleffekt) [377–379]. Die gestreute Lichtmenge ändert sich mit der Staubkonzentration (vgl. a. Abschnitt 11.2.7.1). Bei dem in Abb. 11.16 gezeigten

Gerätebeispiel wird aus einer Lichtquelle ein paralleler Lichtstrahl in die Staubkammer geleitet. Man mißt unter einem Winkel von etwa 30° die Intensität des an den Staubteilchen gestreuten Lichtes mit Hilfe der Fernrohrlupe, und zwar derart, daß man diesen Wert fotometrisch mit der Intensität des Primärlichtstrahls vergleicht. Dies geschieht z. B. über Kreuzen Nicolscher Prismen (visuelle Fotometrie).

Über den Winkelwert ergibt sich die Intensität des Streulichtes, aus der sich die Staubkonzentration indirekt ermitteln läßt. Weil die

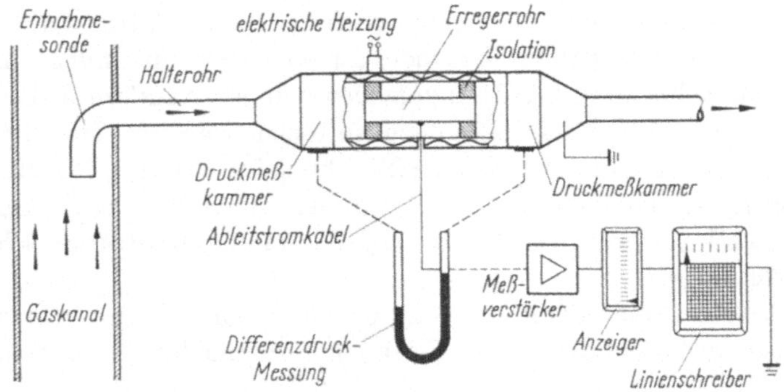

Abb. 11.17 Konitest (Bauart Feifel und Prochazka).

Streuung des Lichtes in besonderem Maße von Größe, Form und Beschaffenheit der Staubteilchen abhängt, ist der jeweilige Eichwert kritisch zu überwachen. Ein vollautomatischer Ablauf einer tyndallometrischen Messung erfolgt z. B. im Sartorius- und im Phoenix-Sinclair-Aerosol-Fotometer.

Staubteilchen in Aerodispersionen lassen sich durch Reibung aufladen. Hierbei ist die Ladungsmenge auch abhängig von der Staubkonzentration. Bringt man einen solchen Staub auf eine geerdete Platte, so läßt sich ein gewisser Entladungsstrom messen. Nach diesem Prinzip arbeitet das von Feifel und Prochazka entwickelte Gerät Konitest, Abb. 11.17 [380].

Der Teilstrom wird durch Leitschaufeln in eine Drallströmung versetzt und in diesem Zustand einem isoliert aufgehängten Erregerrohr zugeführt. Durch die Fliehkräfte gelangen die Staubteilchen teilweise an die Rohrwandung, laden sich dort durch Reibung auf und geben die Ladung an das Erregerrohr ab. Das Meßergebnis hängt außer von der Konzentration noch von weiteren Einflüssen ab, wie z. B. von der Teilgasgeschwindigkeit, der Drallgeschwindigkeit, der Korngrößenverteilung, den Stoffeigenschaften und der Luftfeuchtigkeit.

Bei dem kontaktelektrischen Staubmeßgerät nach Schütz [381] wird das staubhaltige Gas zunächst durch eine Düse auf über 100 m/s beschleunigt und dann gegen eine Metallsonde gelenkt. Dort findet der kontaktelektrische Vorgang statt.

Eine Gruppe von Geräten zur indirekten Konzentrationsmessung arbeitet mit Hilfsgrößen, die am abgeschiedenen Staub gemessen werden. Dabei erfolgt die Abscheidung nach dem konimetrischen Prinzip oder auch durch Filtration. Als Hilfsgrößen werden beispielsweise die Lichtabsorption, der Druckverlust und die β-Strahlenabsorption verwendet.

Beim Kapnographen, Abb. 11.18, wird der Staub durch Strahl-

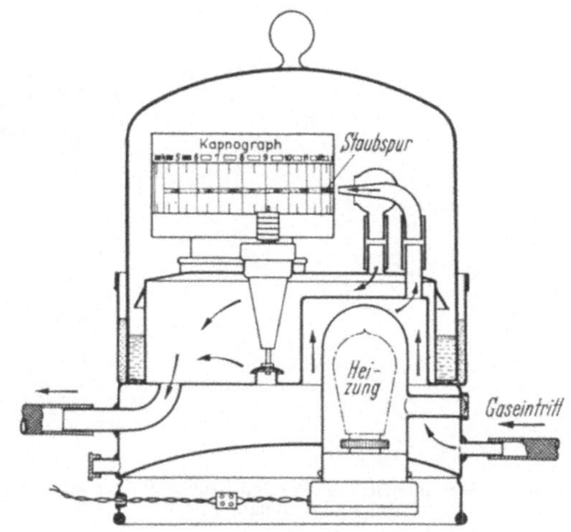

Abb. 11.18 Kapnograph (Fa. Hydro, Düsseldorf).

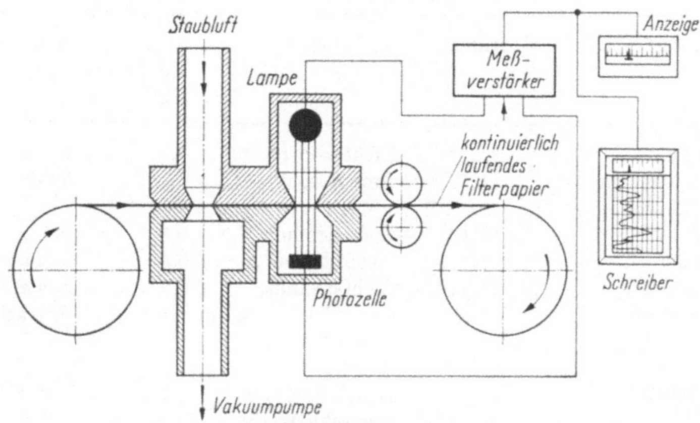

Abb. 11.19 Messung des Staubgehaltes über die Lichtabsorption des abgeschiedenen Staubes (Bauart Fa. Gelman Instruments, USA).

umlenkung auf einem präparierten, sich vor der Düse vorbeibewegenden Papier abgeschieden. Die entstehende Staubspur wird durch optischen Vergleich mit Kontrollstreifen ausgewertet.

Ein Beispiel für eine Filtrationsabscheidung zeigt Abb. 11.19. Die abgeschiedene Staubmenge auf dem kontinuierlich laufenden Filterpapier wird über die Lichtschwächung ermittelt.

Ähnlich aufgebaut ist das β-Staubmeter nach DRESIA [382] oder der Staubmonitor von Frieseke & Höpfner. Statt der Lichtquelle wird ein β-Strahler verwendet. Die Korngrößenverteilung und die chemische Zusammensetzung haben bei diesem Verfahren, im Gegensatz zu dem

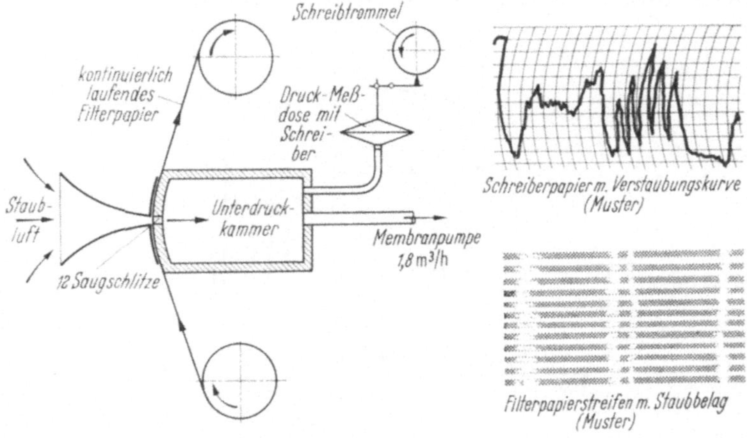

Abb. 11.20 Messung des Staubgehaltes über den Druckabfall am abgeschiedenen Staub (Bauart Fa. Jouan, Paris).

Tabelle 11.5 *Gerätebeispiele zur indirekten Bestimmung der Staubkonzentration*

Geräte	Abb.	Meßgröße	untere Meßgrenze µm	Abscheidung
Rauchdichte	11.14	Lichtabsorption	0,5	keine
Ionenanlagerung	11.15	Ionenstrom	0,1	keine
Tyndallometrische Geräte	11.16	Lichtstreuung	0,5	keine
Konitest	11.17	Ableitstrom	0,5	keine
Teilchenzähler	11.44	Lichtstreuung	0,2	keine
Gelman-Gerät	11.19	Lichtabsorption am abgeschiedenen Staub	0,1	Filtration
Jouan-Gerät	11.20	Druckabfall am abgeschiedenen Staub	0,1	Filtration
β-Staubmeter	—	β-Strahlenabsorption am abgeschiedenen Staub	0,1	Filtration
Kapnograph	11.18	Vergleich mit Standardproben	0,5	Strahlumlenkung

mit Lichtabsorption, keinen nennenswerten Einfluß auf das Ergebnis. Bei dem von W. HORN vorgeschlagenen β-Staubmeter erfolgt die Staubabscheidung elektrostatisch [383].

Statt der Lichtabsorption läßt sich auch der Druckabfall am abgeschiedenen Staub als Maß für den Staubgehalt ausnutzen, Abb. 11.20.

Für eine indirekte Konzentrationsmessung sind auch die in Abschnitt 11.2.7 behandelten Zählgeräte geeignet, soweit sie für eine Entnahme aus Aerosolen eingerichtet sind. Man muß für diesen Zweck neben der Zahl auch die Masse der einzelnen Staubteilchen ermitteln.

Wie aus der Beschreibung der Geräte zur indirekten Konzentrationsmessung hervorgeht, sind sie vorwiegend mit dem Ziel der kontinuierlichen Konzentrationsmessung entwickelt worden. Die Eichung und Kontrolle erfolgt mit gravimetrisch arbeitenden Geräten. Eine Übersicht über indirekt arbeitende Geräte gibt Tab. 11.5.

11.2 Die Korngrößenanalyse

11.2.1 Allgemeines

Der Entstaubungsvorgang besteht zu einem wesentlichen Teil in einer Verschiebung der Staubteilchen zur Abtrennungsfläche. Im Hinblick auf die Stoffeigenschaften hängt diese Verschiebung vor allem von der Korngröße ab. Aber auch für die Reinhaltung der Luft, und damit die Auswirkungen des Staubes auf Mensch, Tier und Pflanze, ist die Korngröße von Einfluß. Die Korngröße darf daher als die wichtigste physikalische Staubeigenschaft bezeichnet werden.

Auf Grund der Entstehung, wie z. B. Zerkleinerung, Verwitterung, Abrieb, Zerstäubung und Wachstum, sind die Teilchen bezüglich ihrer Größe nicht einheitlich. Vielmehr schwankt diese um einen mittleren Wert. Meßtechnisch ist also nicht die Korngröße, sondern die Korngrößenverteilung zu ermitteln. Dieser Meßvorgang wird daher allgemein als Korn- oder Teilchengrößenanalyse bezeichnet. Sie beinhaltet im wesentlichen zwei Schritte, nämlich die Messung der vorkommenden Korngrößen und die Bestimmung der Korngrößenanteile (Mengenanteile).

Vor einer Behandlung der für diese Messungen geeigneten Methoden empfiehlt es sich, die mathematischen und graphischen Methoden zum Beschreiben und Darstellen von Korngrößenverteilungen zu erörtern. Dieser Problemkreis wird daher vorangestellt und im folgenden Abschnitt behandelt.

11.2.2 Beschreibung und graphische Darstellung von Korngrößenverteilungen

Die Verteilung einer Eigenschaft läßt sich sowohl durch die Häufigkeits- wie auch die Summenverteilung beschreiben. Dies gilt auch für die

Teilchengrößen bei Stäuben. Die Häufigkeitskurve (Abb. 11.21, oben) gibt beispielsweise an, wie oft jede Korngröße vorkommt. Nun ist aber die Verwendung der Anzahl für technische Zwecke nicht immer zweck-

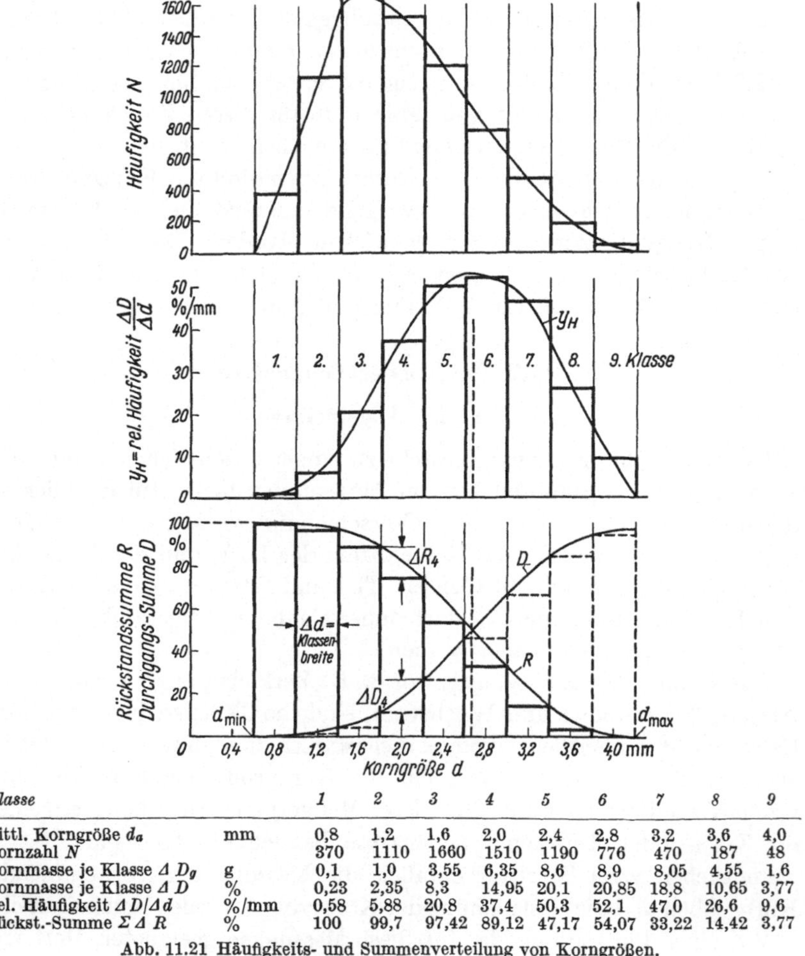

Klasse		*1*	*2*	*3*	*4*	*5*	*6*	*7*	*8*	*9*
mittl. Korngröße d_a	mm	0,8	1,2	1,6	2,0	2,4	2,8	3,2	3,6	4,0
Kornzahl N		370	1110	1660	1510	1190	776	470	187	48
Kornmasse je Klasse ΔD_g	g	0,1	1,0	3,55	6,35	8,6	8,9	8,05	4,55	1,6
Kornmasse je Klasse ΔD	%	0,23	2,35	8,3	14,95	20,1	20,85	18,8	10,65	3,77
Rel. Häufigkeit $\Delta D/\Delta d$	%/mm	0,58	5,88	20,8	37,4	50,3	52,1	47,0	26,6	9,6
Rückst.-Summe $\Sigma \Delta R$	%	100	99,7	97,42	89,12	47,17	54,07	33,22	14,42	3,77

Abb. 11.21 Häufigkeits- und Summenverteilung von Korngrößen.

mäßig, vorteilhafter sind oft Massenangaben. Aber auch mit dieser Größe befriedigt die Häufigkeitsangabe noch nicht vollständig, weil der Wert noch von dem Umfang der gewählten Probe abhängt. Aus diesem Grunde benutzt man als Maß für die Häufigkeit im allgemeinen den Massenanteil.

Meßtechnisch ist es aus Zeitgründen nicht möglich, jede Korngröße genau zu messen. Man beschränkt sich daher auf Korngrößenklassen. In der Mitte von Abb. 11.21 ist eine solche Häufigkeitskurve dargestellt.

Jede gemessene Häufigkeitsverteilung läßt sich daher im Grundsatz nur als Stufendiagramm darstellen. Bei mehr als etwa 10 Klassen ist jedoch das Zeichnen einer Kurve zulässig.

Die Summierung der Häufigkeitswerte führt zu einer Summenkurve bzw. einer Summenverteilung. Erfolgt die Aufsummierung von $d_{\min}$ ausgehend, dann spricht man von einer Durchgangssummenkurve im anderen Fall von einer Rückstandssummenkurve (untere Kurven in Abb. 11.21).

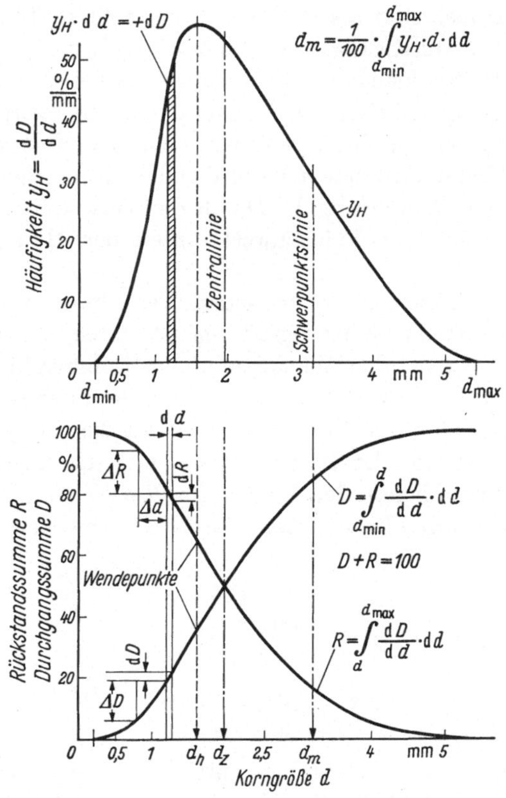

Abb. 11.22 Zusammenhang zwischen Häufigkeits- und Rückstandssummenverteilung. Die Kennwerte d_h, d_m und d_z von Korngrößenverteilungen (Körnungskennwerte).

Die mathematischen Beziehungen zwischen den Kurven sind in Abb. 11.22 dargestellt.

Es gilt:

$$R + D = 100\,, \tag{11.1}$$

$$D = \int_{d_{\min}}^{d} \mathrm{d}D\,, \tag{11.2}$$

$$R = \int_{d}^{d_{\max}} \mathrm{d}D = 100 - \int_{d_{\min}}^{d} \mathrm{d}D\,. \tag{11.3}$$

Mit

$$y_{\mathrm{H}} = \frac{\mathrm{d}D}{\mathrm{d}d} = -\frac{\mathrm{d}R}{\mathrm{d}d} \tag{11.4}$$

erhält man

$$R = 100 - \int_{d_{\min}}^{d} y_{\mathrm{H}}\, \mathrm{d}d\,. \tag{11.5}$$

Die Rückstandssummenkurve R (d) gibt an, wieviel Massenprozent des Staubes größer sind als die jeweils betrachtete Korngröße. Sinngemäß gibt die Durchgangssummenkurve $D(d)$ an, wieviel Massenprozent des Staubes kleiner sind als die jeweils betrachtete Korngröße. Diese Bezeichnungen leiten sich teilweise vom Siebvorgang ab, denn der Massenanteil entspricht jeweils dem beim Trennvorgang auf einem Sieb mit der Trennkorngröße d verbleibendem Rückstand R bzw. dem hindurchgehenden Durchgang D. Durch die Verwendung der relativen Häufigkeit beträgt der Flächenwert unter der Häufigkeitskurve 1 bzw. 100.

Die charakteristischen Werte einer Verteilung zeigt Abb. 11.22 [384, 385]. Die häufigste Korngröße d_{h} ist durch das Maximum der Häufigkeitskurve bzw. den Wendepunkt der Summenkurve festgelegt. Diejenige Parallele zur Ordinate, die die Fläche unter der Häufigkeitskurve in zwei gleich große Teile teilt, bestimmt die Halbwertskorngröße d_{z}. Sie ergibt sich aus der Häufigkeitskurve durch Ausplanimetrieren. Die Summenkurven liefern den Wert d_{z} für $R(d) = 50$ direkt.

Die mittlere Korngröße d_{m}, das arithmetisch gewogene Mittel, ergibt sich aus:

$$d_{\mathrm{m}} = \frac{1}{100} \sum_{i=1}^{i=k} d_{\mathrm{a}i}\, \Delta D_i\,, \tag{11.6}$$

$$d_{\mathrm{m}} = \frac{1}{100} \int_{d_{\min}}^{d_{\max}} d\, y_{\mathrm{H}}\, \mathrm{d}d\,. \tag{11.7}$$

Die mittlere Korngröße d_{m} ist das statische Moment der Häufigkeitskurve bezogen auf die Ordinatenachse.

Ein weiterer wichtiger Kennwert ist die Oberfläche des Staubes. Diese Größe läßt sich unter der Annahme kugelförmiger Teilchen errechnen. Für diesen Fall gilt:

Ein kg eines Staubes mit der Dichte ϱ_{K} hat das spezifische Volumen

$$V_{\mathrm{sp}} = 1/\varrho_{\mathrm{K}}\,. \tag{11.8}$$

Dieses Volumen kompakter Materie wird durch n_{K} Kugeln mit dem Inhalt $\pi\, d^3/6$ ausgefüllt

$$V_{\mathrm{sp}} = n_{\mathrm{K}}\, \pi \frac{d^3}{6}\,. \tag{11.9}$$

Die Zahl der Kugeln je kg beträgt:

$$n_{\mathrm{k}} = \frac{6}{\varrho_{\mathrm{K}}\, \pi\, d^3}\,. \tag{11.10}$$

Diese Kugeln haben die Oberfläche

$$O_{\mathrm{K}} = n_{\mathrm{k}}\, \pi\, d^2\,. \tag{11.11}$$

Setzt man d in mm und ϱ_{K} in g/cm³ ein und wird O_{K} in der Einheit cm²/g gewünscht, dann gilt die Zahlenwertgleichung:

$$O_{\mathrm{K}} = \frac{60}{\varrho_{\mathrm{K}}\, d} \qquad \mathrm{cm^2/g}\,. \tag{11.12}$$

Damit ist die geometrische Oberfläche von einem Gramm eines gleichkörnigen Gutes mit dem Durchmesser d bestimmt.

Zur Berechnung der geometrischen Oberfläche von Korngrößenverteilungen teilt man die Rückstandssummenkurve in eine Anzahl Klassen Δd ein. Die mittlere Korngröße jeder (genügend engen) Klasse ist durch $d_{\mathrm{a}i}$ und der Massenanteil durch $\Delta R_i/100$ gegeben. Damit beträgt die Oberfläche der i-ten Kornklasse in den Einheiten des internationalen Maßsystems:

$$\Delta O_{\mathrm{K}i} = \frac{6}{\varrho_{\mathrm{K}}\, d_{\mathrm{a}i}}\, \frac{\Delta R_i}{100}\,. \tag{11.13}$$

Mit dieser Gl. (11.13) lassen sich die Klassenoberflächen $\Delta O_{\mathrm{K}i}$ aus der Rückstandssummenkurve, die in einem beliebigen Koordinatensystem vorliegen kann, einfach berechnen. Die Aufsummierung dieser Werte ergibt die gesamte Oberfläche von 1 kg des Haufwerkes. Das Ergebnis ist bei dieser Art der Berechnung unabhängig von der Richtung der Summenbildung. Es gilt:

$$O_{\mathrm{K}} = \sum_{i=1}^{i=k} \frac{6}{\varrho_{\mathrm{K}}\, d_{\mathrm{a}i}}\, \frac{\Delta R_i}{100}\,. \tag{11.14}$$

Für $k \to \infty$ gilt für eine Fraktionsdifferenz $\mathrm{d}D$ mit der Breite $\mathrm{d}d$:

$$\mathrm{d}O_{\mathrm{K}} = \frac{6}{\varrho_{\mathrm{K}}}\, \frac{1}{d}\, \frac{\mathrm{d}D}{100} \tag{11.15}$$

oder mit Gl. (11.4)

$$\mathrm{d}O_{\mathrm{K}} = -\frac{6}{\varrho_{\mathrm{K}}}\, \frac{1}{d}\, \frac{\mathrm{d}R}{100}\,, \tag{11.16}$$

$$O_{\mathrm{K}} = \frac{0{,}06}{\varrho_{\mathrm{K}}} \int_{d_{\min}}^{d_{\max}} \frac{1}{d}\, y_{\mathrm{H}}\, \mathrm{d}d\,. \tag{11.17}$$

Die eleganteste Beschreibung einer Verteilungskurve ist nicht die graphische Form, sondern die mathematische Funktion. Es sind auf Grund wahrscheinlichkeitstheoretischer Überlegungen [386, 387] aber auch durch empirische Methoden Näherungsfunktionen entwickelt worden, die zur Beschreibung von Korngrößenverteilungen oft brauchbar sind. Dies sind beispielsweise die Normalverteilung, die logarithmische Normalverteilung [387], die Potenzverteilung (GAUDIN-SCHUMANN-Verteilung) [388] und die RRS-Verteilung [389].

Die Normalverteilung ist als das Gaußsche Fehlergesetz bekannt und beschreibt in bezug auf den häufigsten Wert symmetrische Verteilungen.

$$y_{\mathrm{H}} = -\frac{\mathrm{d}R}{\mathrm{d}d} = \frac{100}{\sigma\sqrt{2\pi}} \exp\left[-\frac{(d-d_{\mathrm{h}})^2}{2\sigma^2}\right]. \tag{11.18}$$

Eine Normalverteilung wird durch die Parameter σ und d_{h} eindeutig gekennzeichnet. Zur einfachen Auswertung und Darstellung dieser Kurve ist das Wahrscheinlichkeitspapier entwickelt worden. In diesem

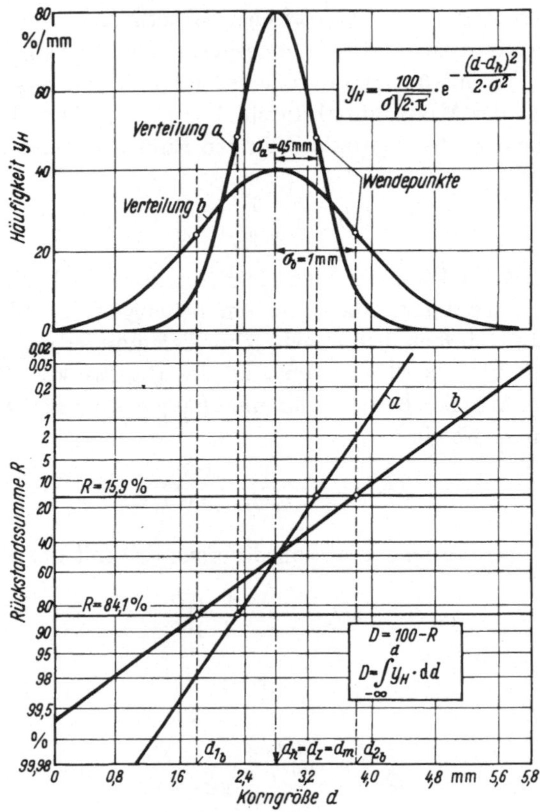

Abb. 11.23 Darstellung und Auswertung von Normalverteilungen.

Koordinatennetz ist die Ordinate so eingeteilt, daß die Summenkurve eine gerade Linie ergibt (Abb. 11.23).

Die logarithmische Normalverteilung besitzt mit der Normalverteilung insofern eine gewisse Verwandtschaft, als die Häufigkeitskurve

$$y_\zeta = -\frac{\mathrm{d}R}{\mathrm{d}\zeta} = \frac{100}{\sigma_\zeta\sqrt{2\pi}}\exp\left[-\frac{(\log d - \log d_z)^2}{2\sigma_\zeta^2}\right] \tag{11.19}$$

über $\zeta = \log d$ aufgetragen, die Form einer Gaußschen Glockenkurve erhält, Abb. 11.24.

In Verbindung mit Vorarbeiten von MARTIN und WEINIG haben ROSIN, RAMMLER und unabhängig davon SPERLING und BENNETT eine

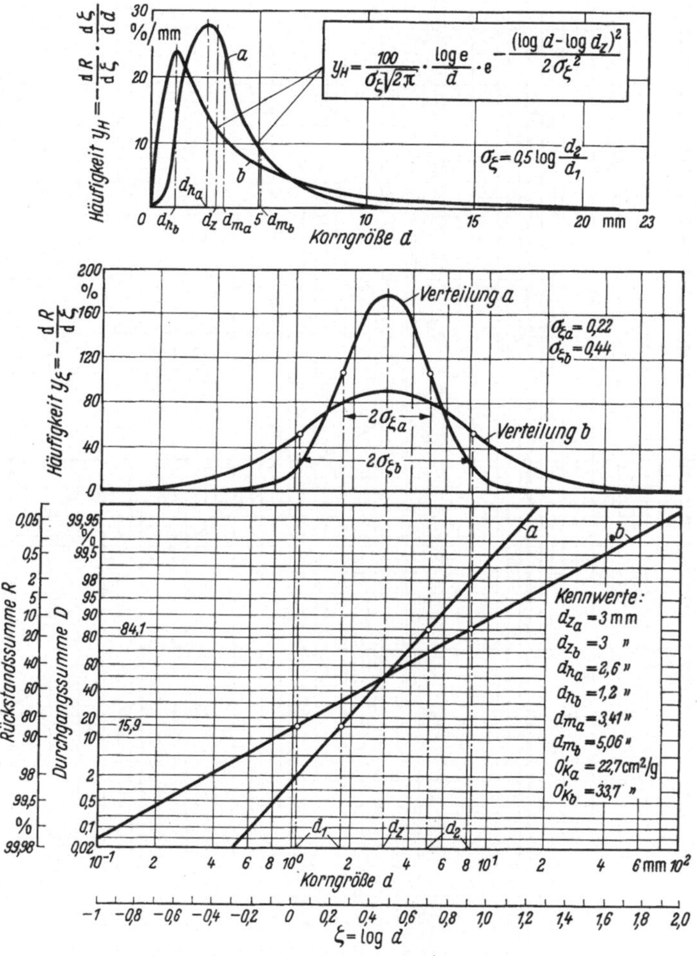

Abb. 11.24 Darstellung und Auswertung von logarithmischen Normalverteilungen.

Beziehung gefunden, mit der sich die Größenverteilung von Mahlgütern nach der Feinzerkleinerung oft beschreiben läßt [389]. Diese RRS-

Funktion (im Normentwurf DIN 66145 als RRSB-Funktion bezeichnet) lautet:

$$R = 100 \exp\left[-(d/d')^n\right]. \tag{11.20}$$

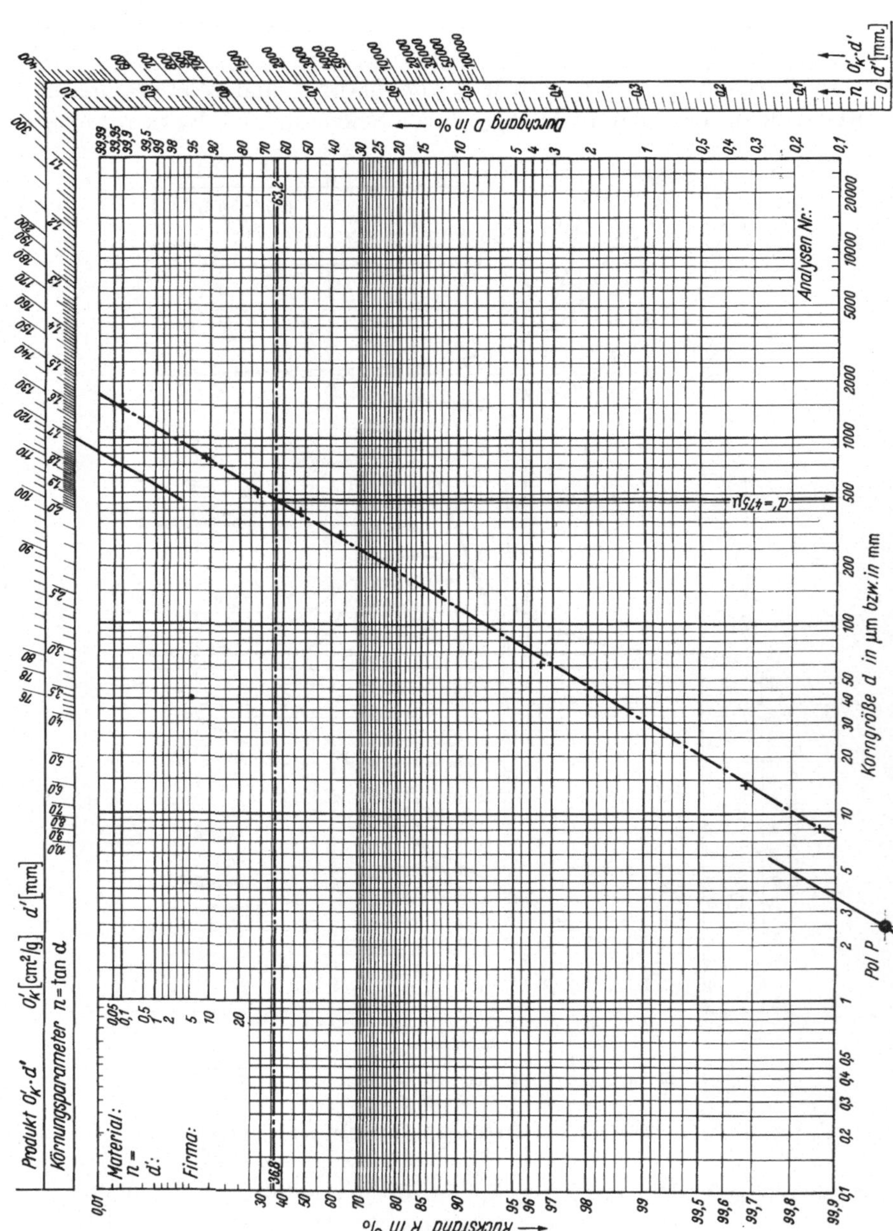

Abb. 11.25 Körnungsnetz DIN 4190; Koordinatensystem zur Darstellung von RRS-Verteilungen (Neue Norm: DIN 66145).

In dieser Gleichung sind d' und n Parameter, die nach DIN 4190 bzw. DIN 66145 als Körnungsparameter bezeichnet werden. Sie sind keine voneinander unabhängigen Werte im Sinne von d_h und σ.

$$y_H = -\frac{dR}{dd} = 100 \frac{n}{d'^n} d^{n-1} \exp[-(d/d')^n]. \tag{11.21}$$

Zur graphischen Auswertung steht das Körnungsnetz DIN 4190 zur Verfügung. In diesem Netz ergibt die Summenverteilung eine gerade Linie (Abb. 11.25).

Der Wert d' ist der Rückstandssumme $R = 36{,}8$ zugeordnet. Legt man eine Parallele zur RRS-Geraden durch den Pol P, so läßt sich auf dem Randmaßstab der Parameter n und das Produkt $O_K' \cdot d'$ ablesen. O_K' gibt die Oberfläche eines Staubes aus kugeligen Teilchen mit der Dichte $\varrho_K = 1$ und für die Summe $R = 99{,}9\%$ an; $0{,}1\%$ der Verteilung, und zwar die feinsten Anteile, bleiben bei diesem Wert unberücksichtigt [390, 391].

Die Gleichung für die Potenzverteilung (GAUDIN-SCHUMANN-Verteilung) lautet:

$$R = 100 - 100\left(\frac{d}{d_{max}}\right)^m, \tag{11.22}$$

mit

m = Verteilungsparameter und

d_{max} = gröbstes Korn, $R = 0$.

Diese Gleichung ergibt in einem doppellogarithmischen Netz eine gerade Linie, deren Steigung den Parameter m bestimmt.

Auf die Norm-Entwürfe „Darstellung von Korn- oder Teilchengrößenverteilungen": Grundlagen DIN 66141, Potenznetz DIN 66143, Logarithmisches Normalverteilungsnetz DIN 66144 und RRSB-Netz DIN 66145 (früher RRS-Netz) sei hingewiesen.

Die Vorstellung mehrerer und sehr verschiedenartiger Verteilungsfunktionen weist darauf hin, daß die Anwendbarkeit solcher Funktionen an Hand einer ausreichenden Zahl von Meßwerten geprüft werden muß. Ist die Eignung einer Verteilungsfunktion für ein bestimmtes Staubsystem erwiesen, z. B. bei einem Produktionsprozeß, dann reichen zur Beschreibung der Verteilung bereits wenige repräsentative Meßwerte aus.

11.2.3 Übersicht über die Methoden zur Korngrößenanalyse

Die Korngrößenanalyse beinhaltet — wie schon erwähnt — das Messen der Teilchengrößen und die Bestimmung des Anteils der Teilchengrößen. Diese beiden Schritte erfordern eine vom jeweiligen Meßverfahren abhängende Trennung der im Kollektiv vorliegenden Teilchen. Hieraus und aus der mikroskopischen Größe der Teilchen, die etwa zwischen

10^{-8} und 10^{-3} m liegt, leitet sich die eigentliche Besonderheit dieser Analyse ab.

Bei den meisten Analysenmethoden ist die Trennung mit der Korngrößenmessung gekoppelt. Es ist aber auch möglich, das Kollektiv zur Messung so zu strecken, daß die Teilchen dem Meßvorgang einzeln unterworfen werden.

Bei der mikroskopischen Korngrößenanalyse (Abschnitt 11.2.4) wird die Größe der Teilchen im mikroskopischen Bild gemessen und der Anteil durch Auszählen unter Berücksichtigung der Größe ermittelt. Bei dieser Methode verbleiben die Teilchen im Kollektiv, sie werden aber bei der Messung einzeln und nacheinander erfaßt. Die mikroskopische Analyse ist eine direkte Meßmethode, die für alle Teilchengrößen im licht- und elektronenmikroskopischen Bereich anwendbar ist. Diese Methode erfaßt damit den Größenbereich aller vorkommenden Staubteilchen. Das Auszählen und Ausmessen durch Augenbeobachtung ist relativ mühsam, so daß man halb- und vollautomatische Auswertungseinrichtungen entwickelt hat.

Eine andere Möglichkeit besteht darin, Flächen mit jeweils gleichen Öffnungen (Siebböden) in gestuften Größen vorzugeben. Durch geeignete Bewegungen des Staubes auf diesen Böden lassen sich die Teilchen mit der Größe der Öffnungen in statistischer Folge vergleichen und trennen. Bei diesem Prüfsiebverfahren wird das Kollektiv in eine Anzahl von Klassen aufgeteilt, und zwar derart, daß mit der Korngrößenmessung gleichzeitig die Trennung gekoppelt ist (Abschnitt 11.2.5). Bei n Siebböden erhält man $n + 1$ Korngrößenklassen. Der Anteil der einzelnen Korngrößen wird durch Wiegen bestimmt. Diese Analyse ist besonders für gröbere Teilchen, z. B. $d > 40$ µm geeignet.

Der Strömungswiderstand von Teilchen in einem flüssigen oder gasförmigen Medium ist abhängig von der Korngröße. Bei einer Verschiebung von dispergierten Teilchen in zähen Medien durch bekannte Kräfte, wie Schwer-, Flieh- und elektrische Kräfte, sind in bezug auf die Anfangsbedingungen jedem Ort in Abhängigkeit von der Zeit bestimmte Korngrößen zugeordnet. Die jeweiligen Mengenanteile lassen sich z. B. über eine Konzentrationsmessung ermitteln. Die Anwendbarkeit dieser Methode (Abschnitt 11.2.6) im Hinblick auf die Teilchengrößenanalyse wird vorwiegend von der Stärke der Verschiebungskräfte bestimmt. Im Schwerefeld kann man auf diese Weise Staubteilchen mit $d > 1$ µm untersuchen. Durch Zentrifugalfelder läßt sich der Bereich nach unten erweitern. Beim Sichten erfolgt eine Trennung wie beim Sieben.

Bei den bisher genannten Methoden läßt sich die Korngröße bzw. eine davon abhängende Einflußgröße im Kollektiv messen, weil das Meßergebnis oder der Trennvorgang durch die Nachbarschaft der Teilchen nicht oder in erfaßbarer Weise beeinflußt wird. Der Einfluß der

Nachbarschaft ist es aber, der die Zahl der für eine Korngrößenanalyse geeigneten Methoden einschränkt. Die Möglichkeiten erweitern sich, wenn jedes Teilchen zur Messung isoliert wird. Dies läßt sich beispielsweise dadurch erreichen, daß eine Suspension geringer Konzentration durch eine Kapillare geschickt wird. Durch eine solche Streckung des Kollektivs passieren die Teilchen einzeln und nacheinander die Meßstelle, in der dann Größe und Zahl der Teilchen ermittelt werden. Die nach dieser Methode arbeitenden Geräte werden allgemein als Teilchenzähler bezeichnet (Abschnitt 11.2.7).

11.2.4 Die mikroskopische Korngrößenanalyse

Mit Hilfe der Mikroskopie besteht die Möglichkeit, Korngrößen im Bereich zwischen etwa $0{,}01\,\mu m < d < 5\,\mu m$ elektronenmikroskopisch und im Bereich $0{,}5\,\mu m < d < 100\,\mu m$ lichtmikroskopisch zu untersuchen. Durch Auszählen und Ausmessen der Teilchen ergibt sich die Häufigkeits- bzw. Summenverteilung. Das Auszählen und Ausmessen durch Augenbeobachtung im Mikroskop ist vergleichsweise selten, weil diese Methode recht mühsam ist. Vielmehr wird am projizierten Bild oder am Mikrofoto gemessen und gezählt. Mit Hilfe der Fernsehmikroskopie läßt sich dieser Vorgang auch automatisieren.

Da die mikroskopische Analyse sehr genau ist und den praktisch vorkommenden Korngrößenbereich überdeckt, wird sie auch zum Eichen

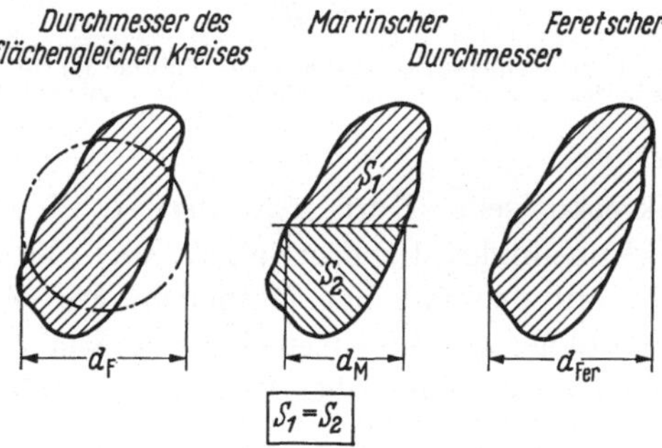

Abb. 11.26 Durchmesser bei der mikroskopischen Bestimmung von Teilchengrößen.

oder zur Kontrolle anderer Analysenmethoden eingesetzt. Diese direkte Korngrößenanalysenmethode gibt bei richtiger Durchführung und Kugelgestalt der Teilchen ohne Einschränkung sichere und vergleichbare Werte. Für nichtkugelige Teilchen sind Vereinbarungen über die Definition der Teilchengröße zu treffen, Abb. 11.26. Im allgemeinen versteht man unter der Teilchengröße den Durchmesser des flächengleichen Kreises. Man erhält diesen Wert am genauesten durch Ausplanimetrieren der Teilchenflächen. Im Normalfall beschränkt man sich aber auf eine

Abschätzung. Beim Martinschen und dem Feretschen Durchmesser wird die Größenmessung auf eine Streckenmessung zurückgeführt. Da die Orientierung der Körner durch den Zufall erfolgt, und die Streckenmessung in einer bestimmten Richtung durchgeführt wird, ergeben sich vergleichbare Werte. Wie sich die Definition der Teilchengröße auswirkt, zeigt Abb. 11.27 für ein Beispiel.

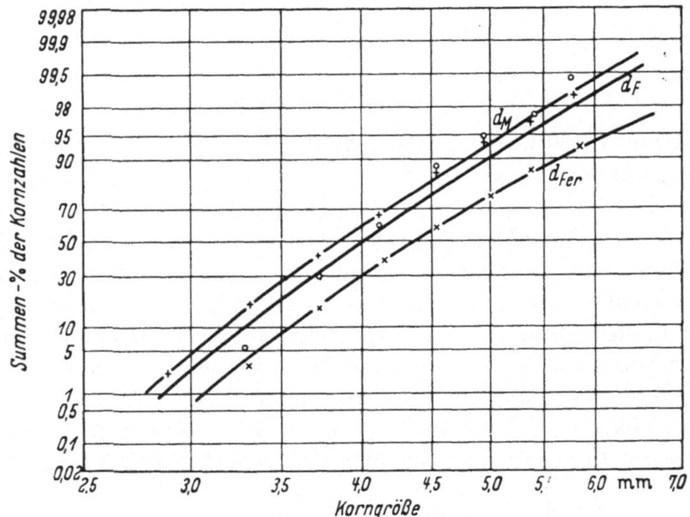

Abb. 11.27 Verteilungskurven (Durchgangssumme der Kornzahlen) für ein Haufwerk bei verschiedenen Durchmesserdefinitionen nach H. GEBELEIN [392].

Für die mikroskopische Korngrößenanalyse sind handelsübliche Licht- und Elektronenmikroskope geeignet. Auch die Präparation der Proben geschieht mit den üblichen Methoden. Für Fragen in diesem Bereich kann man daher auf die allgemeine Literatur zurückgreifen. Als ein spezieller Bereich ist jedoch das Messen und Zählen der Teilchen anzusehen.

Die Zahl der Teilchen in einem mikroskopischen Präparat ist im Vergleich zu der in der Grundgesamtheit sehr klein. Es ist daher zunächst zu fragen, wie groß die Zahl der Teilchen sein muß, damit die mikroskopische Untersuchung ein repräsentatives Bild der Grundgesamtheit liefert. Auf Grund von statistischen Prüfungen soll die Zahl der gezählten Teilchen nach G. HERDAN [385] etwa 300 bis 500 betragen. H. NASSENSTEIN [393] hat jedoch gezeigt, daß sich die Aussagesicherheit verbessern läßt, wenn man die Teilchenzahl auf etwa 3000 erhöht. Ein weiteres Vergrößern der Kornzahl bringt keine nennenswerte Zunahme der Aussagesicherheit mit sich.

Im Hinblick auf das Auswerten des mikroskopischen Bildes lassen sich folgende Methoden unterscheiden:

Augenbeobachtung des mikroskopischen Bildes,
manuelles Messen und Zählen an der Projektion oder der Fotografie des mikroskopischen Bildes,
automatisches Zählen und Messen.

11.2.4.1 Messen und Zählen durch Augenbeobachtung des mikroskopischen Bildes. Die Längenmessung erfolgt bei Augenbeobachtung durch Okularmikrometer, wobei eine Strich- oder Netzskala (auch Wabenmuster usw.) in das Präparat hineinprojiziert erscheint. Um die für jede Vergrößerung geltende Länge (Strichabstand) im Okularmikrometer zu erfahren, wird ein Objektmikrometer unter das Objektiv gelegt. Anschließend wird festgestellt, wieviel Teile des Objektmikrometers sich mit einer bestimmten Anzahl von Intervallen des Okularmikrometers decken. Der Mikrometerwert M^* beträgt dann

$$M^* = \frac{\begin{array}{c}\text{Anzahl der Objektmikrometerintervalle}\\ \text{mal Größe eines Intervalles des Objektmikrometers}\end{array}}{\begin{array}{c}\text{Anzahl der Okularmikrometerintervalle, die}\\ \text{sich mit denen des Objektmikrometers decken}\end{array}}$$

Wenn sich z. B. 10 Teile des Objektmikrometers von je 10 μm mit 40 Teilen des Okularmikrometers decken, beträgt der Mikrometerwert $M^* = 2{,}5$ μm. Mißt ein Teilchen zwei Intervalle des Okularmikrometers, ist seine Länge 5 μm.

Für sehr genaue Längenmessungen benutzt man das Schraubenmikrometerokular. Dieses Okular besitzt ebenfalls eine Teilung. Durch Drehen der Mikrometerschraube läßt sich eine Meßlinie über den gesamten Bereich der Teilung führen. Im allgemeinen bewegt sich diese Linie bei einer Umdrehung der Schraube über ein Intervall der Okularteilung. Hierdurch lassen sich sehr genaue Zwischenwerte ablesen.

Das Auszählen der Teilchen erfolgt bei Augenbeobachtung derart, daß man mit dem Objekttisch das Präparat stufenweise abfährt und auf diesem Wege jedes Teilchen mißt und registriert.

Spezielle Meßokulare bzw. Mikroskoptische erlauben es, die Ergebnisse des Meßvorganges durch Augenbeobachtung direkt in Zähl- und statistische Auswertegeräte einzuspeisen [394, 395].

11.2.4.2 Manuelles Messen und Zählen auf der Projektion oder Fotografie des mikroskopischen Bildes. Bei den Projektionsmikroskopen wird das Bild des Objektes auf eine Fläche projiziert. Die Längeneichung erfolgt derart, daß man auf der Projektionsfläche die Längeneinheit mißt, die zu einem bekannten Intervall des Objektmikrometers gehört. Das Zählen und Messen auf der Projektionsfläche ist einfacher und auch sicherer als bei Augenbeobachtung, weil sich jedes gemessene Teilchen markieren läßt. Das Ausplanimetrieren der Teilchenflächen ist nur bei dieser Methode möglich.

Die manuelle Auswertung auf einer Fotografie des mikroskopischen Bildes unterscheidet sich nicht von der auf einer Projektion des mikroskopischen Bildes.

Die bisher genannten Methoden der Auswertung mikroskopischer Bilder haben den Nachteil, daß sie sehr viel Zeit erfordern, beispielsweise oft mehr als einen Tag. So ist es verständlich, daß man bemüht war, Geräte zur halb- und vollautomatischen Auswertung zu entwickeln.

Ein halbautomatisches Gerät haben ENDTER und GEBAUER entwickelt [396]. Dieser Teilchengrößenanalysator (Fa. Zeiss, Oberkochen) erfordert eine transparente Vergrößerung von dem Mikrofoto. Die kleinsten Teilchen auf dem vergrößerten Bild sollen mindestens 1 mm groß sein. Über eine Irisblende wird ein Lichtfleck auf der Vergrößerung abgebildet. Dieser Fleck läßt sich durch Verstellen der Blende in seinem Durchmesser verändern. Bei jeder Messung wird die Fläche des Lichtfleckes so eingestellt, daß ihre Größe mit der des Teilchens übereinstimmt. Gleichzeitig wird das gezählte Teilchen markiert. Die jeweilige Blendenstellung, die ein Maß für die Teilchengröße ist, wird automatisch in ein Zählgerät eingegeben. Zur Analyse von 1000 Teilchen benötigt man etwa 15 Minuten. Als Ergebnis erhält man die Häufigkeits- oder die Summenkurve.

11.2.4.3 Automatisches Auswerten mikroskopischer Bilder. Zum automatischen Auswerten von mikroskopischen Bildern oder von Mikrofotografien verwendet man fast ausschließlich das Prinzip der Linearanalyse, und zwar derart, daß das Bild z. B. durch einen Lichtpunkt zeilenförmig abgetastet wird. Aus Meßdaten, die entlang der abgetasteten Linien gesammelt werden, lassen sich die interessierenden räumlichen Gebilde, wie die Teilchengröße, errechnen. Von den vielen Möglichkeiten für eine solche Auswertung sei eine angedeutet, um das Grundprinzip zu zeigen. Verhältnismäßig einfach ist die Bestimmung der Teilchenflächen. Sie ergeben sich aus den registrierten Sehnenlängen und der Breite der Abtastspur. Demgegenüber ist die Bestimmung der Teilchenzahl wegen der sehr verschiedenartigen Form und Größe nur in Verbindung mit einer vertikalen Nachbarschaftsanalyse möglich. Die Teilchen lassen sich dadurch zählen, daß an jedem Schnittpunkt einer Zeile, z. B. mit der hinteren Kontur des Teilchens, ein Impuls registriert wird, und zwar nur dann, wenn kein solches Ereignis aus der vorangegangenen Zeile auftritt. Andernfalls wird der Impuls unterdrückt. Konkave Teilchen werden dabei u. U. mehrfach gezählt. Durch Konvergenzkriterien und entsprechende Schaltungen lassen sich jedoch solche Mehrfachzählungen verhindern. Die mittlere Teilchengröße ergibt sich einfach aus der Fläche der Teilchen und der Teilchenzahl. Führt man eine solche

Auswertung für mehrere Größenklassen durch, so erhält man die Größenverteilung.

Die lineare Abtastung läßt sich gerätemäßig auf sehr verschiedene Weise durchführen. Beim Raster-Lichtmikroskop beschreibt entweder ein Lichtstrahl einen zeilenförmigen Raster oder der Objekttisch wird bei einem feststehenden Lichtstrahl entsprechend bewegt (mechanischer Raster). Beim Rasterelektronenmikroskop wird der Elektronenstrahl entsprechend abgelenkt. Die rasterförmige Bewegung einer transparenten Mikrofotografie vor einem Lichtpunkt ermöglicht ebenfalls eine Linearanalyse. Die bekannteste Methode ist die lineare Abtastung durch die Fernsehkamera. Sie läßt sich sowohl am licht- bzw. elektronenmikroskopischen Bild als auch an Mikrofotografien durchführen. Aus diesen Hinweisen wird sichtbar, daß sich die wesentlichen Unterschiede bei den Geräten durch die Art der Abtastung ergeben.

11.2.4.3.1 Lineare Abtastung des Präparates im Lichtmikroskop. Als ein Raster-Lichtmikroskop ist das flying-spot-Mikroskop anzusehen [393, 397, 398]. Der Leuchtfleck einer Braunschen Röhre, der auf dem Bildschirm einen zeilenförmigen Raster beschreibt, wird durch ein optisches System verkleinert und auf das mikroskopische Präparat abgebildet. Das durchgehende Licht wird von den Teilchen in der Helligkeit moduliert, von einem Multiplier aufgefangen und so in Stromschwankungen umgewandelt. Dieser Strom steuert die Helligkeit einer zweiten, synchron laufenden Fernsehröhre. Auf dem Bildschirm dieser Röhre erscheint so das vergrößerte Bild des Präparates. Die bei der linearen Abtastung aufgenommenen elektrischen Daten lassen sich elektronisch so weiterverarbeiten, daß man die Größenverteilung der Teilchen erhält.

Fast alle handelsüblichen Miskroskope lassen sich mit einem Scanning-Tisch ausrüsten. Dies ist ein Kreuztisch, der sich durch Schrittmotore in der Y- und in der X-Richtung bewegen läßt. Mit einem Programm für eine rasterförmige Bewegung und einem feststehenden gebündelten Lichtstrahl erhält man eine Linearabtastung (mechanische Rasterung). Die so anfallenden Lichtimpulse werden mit einem auf das Mikroskop aufgesetzten Mikrofotometer in Stromschwankungen umgewandelt, die sich (z. B. mit dem Phasenintegrator der Fa. Kontron, München) so weiterverarbeiten lassen, daß sich eine Teilchengrößenverteilung ergibt.

Es sei noch erwähnt, daß man statt mit einem Lichtpunkt auch mit einer Lichtlinie abtasten kann. Dies geschieht im „automatic particle counter and sizer“ der Fa. Casella Electronics, York. Es besteht aber der Eindruck, daß diese Methode auf Sonderfälle beschränkt bleibt.

11.2.4.3.2 Linearabtastung im Elektronenmikroskop. Beim Rasterelektronenmikroskop (z. B. Bauart Stereoscan der Fa. Cambridge Instruments, Cambridge/England) wird ein Elektronenstrahl von starker Bündelung mittels Ablenkspulen in tausend Zeilen über einen quadratischen Ausschnitt geführt. Die Zahl der an jedem Punkt der Bildfläche entstehenden Sekundärelektronen ist abhängig von dem jeweiligen Zustand der Fläche [399]. Bei Präparaten aus Teilchen modulieren diese den Sekundärelektronenstrom. Dieser läßt sich verstärken und zur Steuerung der Helligkeit einer Bildröhre benutzen. Da beide Elektronenstrahlen synchron laufen, erhält man ein Bild des elektronenmikroskopischen Präparates. Der verstärkte Sekundärelektronenstrahl läßt sich so weiterverarbeiten (z. B. mit dem Phasenintegrator der Fa. Kontron, München), daß man die Korngrößenverteilung erhält.

11.2.4.3.3 Spezialgeräte zur Linearabtastung von Mikrofotografien. Ein vollautomatisches Gerät zur Auswertung von Mikrofotografien hat H. Nassenstein [393] entwickelt. Das Dispersometer, das derzeit nicht mehr produziert wird, benötigt eine Fotografie mit einer Fläche von etwa 14×15 cm, bei der die Teilchenbilder lichtdurchlässiger sind als die Umgebung. Diese Fotografie wird auf einem Glaszylinder aufgespannt, der sich nach jeder Umdrehung um einen bestimmten Betrag, den sogenannten Zeilensprung, absenkt. In dem Zylinder befindet sich eine Lichtquelle, die über ein optisches System eine Fläche von 0,74 cm^2 auf der Mikrofotografie beleuchtet. Die Bildsignale werden elektrisch ausgewertet.

Der Mullard-Teilchenzähler (Fa. Mullard Research Laboratories, Salfords/England) arbeitet mit einem 35 mm Film und einem elektronischen Lichtpunktabtaster [400].

11.2.4.3.4 Linearabtastung mit einer elektronischen Kamera. Als interessant für die mikroskopische Korngrößenanalyse ist die Fernsehmikroskopie zu bezeichnen. Mit einer Fernsehkamera lassen sich, da das Raster unabhängig von der mikroskopischen Einrichtung hergestellt wird, nicht nur licht- und elektronenmikroskopische Bilder, sondern auch Mikrofotografien linear abtasten. Entsprechende Geräte sind vor allem in den letzten Jahren auf dem Markt erschienen. Als Beispiele seien genannt der Classimat [401], eine Entwicklung der Firmen Leitz und Fernseh-GmbH., der Micro-Videomat [402] von den Firmen Zeiss und Siemens, das Quantimet [403] der Firma Metals Research Ltd., Cambridge/England und der Partikel-Mess-Computer der Firma Millipore, Boston.

Die Abb. 11.28 zeigt den Classimat. Die optische Abbildung des Präparates, die durch ein Licht-, ein Elektronenmikroskop oder auch makroskopisch — z. B. eine Mikrofotografie — erfolgen kann, wird durch eine Fernsehkamera abgetastet. Eine zentrale Einheit verarbeitet die Video-Signale. Die Ergebnisse lassen sich — je nach Wunsch — umrechnen und entsprechend darstellen, beispielsweise graphisch oder auch ausgedruckt. Mit Hilfe des Prozeßrechners kann man den gesamten Meßablauf auch programmieren, so daß dieser dann vollautomatisch abläuft. Das Gerät ermöglicht die Erfassung von maximal 19 Klassen. Die

Gesamtvergrößerung setzt sich aus der Vergrößerung des Mikroskops und der elektronischen Nachvergrößerung zusammen.

Je nach Aufbau und Arbeitsweise der Geräte wird bei der automatischen Abtastung eine gerätespezifische Teilchengröße definiert. Diese

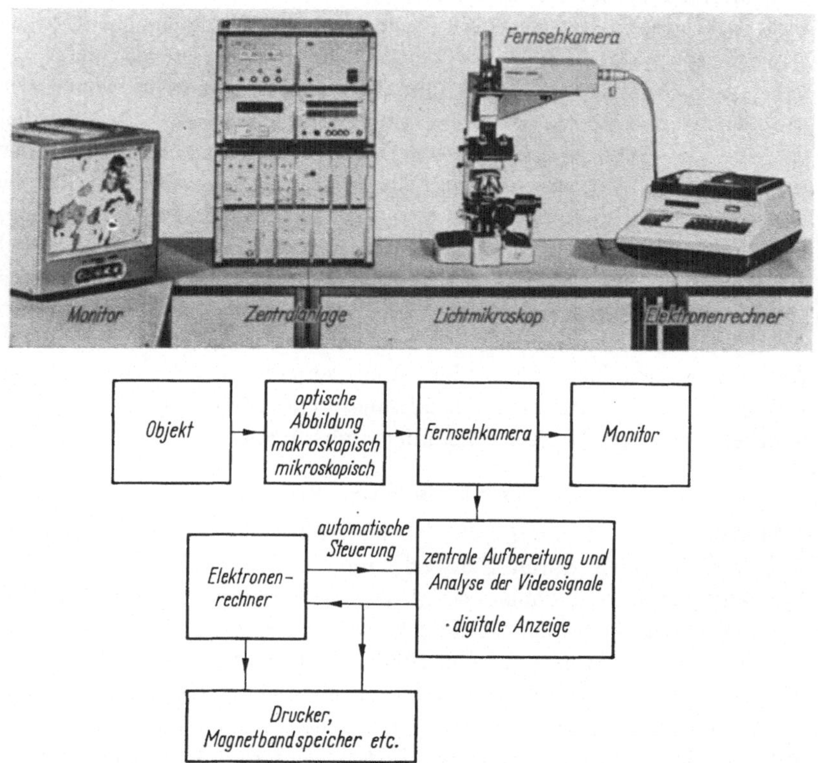

Abb. 11.28 Ein Instrument zur optischen Bilddatenerfassung (Classimat, Fa. Leitz GmbH., Wetzlar).

Unterschiede lassen sich systematisch erfassen und im Vergleich zu den Festlegungen nach Abb. 11.26 ausdrücken. Die Abweichungen sind im allgemeinen nicht sehr groß, wie aus Versuchen mit dem Dispersometer zu schließen ist [392, 393]. Man muß sie aber überprüfen. Zu bedenken ist weiter, daß die Methode der linearen und automatischen Abtastung eine sorgfältige Präparation der Proben verlangt. Bei der manuellen und auch der halbautomatischen Auswertung kann das Auge erkennen, ob eine zusammenhängende Fläche dadurch gebildet wird, daß sich mehrere Teilchen überdecken. Solche Unterscheidungsmöglichkeiten besitzt naturgemäß eine automatisch arbeitende Anlage noch nicht. Für die Präparation ist also eine gute Dispergierung der Teilchen anzustreben, damit sich die Teilchenbilder nicht überdecken. Der Abstand sollte mindestens die Größe des abtastenden Lichtpunktes überschreiten. Ferner kann man durch die Präparation dazu beitragen, daß sich ein möglichst einheitlicher Kontrast der Teilchen zur Umgebung ergibt.

11.2.4.4 Schlußbetrachtung zur mikroskopischen Korngrößenanalyse. Die mikroskopische Korngrößenanalyse ist eine direkte Meßmethode und praktisch für den gesamten vorkommenden Teilchengrößenbereich anwendbar. Da aber 2000 bis 3000 Teilchen zu messen und zu zählen sind, ist die Analyse mit einer Minimalausrüstung sehr mühsam und zeitraubend. In den letzten Jahren sind nun aber Geräte entwickelt worden, die eine halb- oder auch vollautomatische Messung und Auswertung ermöglichen. Als Nachteil für die vollautomatischen Geräte sind nur die hohen Kosten zu nennen. Diese sind z. B. für ein Elektronenmikroskop mit etwa 100000 DM und für eine elektronische Kamera, einschließlich Rechner usw., mit 50000 bis 150000 DM anzusetzen. Aus diesem Grunde wird die mikroskopische Korngrößenanalyse, und insbesondere die automatische Auswertung, nur dann benutzt, wenn eine entsprechende Auslastung sicher ist oder andere Analysenmethoden versagen. Zu erwähnen ist noch, daß sich alle Eichmethoden für Korngrößenanalysen letztlich auf mikroskopische Messungen abstützen.

11.2.5 Die Siebanalyse

Staubförmiges Material mit Teilchengrößen über etwa 40 μm wird fast ausschließlich durch Siebverfahren in Größenklassen aufgeteilt. Das Aufteilen oder Trennen erfolgt durch Siebböden. Dies sind Flächen mit jeweils gleich großen Öffnungen. Durch geeignete Relativbewegungen des körnigen Stoffes auf den Böden wird die Teilchengröße in statistischer Folge mit den Öffnungen verglichen. Die Körner, die größer sind als die Öffnungen, verbleiben bei dem Siebvorgang auf dem Boden, während die feineren Körner den Boden passieren. Man nennt die auf diese Weise entstehenden beiden Komponenten Rückstand und Durchgang.

Bei der maschinellen Prüfsiebung werden im allgemeinen mehrere Siebböden hintereinandergeschaltet, wie Abb. 11.29 zeigt. Dem obersten Boden wird das zu trennende Material, z. B. 0,1 kg, aufgegeben. Bei vollständiger Trennung bleiben auf den einzelnen Böden nur Teilchen, die größer sind als die jeweiligen Öffnungen. Auf diese Weise ergeben sich Kornklassen, deren Massenanteile aufsummiert die Rückstands- bzw. die Durchgangssummenverteilung ergibt.

Die Siebböden sind in den verschiedenen Ländern genormt, in der Bundesrepublik beispielsweise nach DIN 4188. Die untere Grenze der Trennung durch Siebvorgänge ist nicht durch die Herstellungsmöglichkeiten der Öffnungen in den Böden bestimmt, sondern durch die Kräfte, die den Trennvorgang beeinflussen. Als Trennkräfte wirken im allgemeinen

Schwer- und Massenkräfte. Der Widerstand besteht im wesentlichen aus Reibungs- und Haftkräften zwischen den Teilchen und zwischen den Teilchen und den Böden. Die Grenze des Trennvorganges wird durch das Verhältnis dieser Kräfte bestimmt. Als Richtwert für diese Grenze ist

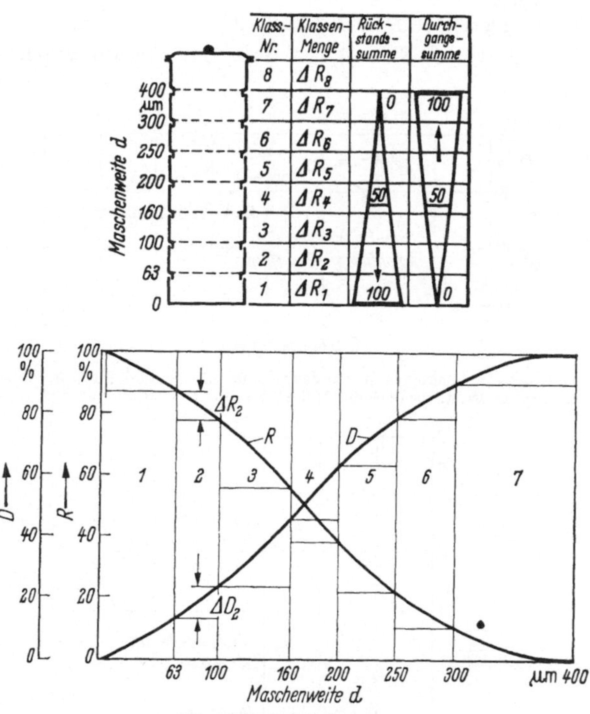

Abb. 11.29 Prüfsiebanalyse.

unter normalen Bedingungen ein Wert von $d \approx 60\ \mu m$ zu nennen. Diese Grenze läßt sich nach unten verschieben, wenn die Trennkräfte vergrößert oder (und) die Widerstandskräfte verkleinert werden. Entsprechende Beispiele werden später erörtert.

Die Genauigkeit der Analyse hängt vom Verlauf des Trennvorganges ab. Der Vergleich von Teilchen eines polydispersen Haufwerkes mit zahlreichen gleich großen Öffnungen in einer Fläche in statistischer Folge zum Zwecke der Trennung ist ein zeitlicher Vorgang. Allgemein kann man ansetzen, daß die Änderung der Teilchenzahl proportional der auf dem Siebboden vorhandenen Teilchenanzahl n ist.

$$\mathrm{d}n = n\, c\,(F, S, \ldots)\,\mathrm{d}t \tag{11.23}$$

$c\,(F, S \ldots)$ ist eine Funktion, die den Einfluß der Trenn- und Widerstandskräfte, die jeweiligen geometrischen Verhältnisse, die Art der Relativbewegungen usw. erfaßt.

Mit $n = n_0$ für $t = t_0$ gilt:

$$n = n_0 \exp(-t\, c\,(F, S, \ldots)) \,. \tag{11.24}$$

Diese Gleichung zeigt, daß der Trennvorgang theoretisch erst nach einer sehr langen Zeit abgeschlossen ist, die man technisch nicht abwarten kann. Der graduelle Verlauf der Kurve hängt von sehr vielen Einflußgrößen ab ($c\,(F, S\ldots)$), so daß man diesen experimentell ermitteln muß.

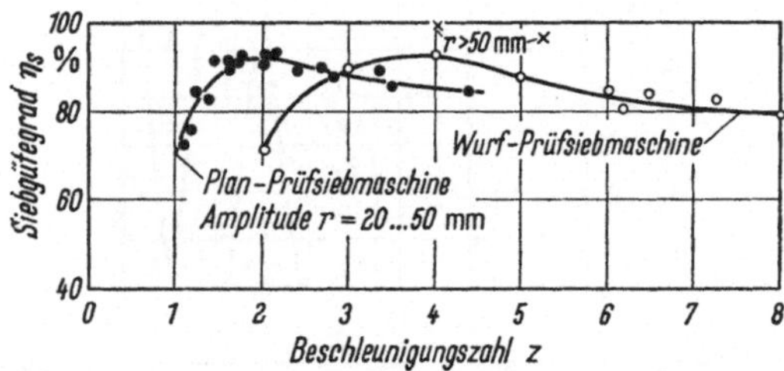

Abb. 11.30 Siebgütegrad in Abhängigkeit von der Beschleunigungszahl. Siebgut: Zuckerrübensamen. Siebdauer: 5 min. Drahtmaschensieb DIN 4188 mit α = 4 mm, keine Siebhilfen [404].

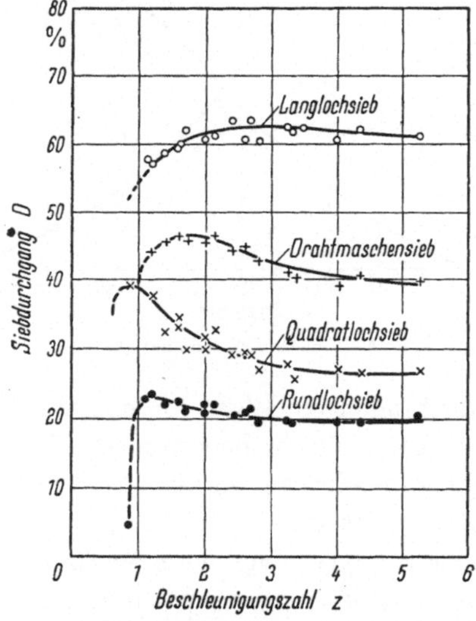

Abb. 11.31 Siebdurchgang in Abhängigkeit von der Beschleunigungszahl für verschiedene Siebböden. Planprüfsieb, Siebgut: Zuckerrübensamen, Maschenweite: α = 4 mm, Siebdauer: 5 min.

Die Größe der Trennkräfte und die Art des statistischen Größenvergleiches auf den Böden ergibt sich aus der Bewegung des Siebgutes und damit aus der Arbeitsweise der Hand- oder Maschinensiebung, der Art der Siebböden, dem Siebgut und der Flächenbelastung.

In Abb. 11.30 ist der Siebgütegrad, das Verhältnis der abgesiebten zur absiebbaren Feinkornmasse, für verschiedene Siebmaschinen angegeben, und zwar für eine Plansiebmaschine, bei der sich der Siebboden in der Siebbodenebene, und für eine Wurfsiebmaschine, wo sich der Siebboden senkrecht zur Siebbodenebene bewegt [404]. In beiden Fällen ergeben sich optimale Werte und Unterschiede im Gütegrad bei verschiedenen Betriebsbedingungen.

Wie sich der Aufbau der Siebböden auswirken kann, zeigt Abb. 11.31. Schon diese wenigen Hinweise zeigen, wie unterschiedlich die Prüfsiebergebnisse bei einer vorgegebenen Zeit sein können. Besonders unsicher

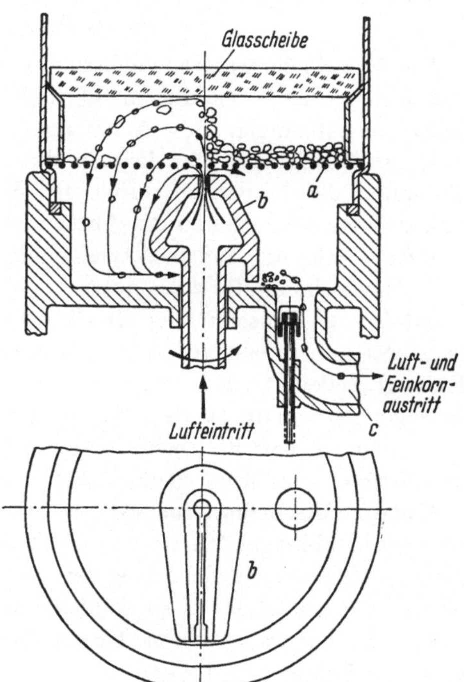

Abb. 11.32 Luftstrahlsieb Bauart Fa. Alpine. *a* Siebboden, *b* rotierende Schlitzdüse.

werden die Ergebnisse, wenn das Verhältnis von Trenn- zu Widerstandskräften nur noch wenig größer als eins ist. In diesen Fällen versucht man, die Trennkräfte durch Siebhilfen zu vergrößern. Dies kann beispielsweise dadurch geschehen, daß man auf die Siebböden Gummiwürfel oder Messingstifte auflegt. Besonders günstig sind von der Teilchenmasse nur wenig abhängende Trennkräfte, wie die Strömungskräfte beim Luftstrahlsieb, Abb. 11.32.

Durch den aus einer umlaufenden Schlitzdüse austretenden Luftstrom wird das Siebgut aufgewirbelt und mit der abströmenden Luft durch die Siebbodenöffnungen transportiert. Während man mit Plan- und Wurfsiebmaschinen nur etwa im Bereich von $d > 60\,\mu m$ trennen kann, ermöglicht das Luftstrahlsieb Prüfsiebungen etwa für $d > 20\,\mu m$.

Eine ähnliche Erweiterung ergibt sich, wenn man das Siebgut mit Hilfe von Flüssigkeit durch die Siebböden spült. Mit diesem Schlämmsieben kann man ebenfalls bis etwa $d > 20\,\mu m$ trennen [405—409].

Zusammenfassend ist zur Siebanalyse festzustellen, daß die Genauigkeit und damit die Vergleichbarkeit der Ergebnisse von vielen Einflüssen abhängt. Bei unbekanntem Material empfiehlt es sich, das Ergebnis durch das Luftstrahlsieb oder durch das Schlämmsieben zu überprüfen.

11.2.6 Korngrößenanalysen über die Bewegungsgeschwindigkeit von Teilchen in zähen Medien

Die Verschiebungsgeschwindigkeit von Staubteilchen in Gasen oder Flüssigkeiten ist — wie die Ausführungen in Kapitel 2 zeigen — von der Korngröße abhängig. Diese Abhängigkeit läßt sich auch für Korngrößenanalysen ausnutzen. Das Prinzip dieser Methode beruht darauf, die Trennung der Dispersion durch den Verschiebungsvorgang nach Ort und Zeit zu erfassen und die Anteile der zugeordneten Korngrößen zu ermitteln. Für die Teilchenverschiebung werden Schwer-, Zentrifugal- und elektrische Kräfte ausgenutzt.

Erfolgt die Verschiebung der Teilchen durch Schwer- oder Zentrifugalkräfte in ruhenden Medien, dann spricht man von Sedimentation. Ruhend bedeutet, daß das Medium in Verschiebungsrichtung keine Bewegungen relativ zu dem Bezugssystem ausführt, auf das man die Verschiebung bezieht. Beim Gegenstromsichten sind Verschiebungs- und Strömungsrichtung genau entgegengesetzt.

11.2.6.1 Allgemeines zur Sedimentationsanalyse. Zur Sedimentationsanalyse in Flüssigkeiten werden die Teilchen vor Beginn der Sedimentation im Fallraum gleichmäßig verteilt. (Dispersionsverfahren). Hierbei ist die Konzentration so zu wählen, daß sich die Teilchen beim Fallen nicht oder nur wenig stören. Dies ist bei Konzentrationen der Fall, die unter 0,5 Volumen-% liegen.

Eine zeit- und damit korngrößenbezogene Massenbestimmung ist hierbei durch die Differential- und Integralmethode möglich. Diese beiden Methoden lassen sich anschaulich verstehen, wenn man sich vorstellt, daß die Kornfraktionen in einzelnen Säulen vorliegen, Abb. 11.33.

Zu Beginn ($t = t_0$) ist in jeder Höhe eine gleiche Feststoffkonzentration c_0 vorhanden. Zum Zeitpunkt $t = t_1$ fehlen in der Ebene 1 sämtliche Korngrößen, die in der Zeitspanne t_0 bis t_1 nach dem Stokesschen Gesetz die Höhe h durchfallen; zum Zeitpunkt t_2 die Korngrößen, die in der Zeitspanne t_0 bis t_2 die Höhe h durchfallen usw. Mit dem Ablauf des Vorganges $t_0, t_1, t_2 \cdots t_n$ entstehen somit die Konzentrationen $c_0, c_1, c_2 \cdots c_n$ in der Ebene 1. Aus dieser zeitlichen Veränderung der Konzentration ergeben sich, bezogen auf die Ausgangskonzentration c_0, die Massenanteile der jeder Zeitdauer für die Fallhöhe h durch das Stokessche

Gesetz zugeordneten Korngrößen und somit der Körnungsaufbau. So sind z. B. 100 $(c_0-c_1)/c_0$ Massen-% der Körnung größer als die zur Zeitdauer t_0 bis t_1 nach Gl. (2.17) zu errechnende Korngröße d_1 bzw. 100 $(c_0-c_2)/c_0$ Massen-% größer als die zur Falldauer t_0, t_2 usw. Es gilt somit

$$R(d) = \frac{c_0 - c(t)}{c_0} 100 . \tag{11.25}$$

Diese Methode bezeichnet man als Differentialmethode.

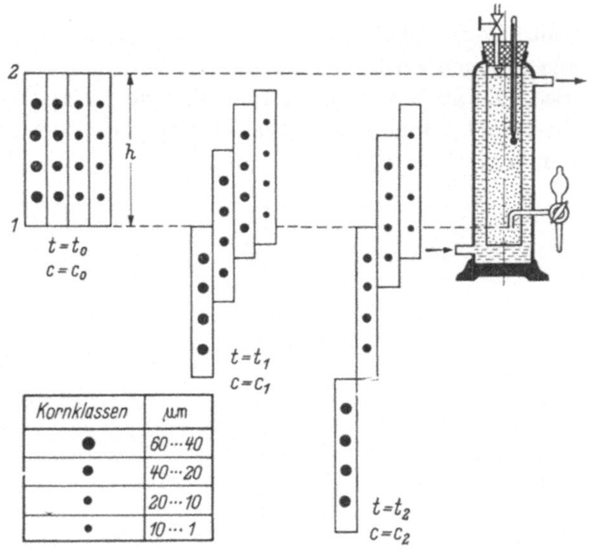

Abb. 11.33 Schematische Darstellung der Sedimentation in einer Suspension. c gibt die Konzentration in der Ebene *1* an.

Eine andere Möglichkeit, den Sedimentationsvorgang auszuwerten, besteht darin, die Masse der Teilchen aufzunehmen, die die Ebene 1 überschritten hat (Integralmethode). Diese Masse läßt sich auf folgende Weise ermitteln. In der Zeitdauer t_0 bis t durchfallen die sich aus Gl. (2.17) ergebenden Korngrößen d_t sowie alle gröberen Teilchen den Abstand h zwischen den Ebenen 1 und 2. Ferner passieren nach Abb. 11.33 auch Teilchen des Korngrößenbereiches d_t bis d_{min} die Ebene 1, und zwar von jeder Kornfraktion jeweils $\mathrm{d}d \cdot y_H \cdot w \cdot t/h$. Die aussedimentierte Masse m setzt sich somit in jedem Augenblick aus zwei Anteilen zusammen. Bezeichnet man die in unendlich langer Zeit aussedimentierende Masse mit m_a, so gilt nach S. Odén [410]:

$$\frac{m}{m_a} 100 = \int_{d_t}^{d_{max}} y_H \,\mathrm{d}d + \int_{d_{min}}^{d_t} \frac{w\,t}{h} y_H \,\mathrm{d}d . \tag{11.26}$$

Es ist

$$\frac{\mathrm{d}m}{\mathrm{d}t} = \frac{m_a}{100} \int_{d_{\min}}^{d_t} \frac{w}{h} y_H \,\mathrm{d}d \qquad (11.27)$$

oder

$$t\frac{\mathrm{d}m}{\mathrm{d}t} = \frac{m_a}{100} \int_{d_{\min}}^{d_t} \frac{w\,t}{h} y_H \,\mathrm{d}d\,. \qquad (11.28)$$

Damit ist

$$m = \frac{m_a}{100} R + t\frac{\mathrm{d}m}{\mathrm{d}t}\,. \qquad (11.29)$$

Der gesuchte Wert R läßt sich leicht ermitteln, wenn die Funktion $m = f(t)$ aufgenommen wird.

Bei der Sedimentation in gasförmigen Medien durchfallen alle Teilchen eine bestimmte Höhe (Schichtverfahren). Die Auswertung ist für diesen Fall einfach.

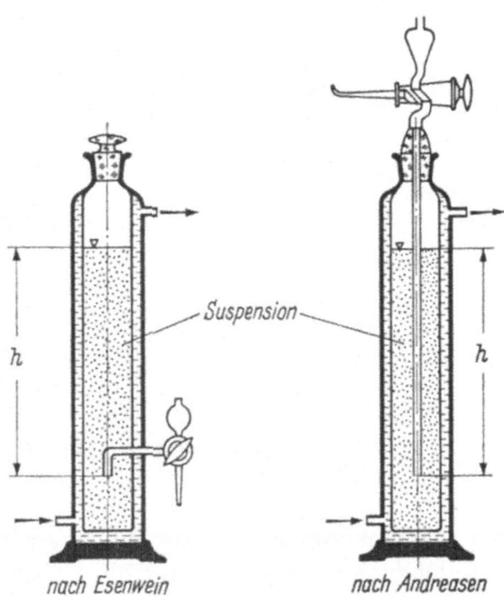

Abb. 11.34 Sedimentationsgefäße mit Pipetten nach ANDREASEN (rechts) und ANDREASEN-ESENWEIN (links).

11.2.6.2 Sedimentationsanalyse nach der Differentialmethode. Die der Zeit und damit der Korngröße [Gl. (2.17)] zugeordneten Mengenanteile ergeben sich bei dieser Methode aus der Konzentration der Suspension in der durch die Fallhöhe h festgelegten Ebene. Die Konzentration läßt sich auf verschiedene Weise verfolgen. Am verbreitetsten sind die Probenentnahme mit Wiegen der Feststoffmenge nach Verdunsten der Flüssigkeit [411—413] und das Messen der Lichtabsorption [414—418].

Die gravimetrische Bestimmung der Konzentration wird in den Gefäßen, Abb. 11.34, dadurch gelöst, daß man in bestimmten Zeitabständen ein Volumen von z. B. 10 cm³ entnimmt und den Feststoffgehalt nach Verdunsten der Flüssigkeit wiegt. Die beiden dargestellten

Gefäße unterscheiden sich in der Entnahmetechnik. Bei der Andreasen-Pipette wird die Probemenge durch Unterdruck in der nach ANDREASEN-ESENWEIN durch den hydrostatischen Druck in die Meßküvette gefördert. Bei der Auswertung ist zu berücksichtigen, daß sich mit jeder Probenentnahme die Fallhöhe ändert und daß beim Verdunsten die fast immer zugegebenen Peptisationsmittel (oder auch andere gelöste Stoffe) auskristallisieren und daher in Abzug zu bringen sind (s. a. DIN-Entwurf 66115).

Die zeitliche Konzentrationsänderung einer Suspension durch Sedimentation läßt sich auch lichtelektrisch verfolgen. Nach LAMBERT-BEER gilt für die Extinktion, also für die Gesamtschwächung bei Durchgang eines Lichtstrahles durch eine Suspension [414][1]:

$$\ln \frac{I_0}{I} = b\,c\,l \sum_{d=d_{min}}^{d=d_{max}} E_i N_i d_{ai}^2 . \tag{11.30}$$

I_0 Intensität des durch die reine Suspensionsflüssigkeit hindurchfallenden Lichtes,

I Intensität des durch die Suspension hindurchfallenden Lichtes,

c Massenkonzentration des Feststoffes,

l Länge des Lichtweges,

N_i Zahl der Körner einer Kornklasse mit dem mittleren Durchmesser d_a pro Masseneinheit,

d_{ai} mittlere Korngröße der i-ten Kornklasse,

E_i Extinktionskoeffizient für die Korngröße d_{ai},

b Konstante, die von der Form und Orientierung der Teilchen abhängt,

I/I_0 Lichttransmission, $1 - I/I_0 =$ Lichtabsorption.

Der Extinktionskoeffizient E gibt an, um wieviel größer die Lichtschwächung durch ein Teilchen ist im Vergleich zu der Schwächung, die sich aus der geometrischen Optik ergibt. Nach der geometrischen Optik ist die absorbierte Lichtenergie proportional der projizierten Fläche der Teilchen. Der Faktor E ist von vielen Einflußgrößen, wie Kornform, Korngröße, Wellenlänge des Lichtes, Beobachtungswinkel usw. abhängig. H. E. ROSE hat Werte von E in Abhängigkeit von der Korngröße angegeben (Abb. 11.35). Von großem Einfluß ist der Beobachtungswinkel, der je nach Bauart der verwendeten Apparatur verschieden sein kann. Unter Berücksichtigung vorstehender Tatsachen ist die Extinktion nach Gl. (11.30) proportional der Länge des Lichtweges und der projizierten

[1] Siehe MIE, G.: Beiträge zur Optik trüber Medien. Ann. Phys. 25 (1908) 377/445. – VAN DE HULST, H. C.: Light scattering by small particles. New York: John Wiley 1957. – KERKER, M.: The scattering of light. New York: Academic Press 1969.

Fläche der Teilchen. Die Abhängigkeit der Lichtschwächung läßt sich für Zwecke der Korngrößenanalyse auf verschiedene Weise auswerten.

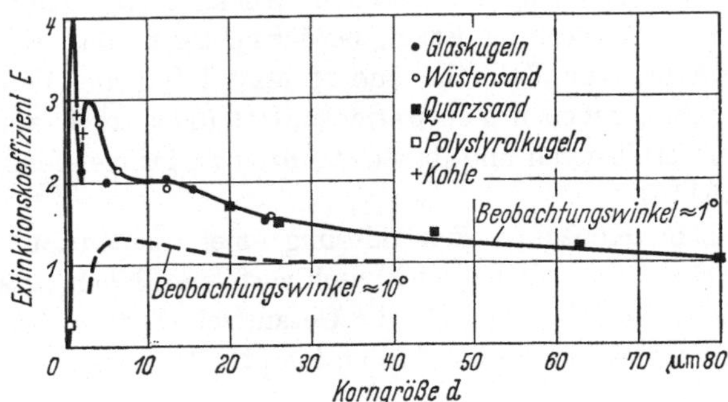

Abb. 11.35 Extinktionskoeffizient E in Abhängigkeit von der Korngröße für verschiedene Stoffe (nach H.E. Rose [414]).

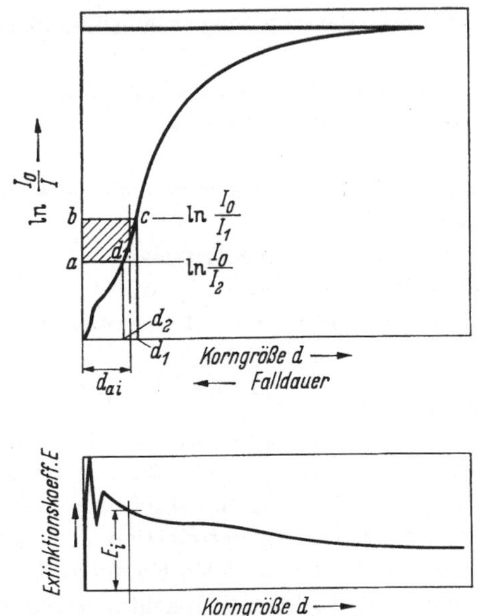

Abb. 11.36 Auswertung einer Lichtabsorptionsmessung. (Die Indices 1 u. 2 kennzeichnen die Grenzen der i-ten Klasse.)

Wird die Extinktion als Funktion der Zeit (Abb. 11.36, obere Kurve) ermittelt, dann gilt für eine enge Kornklasse zwischen den Korngrößen d_1 und d_2

$$\frac{1}{b\,c\,l}\left(\ln\frac{I_0}{I_1} - \ln\frac{I_0}{I_2}\right) = E_i\,N_i\,d_{ai}^2. \tag{11.31}$$

Die projizierte Fläche der Teilchen $c\,N_i \cdot d_{ai}^2 \cdot \pi/4$ der Kornklasse i ist somit durch den Abstand auf der Ordinate $ab \cdot 1/E_i \cdot b'\,l$ gegeben und das Volumen der Klasse i durch den Abstand $ab \cdot d_{ai} \cdot 1/E_i b' l =$ Fläche $(a\,b\,c\,d)_i \cdot 1/E_i b' l$. Der Wert E_i ist aus der unteren Kurve in Abb. 11.36 zu entnehmen. Für gröbere Körnungen und einen Öffnungswinkel, der größer als etwa 10° ist, gilt $E \approx 1$. Der prozentuale Volumenanteil und damit auch der Massenanteil der Kornklasse i an der gesamten Menge beträgt mit b und $l =$ const.

$$\Delta R_i = \frac{\frac{1}{E_i}\,(\text{Fläche } abcd)_i}{\sum\limits_{i=1}^{i=k} \frac{1}{E_i}\,(\text{Fläche } abcd)_i}\,100\,, \tag{11.32}$$

k gibt die Zahl der insgesamt gewählten Kornklassen an.

Mit diesen Werten läßt sich auf einfache Weise die Rückstandssummenverteilung ermitteln.

Bei dieser Meßmethode ist es nicht erforderlich, daß die Größen c und l in der Gl. (11.30) bekannt sind. Die Möglichkeit, eine Analyse an einer Suspension mit unbekannter Konzentration auszuführen, ist von großem Vorteil. Auch sind Form und Orientierung der Teilchen ohne Einfluß, falls diese Einflußgrößen sich nicht mit der Korngröße verändern.

Eine andere, einfachere Methode besteht darin, die zu jeder gemessenen Lichtextinktion gehörende Masse aus einer einmal für jeden Stoff zu bestimmende Kurve zu entnehmen [415, 418].

Die Apparate zur Messung der Lichtabsorption sind vergleichsweise einfach. Eine Ausführung der Firma Evans ist schematisch in Abb. 11.37

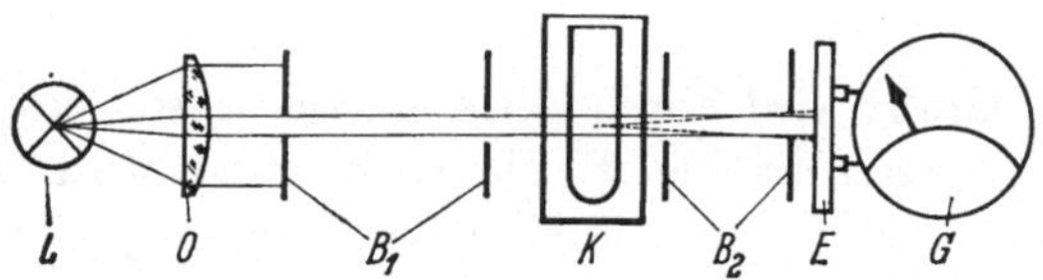

Abb. 11.37 Prinzipaufbau des Fotosedimentometers der Fa. Evans Electroselenium Ltd.

dargestellt. Die Anordnung besteht aus einer Lichtquelle L, einem Linsensystem O, mehreren Blenden B_1 und B_2, einer Meßküvette K, einem Fotoelement E und einem Galvanometer G.

Einige interessante Hilfsmittel zur beschleunigten Auswertung der Fotosedimentations-Kornanalyse sind in einer Arbeit von Johne und Doll angegeben [419].

11.2.6.3 Sedimentationsanalysen nach der Integralmethode. Mit der Sedimentationswaage wird die Masse der in der Zeiteinheit aussedimentierten Körner gewogen. Diese Methode, die Odén 1915 vorgeschlagen hat, ist bis heute im Prinzip unverändert geblieben [413]. Zu verzeichnen sind jedoch sehr viele Änderungen und Verbesserungen. Hingewiesen sei u. a. auf die Ausführungen von Correns und Schott [420], S. Odén,

Gaudin, Schumann und Schlechten [421], Bostock [422], Bachmann [423] und Muschelknautz [424].

Das Schema einer Sedimentationswaage (Bauart Bachmann/Sartorius) ist in Abb. 11.38 angegeben. Die Waagschale *a* hängt an einem Waagebalken *b*, der über einen Hebel mit dem Torsionsdraht *c* verbunden ist.

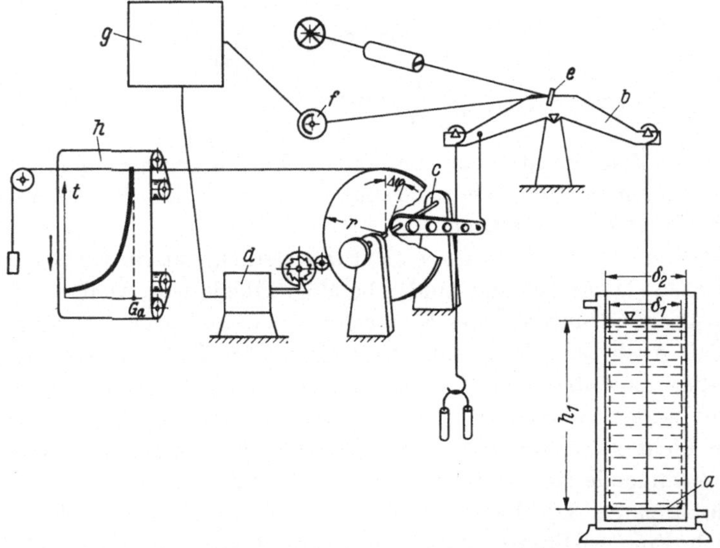

Abb. 11.38 Schema einer Sedimentationswaage.

Dieser Torsionsdraht wird durch einen Antrieb *d* so verdreht, daß der Waagebalken waagerecht bleibt. Dieser Zustand wird lichtelektrisch überwacht und mit Hilfe des Spiegels *e*, der Fotozelle *f*, des Verstärkers *g* und des Motors *d* eingehalten. Der Verstärker liefert den Strom für den Antriebsmotor *d*.

Der Verdrehungswinkel $\Delta\varphi$ gibt die Masse der auf der Waagschale aussedimentierten Teilchen an. Mit Hilfe einer Schreibanordnung *h* wird die Masse registriert. Es entsteht eine Kurve, wie sie in Abb. 11.39 oben dargestellt ist.

Die Auswertung erfolgt auf Grund der Gl. (11.29). Der Ausdruck $m_a \cdot R/100$, der mit m^* bezeichnet sei, ergibt sich aus der Kurve durch eine Tangentenkonstruktion, wie in Abb. (11.39) gezeigt ist. Somit gilt:

$$R = \frac{m^*}{m_a} 100 . \tag{11.33}$$

wobei m_a die Gesamtmasse der Teilchen angibt, die sich in dem markierten Zylinder $(\delta_1^2 \cdot h_1 \cdot \pi/4)$ über der Waagschale *a* befindet (Abb. 11.38). Die Bestimmung dieser Masse m_a ist mit gewissen Schwierigkeiten verbunden. Bezeichnet man das Volumen der Suspension im Fallgefäß mit V_b, das über der Fallplatte mit V_a, dann beträgt m_a bei einer gesamten Feststoffmasse m_{ges}

$$m_a = m_{ges} \frac{V_a}{V_b}. \tag{11.34}$$

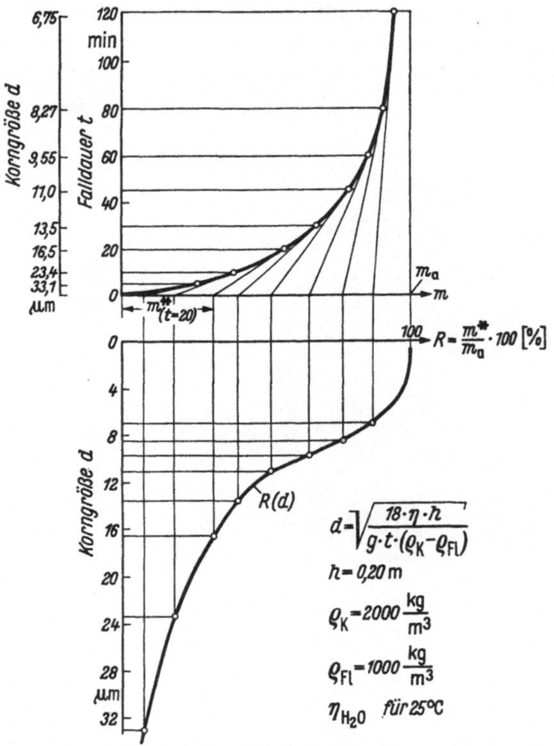

Abb. 11.39 Auswertung der Ergebnisse einer Sedimentationswaage bei einer konstanten Fallhöhe. Die Zahlenwerte gelten für die im Diagramm angegebenen Bedingungen.

Da jedoch eine genaue Bestimmung von V_a je nach Konstruktion der Waagschale unter Umständen schwierig ist, empfiehlt sich zusätzlich eine Bestimmung mit Hilfe von Versuchen.

Die Fehler bei dieser Analyse sind auf recht verschiedenartige Einflüsse zurückzuführen [413]. So tritt bei der Anordnung nach Abb. (11.38) in Höhe der Waagschale im Verlauf der Sedimentation ein Dichtesprung auf, der den Auftrieb verändert und eine Konvektionsströmung auslöst. Durch die Konvektion wird Suspension unterschiedlicher Dichte ausgetauscht, wodurch der Wert m_a geändert wird. Um diesen Fehler zu verhindern, hat LESCHONSKI für die Sartorius-Waage ein Gefäß empfohlen, bei dem der Waageteller wie bei der Gallenkamp-Waage unterhalb des Sedimentationszylinders hängt. Ein weiterer Fehler ist durch die Bewegung der Waagschale gegeben. Die hierdurch verursachten Umströmungen bewirken ebenfalls einen Suspensionsaustausch.

11.2.6.4 Die Sedimentation in Gas und im Zentrifugalfeld. Geräte, die die Sedimentation in Gas und im Zentrifugalfeld für Zwecke der Korngrößenanalyse ausnutzen, sind die Konifugen [425, 426] und das Aerosolspektrometer nach Goetz [427–430]. Auf Grund ihrer Arbeitsweise werden die Proben direkt dem Aerosol entnommen.

In der Konifuge, Abb. 11.40, strömt die staubhaltige Luft über einen Spalt in die konische Zentrifugentrommel mit dem Abscheideraum,

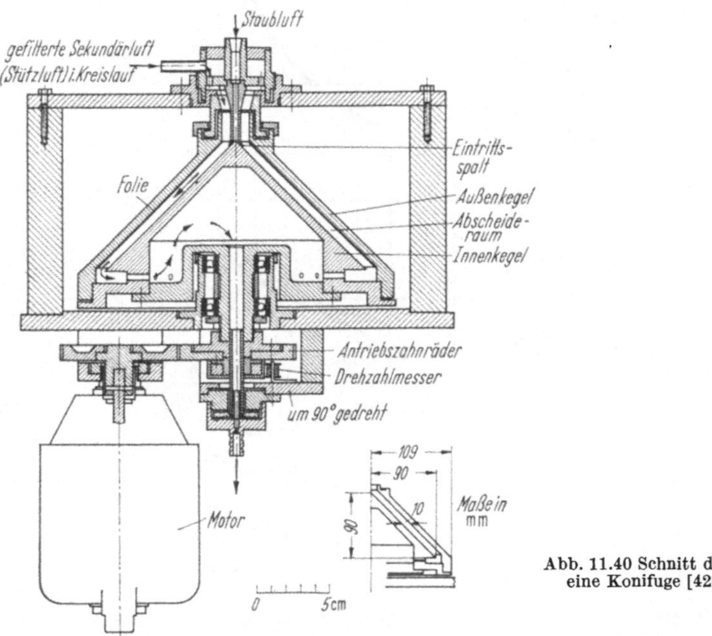

Abb. 11.40 Schnitt durch eine Konifuge [426].

und zwar derart, daß die Staubluft einer Stützluft (Sekundärluft) überschichtet wird. Während der Durchströmung dieses Raumes ergibt sich eine Abscheidung, aus der man mit den Daten der Zentrifuge (z. B. Sedimentationshöhe und Strömungsgeschwindigkeit im Abscheideraum), der Fallgeschwindigkeit im Zentrifugalfeld und der örtlich abgeschiedenen Menge auf die Korngrößenverteilung schließen kann. Um die jeweilige Flächenkonzentration, z. B. durch Auszählen mit dem Mikroskop, ermitteln zu können, ist der Abscheideraum mit einer herausnehmbaren Folie ausgekleidet.

Als eine Weiterentwicklung der Konifuge kann man das Aerosolspektrometer nach Goetz auffassen (Abb. 11.41). Der Abscheideraum besteht hier aus zwei konischen Schraubengängen S_1 und S_2. Man verwendet bei dieser Anordnung keine Sekundärluft. Die Auswertung unterscheidet sich im Prinzip nicht von der bei der Konifuge. Wegen des stärkeren Zentrifugalfeldes, das bis zu 30000 g betragen kann, ist dieses Gerät für Korngrößen zwischen etwa 5 und 0,05 μm geeignet [429].

Das von W. KAST vorgeschlagene Gerät besteht ebenfalls aus einem rotierenden Spiralkanal. Dieser Kanal in der Form einer archimedischen Spirale liegt jedoch nicht wie beim Goetz-Aerosolspektrometer auf einer konischen Fläche, sondern in einer Ebene [431]. G. RÜGER, E. MAI-

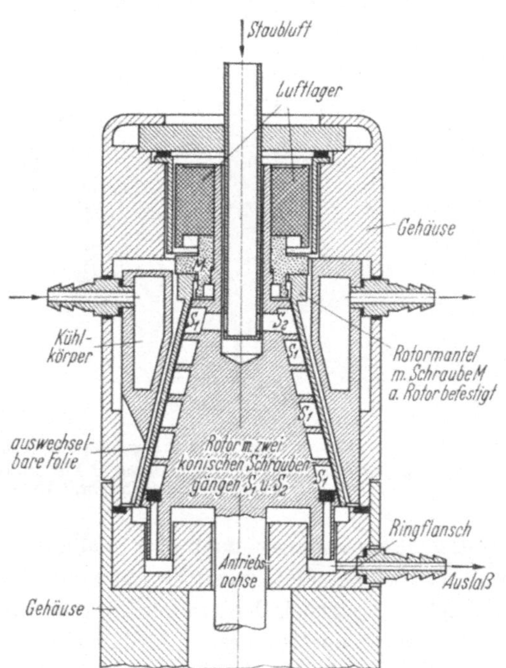

Abb. 11.41 Schnitt durch das Aerosolspektrometer nach GOETZ [427]. [Bauart: Fa. Zimney Corp. Monrovia (Calif.)]. Die Geschwindigkeit der laminaren Strömung in den Schraubengängen wird durch Düsen am Ausgang von S_1 u. S_2 eingestellt.

WALD und CH. FEDDERSEN berichten über ein Gerät, in dem der Kanal als logarithmische Spirale ausgebildet ist [432]. Die untere Abscheidegrenze dieses Geräte liegt etwa bei 0,1 μm [433].

11.2.6.5 Die Sichtanalyse. Bei der Sichtanalyse, es werden hier nur die Gegenstromsichter behandelt, strömt das Gas den fallenden oder durch Fliehkräfte bewegten Teilchen entgegen. Diejenigen Teilchen, deren Fallgeschwindigkeit der eingestellten Gasgeschwindigkeit entspricht, verbleiben in der Sichtzone. Die feineren Teilchen verlassen diese Zone in Strömungsrichtung. Es wird daher wie beim Sieben ein Trennvorgang durchgeführt. Die jeweilige Trennkorngröße oder die Klassengrenze wird nicht durch Flächen mit Öffnungen bestimmter Größe, sondern durch die Strömungsgeschwindigkeit vorgegeben. Der

Prototyp eines Schwerkraftsichters ist der Gonell-Sichter, Abb. 11.42 [434]. Für eine Analyse werden etwa 5 g Staub in den Glasansatz eingefüllt. Durch die Luftströmung werden die Staubteilchen mit Ausnahme der hier verbleibenden sehr groben Teilchen in das Sichterrohr getragen,

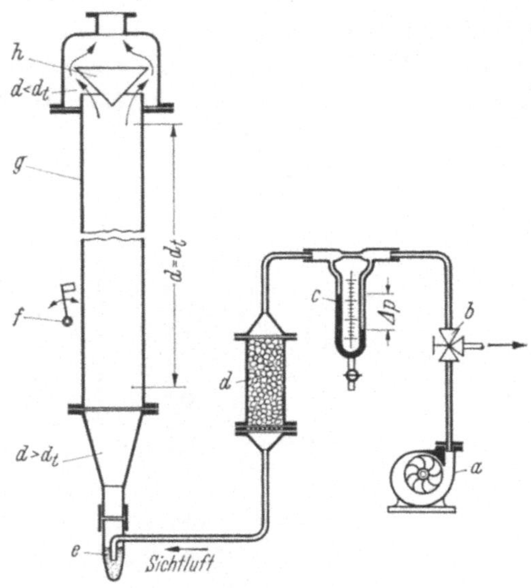

Abb. 11.42 Schema des Gonell-Sichters.
a Gebläse, *b* Regelventil, *c* Mengenmessung, *d* Lufttrockner, *e* Aufgabegut (Rückstand), *f* Klopfwerk, *g* Sichtrohr, *h* Umlenkkegel.

wo der Trennvorgang nach der Fallgeschwindigkeit stattfindet. Ist dieser Prozeß beendet, wird die Luftzufuhr abgestellt und alle Teilchen, die größer oder gleich der Trennkorngröße sind, fallen in den Glasansatz. Aus Einwaage und Rückstand in diesem Glasansatz sowie der gewählten Luftgeschwindigkeit ergibt sich jeweils ein Punkt der Rückstandssummenkurve. Der Prozeß wird nun bei verschiedenen Geschwindigkeiten so oft wiederholt, bis genügend Meßpunkte für die Darstellung der Summenkurve vorhanden sind.

Ein wesentliches Problem ergibt sich bei diesem Sichter dadurch, daß im Sichterrohr keine einheitliche Geschwindigkeit, sondern eine Verteilung vorliegt, bei laminarer Strömung beispielsweise ein parabelförmiges Profil. Dadurch besteht keine eindeutige Trenngrenze, außer bei einer sehr langen Sichtdauer. Dann wird die Trennkorngröße durch die maximale Geschwindigkeit im Querschnitt bestimmt. Wegen dieser Schwierigkeit in der Zuordnung von Luftgeschwindigkeit und Trennkorngröße haben H. Rumpf und M. Weilbacher einen Schwerkraftsichter (s. Analysette S. 270) entwickelt, in dem fast kein Geschwindigkeitsprofil vorliegt [435].

Die sehr kurze zylindrische Trennzone von beispielsweise nur 10 mm Länge liegt zwischen einem sich nach oben verjüngenden Rohr und einem Membranfilter, auf das die Analysenprobe vor Versuchsbeginn aufgegeben wird. Durch Vibratoren wird die Probe dort gleichmäßig verteilt. Aus Meßergebnissen ist zu schließen, daß die Trennschärfe zwar nur wenig besser ist als bei dem Gonell-Sichter, dagegen ist aber die notwendige Sichtdauer wesentlich kürzer.

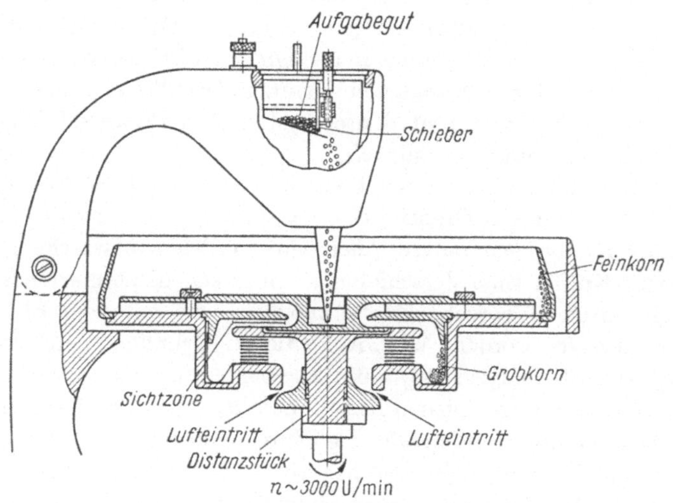

Abb. 11.43 Schema eines Bahco-Sichters.

Das Schema eines Zentrifugalsichters zeigt Abb. 11.43 [436, 437]. In diesem Bahco-Sichter werden etwa 10 g über die Schüttelrinne bei einem Mengenstrom von etwa 1–2 g/min der Sichtzone zugeführt. Hier strömt die Luft in Richtung zur Drehachse der Zentrifuge und nimmt alle Körner mit, die kleiner sind als die Trennkorngröße. Die Luftgeschwindigkeit wird durch die Spaltweite und diese über ein Distanzstück eingestellt. Im Gegensatz zum Schwerkraftsichter, bei dem sich die Trennkorngröße nach dem Stokesschen Gesetz errechnen läßt, ist diese beim Bahco-Sichter durch Eichversuche zu bestimmen. Der aufgefangene Rückstand wird nach der Trennung gewogen.

Die Genauigkeit der Sichtergebnisse wird außer von den schon genannten Einflüssen in bestimmten Geschwindigkeitsbereichen noch von der Diffusion beeinflußt. Von besonderem Einfluß auf das Ergebnis ist die Teilchenagglomeration, z. B. durch Feuchtigkeit und elektrische Ladungen.

11.2.6.6 Sichten durch Strömungsumlenkung [438 bis 442, 469]. Wie mit der Theorie für die Filtrations- und Waschentstauber gezeigt wird, lassen sich Staubteilchen auch durch Strömungsumlenkungen abscheiden. Da der Vorgang korngrößenabhängig ist, bietet sich hierüber eine Möglichkeit zur Korngrößenanalyse.

Ein Gerät, das nach diesem Prinzip arbeitet, ist der Kaskadenimpaktor, Abb. 11.6, S. 195. Die grundsätzliche Arbeitsweise ist auch in Verbindung mit Abb. 11.11, S. 199 gezeigt worden. Schaltet man eine Serie solcher Anordnungen aus Düsen mit abnehmendem Durchmesser hintereinander, so nimmt die Geschwindigkeit und damit die Feinheit des abgeschiedenen Staubes mit jeder Stufe zu. Es ist einzusehen, daß die Trennschärfe dieses Systems nicht sehr hoch ist. Es wird daher auch nur für überschlägige Messungen benutzt. Die Trenngrenzen werden über Eichversuche bestimmt. Unter bestimmten Voraussetzungen sind auch Vorausberechnungen möglich.

Diese Kaskadenimpaktoren (Hersteller: z. B. Fa. C. F. Casella, London) haben ihre untere Grenze bei Teilchengrößen von etwa 0,1 . . . 1 μm.

11.2.6.7 Korngrößenanalyse über eine Teilchenverschiebung durch elektrische Kräfte. Eine Verschiebung von in Gas dispergierten Teilchen ist auch durch elektrische Kräfte möglich, wie mit dem Elektroentstauber gezeigt worden ist. Auf dieser Grundlage arbeitet der Whitby-Aerosol-Analyser [467, 468]. Die beiden für eine solche Teilchengrößenanalyse notwendigen Phasen, nämlich die Trennung und die Massenbestimmung, werden wie folgt durchgeführt:

1. Die durch Sprühentladung negativ aufgeladenen Teilchen durchströmen als Aerodispersion einen Zylinder axial, und zwar in einem äußeren Ringraum. Im Kern strömt im Gleichstrom dazu gefilterte Luft. In der Mitte des Zylinders ist eine an positiver Hochspannung liegende Niederschlagselektrode angeordnet. Bei unveränderlicher Strömungsgeschwindigkeit hängt der Stufenentstaubungsgrad und damit der Trennschnitt von der angelegten Spannung ab. Diese ist daher so einstellbar, daß zahlreiche Trennschnitte im Bereich der vorkommenden Teilchengrößen vorgenommen werden können.

2. Die Teilchen $d < d_t$, die den Abscheideraum durchströmen, werden in einem nachgeschalteten Elektroabscheider vollkommen abgeschieden. Unter der Annahme, daß alle Teilchen die maximale Ladung tragen, läßt sich ihre Masse über die Ladungsmenge ermitteln.

Die Genauigkeit der Analyse hängt von den Einflußgrößen ab, die bei der Elektroentstaubung im einzelnen angesprochen worden sind. Der Arbeitsbereich des Gerätes liegt zwischen 0,0075 und 0,6 μm. Die Eichung erfolgt mit gleichkörnigen Aerodispersionen, wobei die Teilchengröße durch elektronenmikroskopische Analyse ermittelt wird.

11.2.7 Korngrößenanalyse durch Messungen am Einzelkorn (Teilchenzählgeräte)

Bei den bisher behandelten Methoden erfolgt eine Korngrößenmessung im Kollektiv. In diesem Fall sind nur solche direkten oder indirekten Größen geeignet, deren Messung durch die Nachbarschaft von Teilchen unter entsprechenden Bedingungen nicht oder in bekannter Weise beeinflußt wird. Der Schritt zur Messung am Einzelkorn, d. h. ohne Nachbarschaft von Teilchen, erweitert die Verwendbarkeit größenabhängiger Parameter. Dieses Prinzip konnte aber erst in den letzten Jahren Eingang finden, nachdem die Entwicklung der Elektronik entsprechende meßtechnische Voraussetzungen für eine schnelle Messung und Zählung geschaffen hatte.

Einzelmessungen erfordern beispielsweise eine partielle Streckung des Kollektivs. Dies geschieht meist dadurch, daß die Aerodispersion oder die Suspension durch eine enge Kapillare geschickt wird. In diesem Bereich erfolgt die Messung der Korngröße und die Registrierung der Teilchen. Datenverarbeitungsgeräte liefern aus diesen Werten direkt die Summen- oder Häufigkeitsverteilung. Fehler in den Ergebnissen sind dadurch möglich, daß mehrere Teilchen gleichzeitig erfaßt werden. Über die Wahrscheinlichkeit für solche Koinzidenzen lassen sich Aussagen machen und damit auch gegebenenfalls für eine Korrektur der Ergebnisse oder für die Konstruktion und Arbeitsweise der Geräte [443, 444].

Grundlage der nach diesem Prinzip arbeitenden und im Handel befindlichen Teilchenzählgeräte sind derzeit insbesondere die Lichtstreuung, die Leitfähigkeit und die Lichtemission.

11.2.7.1 Zählgeräte auf Grundlage der Lichtstreuung [445]. Die Lichtstreuung an einem Teilchen hängt auch von der Korngröße ab. Dieser Effekt wird z. B. in den Geräten der Firmen Royco, Menlo Park (Calif.), bzw. Kratel, Stuttgart-Gerlingen [446] sowie Bausch & Lomb, Rochester (N. Y.) [447—449] ausgenutzt. Ein optisches System, das aus einer Meß- und einer Beleuchtungsoptik besteht, zeigt beispielsweise Abb. 11.44. Die Teilchen werden einzeln im Luftstrom durch das belichtete Meßvolumen geleitet. Das korngrößenabhängige Streulicht wird über den Fotomultiplier in Stromimpulse umgewandelt und in einem elektronischen System weiterverarbeitet. In Verbindung mit einer Grundeichung ergibt sich das Meßergebnis.

Ein weiteres Eichsystem dient dazu, die Helligkeit der Lichtquelle und die Empfindlichkeit des Fotomultipliers zu prüfen, da hiervon die Meßgenauigkeit abhängt.

Da das Streulicht (Rayleigh-, Mie- und Großpartikel-Bereich) z. B. von der Brechung, der Beugung und der Reflexion abhängt, gehen in die Messung nicht nur die Teilchengröße, sondern auch die Form und einige

Stoffeigenschaften ein. Es ist daher eine stoffabhängige Eichung erforderlich. Hierdurch können gewisse Unsicherheiten im Hinblick auf den jeweiligen Gültigkeitsbereich der Eichung entstehen.

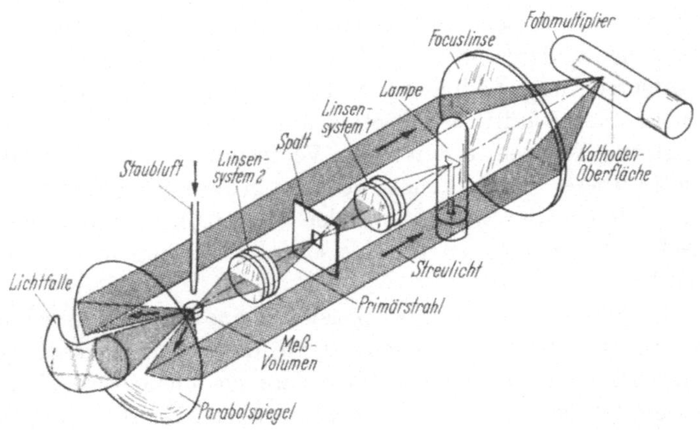

Abb. 11.44 Strahlengang bei einem optischen Teilchenzähler.

Die geräteabhängigen Parameter, wie Wellenlänge, Intensität und Streurichtung des Lichtes lassen sich gut erfassen. Sie bedürfen aber der laufenden und kritischen Kontrolle.

Die Anwendbarkeit ist auf Konzentrationen bis etwa $n_V = 10^2/cm^3$ begrenzt. Über ein Gerät, das auch für höhere Konzentrationen (bis $10^5/cm^3$) geeignet ist, berichtet Borho [450].

Durch Verwendung einer Laser-Lichtquelle läßt sich der Aufbau der Geräte vereinfachen [450—452].

Der Arbeitsbereich der Geräte liegt etwa zwischen 0,2 und 100 µm in verschiedenen Meßbereichen. Die Probe wird direkt den Aerosolen entnommen. Wird in flüssiger Phase gearbeitet, z. B. Royco 300, dann liegt die untere Teilchengröße bei etwa 5 µm.

11.2.7.2 Teilchenzählgeräte mit Messung der Widerstandsänderung. Diese Zählgeräte, wie z. B. der Coulter-Teilchenzähler [453—457] oder andere Bauarten, arbeiten derart, daß Flüssigkeit mit suspendierten Teilchen durch eine sehr kleine, kalibrierte Düsenöffnung (Kapillare) in ein zweites Gefäß fließt. Befindet sich in jedem Gefäß eine Elektrode, so stellt die Flüssigkeitssäule in der Kapillare die einzige elektrische Verbindung zwischen den beiden Räumen dar. Durchströmt ein Teilchen die Kapillare, so ändert sich die Leitfähigkeit um einen Betrag, der dem Teilchenvolumen proportional ist. Der äquivalente Korngrößenwert muß durch Eichversuche ermittelt werden. Auf diese Weise lassen sich die Korngrößen und die Kornzahlen messen und zählen.

Aus verschiedenen Vergleichsmessungen ergibt sich, daß die Ergebnisse gut reproduzierbar sind und etwa die Genauigkeit der Sedimentationsanalysen nach der Pipettenmethode erreichen. Abweichungen zu anderen Methoden ergeben sich aus unterschiedlichen Meßprinzipien [457, 458, 466].

Der Arbeitsbereich liegt etwa zwischen 0,5 und 500 µm. Als Vorteile sind der geringe Arbeitsaufwand und die kurze Analysendauer zu nennen.

11.2.7.3 Flammenfotometrische Teilchenzähler. Eine interessante Neuentwicklung ist der Sartorius-Szintillations-Teilchenzähler, Abb. 11.45. Die Lichtemission von erhitzten Teilchen hängt auch von der Korngröße ab [459, 460]. Diesen Effekt nutzt dieser Teilchenzähler zur Größenanalyse aus. Die Teilchen werden dazu einzeln einer Brennkammer zugeführt und

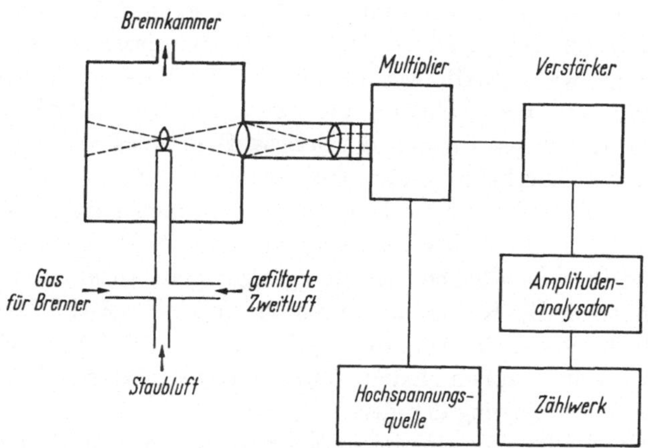

Abb. 11.45 Prinzipdarstellung des Sartorius-Szintillations-Teilchenzählers.

dort aufgeheizt. Die Intensität des emittierten Lichtimpulses wird durch eine optisch-elektronische Einrichtung so ausgewertet, daß nach 10 einstellbaren Größenbereichen klassifiziert und gezählt wird. Es wird die Summenhäufigkeit angegeben.

Das Gerät ist für eine Probenahme aus Aerosolen und für Teilchengrößen von 0,01 bis 100 µm geeignet. Für eine Korngrößenanalyse muß die chemische Zusammensetzung der Teilchen bekannt sein, weil die Lichtemission nicht nur massen-, sondern auch stoffabhängig ist [461]. Diese qualitative Analyse läßt sich jedoch auch mit dem Gerät durchführen, wenn die Teilchen aus Elementen oder Verbindungen bestehen, die bei der gewählten Temperatur ausreichende Atom- und Molekülspektren liefern. Dieses Gerät ist in einer neueren Ausführung mit einer Streulichtzählung kombiniert.

11.2.8 Vergleich der Ergebnisse verschiedener Analysenmethoden

Aus den Ausführungen der vorstehenden Abschnitte folgt, daß der Begriff der Korn- oder Teilchengröße durch das jeweilige Meß- oder Trennprinzip definiert wird, also durch die mikroskopische Messung, den Siebvorgang, die Verschiebungsgeschwindigkeit und durch das Funktionsprinzip von Teilchenzählern. Aber nicht nur für die Teilchengröße werden verschiedene physikalische Größen verwendet, sondern auch für die Bestimmung der Mengenanteile. Die Körnungskennlinien, die man durch solche unterschiedlichen Meßprinzipien erhält, können sich für eine Körnung oft nur im Grenzfall kugelförmiger Teilchen decken.

Je mehr die Kornform von der Kugelgestalt abweicht, um so verschiedener sind die Maßzahlen für die Korngröße und damit auch die Kennlinien.

Des weiteren ist zu erwähnen, daß sich auch Körnungskennlinien für einen Stoff bei gleichem Meß- oder Trennprinzip unterscheiden können, und zwar deshalb, weil weitere von der Versuchsanordnung und Versuchsdurchführung abhängende Einflußgrößen bestehen. Unterschiedliche Ergebnisse für den Körnungsaufbau eines Stoffes lassen sich somit auf zwei Erscheinungskomplexe zurückführen:

1. Unterschiedliche Ergebnisse durch verschiedenartige Meß- oder Trennprinzipien hinsichtlich der Korngröße und der Mengenanteile. Hierdurch sind im wesentlichen vier Analysengruppen zu unterscheiden. In Gruppe A wird die Korngröße durch die mikroskopische Messung, in Gruppe B durch den Siebvorgang, in Gruppe C durch die Verschiebungsgeschwindigkeit in zähen Medien und in Gruppe D durch den Teilchenzähler über eine Eichung definiert.

2. Innerhalb dieser Analysengruppen sind für einen Stoff verschiedene Ergebnisse möglich, sobald von der Art der Versuchsdurchführung abhängende Parameter wirksam werden.

Ein meßtechnischer Vergleich zwischen den Analysengruppen ist nur bedingt möglich, weil wegen der Einflußgrößen nach Punkt 2 nur sehr schwer Bedingungen zu schaffen sind, unter denen sich das jeweilige unter Punkt 1 erwähnte physikalische Prinzip allein auswirkt. Die nachfolgende Zusammenstellung möge die wichtigsten Einflußgrößen in einer Übersicht ansprechen.

Analysengruppe A: Bei der mikroskopischen Auswertung ist das Ergebnis von der Definition der Korngröße, der Vergrößerung, der Art der Präparation und bei einer automatischen Zählung auch von der Arbeitsweise der Meß- und Zähleinrichtung abhängig.

Analysengruppe B: Beim Sieben hängt die Trenngüte und damit das Ergebnis von der Siebdauer, der Arbeitsweise der Siebmaschinen oder der Handsiebung, den Siebhilfen, der Größe der Siebbodenöffnungen, den

Toleranzen bei den Siebbodenöffnungen, der Art der Siebböden, der Analysenmenge, dem Korngrößenaufbau, der Kornform und den Haftkräften zwischen den Teilchen ab. Wie sehr sich z. B. die Körnungskennlinien für einen Stoff in Abhängigkeit von der Arbeitsweise der Siebmaschinen im ungünstigsten Fall unterscheiden können, wurde mit einigen Meßergebnissen gezeigt.

Analysengruppe C: Die Korngrößenanalyse über die Teilchenverschiebung in zähen Medien wird nicht nur von dem Verfahren, wie Sedimentwägung, Pipetten-Aräometer-, Tauchkörper-, lichtelektrische Methode usw. beeinflußt, sondern auch davon, wie die jeweilige Methode durchgeführt wird [462]. Auch Stoffeigenschaften können in die Messung eingehen.

Analysengruppe D: Bei den Teilchenzählgeräten wird ein indirekter Wert für die Korngröße gemessen. Die Genauigkeit hängt daher im wesentlichen vom Gültigkeitsbereich der Eichung ab.

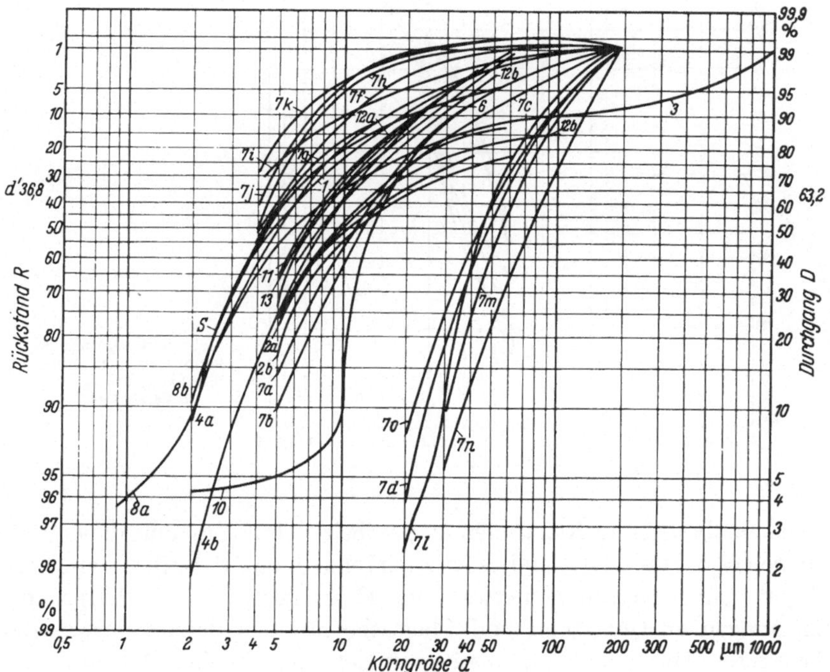

Abb. 11.46 Körnungskennlinien der Flugasche „Fortuna I", 1. Versuchsserie.

Mit diesen Hinweisen wird eine prinzipielle Schwierigkeit bei der Korngrößenanalyse angesprochen, nämlich die Genauigkeit und Vergleichbarkeit der Ergebnisse. Diesem Problem sind daher viele wissenschaftliche Arbeiten gewidmet worden, so daß beachtliche Fortschritte zu verzeichnen sind. So sei an die schon fast zwei Jahrzehnte zurückliegende Untersuchung der Flugasche „Fortuna I" erinnert [463].

Abb. 11.46 zeigt die von 13 verschiedenen Laboratorien gemessenen Körnungskennlinien dieser Flugasche. Als Untersuchungsmethoden wurden die Pipetten- und die Aräometersedimentation, die Windsichtung nach Gonell und Bahco sowie die Siebschlämmung verwendet. Die Kenngröße d' beispielsweise liegt für das gleiche Material zwischen etwa 5 und 100 µm. Da sich diese sehr große Streuung der Ergebnisse nicht allein auf die prinzipiellen Unterschiede in den Methoden zurückführen läßt, sondern nur in Verbindung mit der verschiedenen Art der Durchführung der Messung zu erklären ist, wurden für Wiederholungs-

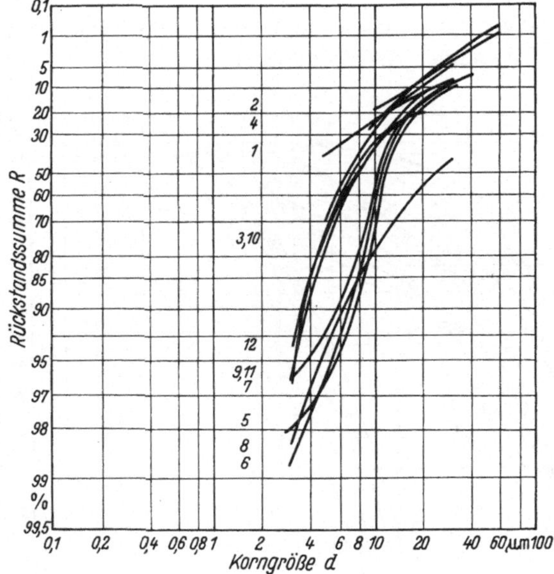

Abb. 11.47 Körnungskennlinien der Flugasche „Fortuna I" 2. Versuchsserie.

versuche bestimmte Richtlinien ausgearbeitet. Das Ergebnis dieser Versuche zeigt Abb. 11.47, und es ist zu erkennen, daß z. B. die Kenngröße d' jetzt nur noch zwischen etwa 5 und 15 µm liegt. Ähnliche Vergleichsmessungen an Quarzsand und Flugasche mit den derzeit vorwiegend benutzten Methoden und Geräten findet man in den Arbeiten von J. Šimeček [464—466].

Wenn sich auch grundsätzliche Unterschiede in den Ergebnissen auf Grund der verschiedenen physikalischen „Definition" der Korngröße nicht beseitigen lassen, so haben doch alle Arbeiten gezeigt, daß man die Fehlerbreite wesentlich reduzieren kann. So ist es zu begrüßen, daß in verstärktem Maße an Richtlinien und Normen gearbeitet wird. Hingewiesen sei auf die VDI-Richtlinie 2031, Feinheitsbestimmungen an technischen Stäuben, Okt. 1962, und auf die Vorarbeiten für eine Norm für die Sedimentations- und Sichtanalyse.

11.3 Der elektrische Staubwiderstand

Die Abscheidung von aufgeladenen Staubteilchen im elektrischen Feld hängt vom elektrischen Staubwiderstand ab, weil dadurch die Vorgänge an der Niederschlagselektrode in hohem Maße bestimmt werden (S. 73).

Vor jedem Entwurf einer Anlage ist daher der spezifische Staubwiderstand zu ermitteln, falls dieser noch nicht bekannt ist. Zur Messung ist

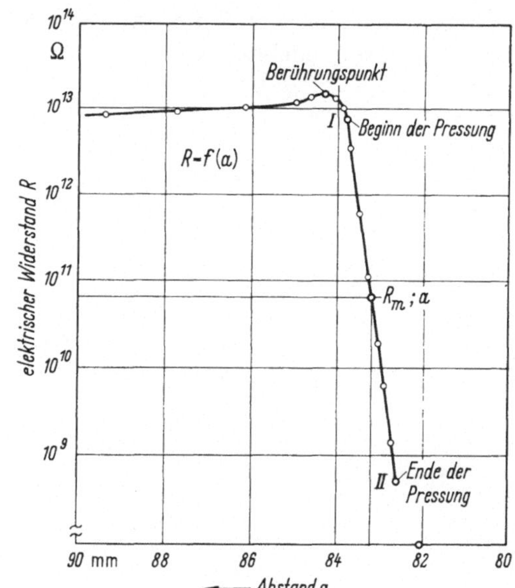

Abb. 11.48 Bestimmung des mittleren Staubwiderstandes R_m.

anzustreben, daß der Staub etwa in der gleichen Form wie an den Niederschlagselektroden vorliegt. Diese, wie auch andere Forderungen erfüllt z. B. das von C. Scheidel entwickelte Staubwiderstandsmeßgerät [114]. Dieses Gerät besteht aus einem kleinen Elektroabscheider, ähnlich wie beim elektrostatischen Probensammler, und Geräten zur Strom- und Spannungsmessung. Andere Bauarten unterscheiden sich hiervon im Prinzip nicht.

Nachdem man mit dem Elektroabscheider einen bestimmten Niederschlag von etwa 2 bis 3 mm Dicke hergestellt hat, wird eine bewegliche Platte eingeschwenkt und mit Hilfe einer Mikrometerschraube in Richtung Niederschlagselektrode verschoben. Beide Platten sind mit einem Ohm-Meßgerät verbunden. Es ergibt sich so der elektrische Widerstand in Abhängigkeit vom Abstand. Ein Versuchsergebnis zeigt beispielsweise Abb. 11.48.

Sobald die bewegliche Platte die Staubschicht berührt, beginnt ein vergleichsweise starker Abfall der Kurve. Die Pressung wird solange durchgeführt, bis ein Druck von etwa 0,01 N/cm² vorliegt, der etwa dem im Elektroabscheider entspricht. Der Punkt R_m in der Mitte der steil abfallenden Kurve wird als mittlerer Widerstand gewertet. Unter Berücksichtigung der Geometrie ergibt sich hieraus der mittlere spezifische Widerstand zu:

$$\varrho = \frac{S\, R_m}{s} . \tag{11.35}$$

In dieser Gleichung sind S die staubbedeckte Fläche und s die mittlere Stärke der Staubschicht.

Literaturverzeichnis

Unter 1. bis 13. sind empfehlenswerte Bücher aufgeführt, die sich mit der Entstaubungstechnik oder deren Grundlagen beschäftigen.

1. VDI-Handbuch: Reinhaltung der Luft. Düsseldorf: VDI-Verlag. Die Bände 1, 2, 3 und 4 enthalten nach Sachgebieten geordnet alle VDI-Richtlinien zur Reinhaltung der Luft. (Die in Ringmappen gehefteten Richtlinien werden laufend ergänzt.)
2. Strauss, W.: Industrial Gas Cleaning. Oxford/London/Edinburgh/New York/Toronto/Braunschweig: Pergamon Press 1966.
3. Beth-Handbuch – Staubtechnik. Maschinenfabrik Beth, Lübeck (Selbstverlag) 1964.
4. White, H. J.: Entstaubung industrieller Gase mit Elektrofiltern. Leipzig: VEB Deutscher Verlag für Grundstoffindustrie 1969.
5. Cobine, J. D.: Gaseoús Conductors. Theory and engineering applications. (New Ed.) New York: Dover Publications 1958.
6. Knop, W., Teske, W.: Technik der Luftreinhaltung. Mainz: Krauskopf 1965.
7. Jung, H.: Luftverunreinigung und industrielle Staubbekämpfung. Berlin: Akademie-Verlag 1968.
8. World Health Organization: Die Verunreinigung der Luft. Weinheim/Bergstraße: Verlag Chemie 1964.
9. Magill, P. L., Holden, F. R., Ackley, C.: Air Pollution Handbook. New York: McGraw-Hill 1956.
10. Davies, C. N.: Aerosol Science. London/New York: Academic Press 1966.
11. Fuchs, N. A.: The mechanics of aerosols. Oxford/London/Edinburgh/Paris/Frankfurt: Pergamon Press 1964.
12. Meldau, R.: Handbuch der Staubtechnik. Bd. 1: Grundlagen, Bd. 2: Staubtechnologie. Düsseldorf: VDI-Verlag 1956 u. 1958.
13. Schmidt, K. G.: Staubbekämpfung in der Gießerei-Industrie. Düsseldorf: VDI-Verlag 1967.
14. Schmidt, K. R.: Stand und apparative Grenzen der technischen Feinstaubabscheidung. Staub 23 (1963) Nr. 3, 181/195.
15. Mayer, F. W.: Die Entstaubungsgradkurve, ihr Wesen und ihre Anwendung auf die Verfeinerung der Gewährleistungen bei Entstaubern. Staub 1952, H. 28, 15/30.
16. Gessner, H.: Die Ermittlung des Stufenabscheidegrades von Staubabscheidern. Staub 21 (1961) Nr. 7, 291/294.
17. Nagel, R., Ibing, R.: Welche Betriebswerte muß der Besteller eines Entstaubers (speziell Fliehkraftentstaubers) dem Lieferer geben und welche Gewährleistung kann er von ihm erwarten? Staub 21 (1961) Nr. 1, 8/15.
18. Nagel, R.: Neue überarbeitete Auflage der „VDI-Richtlinien Feinheitsbestimmungen an technischen Stäuben". Staub 20 (1960), Nr. 4, 109/112.
19. Solbach, W.: Zur Frage der Vorausberechenbarkeit von Gesamtabscheidegraden mechanischer Entstauber. Staub Bd. 20 (1960) Nr. 4, 113/117.
20. VDI-Richtlinien 2066: Leistungsmessungen an Entstaubern, Mai 1966.
21. Smigerski, H.-J.: Der Einsatz von Entstaubern in der Landtechnik. Physi-

kalische Grundlagen der Staubabscheidung. Grundl. Landtechnik 19 (1969) Nr. 6, 189/196.

22. MAYER, F. W.: Allgemeine Grundlagen der T-Kurven. Aufbereitungs-Techn. Jg. 8 (1967) Nr. 8, 429/440.
23. GEISEL, W.: Berechnung der Korngrößenverteilung eines Staubes mittels Fraktionsentstaubungsgradkurven und Gesamtabscheidegraden. Staub–Reinhalt. Luft 28 (1968) Nr. 8, 322/324.
24. BATEL, W.: Einführung in die Korngrößenmeßtechnik, 3. Aufl. Berlin/Heidelberg/New York: Springer 1971.
25. SCHLICHTING, H.: Grenzschicht-Theorie. 5. Aufl., Karlsruhe: Braun 1965.
26. OSEEN, C.: Neue Methoden und Ergebnisse in der Hydrodynamik. Leipzig: Akadem. Verlagsgesellschaft 1927.
27. SCHILLER, L., NAUMANN, A.: Über die grundlegenden Berechnungen bei der Schwerkraftaufbereitung. VDI-Z. 77 (1933) 318/320.
28. LANGMUIR, I., BLODGETT, K.: Amer. Air Force. Techn. Report, 5418 (1946).
29. SCHYTIL, F.: Wirbelschichttechnik. Berlin/Göttingen/Heidelberg: Springer 1961.
30. CUNNINGHAM, E.: Proc. Roy. Soc. (London) A 83 (1910) 357.
31. DAVIES, C. N.: Proc. Phys. Soc. 57 (1945) 259.
32. ORDINANZ, W.: Staub im Betrieb. München: Hanser 1958.
33. LEWIS, W. K., GILLILAND, E. R., BAUER, W. C.: Characteristics of fluidized particles. Ind. Engng. Chem. 41 (1949) 6, 1104/1117.
34. HAWKSLEY, P. G. W.: Some aspects of fluid flow. Inst. Physics Conference. London: Arnold 1950, S. 114.
35. RICHARDSON, J. F., ZAKI, W. N.: Sedimentation and fluidisation: Part I. Trans. Instn. Chem. Engrs. 32 (1954) 35/53.
36. v. ZABELTITZ, CHR.: Gleichungen für Widerstandsbeiwerte zur Berechnung der Strömungswiderstände von Kugeln und Schüttschichten. Grundl. Landtechnik 17 (1967) Nr. 4, 148/154.
37. BRAUER, H., KRIEGEL, E.: Kornbewegung bei der Sedimentation. Chemie-Ing.-Techn. 38 (1966) 3, 321/330.
38. JOHNE, R.: Einfluß der Konzentration einer monodispersen Suspension auf die Sinkgeschwindigkeit ihrer Teilchen. Fortschr. Berichte VDI-Z. Reihe 3, Nr. 11, Düsseldorf 1966.
39. OLIVER, D. R.: The sedimentation of suspensions of closed-sized sperical particles. Chem.-Engng. Sci. 15 (1961) 230/242.
40. PRANDTL, L.: Führer durch die Strömungslehre. 6. Aufl., Braunschweig: Vieweg 1965.
41. TOWNSEND, J. S.: Electricity in Gases, Oxford: Clarendon Press 1915, 376 S.
42. WILSON, I.: The deposition of charged particles in tubes with reference to the retention of therapeutic aerosols in the human lung. J. Colloid Sci. 2 (1947) 271.
43. FOSTER, W. W.: Deposition of unipolar charged aerosols particles by mutual repulsion. Brit. J. Appl. Phys. 10 (1959) Nr. 5, 206.
44. PICH, J.: Zur Theorie der elektrostatischen Zerstreuung monodisperser Aerosole. Staub 22 (1962) Nr. 1, 15/17.
45. WHITBY, K. T., LIU, B. Y. H.: The electrical behaviour of aerosols. Kap. III in [10]: C. N. DAVIES: Aerosol Science, London/New York: Academic Press 1966.
46. CORN, M.: Adhesion of Particles. Kap. XI in [10]: C. N. DAVIES: Aerosol Science, London/New York: Academic Press 1966 (88 Lit. Hinw.).
47. ZEBEL, G.: Coagulation of Aerosols. Kap. II in [10]: C. N. DAVIES: Aerosol Science, London/New York: Academic Press 1966 (53 Lit. Hinw.).

48. PIETSCH, W.: Das Agglomerationsverhalten feiner Teilchen. Staub-Reinhalt. Luft 27 (1967) Nr. 1, 20/33 (108 Lit.-Hinw.).
49. LÖFFLER, F.: a) Untersuchung der Haftkräfte zwischen Feststoffteilchen und Faseroberflächen. Staub-Reinh. Luft 26 (1966) Nr. 7, 274/280. – b) Über die Haftung von Staubteilchen an Faser- und Teilchenoberflächen. Staub-Reinh. Luft 28 (1968) Nr. 11, 456/462 (17 Lit. Hinw.).
50. KRUPP, H.: Particle adhesion. Theory and experiment. Advances Colloid Interface Sci. 1 (1967) 111/139.
51. KOTTLER, W., KRUPP, H., RABENHORST, H.: Adhesion of electrically charged particles. Z. angew. Physik, 24 (1968) 4, 219/223.
52. – – –: Proceedings „physics of adhesion", July 1969 Karlsruhe. Buch erhältl. am Institut f. Mech. Verfahrenstechnik Univ. Karlsruhe (1969) (136 Lit.-Ang.).
53. SCHLICHTING, H., TRUCKENBRODT, E.: Aerodynamik des Flugzeuges. I. Bd. Berlin/Göttingen/Heidelberg: Springer 1962.
54. ECK, B.: Technische Strömungslehre. 7. Aufl. Berlin/Göttingen/Heidelberg: Springer 1966.
55. FEIFEL, E.: Zyklonentstaubung, der Zyklon als Wirbelsenke. Forsch.-Ing.-Wes. 9 (1938) 68/81.
56. SCHMIDT, K. R.: Physikalische Grundlagen und Prinzip des Drehströmungsentstaubers. Staub 23 (1963) Nr. 11, 491/501.
57. TER LINDEN, A. J.: Investigations into cyclone dust collectors. Proc. Instn. Mech. Engrs. (1949) 160, 233/251.
58. BARTH, W.: Druckverluste und Abscheideleistungen von Zyklonabscheidern. VDI-Tagungsheft 3 (1954) 11/15.
59. BARTH, W.: Berechnung und Auslegung von Zyklonabscheidern auf Grund neuerer Untersuchungen. Brennstoff-Wärme-Kraft 8 (1956) Nr. 1, 1/9.
60. SHEPHERD, C. B., LAPPLE, C. E.: Flow pattern and pressure drop in cyclone dust collectors. Ind. Engng. Chem. 31 (1939), 972/984.
61. SOLBACH, W.: Untersuchungen über den Abscheidevorgang in einem Axialzyklon. Dissertation TU Aachen 1958.
62. BOHNET, M.: Experimentelle und theoretische Untersuchungen über das Absetzen, das Aufwirbeln und den Transport feiner Staubteilchen in pneumatischen Förderleitungen. VDI-Forschungsheft 507 (1965).
63. MUSCHELKNAUTZ, E., KRAMBROCK, W.: Vereinfachte Berechnung horizontaler pneumatischer Förderleitungen bei hoher Gutbeladung mit feinkörnigen Produkten. Chemie-Ing.-Techn. 41 (1969) H. 21, 1164/1172.
64. STAIRMAND, C. J.: The design and performance of cyclone separators. Trans. Instn. Chem. Engrs. 29 (London 1951) 15/39.
65. TER LINDEN, A. J.: Untersuchungen an Zyklonabscheidern. Tonind.-Ztg.-Keram. Rdsch. 77 (1953) Nr. 3/4, 49/55.
66. TILLMANN, W.: Zur Verteilung der Feststoffteilchen in der Reibungsschicht. VDI-Berichte Bd. 6 (1955).
67. BARTH, W.: Der Einfluß der Vorgänge in der Grenzschicht auf die Abscheideleistung von mechanischen Staubabscheidern. VDI-Berichte Bd. 6 (1955).
68. BARTH, W., LEINEWEBER, L.: Beurteilung und Auslegung von Zyklonabscheidern. Staub 24 (1964) Nr. 2, 41/55.
69. MUSCHELKNAUTZ, E.: Auslegung von Zyklonabscheidern in der technischen Praxis. Staub-Reinhalt. Luft 30 (1970) Nr. 5, 187/195.
70. MUSCHELKNAUTZ, E., KRAMBROCK, W.: Aerodynamische Beiwerte des Zyklonabscheiders aufgrund neuer und verbesserter Messungen. Chemie-Ing.-Techn. 42 (1970) 247/255.
71. LEINEWEBER, L.: Auslegung von Zyklonabscheidern nach vorgegebenen

Werten für Grenzkorn, Druckverlust und Durchsatz. Staub-Reinhalt. Luft 27 (1967) Nr. 3, 123/129.
72. MUSCHELKNAUTZ, E., BRUNNER, K.: Untersuchungen an Zyklonen. Chemie-Ing.-Techn. 39 (1967) H. 9/10, 531/538.
73. LÖFFLER, F.: Die Berechnung von Fliehkraftabscheidern. Staub-Reinhalt. Luft 30 (1970) Nr. 12, 497/500.
74. EBERT, K. F.: Berechnung rotationssymmetrischer turbulenter Grenzschichten mit Sekundärströmung. Dissertation TH Karlsruhe 1967.
75. RUMPF, H., BORHO, K., REICHERT, H.: Optimale Dimensionierung von Zyklonen mit Hilfe vereinfachender Modellrechnungen. Chemie-Ing.-Techn. 40 (1968) Nr. 21/22, 1072/1082.
76. SMITH, J. L.: An experimental study of the vortex in the cyclone separator. J. Basic Engng. 12 (1962), 602/608. An analysis of the vortex flow in the cyclone separator. J. Basic Engng. 12 (1962) 609/618.
77. KECKE, H. J.: Beitrag zur Klärung des Strömungsvorganges und der Staubbewegung im Zyklon. Dissertation TH Magdeburg 1968.
78. SCHOWALTER, W. R.. JOHNSTONE, H. F.: Characteristics of the mean flow patterns and structure of turbulence in spiral gas streams. A. I. Ch. E. Journal 6 (1960) Nr. 4, 648/655.
79. SOLBACH, W.: Beitrag zur Theorie des Drallabscheiders. Tonind.-Ztg.-Keram. Rdsch. 82 (1958) 474/478.
80. HEJMA, J.: Einfluß der Turbulenz auf den Abscheidevorgang im Zyklon. Staub-Reinh. Luft 31 (1971) 7, 290/295.
81. SMIGERSKI, H.-J.: Der Einfluß von Haftkräften durch Adsorptionsschichten und elektrische Ladungen auf die Abscheidung von Quarzstaub in einem axialen Fliehkraftentstauber. Dissertation TU Braunschweig 1970.
82. SCHIELE, O.: Möglichkeiten zur Wiedergewinnung der Drallenergie von Zyklonabscheidern. VDI-Tagungsheft 3 (1954) 20/22.
83. PETROLL, J., QUITTER, V., SCHADE, G., ZIMMERMANN, L.: Untersuchungen an Zyklonabscheidern. Staub-Reinhalt. Luft 27 (1967) Nr. 3, 115/123.
84. ALT, CH., SCHMIDT, P.: Vergleichende Untersuchungen der Abscheideleistung verschiedener Fliehkraftentstaubungssysteme. Staub-Reinhalt. Luft 29 (1969) Nr. 7, 263/266.
85. LUDEWIG, H.: Modellversuche am Zyklon über den Einfluß der Tauchrohrtiefe auf Abscheidegrad und Druckverlust. Maschinenbautechn. 7 (1958) H. 8, 416/421.
86. VAN EBBENHORST TENGBERGEN, H. J.: Vergleichsuntersuchungen an Zyklonen. Staub 25 (1965) Nr. 11, 486/490.
87. SPROULL, W. T.: Viscosity of dusty gases. Nature (London) June 10 (1961) 976/978.
88. KRIEGEL, E.: Einfluß der Staubbeladung auf den Durchsatz und Druckverlust von Zyklonabscheidern. Aufbereitungs-Techn. Jg. 9 (1968) Nr. 1, 1/8.
89. –: Ausstellung Reinhaltung der Luft, 5. bis 9. April 1965, Düsseldorf. Staub 25 (1965) Nr. 11, 518.
90. STORCH, O., POJAR, K.: Die Problematik des Verschleißes von Fliehkraftabscheidern. Staub Reinhalt. Luft 30 (1970) Nr. 12, 501/506.
91. KLEIN, H.: Entwicklung und Leistungsgrenzen des Drehströmungsentstaubers. Staub 23 (1963) Nr. 11, 501/509.
92. KLEIN, H.: Drehströmungs-Entstaubungsverfahren, Wirkungsweise und Einsatz. Keram. Z. (1968) Nr. 8, 479/484.
93. NICKEL, W.: Zur Praxis der Drehströmungsentstaubung. Staub 23 (1963) Nr. 11, 509/512.

94. Barth, W.: Entwicklungslinien der Entstaubungstechnik. Staub 21 (1961) Nr. 9, 382/390.
95. Koller, L. R., Fremont, H. A.: Negative wire corona at high temperature and pressure. J. Appl. Phys. 21 (1950) 741/744.
96. Ladenburg, R.: Elektrische Gasreinigung (Elektrofilter). Kap. XIX in: Der Chemie Ingenieur. Hrsg. von A. Eucken u. M. Jacob, Bd. I, 4: Elektrische u. magnetische Materialtrennung, Materialvereinigung. Leipzig: Akademische Verlagsgesellschaft 1934.
97. Whitehead, S.: Dielectric phenomena. Electrical discharges in gases, part I: Experimental laws of corona, 93/160, London: Ernest Benn Ltd. 1927.
98. Sproull, W. T.: Corona quenching – Its significance in electrical precipitation. J. Air Pollution Control Assoc. 13 (1963) Nr. 12, 617/621.
99. Dötsch, E., Friedrichs, H.-A.: Zur Theorie der elektrischen Aufladung eines Aerosols. Staub-Reinhalt. Luft 30 (1970) Nr. 4, 156/159.
100. Pauthénier, M., Moreau-Hanot, M.: La charge des particules sphériques dans un champ ionisé. J. de Physique. 3 (1932) 590/613.
101. Rohmann, H.: Methode zur Messung der Größe von Schwebeteilchen. Z. Phys. 17 (1923) 253.
102. White, H. J.: Particle charging in electrostatic precipitation. AIEE Trans. 70 (1951) 1186/1191.
103. Böhm, J.: Verzögerung der Aufladung von Teilchen in einem Elektrofilter. Staub-Reinhalt. Luft 28 (1968) Nr. 7, 270/273.
104. Lowe, H. J., Lucas, D. H.: The physics of electrostatic precipitation. Brit. J. Appl. Phys. 24 (1953) Supp. 2, 540/547.
105. Arendt, P., Kallmann, H.: Über den Mechanismus der Aufladung von Nebelteilchen. Z. Phys. (1926) 421/441.
106. Troost, N.: A new approach to the theory and operation of electrostatic precipitators for use on pulverised-fuelfired boilers. Proc. IEE 101, II (1954) 369.
107. Heinrich, D. O.: Die elektrische Gasreinigung. Grundlagen, Arbeitsweise und Erfahrungen. Brennstoff–Wärme–Kraft 7 (1955) H. 8, 346/350 u. H. 9, 389/394.
108. Flegler, E.: Der Einfluß von Zwischenschichten mit inhomogener elektrischer Leitfähigkeit in Entladungsstrecken mit stark inhomogenen elektrischen Feldern auf das Durchschlagverhalten der Entladungsstrecke. Staub-Reinhalt. Luft 29 (1969) Nr. 7, 277/281.
109. Böhm, J.: Zur Frage des Rücksprühens bei der elektrischen Gasreinigung. Staub-Reinhalt. Luft 30 (1970) Nr. 3, 99/106.
110. Koschany, E.-M.: Untersuchungen zur Problematik des Rücksprühens in Elektrofiltern. Staub-Reinhalt. Luft 30 (1970) Nr. 3, 107/112.
111. Masuda, S.: On the improvement in cleaning efficiency of the electrostatic precipitator. Bull. Electrical Engng. and Electronic Engng. Departm. (1963) Nr. 11, 6 S., 14 Bilder (8 Lit.-Ang.).
112. Darby, K., Heinrich, D. O.: Konditionierung der Rauchgase von Kesselanlagen zur Verbesserung des Abscheidegrades von Elektrofiltern. Staub-Reinhalt. Luft 26 (1966) Nr. 11, 464/468.
113. Schrader, K.: Verbesserung des Abscheidegrades von Elektroentstaubern durch SO_3-Einblasung in die Rauchgase. Mitt. Vereinig. Großkesselbes. 48 (1968) H. 6, 430/436.
114. Eishold, H. G.: Der elektrische Staubwiderstand im Elektrofilter. Arch. Eisenhüttenwes. 3 (1961) Nr. 4, 221/224.
115. Sproull, W. T., Nakada, Y.: Operation of Cottrell precipitators, effects of

moisture and temperature. Ind. Engng. Chem. 43 (1951), 1350/1358, 47 (1955) 940.

116. BAINBRIDGE, R.: Elektrischer Widerstand bleihaltiger Abgase einer Sinteranlage. J. Metals 8 (1956) 1536/1540.

117. KERCHER, H.: Elektrischer Wind, Rücksprühen und Staubwiderstand als Einflußgrößen im Elektrofilter. Staub – Reinhalt. Luft 29 (1969) Nr. 8, 314/19.

118. KERCHER, H.: Ein neues Gerät zur Staubwiderstandsbestimmung. Brennstoff-Wärme-Kraft 21 (1969) 1, 24/28.

119. SIMM, W.: Die elektrischen Eigenschaften des Staubes im Hinblick auf die Abscheidung im Elektrofilter. Staub 22 (1962) Nr. 11, 463/466.

120. COHEN, L., DICKINSON, R. W.: The measurement of the resistivity of power station flue dust. J. sci. Instrum. 40 (1963) H. 2, 72/75.

121. EISHOLD, H.-G.: Eine Meßvorrichtung zur Bestimmung des spezifischen elektrischen Staubwiderstandes. Staub-Reinhalt. Luft 26 (1966) Nr. 1, 11/14.

122. LOQUENZ, H.: Erfahrungen und Ergebnisse mit einem Gerät zur Bestimmung des elektrischen Staubwiderstandes. Staub-Reinhalt. Luft 27 (1967) Nr. 5, 244/245.

123. DEUTSCH, W.: Bewegung und Ladung der Elektrizitätsträger im Zylinderkondensator. Ann. Phys. 68 (1922) 335/344.

124. DEUTSCH, W.: Elektrische Gasreinigung (40 Literaturhinweise). Z. Techn. Phys. 6 (1925) 423/437.

125. HEINRICH, D. O.: Study on electro-precipitator performance in relation to particle size distribution, level of collection efficiency and power input. Trans. Instn. Chem. Engrs. (1961) 145/163.

126. MIERDEL, G.: Über die Wanderungsgeschwindigkeit suspendierter Staubteilchen in elektrischen Filtern. Z. Techn. Phys. 13 (1932) 564/567.

127. HEINRICH, D. O.: Vergleichende Betrachtung über den Einfluß von Teilchengröße, Höhe des Abscheidegrades, Gasgeschwindigkeit und Leistungsaufnahme auf die Abscheidewirkung von Elektrofiltern. Staub 23 (1963) Nr. 2, 83/91.

128. DALMON, J., LOWE, H. J.: Colloques internationaux du centre national de la recherche scientifique. Grenoble, September 27th, 1960. (Editions du Centre National de la Recherche Scientifique, Paris, 1961.)

129. BRANDT, H.: Der Einfluß der Gasgeschwindigkeit auf die Wanderungsgeschwindigkeit des Staubes im Elektrofilter. Staub 23 (1963) Nr. 8, 378/379.

130. ROBINSON, M.: A modificed Deutsch efficiency equation for electrostatic precipitation. Atm. Environment 1 (1967) Nr. 3, 193/204.

131. WHITE, H. J.: Modern electrical precipitation. Ind. Engng. Chem. 47 (1955) 932/939.

132. WILLIAMS, J. C., JACKSON, R.: The motion of solid particles in an electrostatic precipitator. Proc. 3. Congr. Europ. Federation of Chem. Engng. Sympos: On the interaction between fluids and particles, London, 1962, 282/288.

133. PETROLL, J.: Der Durchlaßgrad des plattenförmigen Elektroabscheiders. Staub-Reinhalt. Luft 29 (1969) Nr. 4, 139/143.

134. PETROLL, J.: Einige Bemerkungen über die Abscheidecharakteristik kommerzieller Trocken-Elektroabscheider. Staub-Reinhalt. Luft 29 (1969) Nr. 9, 364/370.

135. PENNEY, G. W.: Some problems in the application of the Deutsch equation to industrial electrostatic precipitation. J. Air Pollution Control Assoc. 19 (1969) Nr. 8, 596/600.

136. KOGLIN, W.: Die Lastabhängigkeit von Elektrofilteranlagen. Staub-Reinhalt. Luft 28 (1968) Nr. 10. 398/402.

137. KOGLIN, W.: Die Staub- und Nebelabscheidung in Naßelektrofilteranlagen. Staub-Reinhalt. Luft 30 (1970) Nr. 4, 151/152.
138. BRANDT, H.: Entstaubungseinrichtungen für Rauchgase industrieller Anlagen. Energie 15 (1963) H. 11.
139. PENNEY, G. W.: Role of adhesion in electrostatic precipitation. AMA Arch. environmetal Health. 4 (1962) Nr. 3, 301/305.
140. SPROULL, W. T.: Fundamentals of electrode rapping in industrial electrical precipitators. J. Air Pollution Control Assoc. 15 (1965) Nr. 2, 50/55.
141. RUCKELSHAUSEN, R.: Über die Beseitigung von Staubansätzen auf technisch glatten Oberflächen durch Klopfen oder Vibrieren. Dissertation TH Stuttgart 1957.
142. WATSON, K. S., BLECHER, K. J.: Further investigation of electrostatic precipitators for large pulverized fuel-fired boilers. Int. J. Air Water Pollution 10 (1966) Nr. 9, 573/583.
143. KOSCHANY, E. M.: Grundlagenuntersuchungen zur Abreinigung der Niederschlagselektroden von Elektrofiltern. Staub-Reinhalt. Luft 28 (1968) 266/270.
144. BRANDT, H.: Der Entwicklungsstand der elektrostatischen Staubabscheider unter besonderer Berücksichtigung der Abreinigungsprobleme. Staub 21 (1961) Nr. 9, 392/398.
145. GÜPNER, O.: Richtungen und Möglichkeiten der Entwicklung des klassischen elektrischen Entstaubers. Staub 23 (1963) Nr. 11, 478/485.
146. LUGE, K., SCHEIDEL, C.: Elektrische Rauchgasreinigung in Dampf-Kraftwerken. Bericht von Lurgi Apparatebau, Frankfurt/Main, Lurgihaus.
147. HEINRICH, D.-O.: Über die Abreinigung der Niederschlagselektroden von Elektrofiltern. Staub 22 (1962) Nr. 9, 360/364.
148. KÖNIG, W.: Zum Verhalten des Staubes im Elektrofilter. Dissertation TH Stuttgart 1965.
149. PLATO, H.: Über das Klopfen von Niederschlagsplatten im Elektrofilter. Staub-Reinhalt. Luft 29 (1969) Nr. 8, 321/327.
150. —: Diskussionsbeiträge. Staub 25 (1965) Nr. 2, 60/61.
151. SEIDEL, W., KAUFMANN, W.: MABA-TRON-Elektrofilter, ein neues Elektrofilter mit automatischer Selbstreinigung der Elektroden und konstantem Abscheidegrad. Staub 24 (1964) Nr. 10, 405/409.
152. OPFELL, J. B., SPROULL, W. T.: Limitations of model studies in predicting gas velocity distribution in Cottrell precipitators. I. & EC Proc. Design and Development 4 (1965) Nr. 2, 173/176.
153. SCHEIDEL, C.: Elektrofilter in der Industrie. Bulletin SEV 54 (1963) Nr. 10, 359/368.
154. SCHWARZ, E., WEPPLER, R.: Die Stromversorgung von Elektrofilteranlagen. Siemens-Z. (1957) H. 12, (1958) H. 1, 3.
155. SCHWARZ, E., SCHLITT, R., GÖTZ, G. F.: Verfahrensgerechte Spannungssteuerung von Elektrofiltern. Siemens-Z. 35 (1961) H. 5, 387/392.
156. HESSELBROCK, H.: Probleme der elektrischen Entstaubung und Forderungen an die weitere technische Entwicklung. Staub 25 (1965) Nr. 10, 402/409.
157. KOGLIN, W.: Spannungsgrenze und Elektrofilterregelung. Staub-Reinhalt. Luft 30 (1970) Nr. 9, 361/366.
158. KOSCHANY, E. M.: Untersuchungen über den Betrieb von Elektrofiltern mit Impulsspannungen. Staub-Reinhalt. Luft 27 (1967) Nr. 4, 171/173.
159. BÖHLEN, B., LÜTHI, J., GUYER, A.: Neueres Verfahren zur elektrostatischen Gasentstaubung. Chemie-Ing.-Techn. 39 (1967) H. 15, 910/913.
160. LAU, H.: Mit Wechselspannung betriebene Elektrofilter. Staub-Reinhalt. Luft 29 (1969) Nr. 8, 311/314.

161. SCHNITZLER, H.: Ein neuartiger Elektroentstauber. Staub 23 (1963) Nr. 2, 78/83.
162. SCHNITZLER, H.: Weitere Versuche mit einem neuartigen Elektroentstauber. Staub 25 (1965) Nr. 3, 119/121.
163. SCHÜTZ, A.: Vergleichende Untersuchungen an Eisenoxyd-Aerosolen und ein einfaches Verfahren zu ihrer Herstellung. Staub 19 (1959) Nr. 8, 291/296.
164. WINKEL, A., SCHÜTZ, A.: Elektrische Abscheidung feindisperser Eisenoxidstäube bei höheren Temperaturen unter besonderer Berücksichtigung des elektrischen Staubwiderstandes. Staub 22 (1962) Nr. 9, 343/359.
165. ZEBEL, G.: Über die Aggregatbildung zwischen kugelförmigen Aerosolteilchen mit parallel ausgerichteten Dipolmomenten. Staub 23 (1963) Nr. 5, 263/268.
166. FLOSSMANN, R., SCHÜTZ, A.: Untersuchungen zur Entstaubung von braunem Konverterrauch nach einem neuartigen elektrostatischen Verfahren. Staub 23 (1963) Nr. 10, 443/451.
167. WINTERHAGER, P. C.: Untersuchung des Rücksprühens an Modell-Elektrofiltern unter besonderer Berücksichtigung der mit dem Rücksprühen verbundenen, kurzzeitigen Stromimpulse. Forschungsber. Land Nordrhein-Westfalen Nr. 1684. Hrsg.: Westdeutscher Verlag Köln und Opladen.
168. HEINRICH, R. F., ANDERSON, J. R.: Chemical Engineering Practice. Ed. H. W. Cremer, Bd. 3, London: Butterworth 1957, 464 S.
169. HOHLFELD: Das Niederschlagen des Rauches durch Elektrizität. Kastner Archiv Naturl. 2 (1824) 205/206.
170. LODGE, O. J.: On Lord Rayleigh's dark plane. Nature (London) July 26 (1883) 297/299.
171. LODGE, O. J.: The electrical deposition of dust and smoke with special reference to the collection of metallic fume, and to a possible purification of the atmosphere. Soc. Chem. Ind. 29 (1886) 572/576.
172. WALKER, A. O.: A new application of electricity. Engineering (1885) 627/628.
173. LODGE, O. J.: Brit. Patent 24305 (1903), Nature 71 (1905) 582.
174. COTTRELL, F. G.: American. Patentschrift 895729. Rep. of the Smithsonian Institution for 1913, Washington 1914, 635.
175. COTTRELL, F. G.: The electrical precipitation of suspended particles. Ind. Engng. Chem. 3 (1911) 542/550.
176. MOELLER-BRACKWEDE, E.: Deutsche Patentschriften der Klasse 12b, Gruppe 2, Nr. 265964, 277091, 282310.
177. DURRER, R.: Elektr. Ausscheidung von festen und flüssigen Teilchen aus Gasen. Stahl u. Eisen (1919) Nr. 46, 1377/1385, Nr. 47, 1423/1430, Nr. 49, 1511/1518 u. Nr. 50, 1546/1554.
178. SELL, W.: Staubabscheidung an einfachen Körpern und in Luftfiltern. VDI-Forschungsheft 347 (1931).
179. BARTH, W.: Grundlegende Untersuchungen über die Reinigungsleistung von Wassertropfen. Staub 19 (1959) Nr. 5, 175/180.
180. LANGMUIR, I., BLODGETT, K. B.: Report No. RL-225, General Electric Research Laboratory, Schenectady, N. Y. (1944–45).
181. ALBRECHT, F.: Theoretische Untersuchungen über die Ablagerung von Staub aus der Luft und ihre Anwendung auf die Theorie der Staubfilter. Phys. Z. 32 (1931) 48.
182. LANDAHL, H. D., HERRMANN, R. G.: Sampling of liquid aerosols by wires, cylinders, and slides, and the efficiency of impaction of the droplets. J. Colloid Sci. 4 (1949) 103.
183. DAVIES, C. N.: The separation of airborne dust and particles. Proc. Instn. Mech. Engrs. 1 (1952) 185.

184. PEARCEY, T., HILL, G. W.: A theoretical estimate of the collection efficiencies of small droplets. Quart. J. Roy. Met. Soc. 83, (1957) 77.
185. RANZ, W. E., WONG, J. B.: Impaction of dust and smoke particles on surface and body collectors. Ind. Engng. Chem. 44 (1952) 1371.
186. WONG, J. B., JOHNSTONE, H. F.: Univ. Ill. Engng. Exp. Station Techn. Report, No. 11 (1953).
187. BOSANQUET, C. H.: Dust collection by impingement and diffusion. Trans. Instn. Chem. Engrs. London 28 (1950) 130.
188. JARMANN, R. T.: The deposition of wind-borne oil droplets on spheres. Agric. Engng. Research, 4 (1959) 139.
189. JOHNSTONE, H. F., ROBERTS, M. H.: Deposition of aerosol particles from moving gas streams. Ind. Engng. Chem. 41 (1949) 2417/2423.
190. RANZ, W. E.: Tech. Report No. 8, January 1st. (1953) Univ. Illinios. Engng. Expt. Station.
191. LANDT, E.: Physikalische Betrachtungen zum Faserfilter. Gesundheits-Ing. (1956) 139/145.
192. LANGMUIR, I.: OSRD-Report No. 865, 1942.
193. STRAUSS, W.: Ph. D. Thesis, University of Sheffield (1959).
194. KRAEMER, H. F., JOHNSTONE, H. F.: Ansammlung von Aerosolteilchen in der Nähe elektrostatischer Felder. Ind. Engng. Chem. 47 (1955) 2426/2434.
195. GILLESPIE, T.: The role of electric forces in the filtration of aerosols by fiber filters. J. Colloid Sci. 10 (1955) 299.
196. GÜNTHEROTH, H.: Schwebstoff-Naßabscheidung aus Gasen mit dem Venturi-Scrubber. Fortschr.-Ber. VDI-Z. R. 3, Nr. 13, Juli 1966.
197. EKMAN, F. O., JOHNSTONE, H. F.: Collection of aerosols in a Venturi-scrubber. Ind. Engng. Chem. Vol. 43 (1951) No. 6, 1358/1363.
198. UEOKA, Y.: Study on the Venturi-scrubber (1st report). Analysis of the collection efficiency at throat. Trans. Soc. Mech. Engr. Japan, 23 (1957)309/313.
(2nd. Report). On the pressure drop at throat. Im selben Heft, 623/628.
(3rd. Report). Analysis of the collection efficiency in diffusor. 24 (1958) 630/635.
(4th. Report) Pressure recovering in the part of diffusor. 25 (1959) 36/42.
199. EKMAN, F. O.: The removal of oil droplets from gas streams. Doctor-Thesis University of Illinois, 1950.
200. FEILD, R. B.: Collection of aerosol particles by atomized sprays. Doctor-Thesis, University of Illinois, October 9, 1951.
201. BRUCHHÄUSER, W.: Über die Naßentstaubung von Gasen durch Desintegratoren und Venturi-Wascher. Dissertation TH Karlsruhe, 1965.
202. LAPPLE, C. E., KAMACK, H. J.: Performance of wet dust scrubbers. Chem. Engng. Progr. 51 (1955) 110/121.
203. JOHNSTONE, H. F., FEILD, R. B., TASSLER, M. C.: Gas absorption and aerosol collection in a Venturi atomizer. Ind. Engng. Chem. 46. (1954) 1601/1608.
204. SEMRAU, K. T.: Correlation of dust scrubber efficiency. J. Air. Pollution Control Assoc. 10 (1960) 200/207.
205. SEMRAU, K. T.: Neuere Erkenntnisse auf dem Gebiet der Naßentstauber. Staub 22 (1962) Nr. 5, 184/188.
206. NAGEL, R.: Der Venturi-Wäscher, Entwicklung, Wirkungsweise und Energiebedarf. Staub-Reinhalt. Luft 29 (1969) Nr. 4, 133/139.
207. BOUCHER, R. M. G., VERT, G.: Le procédé „Aérojet-Venturi R. B.“ pour lépuration des gaz et atmosphères. Génie Chimique Vol. 74 (1955) Nr. 2, 38/50.
208. YOSHIDA, T., MORISHIMA, N., HAYASHI, M.: Pressure loss in gas flow through Venturi-tubes. Soc. Chem. Eng. Japan. Vol. 24 (1960) No. 1, 20/27.

209. STAIRMAND, C. J.: Dust collection by impingement and diffusion. Trans. Instn. Chem. Engr. 28, 130 (1950) 130.
210. JONES, W. P.: Development of the Venturi-scrubber. Ind. Engng. Chem. 41 (1949) 2424.
211. KIRSCHBAUM, E.: Destillier- und Rektifiziertechnik. 4. Aufl., Berlin/Heidelberg/New York: Springer 1968, 494 S., 352 Abb., 4 Taf.
212. STERN, S. C., ZELLER, H. W., SCHEKMANN, A. I.: The aerosol efficiency and pressure drop of a fibrous filter at reduced pressures. J. Colloid Sci. 15 (1960) 546/562.
213. FRIEDLANDER, S. K.: Theory of aerosol filtration. A method based on an analysis of the diffusion equation will help in filter design and correlation of experimental data. Ind. Engng. Chem. 50, No. 8 (1958) 1161.
214. PICH, J.: Die Filtrationstheorie hochdisperser Aerosole. Staub 25 (1965) Nr. 5, 186/192.
215. SPURNÝ, K.: Grundlagen der Filtrationstheorie in aerodispersen Systemen und die realen Ultrafilter. Fortschr.-Bericht, VDI-Z. Reihe 3, Nr. 17.
216. ZEBEL, G.: Zur Aerosolabscheidung an einer Einzelfaser unter dem Einfluß elektrischer Kräfte. Staub-Reinhalt. Luft 29 (1969) Nr. 2, 62/66.
217. BENARIE, M.: Einfluß der Porenstruktur auf den Abscheidegrad in Faserfiltern. Staub-Reinhalt. Luft 29 (1969) Nr. 2, 74/78.
218. WALKENHORST, W.: Überlegungen und Untersuchungen zur Filtration staubhaltiger Gase unter besonderer Berücksichtigung elektrischer Kräfte. Staub-Reinhalt. Luft 29 (1969) Nr. 12, 483/493.
219. THOMAS, D. G., LAPPLE, C. E.: Deposition of aerosol particles in fibrous filters. A. I. Ch. E. Journal 7 (1961) 203/210.
220. BATEL, W.: Einführung in die Korngrößenmeßtechnik, 3. Aufl. Abschnitt 2.3.3.2.1 (Filtrationsabscheider), Berlin/Heidelberg/New York: Springer 1971.
221. WILHELM, A.: Fasertafel, Deutsches Forschungsinstitut für Textilindustrie, Reutlingen-Stuttgart.
222. SCHREUS, TH.: Verhalten synthetischer Chemiefasern beim Einsatz als technische Gewebe. Werkstoffe und Korrosion (1962) 14/20.
223. KOHN, H.: Staub und Entstaubung in der Aufbereitungstechnik. Aufbereitungs-Technik 1 (1960) H. 7, 299/310.
224. AMMERMANN, K.: Gesichtspunkte bei der Auswahl von Filtergeweben. Wasser, Luft u. Betrieb 10 (1966) H. 11, 748/753.
225. –: Entstaubung und Gasreinigung. Staub-Reinhalt. Luft (1967) Nr. 9, 407/409.
226. TRUELSEN, J.: Glasfiltergewebe. Schriftenreihe Haus der Technik, Essen: Vulkan Verlag, H. 145, 19/33.
227. KUNCEWICZ, L.: Kriterien zur Bestimmung der Verwendbarkeit von Geweben als Filtermaterial. Staub 23 (1963) Nr. 6, 304/309.
228. SPAITE, P. W., HARRINGTON, R. E.: Endurance of fiberglass filter fabrics. J. Air Pollution Control Assoc. 17 (1967) Nr. 5, 310/313.
229. KOZENY, J.: Über kapillare Leitung des Wassers im Boden. Ber. Akademie der Wissenschaften, Wien, Mathem. Naturwiss. Abt. 136 (1927) 271/360.
230. CARMAN, P. C.: Flow of gases through porous media. London: Butterworth 1956.
231. SULLIVAN, R. R., HERTEL, K. L.: The flow of air through porous media. J. Appl. Phys. 11 (1940) 761.
232. CHEN, C. Y.: Filtration of erosols by fibrous media. Chem. Revs. 55 (1955) 595.
233. PIEKAAR, H. W., CLARENBURG, L. A.: Aerosolfilters–the tortuosity factor in fibrous filters. Chem. Engng. Sci. 22 (1967) 1817/1827.
234. CLARENBURG, L. A., PIEKAAR, H. W.: Aerosol filters. I. Theory of the pres-

sure drop across single component glass fibre filters. Chem. Engng. Sci. 23 (1968) 765/771.

235. CLARENBURG, L. A., SCHIERECK, F. C.: Aerosol filters. II. Theory of the pressure drop across multicomponent glass fibre filters. Chem. Engng. Sci. 23 (1968) 773/781.

236. FREDERICK, E. R.: How dust filter selection depend on electrostatics. Chem. Engng. 68 (1961) 107/114.

237. –: Rückblick auf die Achema. Staub-Reinhalt. Luft 30 (1970) Nr. 9, 387/389.

238. –: Rückblick auf die Ausstellung Reinhaltung der Luft. Staub-Reinhalt. Luft 30 (1970) Nr. 2, 88/97.

239. KIMURA, K.: Efficiency of filters for radioactive aerosol. J. Sci. Lab. Denison Univ. 42 (1966) Nr. 10, 696/702.

240. GOLDMANN, L.: Erfahrungen beim Einsatz von Kiesbettfiltern in Betrieben der anorganischen Chemie. Staub 24 (1964) Nr. 11, 449/452.

241. STAIRMAND, C. J.: The design and performance of modern gascleaning equipment. J. Inst. Fuel 29 (1956) 58/81.

242. ENGELS, L.-H.: Aufwand und Leistung verschiedener Entstaubungsverfahren – Eine Kostenbetrachtung. Staub-Reinhalt. Luft 30 (1970) Nr. 3, 116/120.

243. NEUMANN, W.: Möglichkeiten und Kosten der Entstaubung. Techn. Überwachung 6 (1965) Nr. 4, 121/124.

244. GREINER, H.: Aufwendungen zur Luftreinhaltung bei Dampferzeugeranlagen. Techn. Überwachung 4 (1963) H. 11, 399/402, 5 (1964) 17/19.

245. NOWAK, F.: Preise, Gewichte und Raumbedarf von Elektrofiltern für hohe Abscheidegrade. Mitt. Vereinig. Großkesselbes. (1963) 84/87.

246. RENTZ, O.: Zum Problem der wirtschaftlichen Auswahl von Entstaubern. Wasser, Luft u. Betrieb 14 (1970) Nr. 5, 194/198; Nr. 6, 243/245 (46 Schrifttumshinweise).

247. LEUSCHKE, G.: Grundlagen und Auswirkungen von Staubbränden und -explosionen. Berufsgenossenschaft (1967) H. 10, 365/371.

248. KÜHNEN, G.: Beurteilung der Explosionsgefahr bei brennbarem Staub. Staub-Reinh. Luft 27 (1967) Nr. 12, 529/534.

249. ZEHR, J.: Anleitung zu den Berechnungen über die Zündgrenzwerte und die maximalen Explosionsdrücke. VDI-Ber. 19 (1957) 63/68.

250. ZEHR, J.: Die experimentelle Bestimmung der oberen Zündgrenze von Staub-Luft-Gemischen als Beitrag zur Beurteilung der Staubexplosionsgefahren. Dissertation 1958, Fak. f. Bergbau u. Hüttenws., TU Berlin, Staub 19 (1959) Nr. 5, 204/214.

251. FREYTAG, H.: Handbuch der Raumexplosionen. Weinheim/Bergstr.: Verlag Chemie 1965 (664 S., 194 Bilder, 97 Tab., zahlr. Lit.-Ang.).

252. DORSETT JR., H. G., NAGY, J.: Dust explosibility of chemicals, drugs, dyes and pesticides. US. Bur. Mines, Rep. Invest (1968) Nr. 7132, 1/23.

253. SELLE, H., ZEHR, J.: Kennzahlen brennbarer technischer Stäube. Berufsgenossenschaft (1955) 91/96.

254. –: Vorschriften für die Errichtung elektrischer Anlagen in explosionsgefährdeten Betriebsstätten. Berlin: VDE-Verlag (0165/9. 57).

255. SELLE, H., ZEHR, J.: Experimentaluntersuchungen von Staubverbrennungsvorgängen und ihre Betrachtung vom reaktionsthermodynamischen Standpunkt. VDI-Ber. 19 (1957) 73/87.

256. JACOBSON, M., NAGY, J., COOPER, A. R.: Explosibility of dusts used in the plastics industry. US Bur. Mines, Rep. Invest. (1962) Nr. 5971.

257. ZEHR, J.: Verhütung von Staubexplosionen beim Trocknen, Fördern, Mischen und Bunkern. Staub-Reinhalt. Luft 27 (1967) Nr. 2, 96/97.

258. VDI-Richtlinien 2263. August 69 (Verhütung von Staubbränden und Staubexplosionen.)
259. WIETHAUP, H.: Die Luftverunreinigung in historischer Sicht. Zbl. Arbeitsmed. Arbeitsschutz (1965) Nr. 7, 159/161.
260. GUTHMANN, K.: Das Problem „Reinhaltung der Luft" unter besonderer Berücksichtigung der Eisenhütten-, insbesondere Stahlwerksbetriebe. Radex-Rdsch. (1961) H. 1, 449/484.
261. MIECK, I.: Luftverunreinigung und Immissionsschutz in Preußen bis zur Gewerbeordnung 1869. Technikgeschichte 34 (1967) Nr. 1, 36/78 (Berlin).
262. WIETHAUP, H.: Über den Stand der Luftreinhaltegesetzgebung in der Bundesrepublik Deutschland. Staub-Reinhalt. Luft 29 (1969) 350/353.
263. WIETHAUP, H.: Schutz vor Luftverunreinigungen, Geräuschen und Erschütterungen. 2. Aufl., Herne: Verlag Neue Wirtschaftsbriefe 1970.
264. –: Gemeinsames Ministerialblatt, Ausgabe A, hrsg. vom Bundesministerium des Inneren, 15 (14. 9. 1964) Nr. 26, 433/448.
265. WIETHAUP, H.: Die rechtliche Seite der Luftverunreinigung durch den Hausbrand. Staub 25 (1965) Nr. 3, 126/129.
266. QUACK, R.: Die staub- und gasförmigen Emissionen von Wärmekraftwerken. Brennstoff–Wärme–Kraft 18 (1966) Nr. 10, 479/486.
267. LENHART, K.: Maßnahmen zur Verringerung der Luftverunreinigung durch den Hausbrand. Heizung, Lüftung, Haustechnik, 15 (1964) Nr. 12, 417/420.
268. WIEDMANN, L.: Senkung der Hausbrandemission. Staub-Reinhalt. Luft 28 (1968) Nr. 2, 60/65.
269. THIEME, W.: Die Emission von festen und gasförmigen Stoffen aus Hausbrandöfen bei Betrieb mit Ruhrbrennstoffen. Staub 24 (1964) Nr. 5, 165/175.
270. FAUTH, U., SCHÜLE, W.: Gas- und Feststoffemission bei ölbeheizten Feuerstätten. Staub-Reinhalt. Luft 27 (1967) Nr. 6, 257/265.
271. HANSCH, W.: Gasfeuerung im Hinblick auf die Reinhaltung der Luft. Gas- u. Wasserfach, Ausg. Gas 108 (1967) H. 23, (306/309) 646/649.
272. BRANDES, A.: Nachbarschaftsschutz und sicherheitstechnische Maßnahmen beim Kraftwerk Vahr. Techn. Überwachung 5, (1964) Nr. 8, 285/291.
273. BACHL, H.: Bedeutung der Fernwärmeversorgung, Abfallverbrennung und der elektrischen Nachtspeicherheizung für die Reinhaltung der Luft am Beispiel der Stadt München. Staub-Reinhalt. Luft 28 (1968) Nr. 2, 65/71.
274. KRULL, W.: Die gesetzlichen Maßnahmen zur Reinhaltung der Luft in der BRD, ihre Auswirkungen auf die Planung und den Betrieb von Dampfkraftwerken. Energie u. Techn. 17 (1965) Nr. 3, 118/120.
275. VETTER, H.: Auswirkungen der Technischen Anleitung zur Reinhaltung der Luft (TAL) auf neue Kraftwerke. Energie 17 (1965) Nr. 3, 81/87.
276. VDI-Richtlinien 2091, März 1970. 15 Seiten. Auswurfbegrenzung. Wasserrohrkessel für feste Brennstoffe.
277. BRANDT, H.: Forderungen an die Entwicklung der Entstaubungstechnik. Staub 25 (1965) Nr. 10, 394/402.
278. WALKER, A. B.: Emission characteristics from industrial boilers. Air Engng. 9 (1967) Nr. 8, 17/19.
279. KUHLMANN, A.: Der Flugstaubauswurf aus Kesselanlagen bis 10 t/h Dampfleistung mit Kohlenfeuerung. Staub (1964) Nr. 4, 121/131.
280. SCHWARZ, K.: Die Flugstaubabscheidung in modernen kohlegefeuerten Dampfkesselgroßanlagen. Haus der Technik, Essen, Vortragsveröffentlichungen. H. 85 (1966) 57.
281. COUTALLER, J., RICHARD, C.: Amélioration du dépoussiérage éléctrostatique par injection de SO_3. Pollution atmosphérique 9 (1967) H. 33, 9/15.

282. Reese, J. T., Greco, J.: Experience with electrostatic fly-ash collection equipment serving steam-electric generating plants. J. Air Pollution Control Assoc 18 (1968) Nr. 8, 523/528.

283. Jackson, R.: Mechanical equipment for removing grit and dust from gases. (Buch) Hrsg.: The British Coal Utilisation Res. Assoc., Leatherhead 1963 (281 S., zahlr. Bilder, Tab. u. Lit.-Ang.).

284. Hesselbrock, H.: Maßnahmen zur Verbesserung des Abscheidegrades von Elektrofiltern in einem Braunkohlenkraftwerk. Mitt. Vereinig. Großkesselbes. (1962) H. 77, 77/83.

285. Hesselbrock, H.: Der Einfluß von Kohlenstoff und anderen elektrisch leitenden Teilchen im Rohgas auf den Abscheidegrad von Elektrofiltern. Energie 16 (1964) H. 12, 497/504.

286. Hesselbrock, H.: Mikrovorgänge bei der Verbrennung von Kohlenstaub. Wärme 71 (1964) H. 1, 25/35.

287. Hesselbrock, H.: Die Verbrennung von Braunkohle mit hohem Feststoffballast in großen staubgefeuerten Kesseln. Energie 17 (1965) H. 3, 87/96, H. 4, 129/133.

288. Hesselbrock, H.: Gedanken zur Verbrennung von Kohlenstaub in Schmelzfeuerungen. Energie 17 (1965) H. 8, 341/346.

289. Engelbrecht, H. L.: Electrostatic precipitators in thermal power stations which use low grade coal. Air Engng. 8 (1966) Nr. 8, 20/25.

290. Kercher, H.: Die Verminderung des Schornsteinauswurfs bei Kraftwerken durch elektrostatische Entstaubung. Energie 21 (1969) Nr. 9, 279/286.

291. Ertl, D.: Stand und Entwicklung von Elektroentstaubern für Großkraftwerke. Mitt. Vereinig. Großkesselbes. 49 (1969) H. 3, 173/179.

292. Blohm, H.: Rauchgasreinigung in Dampfkraftwerken. Techn. Mitt. 49 (1956) H. 2, 57/60.

293. –: Diskussionsbeiträge. Staub-Reinhalt. Luft (1968) Nr. 2, 71/73.

294. Barth, W.: Zur Frage der Kombination von elektrischen und mechanischen Entstaubungsanlagen. Staub 24 (1964) Nr. 11, 441/444.

295. Andritzky, M.: Auslegung und Bewährung der Rauchgasentstaubungsanlage im Münchner Müllkraftwerk Nord I. Brennstoff–Wärme–Kraft 19 (1967) Nr. 9, 436/439.

296. –: Neue Rückstandsverbrennungsanlage (Farbenfabriken Bayer, Werk Leverkusen). Staub-Reinhalt. Luft 27 (1967) 466/467.

297. Eckhardt, F.: Müllverbrennungsanlage Berlin-Ruhleben. Chemie-Ing.-Techn. 41 (1969) Nr. 10, 606/610.

298. VDI-Richtlinien 2099: Staubauswurf, Eisenhüttenwerke, Hochöfen. Febr. 1959, 1/10.

299. Guthmann, K.: Über den Stand der Hochofengasreinigung. VDI-Z. 77 (1933) 173/176.

300. Guthmann, K.: Stand und Entwicklung der Hochofengasreinigung in den letzten zehn Jahren. Stahl u. Eisen 61 (1941) 865/870, 883/891.

301. Guthmann, K.: Die Entwicklung der Hochofengas-Reinigung in den letzten zehn Jahren. Stahl u. Eisen 73 (1953) 282/292. Hochofengas-Reinigung in Amerika. Stahl u. Eisen H. 11/12 (1947) 195/197.

302. Bothe, R.: Leistungssteigerung vorhandener Anlagen zur Hochofengasentstaubung. Stahl u. Eisen 89 (1969) H. 1, 30/35.

303. Guthmann, K.: Bilanz aus 25 Jahren Staubuntersuchungen in Eisenhüttenwerken. In VDI-Berichte, Düsseldorf 1956, Bd. 15, 5/17.

304. Guthmann, K.: Das Staubproblem in der Eisen- und Stahlindustrie. Techn. Mitteilungen 55 (Juni 1962) H. 6, 244/252.

305. WEBER, E.: Über die Wirtschaftlichkeit von Gichtgasreinigungsanlagen. Staub 20 (1960) Nr. 3, 72/75.

306. BAUM, K.: Neue Entwicklungen auf dem Gebiete der Naßreinigung der Abgase von Oxygenstahlwerken. Staub 25 (1965) Nr. 10, 385/391.

307. HAARBRÜCKER, T.: Das O. G.-Verfahren zur Reinigung und Gewinnung von LD-Tiegel-Abgasen. Staub 24 (1964) Nr. 2, 55/60.

308. HOFF, H., URBAN, G.: Die Entwicklung der Konverterentstaubung als Beispiel für die Wahl verschiedener Entstaubungsverfahren. Staub 23 (1963) Nr. 11, 520/528.

309. NAMY, G., DUMONT-FILLON, J., YOUNG, P. A.: Gas recovery without combustion from oxygen converters: the IRSID-CAFL pressure regulation process. Fume Arrestment (1964) 98/103.

310. DEHNE, W., MÜLLER, H.-G.: Über die Möglichkeit der Entstaubung von bodenblasenden Thomaskonvertern. Stahl u. Eisen. 82 (1962) Nr. 12, 762/771.

311. ORBAN, A. R., HUMMEL, J. D., COCKS, G. G.: Research on control of emissions from Bessemer converters. J. Air Pollution Control Assoc. 11 (1961) Nr. 3 103/113.

312. ELLIOTT, A. C., LAFRENIERE, A. J.: The collection of metallurgical fumes from an oxygen lanced open hearth furnace. J. Air Pollution Control Assoc. 14 (1964) Nr. 10, 401/406.

313. ZIMMER, K.-O.: Über die im basischen Siemens-Martin-Ofen bei üblichem Schmelzverfahren und beim Sauerstoffaufblasen entstehenden staubhaltigen Abgase sowie deren Entstaubung. Stahl u. Eisen 84 (1964) Nr. 17, 1070/1075.

314. SCHNEIDER, R. L.: Engineering, operation and maintenance of electrostatic precipitators on open hearth furnaces. J. Air Pollution Control Assoc. 13 (1963) Nr. 8, 348/353.

315. DAVIES, E., COSBY, W. T.: The control of fume from electric arc furnaces. J. Iron Steel Inst. 201 (1963) H. 2, 100/110.

316. GUTHMANN, K.: American oxygen steelmaking plants and their dust extraction units. (Amerikanische Sauerstoffaufblas-Stahlwerke und ihre Entstaubungsanlagen). Stahl u. Eisen 82 (1962) Nr. 13, 903/909.

317. GUTHMANN, K.: Rauchgasbeseitigung bei Lichtbogenöfen. Stahl u. Eisen 81 (1961) 10, 686/687.

318. GRAUE, G., FLOSSMANN, R.: Erfahrungen beim Bau einer neuartigen Versuchsentstaubungsanlage für Braunen Rauch. Staub-Reinhalt. Luft 27 (1967) Nr. 10, 434/437.

319. MUHLRAD, W.: Entstaubung des Braunen Rauches aus einem Sauerstoffaufblas-Konverter durch Sackfilter. Stahl u. Eisen 82 (1962) Nr. 22, 1579/1584.

320. BISHOP, C. A., CAMPBELL, W. W., HUNTER, D. L., LIGHTNER, M. W.: Successful cleaning of open-hearth exhaust gas with a high-energy Venturi-scrubber. J. Air Pollution Control Assoc. 11 (1961) Nr. 2, 83/97.

321. MUHLRAD, W.: Problèmes de dépoussiérage des fumées de fours à arc électrique. (Aufgaben bei der Rauchgasentstaubung von Lichtbogenöfen). Stahl u. Eisen 83 (1963) Nr. 15, 921/929.

322. BAUM, K.: I. Erfahrungen mit Naßentstaubung durch Venturi-Wäscher. (Rauchgasentstaubung beim Lichtbogenofen im Vergleich zum Sauerstoffaufblas-Konverter). Stahl u. Eisen 84 (1964) Nr. 23, 1497/1498.

323. CAMPBELL, W. W., FULLERTON, R. W.: Development of an electric-furnace dust-control system. J. Air Pollution Control Assoc. 12 (1962) Nr. 12, 574/577 und 590.

324. BERGMANN, P., JESDINSKY, W., REUTER, G., WERTHMÖLLER, E.: Über Entwicklung und Aufbau einer neuzeitlichen Entstaubungsanlage für ein Elektrostahlwerk. Stahl u. Eisen 87 (1967) Nr. 22, 1310/1314.

325. Hahn, F.-A.: Erfahrungen mit einem Trockenelektrofilter an einem 100-t-Lichtbogenofen. Stahl u. Eisen 84 (1964) Nr. 23, 1499/1500.
326. Brüderle, E.-U.: Entstaubung von Lichtbogenöfen mit Elektrofiltern. Stahl u. Eisen 84 (1964) Nr. 23, 1500/1502.
327. Mürmann, H.: Entstaubungsanlagen für Gießereien. Gießerei 49 (1962) H. 17, 559/569.
328. Pacyna, H.: Die Berechnung der Gichtgas- und Abgasmengen von Kupolöfen. Gießerei 49 (1962) H. 6, 133/136.
329. Weber, E.: Über die Kupolofenentstaubung unter Berücksichtigung der entstehenden Kosten. Gießerei 49 (1962) H. 6, 136/142.
330. Klinge, U.: Staubbekämpfungsprobleme in der Gießereiindustrie. Gießerei 47 (1960) H. 19. 526/530.
331. Dronsek, G., Pohle, R.: Die Entstaubung eines Heißwindkupolofens mittels Trocken-Elektrofilter. Gießerei 50 (1963), H. 7, 181/187.
332. Engels, G.: Stand der Kupolofenentstaubung in der Bundesrepublik. Ergebnis einer VDG-Umfrage 1963. Gießerei 51 (1964) H. 3, 68/73.
333. Schmidt, K. G.: Staubfragen in der Gießereiindustrie. Gießerei 50 (1963) H. 7, 173/180.
334. Engels, G.: Über einige Erfahrungen mit Kupolofenentstaubungsanlagen verschiedener Systeme in Deutschland. Gießerei 52 (1965) H. 2, 29/37.
335. Woodcock, K. R., Barrett, L. B.: Economic indicators of the impact of air pollution control. J. Air Pollution Control Assoc. 20 (1970) Nr. 2, 72/77.
336. VDI-Richtlinien 2288, Bl. 1, E, August 1969. Auswurfbegrenzung, Kupolöfen, Betrieb. 1/9.
337. Forwergk, K.-H., Borgmann, E.: Vollautomatische Naßentstaubung einer Kupolofen-Kaltwindanlage mit Kreislaufwasser und Staubkuchenaustragung. Gießerei 54 (1967) H. 6, 141/144.
338. Remmers, K.: Planung von Absaugeanlagen in Gießereien. Gießerei 53 (1966) H. 15, 497/500.
339. Ihlefeldt, H.: Technischer Stand der Gewebeentstauber in Zementwerken. Staub 21 (1961) Nr. 9, 448/453.
340. Funke, G.: Faserstoffilter in der Zementindustrie. Staub 23 (1963) Nr. 2, 107/112.
341. Funke, G.: Elektroentstauber in der Zementindustrie. Zement-Kalk-Gips 18 (1965) 3, 94/106.
342. VDI-Richtlinien 2094, Februar 1967. Auswurfbegrenzung, Zementwerke 1/24.
343. –: Entstauber für die Zement- und Kalkindustrie. Zement-Kalk-Gips. Sonderausgabe Nr. 13, Wiesbaden/Berlin: Bauverlag 1968.
344. Raichle, L., John, G.: Aus der Praxis der Entstaubung in der chemischen Industrie. Staub 25 (1965) Nr. 4, 139/147.
345. Heinrich, R. F.: Spezielle Anwendungen der elektrischen Gasreinigung. VDI-Z. 98 (1956) Nr. 28, 1633/1638.
346. Teske, W.: Verbesserungen in Verfahren und Betrieb von Anlagen in der Chemischen Industrie, die eine Verminderung der Emissionen zur Folge haben. Staub-Reinhalt. Luft 28 (1968) Nr. 3, 107/113.
347. Teske, W.: Luftreinhaltung in der chemischen Industrie. Zbl. Arbeitsmed. Arbeitsschutz 19 (1969) H. 10, 289/294.
348. Wilson, J. G., Miller, D. W.: The removal of particulate matter from fluid bed catalytic cracking unit stack gases. J. Air Pollution Control Assoc. 17 (1967) Nr. 10, 682/685.
349. VDI-Richtlinien 2440, Mai 1967. Auswurfbegrenzung. Mineralölraffinerien. 1/12.

350. KETTNER, H.: Maximale Immissions-Konzentrationen und Immissionsgrenzwerte. Staub-Reinhalt. Luft 30 (1970) Nr. 9, 376/377.

351. NOSS, P.: Meßverfahren und Meßgeräte zur Staubgehaltsbestimmung in strömenden Gasen. Brennstoff-Wärme-Kraft 4 (1952) 227/233.

352. DENNIS, R., SAMPLES, W. R., ANDERSON, D. M., SILVERMAN, L.: Isokinetic sampling probes. Ind. Engng. Chem. 49 (1957) 294/302.

353. DAVIES, C. N.: Zur Frage der Probenahme von Aerosolen. Der Eintritt von Teilchen in Probenahmerohre und -köpfe. Staub-Reinhalt. Luft 28 (1968) Nr. 6, 219/225.

354. RÜPING, G.: Die Bedeutung der geschwindigkeitsgleichen Absaugung bei der Staubstrommessung mittels Entnahmesonden. Staub-Reinhalt. Luft 28 (1968) Nr. 4, 137/144 (17 Lit. Hinw.).

355. WALTER, E.: Zur Problematik der Entnahmesonden und der Teilstromentnahme für die Staubgehaltsbestimmung in strömenden Gasen. Staub (1957) H. 53, 880/898.

356. ADOLF, L.: A study on air pollution. Dissertation Universität Utrecht 1960, 89 Seiten.

357. VITOLS, V.: Theoretical limits of errors due to anisokinetic sampling of particulate matter. J. Air Pollution Control Assoc. 16 (1966) 2, 79/84.

358. NARJES, L.: Anwendung neuartiger Nulldrucksonden zur quasiisokinetischen Staubprobenahme in Dampfkraftanlagen. Staub 25 (1965) Nr. 4, 148/153.

359. GUTHMANN, K.: Neuere Erfahrungen bei der Staubgehaltsmessung in Industriegasen. Stahl u. Eisen 75 (1955) Nr. 23, 1571/1582.

360. FRIEDRICHS, K. H.: Erfahrungen mit Impaktoren bei Staubmessungen. Staub-Reinhalt. Luft 28 (1968) Nr. 5, 193/194.

361. WALTER, E.: Praktische Hinweise zur gravimetrischen Staubgehaltsbestimmung in strömenden Gasen unter besonderer Berücksichtigung der Zyklonsonde. Staub 18 (1958) Nr. 1, 3/14.

362. GAST, TH.: Wirkungsweise und Anwendungsergebnisse der registrierenden Staubwaage. Chemie-Ing.-Techn. 24 (1952) Nr. 9, 505/508.

363. HASENCLEVER, D.: Untersuchungen über die Eignung verschiedener Staubmeßgeräte zur betrieblichen Messung von mineralischen Stäuben. Staub 15 (1955) H. 41, 388/435.

364. ROEBER, R.: Untersuchungen zur konimetrischen Staubmessung. Staub 17 (1957) H. 48, 41/100, H. 49, 273/296, H. 50, 418/447.

365. DESLER, H.: Bestimmung der Durchlaßfunktion des Konimeters H. S. im Korngrößenbereich kleiner als 1 Mikrometer bei Verwendung verschiedener Teststäube. Staub 25 (1965) Nr. 2, 62/65.

366. SCHEDLING, J. A.: Zwei automatische Staubprobensammler. Staub 22 (1962) Nr. 3, 96/99.

367. HASENCLEVER, D.: Ein neuer Thermalpräzipitator mit Heizdraht und seine Leistung. Staub 22 (1962) Nr. 3, 99/102.

368. WALKENHORST, W.: Ein neuer Thermalpräzipitator mit Heizband und seine Leistung. Staub 22 (1962) Nr. 3, 103/105.

369. SPURNÝ, K.: Membranfilter in der Aerosologie. I. Zur Struktur der Membranfilter. Zbl. biol. Aerosol-Forsch. 12 (1965) Nr. 5, 369/407 (21 Bilder, 13 Tab., 63 Lit.-Ang.).

370. SPURNÝ, K., LODGE jr., J. P.: Die Aerosolfiltration mit Hilfe der Kernporenfilter. Staub-Reinhalt. Luft 28 (1968) Nr. 5, 179/186.

371. DÜWEL, L.: Neuester Stand der Entwicklung von Kontrollmeßgeräten zur Dauerüberwachung von Staubemissionen. Staub-Reinhalt. Luft 28 (1968) Nr. 3, 119/127 (19 Lit. Ang.).

372. Tölle, J.: Untersuchungen von lichtelektrischen Staubmeßgeräten zur Überwachung der Flugstaubemission von Dampfkesselfeuerungsanlagen. Haus der Technik – Vortragsveröffentlichungen. Nr. 71, Essen: Vulkan Verlag 1966.

373. Müller, H.: Photoelektrisches Rauchdichtemeßgerät nach der Zweistrahl-Kompensationsmethode. Staub 23 (1963) Nr. 2, 123/125.

374. Hasenclever, D., Siegmann, H. Chr.: Neue Methode der Staubmessung mittels Kleinionenanlagerung. Staub 20 (1960) Nr. 7, 212/218.

375. Coenen, W.: Staubmonitor zur betrieblichen Staubüberwachung. Staub 23 (1963) Nr. 2, 119/123.

376. Coenen, W.: Registrierende Staubmessung nach der Methode der Kleinionenanlagerung. Staub 24 (1964) Nr. 9, 350/353.

377. Maennchen, K.: Über tyndallometrische Messung des Staubgehaltes der Luft mit dem Leitz-Tyndallometer bzw. mit dem Leitz-Tyndalloskop. Leitz-Mitt. für Wissenschaft und Technik, 1 (1960) H. 6, 186/188.

378. Stuke, J., Rzeznik, J.: Der Tyndallograph, ein optisches Staubmeßgerät mit elektrischer Anzeige. Staub 24 (1964) Nr. 9, 366/368.

379. Breuer, H., Gebhart, J., Robock, K.: Zur Bestimmung von Staubkonzentrationen im Steinkohlenbergbau auf der Basis der Lichtstreuung. Staub-Reinhalt. Luft 30 (1970) Nr. 10, 426/431.

380. Prochazka, R.: Neueste Entwicklung des auf kontaktelektrischer Basis beruhenden Staubgehaltsmeßgerätes Konitest. Staub 24 (1964) Nr. 9, 353/359.

381. Schütz, A.: Eine Anordnung zur registrierenden kontaktelektrischen Staubmessung. Staub 24 (1964) Nr. 9, 359/363.

382. Dresia, H., Fischötter, P., Felden, G.: Kontinuierliches Messen des Staubgehaltes in Luft und Abgasen mit Betastrahlen. VDI-Z. 106 (1964) Nr. 24, 1191/1195.

383. Denzel, P., Horn, W.: Ein empfindliches Meßverfahren zur kontinuierlichen Bestimmung der gravimetrischen Konzentration von staubförmigen Emissionen. ETZ-A 87 (1966) Nr. 9, 311.

384. Rammler, E.: Zur Ermittlung der spezifischen Oberfläche des Mahlgutes. VDI-Z. Beihefte Verfahrenstechnik (1940) Nr. 5, 150/160.

385. Herdan, G.: Small particle statistics. Amsterdam: Elsevier 1953.

386. Rosin, P., Rammler, E.: Die Kornzusammensetzung des Mahlgutes im Lichte der Wahrscheinlichkeitslehre. Kolloid-Z. 67 (1934) 16/26.

387. Smith, J. E., Jordan, M. L.: Mathematical and graphical interpretation of the lognormal law for particle size distribution analysis. J. Colloid Sci. 19 (1964) Nr. 6, 549/559.

388. Kellerwessel, H.: Einseitig begrenzte Korngrößenverteilungen von Zerkleinerungsprodukten. Aufbereitungs-Techn. 7 (1966) Nr. 8, 453/459.

389. Rammler, E.: Gesetzmäßigkeiten in der Kornverteilung zerkleinerter Stoffe. VDI-Z. Beihefte Verfahrenstechnik (1937) Nr. 5, 161/168.

390. Rammler, E., Glöckner, E.: Neuerungen in der Auswertung von Körnungsanalysen im Körnungsnetz nach Rosin-Rammler-Bennett. Technik 7 (1952) Nr. 9, 555/557.

391. Kiesskalt, S., Matz, G.: Zur Ermittlung der spezifischen Oberfläche von Kornverteilungen. VDI-Z. 93 (1951) Nr. 3, 58/60.

392. Gebelein, H.: Die Bedeutung des mit dem Dispersometer gemessenen statistischen Durchmessers. Chemie-Ing.-Techn. 30 (1958) Nr. 9, 594/605.

393. Nassenstein, H.: Die Praxis der automatischen Dispersoidanalyse. Chemie-Ing.-Techn. 29 (1957) Nr. 2, 92/104 (dort weitere Schrifttumsangaben über dieses Gebiet).

394. SCHNEIDER, G.: Direkte Bestimmung mittlerer Teilchengrößen an mikroskopischen Präparaten mit elektrischen Punktzählgeräten, die mit einem Okularaufsatz ausgerüstet sind. Z. Metallkde. 51 (1960) H. 7, 414/420.
395. HÖRNSTEN, A.: A method and a set of apparatus for mineralogic granulometric analysis with a microscope. The Bulletin of the Geological Institutions of the University of Uppsala, Vol. XXXVIII, 105/137.
396. ENDTER, F., GEBAUER, H.: Ein einfaches Gerät zur statistischen Auswertung von mikroskopischen bzw. elektronenmikroskopischen Aufnahmen. Optik 13 (1956) H. 3, 97/101.
397. CANSLEY, D., YOUNG, J. Z.: Counting and sizing of particles with the flying-spot microscope. Nature (London) 176 (1955), Nr. 4479, 453/454.
398. TAYLOR, W. K.: An automatic system for obtaining particle size distributions with the aid of flying-spot microscope. Brit. J. Appl. Phys. (1954) Suppl. 3, 173/175.
399. PFEFFERKORN, G., BLASCHKE, R.: Staubuntersuchungen mit Hilfe des Raster-Elektronenmikroskops Stereoscan. Staub-Reinhalt. Luft 27 (1967) Nr. 7, 324/326.
400. DELL, H. A., HOBBS, D. S., RICHARDS, M. S.: Ein Gerät zur Zählung mikroskopischer Teilchen und zur Bestimmung ihrer Größenverteilung. Philips Techn. Rdsch. 22 (1960/61) Nr. 1, 1/17.
401. KAMIN, G., KLUGE, N., MÜLLER, W., RZEZNIK, J.: Leitz-Classimat. Ein Instrument zur optischen Bilddatenerfassung. Leitz-Mitt. für Wissenschaft und Technik. Sonderheft, 25 Seiten. Herausgeber: E. Leitz GmbH, Wetzlar.
402. LANG, W.: Micro-Videomat. Ein Linearanalysator für automatische stereometrische Untersuchungen. Zeiss-Informationen 17 (1969) Nr. 73, 100/107.
403. BEADLE, CHR.: Das Quantimet 720 – ein Computer zur vollautomatischen Bildanalyse. Praktische Metallographie 7 (1970) 249/256.
404. v. ZABELTITZ, CHR.: Einfluß von Siebart und Siebbewegung auf den Siebgütegrad und den Abrieb des Siebgutes (Zuckerrübensamen). Düsseldorf, Grundl. Landtechnik 18, (1963) 35/41.
405. FUHRMANN, N., KORN, M.: Feinheitsbestimmung von Stäuben im Bereich kleiner als 40 μm mittels Naßsiebung. Aufbereitungs-Techn. 9 (1968) Nr. 6, 277/280.
406. LAUER, O.: Zur Reproduzierbarkeit der Analysensiebung im Feinbereich. Staub-Reinhalt. Luft 27 (1967) Nr. 9, 388/391.
407. KAYE, B. H., JACKSON, M. R.: A new technique for fractionating powders. Powder Technology 1 (1967) Nr. 1, 43/50.
408. COLON, F. J.: Siebanalysen mit 5-μm-Mikrosieben. Chemie-Ing.-Techn. 37 (1965) Nr. 2, 143/145.
409. IOOS, E.: Mikrosiebung mit Ultraschall. Staub 25 (1965) Nr. 12, 540/543.
410. ODÉN, S.: Eine neue Methode zur Bestimmung der Kornverteilung in Suspensionen. Kolloid-Z. 18 (1916) H. 2, 33/48. – Vgl. auch FRIEDRICH, W.: Korngrößenanalysen mit der Sedimentationswaage. Staub 19 (1959) Nr. 8, 281/287.
411. ANDREASEN, A. H. M.: Untersuchung über die Sedimentationsanalyse. Kolloidchem. Beihefte 27 (1928) Nr. 6/12, 404/409.
412. IOOS, E.: Richtlinien für die Bestimmung der Körnungskennlinien von Stäuben durch die Sedimentationsanalyse nach Andreasen. Staub 14, 1954, H. 35, 18/34.
413. LESCHONSKI, K.: Vergleichende Untersuchungen der Sedimentationsanalyse. Staub 22 (1962) Nr. 11, 475/486 (38 Lit.-Ang.).
414. ROSE, H. E.: The measurement of particle size in very fine powders. London: Constable 1953.

415. Telle, O.: Ein verbessertes lichtelektrisches Sedimentometer. VDI-Berichte 7 (1955) 31/33, s. a. Chemie-Ing.-Techn. 26 (1954) H. 12, 684/686.
416. Johne, R., Ramanujam, M.: Genauigkeit der Kornanalyse mit dem Photosedimentometer. Staub 23 (1963) Nr. 5, 269/278.
417. Rumpf, H.: Untersuchungen zur Genauigkeit der Kornanalyse. Staub 20 (1960) Nr. 8, 253/266 (29 Lit.-Ang.).
418. Fortuin, J. M. H., Prop, J. M. G.: Eine photosedimentographische Korngrößenbestimmung. Staub 22 (1962) Nr. 11, 469/474.
419. Johne, R., Doll, R.: Hilfsmittel zur beschleunigten Auswertung der Photosedimentations-Kornanalyse. Staub-Reinhalt. Luft 26 (1966) Nr. 1, 14/16.
420. Correns, C. W., Schott, W.: Vergleichende Untersuchungen über Schlämm- und Aufbereitungsverfahren von Tonen. Kolloid-Z. 61 (1932) 68/80.
421. Gaudin, A. M., Schumann, R., Schlechten, A. W.: Flotation kinetics II. J. phys. Chem. 46 (1942) 902/904.
422. Bostock, W.: A sedimentation balance for particle size analysis in the subsieve range. J. sci. Instrum. 29 (1952) Nr. 7, 209/211.
423. Bachmann, D., Gerstenberg, H.: Korngrößenbestimmungen an Kunststoff-Pulvern. Chemie-Ing.-Techn. 29 (1957) Nr. 9, 589/594.
424. Muschelknautz, E.: Entwicklung einer Fliehkraftsedimentationswaage zum Bestimmen der Korngröße feiner Stäube. VDI-Z. 109 (1967) Nr. 17, 757/761.
425. Sawyer, K. F., Walton, W. H.: The „Conifuge" – A size-separating sampling device for airborne particles. J. sci. Instrum. 27 (1950) 272/276.
426. Hauck, H., Schedling, J. A.: Über ein modifiziertes Modell einer Konifuge. Staub-Reinhalt. Luft 28 (1968) Nr. 1, 18/21.
427. Preining, O.: Das Goetzsche Aerosolspektrometer. Probleme bei Betrieb und Auswertung. Staub 22 (1962) Nr. 3, 129/133.
428. Stöber, W., Zessak, U.: Zur Theorie einer konischen Aerosolzentrifuge. Staub 24 (1964) Nr. 8, 295/305.
429. Baust, E.: Die Verwendbarkeit des Goetzschen Aerosolspektrometers zur Messung von Größenspektren polydisperser Aerosole. Staub-Reinhalt. Luft 27 (1967) Nr. 4, 180/185.
430. Baust, E.: Zur Auswertung des Niederschlags polydisperser Aerosole in einem Goetzschen Aerosolspektrometer nach dem Lichtstreuverfahren. Staub-Reinhalt. Luft 28 (1968), Nr. 6, 232/236.
431. Kast, W.: Neues Staubmeßgerät zur Schnellbestimmung der Staubkonzentration und der Kornverteilung. Staub 21 (1961) Nr. 5, 215/223.
432. Rüger, G., Maiwald, E., Feddersen, Ch.: Ein Zentrifugalabscheider und seine Eigenschaften. Staub-Reinhalt. Luft 28 (1968) Nr. 12, 509/513.
433. Stöber, W., Flachsbart, H.: Size – separating precipitation of aerosols in a spinning spiral duct. Environm. Sci. Technol. 3 (1969) 1280/1296 (18 Lit.-Ang.).
434. Gonell, H. W.: Ein Windsichtverfahren zur Bestimmung der Kornzusammensetzung staubförmiger Stoffe. VDI-Z. 72 (1928) 945/960.
435. Weilbacher, M., Rumpf, H.: Neuere kornanalytische Verfahren nach dem Prinzip der Schwer- und Fliehkraftsichtung. Aufbereitungs-Techn. 9 (1968) Nr. 7, 323/330.
436. van der Kolk, H.: Mehrjährige Betriebserfahrungen mit dem Bahco-Windsichter. VDI-Berichte 7 (1955) 25/28.
437. Wolf, A.: Die Bahco-Mikroskop-Sichtung, eine verbesserte Arbeitsweise mit dem Bahco-Sichter. Staub-Reinhalt. Luft 27 (1967) Nr. 4, 190/193.
438. Ranz, W. E., Wong, J. B.: Jet impactors for determining the particle-size distributions of aerosols. A. M. A. Arch. Ind. Health (1952) 5, 464/477.

439. Sundelöf, L.-O.: Zur Berechnung der Teilchengrößenverteilungen von Aerosolen bei Prallabscheidung. Staub-Reinhalt. Luft 27 (1967) Nr. 8, 358/362.

440. Cohen, J. J., Montan, D. N.: Theoretical consideration, design and evaluation of a cascade impactor. Amer. ind. Hyg. Assoc. Quart. 28 (1967) Nr. 2, 95/103 (21 Lit.-Ang.).

441. Berner, A., Preining, O.: Über eine neue Eichung des Casella-Kaskadenimpaktors. Staub 24 (1964) 8, 292/295.

442. Berner, A.: Zur Bestimmung der Verteilungsfunktion eines Aerosols mittels vielstufiger Kaskadenimpaktoren. Staub-Reinhalt. Luft 26 (1966), Nr. 4, 167/169.

443. Bennert, W., Hilbig, G.: Theorie des Koinzidenzfehlers bei digitalen Teilchengrößenbestimmungen. Staub-Reinhalt. Luft 27 (1967) Nr. 4, 186/190.

444. Edmundson, I. C.: Coincidence error in coulter counter particle size analysis. Nature (London) 212 (1966) Nr. 5069, 1450/1452.

445. Bol, J., Gebhart, J., Heinze, W., Petersen, W.-D., Wurzbacher, G.: Ein Streulicht-Teilchengrößenspektrometer für submikroskopische Aerosole hoher Konzentration. Staub-Reinhalt. Luft 30 (1970) Nr. 11, 475/479.

446. Preining, O.: Die Querempfindlichkeiten des Royco-Aerosolphotometers PC 200. Staub-Reinhalt. Luft 28 (1968) Nr. 1, 22/24.

447. Martens, A. E., Fuss, K. H.: Ein optischer Staubteilchenzähler. Staub-Reinhalt. Luft 28 (1968) Nr. 6, 229/232.

448. Martens, A. E., Keller, J. D.: An instrument for sizing and counting airborne particles. Amer. ind. Hyg. Assoc. Quart. 29 (1968) Nr. 3, 257/267.

449. Whitby, K. T., Vomela, R. A.: Response of single particle optical counters to nonideal particles. Environmental Sci. Technol. 1 (1967) Nr. 10, 801/814 (26 Lit.-Ang.).

450. Borho, K.: Ein Streulichtmeßgerät für hohe Staubkonzentrationen. Staub-Reinhalt. Luft 30 (1970) Nr. 11, 479/483.

451. Jacobi, W., Eichler, J., Stolterfoht, N.: Teilchengrößen-Spektrometrie von Aerosolen durch Lichtstreuung in einem Laserstrahl. Staub-Reinhalt. Luft 28 (1968) Nr. 8, 314/319.

452. Bricard, J., Du Quesne, M., Turpin, P. Y.: Détection photonique de la lumière diffusie par les aérosols ultrafins. C. R. hebd. Seances Acad. Sci., Paris 263 (1966) 1380/1383.

453. Coulter, W. H.: Verfahren und Vorrichtung zur Zählung und oder Ermittlung der physikalischen Eigenschaften von in einer Flüssigkeit suspendierten Teilchen. DBP 904810421304.

454. Hackenberg, P.: Korngrößenbestimmungen mit dem Coulter-Counter. Tonind.-Z. keram. Rdsch. 92 (1968) Nr. 12, 482/487.

455. Blumbach, J.: Untersuchungen zur Feinheitsbestimmung von Zementen mit dem Coulter-Counter und zur Beurteilung von Mahlvorgängen in Zementmühlen. Dissertation TH Aachen 1970.

456. Spielman, L., Goren, S. L.: Improved resolution in Coulter counting by hydrodynamic focusing. J. Colloid Interface Sci. 26 (1969) 175/182.

457. Jankowski, B.: Probleme der Korngrößenbestimmung. 1. Teil und 2. Teil. Silikattechn. 17 (1966) H. 7, 212/215, 263/267.

458. Cooper, W. D., Parfitt, G. D.: Comparison of particle size distributions of „monodisperse“ particles from 0,8 to 3,5 μm in diameter using a Coulter-Counter and electron microscopy. Kolloid-Z. 223 (1968) H. 2, 160/166.

459. Binek, B.: Die Eigenschaften und die Anwendung des Szintillations-Teilchenzählers. Staub-Reinhalt. Luft 30 (1970) Nr. 11, 468/471.

460. Binek, B., Dohnalova, B., Przyborowsk, S., Ullmann, W.: Die Anwen-

dung des Szintillationsspektralanalysators für Aerosole in Forschung und Technik. Staub-Reinhalt. Luft 27 (1967) Nr. 9, 379/383.
461. PUESCHEL, F. R.: Thermal decomposition of sodium-containing particles in a flame. J. Colloid Interface Sci. 30 (1969) 120/127.
462. –: The determination of particle size I. A critical review of sedimentation methods. Broschüre: The Society for Analytical Chemistry. London 1968, 42 Seiten, 157 Literaturangaben.
463. MELDAU, R.: Auswertung von Gekörnanalysen des Musterstaubes „Flugasche Fortuna I". Arbeitsausschuß „Staubmeßwesen" des Fachausschusses für Staubtechnik im VDI.
464. ŠIMEČEK, J.: Zur mikroskopischen Bestimmung der Korngrößenverteilung. Staub-Reinhalt. Luft 26 (1966), Nr. 4, 162/167.
465. ŠIMEČEK, J.: Vergleichende Untersuchung von Methoden zur Korngrößenbestimmung. Staub-Reinhalt. Luft 26 (1966) Nr. 9, 372/379.
466. ŠIMEČEK, J.: Vergleichende Untersuchung von Methoden zur Korngrößenbestimmung II. Staub-Reinhalt. Luft 27 (1967) Nr. 6, 282/285.
467. WHITBY, K. T., CLARK, W. E.: Electrical aerosol particle counting and size distribution measuring system for the 0,015–1 μm size range. Tellus, XVIII (2) (1966) 573/586.
468. CLARK, W. E., WHITBY, K. T.: Concentration and size distribution measurements of atmospheric aerosols and a test of theory of self-preserving size distributions. J. Atmospheric Sci. 24 (6) (1967) 677/687.
469. JAENICKE, R.: Der Doppelstufenimpaktor, eine weitere Anwendung des Impaktorprinzipes. Staub-Reinhalt. Luft 31 (1971) Nr. 6, 229/236.

Nachweis von Firmen, Produktnamen oder Institutionen, die im Text genannt sind:

AAF: American Air Filter Co. Inc. Louisville, KY, CEAG. 46 Dortmund, Münsterstraße 231.

AEG: AEG, 6 Frankfurt/Main.

Alpine: Alpine AG, 89 Augsburg.

Analysette: Alfred Fritsch OHG, 6580 Idar-Oberstein 1, Hauptstr. 542.

Andersen: Andersen Air Samplers, 2000 Inc., 5899 South State Street, Salt Lake City, UT 84107, USA. – Deutsche Vertretung: K. Schäfer, 6079 Sprendlingen.

Auer: Auergesellschaft GmbH, 1 Berlin N 65, Friedrich-Krause-Ufer 24.

Babcock: Deutsche Babcock- und Wilcox-Dampfkessel-Werke AG, 42 Oberhausen/Rhld.

Bahco: Ets. Neu, 47, Rue Fourier, Lille, Frankreich.

Baumco: Baumco Apparatebau GmbH, 43 Essen/Ruhr, Wallotstr. 4.

Bausch & Lomb: Bausch & Lomb, Rochester, NY, USA. – Deutsche Vertretung: 6978 Neu-Isenburg.

Beth: Beth, Maschinenfabrik GmbH, 24 Lübeck, Postfach 1808.

Beta-Staubmeter: Verewa, Hans Ugowski & Co., 4330 Mülheim/Ruhr, Eppinghoferstr. 92–94.

Bischoff: Gottfried Bischoff, Maschinenfabrik, 43 Essen, Ruhrallee 100.

BMD: Badische Maschinenfabrik AG – Seboldwerk, 75 Karlsruhe-Durlach, Seboldstr. 1–3.

Brindi: Brindi, 7850 Lörrach, Postfach 862.

Büttner: Büttner-Werke AG, 415 Krefeld-Uerdingen.

Cambridge: Cambridge Instruments, Cambridge/England.

Casella: C. F. Casella & Co. Ltd., Regent House, Britannia Walk, London N1, 7 ND.

CEAG: Concordia Elektrizitäts-Aktiengesellschaft, 46 Dortmund, Münsterstr. 231.

Coulter: Coulter Electronics, St. Albans/Herts., GB – Deutsche Vertretung: 4153 Hüls b. Krefeld.

Delbag: Delbag-Luftfilter GmbH, 1 Berlin-Halensee, Schweidnitzer-Str. 11–15.

DNA: Deutscher Normenausschuß, 1 Berlin 30

Dingler: Dingler-Werke AG, 66 Saarbrücken.

Durag: Firma Durag, 2 Hamburg 61.

Dräger: Drägerwerk, Heinr. u. Bernh. Dräger, 24 Lübeck, Moislinger Allee 53/55.

Economiser: Vereinigte Economiser-Werke GmbH, 401 Hilden/Rhld., Eichenstr. 2.

Elex: Elex AG., Zürich, Forchstr. 2.

Elektro-Zyklon: Lüner Hütte, W. F. Schultz KG, 4628 Lünen/Westf.

Evans: Evans Electroselenium LTD, Sales Division 11, St. Andrew's Works Halstead, Essex, GB. – Deutsche Vertretung: Mauler-Nukleonik, 565 Solingen-Oligs, Postfach 705.

Fries: J. S. Fries Sohn, 6 Frankfurt/Main, Friesstraße.

Frieseke & Höpfner: Frieseke & Höpfner, 852 Erlangen-Bruck.

Gelman: Gelman Instrument Co., 600 S. Wagner Street, Ann Arbor, MI, USA. – Deutsche Vertretung: Colora, 7073 Lorch/Württ., Barbarossastr. 3.

Handte: Jacob Handte & Co., Maschinenfabrik, 72 Tuttlingen, Moltkestr. 42–46.
High Accuracy: High-Accuracy Products Comp., Claremont, CA, USA. – Deutsche Vertretung: 8 München, Ungerstr. 12.
Hydro: Firma Hydro, 4 Düsseldorf.
Imatra (siehe Lurgi).
Intensiv: Intensiv-Filter GmbH, 5602 Langenberg/Rhld.
Jouan: Société Jouan et Quetin, 163, avenue Gambetta, 75 – Paris 20°.
Keller: O. Keller, Lufttechnik, 7311 Jesingen b. Kirchheim-Teck.
Kontron: Kontron GmbH, 8 München 50, Lerchenstr. 8–10.
Konitest: J. C. Eckardt AG. 7 Stuttgart-Bad Cannstadt.
Körting: Körting AG, 3 Hannover-Linden.
Koppers: H. Koppers, 43 Essen, Moltkestr. 29.
Krupp: Friedrich Krupp Industriebau, 43 Essen, Altendorferstr. 104.
Lange: Dr. Bruno Lange, 1 Berlin 37, Hermannstr. 14–18.
Leitz: Firma Leitz GmbH, 633 Wetzlar.
Lurgi: Lurgi Apparatebau GmbH, 6 Frankfurt/Main, Lurgihaus.
MAK: MAK-Wert-Liste, erhältlich u. a. bei Hauptverband der gewerblichen Berufsgenossenschaften. e.V., 53 Bonn, Langwartweg 3.
MAN: MAN-Maschinenfabrik Augsburg-Nürnberg AG, Werk Nürnberg, 85 Nürnberg 2.
Membranfilter: Membranfiltergesellschaft, 34 Göttingen, Weender Landstr. 69–102.
Metals: Image Analysing Computers Metals Research Ltd., Cambridge, GB.
Millipore: Millipore Corporation, Bedford, MA, USA, Ashby Road. – Deutsche Vertretung: 6078 Neu-Isenburg, Siemensstr. 20.
Mine Safety: Mine Safety, Appliances Comp., Pittsburgh, USA.
Mullard: Mullard Research Laboratories, Salfords, GB.
Neuzeitliche Verbrennungs- u. Wärmetechnik: Neuzeitliche Verbrennungs- und Wärmetechnik GmbH & Co., 6373 Weißkirchen/Ts.
Oelde: Ventilatorenfabrik Oelde GmbH, 474 Oelde/Westf.
P. A.: Pease-Anthony. – Deutsche Vertretung: s. Baumco.
Prat-Daniel: Prat-Daniel, 66 Rue de Miromesnil, 75-Paris 8°.
Research Cottrell: Research Cottrell Inc., Bound Brook, NJ, USA.
Rothemühle: Apparatebau Rothemühle, 5961 Rothemühle über Olpe i. Westf.
Royco: Royco Instr. Inc., 141, Jefferson Drive, Menlo Park, CA, USA. – Deutsche Vertretung: Dr.-Ing. Kratel, 7016 Gerlingen-Stuttgart.
Sartorius: Sartorius-Werke GmbH, 34 Göttingen, Weender Landstr. 96–102.
Schleicher & Schüll: Schleicher & Schüll, 3354 Dassel, Krs. Einbeck.
Schnakenberg: A. Schnakenberg & Co., Chemie Apparatebau, 56 Wuppertal-Oberbarmen, Bayenburger Str. 146.
S F.: AB Svenska Fläktefabriken, Box 20040 Stockholm, Schweden. – Deutsche Vertretung: S F. Luft- und Wärmetechnik, 6308 Butzbach/Hessen, Schorbachstr.
Sick: Firma Sick, Optik–Elektronik, 8021 Neuried b. München.
Siemens: Siemens AG, 852 Erlangen, Werner-v.-Siemens-Str. 50.
Standard: Standard Filterbau GmbH, 44 Münster/Westf., Postfach 1413.
Staubforschung: Staubforschungsinstitut des Hauptverbandes der gewerblichen Berufsgenossenschaften e. V., 53 Bonn, Langwartweg 103.
Theisen: Theisen GmbH, Gasreinigungsanlagen, 8 München 27, Friedrich-Henchel-Str. 25.
Trion: Trion AG, Elektronische Luft- und Gasfilter, Zürich 32, Forchstr. 2.
Unico: Union Industrial Equipment Corp., Fall River, MA, USA.
VDI: Verein Deutscher Ingenieure, 4 Düsseldorf, Graf-Recke-Str. 84.

Visomat: Visomat-Geräte GmbH, 65 Mainz.
Vortex: (siehe Standard).
Walther: Walther & Cie., 5 Köln-Dellbrück.
Zeiss: Firma Zeiss, 7082 Oberkochen/Württ.
Zschocke: Zschocke-Werke GmbH, 675 Kaiserslautern, Postfach 540.

Weitere Anschriften deutscher Firmen sind zu erfragen bei:

Fachgemeinschaft Lufttechnische und Trocknungsanlagen im VDMA, 6 Frankfurt/Main-Niederrad, Lyoner Straße.

US-Firmen:

Handelszentrum der Vereinigten Staaten, 6 Frankfurt/Main, Zürich-Haus.

Sachverzeichnis

721/16/72

Unter Entstaubung versteht man das Abscheiden von in gasförmigen Medien dispergierten Teilchen. Das wichtigste Anwendungsgebiet ist die Entstaubung von Luft, ein wesentlicher Bereich des Umweltschutzes. Sehr bedeutsam ist ferner die Teilchenabscheidung bei vielen Produktionsprozessen, insbesondere der Verbrauchsgüterindustrie.

Das Buch beschäftigt sich mit den technischen Einrichtungen zur Entstaubung. Im Mittelpunkt stehen Funktion, Konstruktion und Einsatz der Entstauber. In je einem Kapitel werden Schwerkraft-, Fliehkraft-, Elektro-, Wasch- und Filtrationsentstauber behandelt. Der Einsatz wird in Verbindung mit Produktionsverfahren erörtert, wie Entstauben in Kraftwerken und in der Eisenhütten-, chemischen und Zementindustrie. Ein Kapitel über Staubmeßtechnik — Messen der Teilchenkonzentration, der Teilchengröße und der Entstaubungsgrade — schließt das Buch ab.